Shrinking Spaces

Salzburger interdisziplinäre Diskurse

Herausgegeben von Franz Gmainer-Pranzl

Band 16

PETER LANG

Franz Gmainer-Pranzl / Anita Rötzer (Hrsg.)

Shrinking Spaces

Mehr Raum für globale Zivilgesellschaft

PETER LANG

Bibliografische Information der Deutschen Nationalbibliothek
Die Deutsche Nationalbibliothek verzeichnet diese Publikation in der Deutschen Nationalbibliografie; detaillierte bibliografische Daten sind im Internet über http://dnb.d-nb.de abrufbar.

salzburger
interdisziplinäre
diskurse

Diese Publikation wurde gefördert durch das Land Salzburg:
Kultur, Bildung, Gesellschaft und Sport

LAND
SALZBURG

Umschlagabbildung: © typothese.at

ISSN 2192-1849
ISBN 978-3-631-82943-9 (Print) · E-ISBN 978-3-631-83605-7 (E-PDF)
E-ISBN 978-3-631-83606-4 (EPUB) · E-ISBN 978-3-631-83607-1 (MOBI)
DOI 10.3726/b17612

Peter Lang – Berlin · Bern · Bruxelles · New York ·
Oxford · Warszawa · Wien

Diese Publikation wurde begutachtet.

www.peterlang.com

Inhalt

Preisträger*innen des „C3-Award für herausragende Vorwissenschaftliche Arbeiten“ (Verleihung am 28.05.2019 in Wien)

Anhang

Franz Gmainer-Pranzl/Anita Rötzer

Vorwort

Unter dem Titel „Shrinking Spaces – Mehr Raum für globale Zivilgesellschaft!" veranstaltete SÜDWIND Salzburg vom 6. bis 16. November 2017 in Salzburg in Zusammenarbeit mit der Universität Salzburg die 16. Entwicklungspolitischen Hochschulwochen. Diese Veranstaltungsreihe widmet sich alle zwei Jahre einem entwicklungspolitisch relevanten Thema, um in erster Linie Studierenden, aber im Grunde allen Interessierten die Möglichkeit zu einer intensiven Auseinandersetzung mit Themen globaler Entwicklungen anzubieten.

Die Zivilgesellschaft steht weltweit immer mehr unter Druck. Um sich Gehör zu verschaffen, müssen ihre Akteur*innen ihre Interessen immer vehementer verteidigen. Es ist zu beobachten, dass weltweit Regierungen mehrerer Länder zu Maßnahmen greifen, um die Rechte der Zivilgesellschaft zu beschneiden. „Shrinking Spaces" ist jene Entwicklung, von der die Zivilgesellschaft immer mehr betroffen ist; ihr Raum wird stetig kleiner. In einigen Fällen kann sogar von „closed spaces" gesprochen werden, was bedeutet, dass zivilgesellschaftliches Engagement nicht möglich ist, ohne die eigene Freiheit aufs Spiel zu setzen.

Mit den 16. Entwicklungspolitischen Hochschulwochen wollen wir das Thema „Zivilgesellschaft im nahen und fernen Süden" in den Fokus stellen. Beiträge aus unterschiedlichen Ländern gaben beispielhaft zivilgesellschaftliche Entwicklungen wieder und sorgten für intensive Diskussionen über die grundlegende Rolle von Zivilgesellschaft: Was meinen wir, wenn wir von Zivilgesellschaft sprechen? Wer kann daran teilhaben, und wer wird ausgeschlossen? Was heißt es auch für uns hier in Österreich, wenn Menschen in anderen Ländern sich organisieren und gegen oder für etwas auftreten? Was können wir von Entwicklungen anderswo lernen, und inwiefern kann jede und jeder zur Veränderung beitragen? SÜDWIND Salzburg sieht sich hier als Akteur der Zivilgesellschaft und fordert mit den Entwicklungspolitischen Hochschulwochen mehr Raum für Zivilgesellschaft!

Bei der Veranstaltung im Jahr 2017 ist es uns gelungen, Referent*innen zu gewinnen, die stark in aktuellen Entwicklungen von Zivilgesellschaft involviert sind – sei es aus der Perspektive kritischer Beobachtung, sei es aus eigener Betroffenheit; ihre Beiträge sind in diesem Tagungsband dokumentiert. In diesem Zusammenhang nützen wir die Gelegenheit, auch einen Beitrag der „Clean Clothes Kampagne" zu veröffentlichen, um exemplarisch die Partizipation von SÜDWIND an Aktivitäten der zivilgesellschaftlichen Initiative „Clean Clothes Kampagne" aufzuzeigen, die weltweit mit vielen anderen zivilgesellschaftlichen Akteur*innen wie Gewerkschaften vernetzt ist und sich für faire Bedingungen in der Textil- und Bekleidungsindustrie einsetzt. In Österreich legte die „Clean Clothes Kampagne" in den Jahren 2015 bis 2017 einen stärkeren Fokus auf das Thema Schuhe.

Nachdem unmittelbar im Anschluss an die Salzburger Entwicklungspolitischen Hochschulwochen die 7. Österreichische Entwicklungstagung zum Thema „sozial-ökologische Transformationen jetzt!" in Graz stattfand, ergab sich für uns die schöne Gelegenheit, einige Vorträge der Entwicklungstagung ebenfalls in diesem Band zu veröffentlichen.

Schließlich nahmen wir auch noch die drei Vorwissenschaftlichen Arbeiten, die im Mai 2019 in Wien mit dem „C3-Award" ausgezeichnet wurden, in den Sammelband auf. Wir freuen uns sehr über das Interesse und die Kreativität von Maturant*innen, die sich mit wichtigen Fragen gegenwärtiger globaler Entwicklungen auseinandersetzen.

Der Abschluss dieses Buch fiel in die Zeit der Corona-Pandemie – eine der größten Herausforderungen und schwersten Krisen der jüngeren Zeit, die uns nochmals drastisch vor Augen führt, wie sehr bestimmte Probleme in einem Teil der Welt Auswirkungen auf die gesamte Menschheit haben können. Zugleich wurde einmal mehr deutlich, wie sehr Armut, schwache Gesundheitssysteme und prekäre Lebensbedingungen sowohl in Europa als auch im globalen Süden Menschen noch verwundbarer für die Folgen der Viruserkrankung machten. Und nicht zuletzt stellte sich im Zuge vieler staatlicher Maßnahmen zur Eindämmung der Epidemie die Frage, ob dadurch nicht der Raum für lokale und globale Zivilgesellschaft noch mehr schrumpft – wobei die Grenze zwischen notwendigen Einschränkungen etwa der Bewegungsfreiheit einerseits und Tendenzen zu diktatorischen Befugnissen ohnehin schon autoritär agierender Regierungen nicht immer leicht auszumachen ist.

Mit diesem Band wollen wir die Aufmerksamkeit auf die Bedeutung zivilgesellschaftlichen Handelns lenken und Menschen ermutigen, sich für mehr Solidarität, Gerechtigkeit und Freiheit einzusetzen. Wir danken allen Autor*innen für ihre Beiträge sowie Lena Schützle (München) und Elisabeth Höftberger (Salzburg) für die sorgfältige Bearbeitung des Manuskripts.

Salzburg, im Juni 2020

Anita Rötzer (SÜDWIND Salzburg)
Franz Gmainer-Pranzl (Zentrum Theologie Interkulturell und Studium der Religionen, Universität Salzburg)

Einführung:
Zur Aktualität der Fragestellung

Robert M. Bichler

Shrinking Spaces oder vom Ende der Zivilgesellschaft, wie wir sie kennen

Abstract: During the 1980s the concept of „civil society" gained currency, but towards the end of the 20th century it entered a crisis for various reasons. Right-wing populist groupings are attempting to take the place of emancipatory and grass-roots democratic movements and are shifting the social and economic discourse to the question of identity and culture. Yet civil society is inconceivable without recognition of the rule of law and human dignity. In the light of recent authoritarian currents, especially in migration policy, there is a need for fresh boldness to stand up for democracy and human rights.

Keywords: civil society, authoritarian government, NGOs, right-wing populism, democracy

1 Einleitung

Die 16. Entwicklungspolitischen Hochschulwochen an der Universität Salzburg trugen den Titel „Shrinking Spaces – Mehr Raum für globale Zivilgesellschaft!". Der Veranstaltungstitel verweist auf den beunruhigenden Trend, dass seit geraumer Zeit global die Handlungsspielräume der Zivilgesellschaft stark eingeschränkt werden. Eine starke Zivilgesellschaft galt über Jahrzehnte als Garant für gesellschaftliche Partizipation sowie als Gegenpol zu einem zu mächtigen Staat und einer entfesselten Wirtschaft. Noch bis in die frühen 2000er Jahre wurde mit Zivilgesellschaft die Hoffnung verknüpft, „Nationalstaatlichkeit zu überwinden und zum Fundament einer globalen Bürgergesellschaft zu werden"[1]. Quer über alle Kontinente ist aktuell eine gegenläufige Entwicklung zu beobachten, bei der Regierungen vermehrt repressiv gegen AkteurInnen der Zivilgesellschaft vorgehen und/oder diese für ihre Zwecke zu instrumentalisieren versuchen. Versuche, Organisationen und VertreterInnen der Zivilgesellschaft einzuschüchtern, zu diffamieren oder gar mundtot zu machen, sind kein neues Phänomen. Barbara Unmüßig weist beispielsweise darauf hin, dass viele Länder in Afrika, Asien, Lateinamerika sowie im Nahen und Mittleren Osten seit längerem massiven Druck auf zivilgesellschaftliche AkteurInnen ausüben und dabei jede Form der Repression erlaubt scheint: „Aktivist/innen werden verhaftet, Konten

---

1 Drinhausen/Schucher, Zivilgesellschaft unter Druck, 6.

eingefroren, Drohungen ausgesprochen, Lizenzen entzogen, Internetseiten blockiert, Registrierungen erzwungen, Büros geschlossen."[2] Neu allerdings ist, dass im Zuge eines politischen Rechtsrucks staatlich organisierte Repression gegen zivilgesellschaftliche AkteurInnen auch die Europäische Union erreicht hat.

Im Folgenden soll nach einer definitorischen Klärung des Begriffs Zivilgesellschaft gezeigt werden, welche Ursachen zu diesen Erosionserscheinungen der zivilgesellschaftlichen Sphäre geführt haben und welche repressiven Methoden von Regierungen gegen Nichtregierungsorganisationen angewendet werden bzw. mit welchen Maßnahmen der Handlungsspielraum immer mehr eingeengt wird.

2 Was ist Zivilgesellschaft?

Viele Annäherungen an den Begriff Zivilgesellschaft beinhalten neben einer Unterscheidung zu Staat und Wirtschaft auch eine Abgrenzung zur Privatsphäre, die oft mit Familie synonym verstanden wird. Bei genauerer Betrachtung erscheint eine exakte Definition des Begriffs schwierig, da es sozialwissenschaftliche Begriffe gibt, die „sich wie Epidemien verbreiten, zu Slogans politischer Rhetorik degenerieren, und deren Konjunktur durch Unschärfe erkauft wird. Manche meinen, dass ‚Zivilgesellschaft' gegenwärtig zu dieser Art von Begriffen gehört"[3]. Obwohl die Wurzeln des Begriffs bis in den Aufklärungsdiskurs rund um die Konzepte Bürgergesellschaft bzw. bürgerliche Gesellschaft des 17. und 18. Jahrhunderts zurückreichen, erhielt der Begriff seine heutige Konnotation in den 1960er Jahren als Kampfbegriff, mit dem man vor allem die unterschiedlichen oppositionellen Kräfte gegen die Militärregime in Lateinamerika zusammenfasste.[4] In Europa erlebte der Begriff in den 1980er Jahren im Zuge des Aufbegehrens gegen die totalitären Staatssysteme in Osteuropa eine Renaissance. Davon ausgehend fand das Konzept Zivilgesellschaft, bedingt durch soziale und politische Problemlagen, ab den 1990er Jahren auch in den etablierten Demokratien der so genannten westlichen Welt eine rasante Verbreitung. Jeanette Schaden nennt vier zentrale interne Ursachen, die für den Zivilgesellschaftsdiskurs in den westlichen Industriestaaten ausschlaggebend waren:

2 Unmüßig, Zivilgesellschaft unter Druck, 4.
3 Kocka, u. a., Neues über Zivilgesellschaft, 4.
4 Vgl. Schade, „Zivilgesellschaft", 18.

1. Eine strukturelle Krise des Wohlfahrtsstaates, der sich vermehrt neokonservativer Kritik ausgesetzt sieht;
2. ein Verlust der Akzeptanz für die Wohlfahrtsbürokratie bei den BürgerInnen, die sich in Form neuer sozialer Bewegungen, Protestaktionen und BürgerInneninitiativen gegen staatliche Bevormundung richtet und mehr politische Mitbestimmung einfordert;
3. eine fundamentale Krise der Linken im Zuge des Zusammenbruchs der realsozialistischen Systeme und damit einhergehend ein Ende der großen Erzählung. Es wird nach dem Ende des Kalten Krieges versucht, diesen Utopieverlust durch das Aufgreifen des Zivilgesellschaftskonzepts, das auch für soziale Gerechtigkeit steht, zu kompensieren; und
4. ein sich beschleunigender Fragmentierungsprozess, der zu einem Erodieren der bis dato mehr oder weniger konsensual ausgehandelten Gesellschaftsform und zum Verlust eines Gemeinsinns führt.[5]

Nach Schade ist die gesellschaftliche Fragmentierung vor allem in den USA und weniger in wohlfahrtsstaatlich organisierten Gesellschaften ausgeprägt. Dies mag zum Zeitpunkt des Erscheinens des Beitrages auch zutreffend gewesen sein. Die Dauerkrise des klassischen Wohlfahrtsstaats, die Glaubwürdigkeitsprobleme herkömmlicher Formen politischer Partizipation und Repräsentation, die Weltwirtschaftskrise nach 2007 in Folge eines globalisierten Kapitalismus und vor allem die verstärkt auftretenden Migrationsbewegungen ab dem Jahr 2015 haben diese gesellschaftlichen Auflösungserscheinungen auch in Europa sehr stark wirksam werden lassen.

3 Zivilgesellschaft: Ein aktuell umkämpfter Begriff

Die beschriebenen Ursachen, die zur Popularität des Begriffs Zivilgesellschaft in den westlichen Industrienationen geführt haben, betreffen alle politischen Lager. Mit Verweis auf „verängstigte Bürger“, die „abgehobenen politischen Eliten“, die „wirtschaftlichen Verlierer der Globalisierung“ und dergleichen hat sich auch die politische Rechte als vermeintliche Stimme „des kleinen Mannes“ das Konzept zu Eigen gemacht. Edgar Grande, Direktor des Zentrums für Zivilgesellschaftsforschung am Wissenschaftszentrum Berlin für Sozialforschung, fasst die Entwicklung in einem Interview mit der Süddeutschen Zeitung folgendermaßen zusammen:

> Wir erleben in der Zivilgesellschaft das Entstehen neuer, rechter Bewegungen, die ganz offensichtlich andere Ziele verfolgen als die, die wir in den vergangenen Jahren

5 Vgl. ebd. 20.

> als zivilgesellschaftlich bezeichnet haben. Wenn wir das ignorieren, dann besteht die Gefahr, dass uns wichtige Entwicklungen innerhalb der Zivilgesellschaft entgehen. Auch Pegida ist ein Teil der zivilgesellschaftlichen Protestlandschaft, das „Frauenbündnis Kandel", das seit dem Mord an einer jungen Frau dort immer wieder demonstriert, das „Aktionsbündnis für Heimat, Familie und Tradition" in Chemnitz oder die Teilnehmer an Demonstrationen, zu denen die AfD aufruft. Eines der bekanntesten Beispiele ist die Tea-Party-Bewegung in den USA.[6]

Aufgrund einer Verschiebung der Konfliktlinien, weg von sozialen und ökonomischen Verteilungskonflikten hin zu Fragen politischer Identität und Zugehörigkeit, plädiert Grande für einen normativ offenen Begriff von Zivilgesellschaft, der nicht die gute Zivilgesellschaft dem Bösen gegenüberstellt.[7] Und tatsächlich schaffen es politisch rechte und rechtsextreme Gruppierungen in den letzten zehn Jahren eher, Menschen quer durch alle Gesellschaftsschichten zu mobilisieren, als politisch linke Bewegungen. Beim Thema Migration hat aktuell beispielsweise die Rechte eindeutig die Deutungshoheit im öffentlichen Diskurs inne. Nichtsdestotrotz lässt eine derartige Argumentation den historischen Kontext völlig außer Acht. Zivilgesellschaft wurde und wird sowohl von den AkteurInnen als auch von WissenschaftlerInnen explizit oder implizit immer auch als normativ aufgeladenes Konzept verstanden, das auf die Utopie einer gerechteren Gesellschaft abzielt. Damit einher geht auch die Vorstellung, dass Zivilgesellschaft als soziale Handlung und in weiterer Folge als Handlungsanleitung verstanden werden kann:

> „Zivilgesellschaft" ist durch einen spezifischen Typus sozialen Handelns und sozialer Einstellungen definiert. Dazu gehören (1) viel individuelle Selbständigkeit und gesellschaftliche Selbstorganisation. Dazu gehören (2) Diskurse, Bewegungen, Konflikte und Verständigungen im öffentlichen Raum und damit die prinzipielle Anerkennung von Vielfalt und Differenz als legitim. Proteste und Konflikte gehören dazu, aber ohne Gewalt. (3) gehört dazu, dass zivilgesellschaftliches Handeln zwar von dem jeweils eigenen, spezifischen, partikularen Interesse und entsprechenden Erfahrungen ausgeht (diese nicht negiert), aber doch zugleich darüber hinauszielt: auf allgemeinere Dinge, auf die res publica, auf das allgemeine Wohl, so Unterschiedliches die unterschiedlichen Akteure auch in der Regel unter dem Allgemeinwohl verstehen.[8]

Ähnlich beschreibt der Soziologe Frank Adloff Zivilgesellschaft als „gesellschaftliche[n] Raum, nämlich die plurale Gesamtheit der öffentlichen Assoziationen, Vereinigungen und Zusammenkünfte, die auf dem freiwilligen, gemeinsamen Handeln der Bürger und Bürgerinnen beruhen"[9]. Die AkteurInnen organisieren

---

6 Grande, Warum auch rechte Bewegungen zur Zivilgesellschaft gehören, o. S.

7 Vgl. ebd.

8 Kocka, Zivilgesellschaft und soziale Ungleichheit aus historischer Perspektive, 133.

9 Adloff, Zivilgesellschaft, 8.

sich dabei meist in Vereinen bzw. Nichtregierungsorganisationen[10] und Verbänden, die klar von den Interessen des Staates und des Marktes abgegrenzt sind und sich durch spezifische Verhaltensstandards wie Toleranz, Verständigung und Gewaltfreiheit definieren. Des Weiteren wohnt der Zivilgesellschaft ein utopisches Moment inne, welches sich in einem selbstregierten demokratischen Zusammenleben manifestiert.

> Summa summarum umfasst der Begriff Zivilgesellschaft also dreierlei: einen gesellschaftlichen Bereich von Organisationen und Institutionen, eine Interaktionsform, nämlich zivile Umgangsformen und – wie insbesondere Jürgen Kocka mehrfach betont hat – ein utopisches Projekt.[11]

Auch für Thomas Klie, Leiter des Zentrums für zivilgesellschaftliche Entwicklung, steht Zivilgesellschaft für ein normatives Konzept und für eine wertgebundene Interaktion aller AkteurInnen, woraus sich verschiedene Ansprüche ergeben:

- Die gegenseitige Rücksichtnahme und Bemühen um Gewaltfreiheit,
- Rechtstaatlichkeit,
- der Respekt der Menschenwürde und die Achtung der Freiheitsrechte der Bürger/innen,
- demokratische Partizipation als dauerhaftes Bemühen um die Sicherung von Teilhabe und Mitgestaltung in ihren unterschiedlichen Spielarten;
- Gerechtigkeit als ein Prinzip, um das immer wieder neu gerungen wird;
- und schließlich der Einsatz für eine offene Gesellschaft und in diesem Sinne Pluralität zu akzeptieren und Toleranz gegenüber verschiedenen Lebensstilen, Werthaltungen und Glaubensrichtungen zu üben.[12]

Diese normativen Ideale stehen im diametralen Gegensatz zu den ideologischen Forderungen und tatsächlichen Taten rechter Gruppen. Wenn Rechtsradikale im deutschen Chemnitz auf Menschenjagd gehen[13] oder österreichische Identitäre Veranstaltungen in Wien und Klagenfurt stürmen,[14] dann werden die für eine Zivilgesellschaft konstituierenden Prinzipien wie Rechtsstaatlichkeit,

10 Die weiteren Ausführungen beziehen sich deshalb auf Nichtregierungsorganisationen.
11 Adloff, Kirchen, Religion und Zivilgesellschaft, 25.
12 Klie, Zivilgesellschaft, o. S.
13 Vgl. Grunert, Rechte jagen Menschen in Chemnitz, o. S.
14 Vgl. Sterkl, Theaterstück gestürmt, o. S.; vgl. Sterkl/Müller, Mutmaßlicher Identitäre-Angreifer auf Rektor identifiziert, o. S.

Gewaltfreiheit und Menschenwürde ins Gegenteil verkehrt. Rechtes Gedankengut und das Konzept Zivilgesellschaft schließen einander daher kategorisch aus.

4 Das Ende der Zivilgesellschaft, wie wir sie kennen?

Die Übernahme und Neuinterpretation des Begriffs Zivilgesellschaft durch rechte und rechtsextreme Gruppierungen ist zurzeit nicht der einzige beunruhigende Trend. Unabhängig vom Regierungstyp üben Regierungen global massiven Druck auf zivilgesellschaftliche Organisationen und deren AkteurInnen auf. Barbara Unmüßig von der Heinrich-Böll-Stiftung fasst die alarmierende Entwicklung folgendermaßen zusammen:

> Die Handlungsspielräume für Akteur/innen, die Regierungspolitiken kritisieren, die Demokratie und Menschenrechte einfordern, gegen Großprojekte aktiv sind, gegen soziale Missstände, Landraub und Umweltzerstörung protestieren, werden kleiner. Sie geraten vermehrt ins Visier staatlicher und privater Gewalt und sind Zielscheibe von Diffamierungskampagnen, Repression oder Kriminalisierung. Als politische Stiftung mit starker Verankerung in den Zivilgesellschaften unserer Partnerländer erleben wir hautnah, wie die Handlungsspielräume eingeschränkt werden („shrinking spaces") oder politische Arbeit nahezu unmöglich gemacht wird („closing spaces"). Einer Vielzahl von Regierungen in Afrika, Asien, Lateinamerika, im Nahen und Mittleren Osten ist eine unabhängige und kritische Zivilgesellschaft nicht nur ein Dorn im Auge, sie bekämpfen sie in einem Ausmaß, wie das in den letzten 25 Jahren nicht geschehen ist.[15]

Diese sehr düstere Diagnose aus dem Jahr 2015 hat nichts von ihrer Aktualität verloren. Im Gegenteil, die Handlungsspielräume für (kritische) zivilgesellschaftliche AkteurInnen wurden in den letzten Jahren global noch massiver eingeschränkt. Mit den großen Migrationsbewegungen ab dem Jahr 2015 hat die staatlich organisierte Repression gegen zivilgesellschaftliche AkteurInnen auch die Europäische Union erfasst. Die ursprünglich an autoritäre und halbautoritäre Regierungen in Afrika, Asien, Lateinamerika sowie im Nahen und Mittleren Osten gerichtete Kritik von Unmüßig trifft im Zuge eines massiven Rechtsrucks mittlerweile im gleichen Maße auf EU-Länder wie Ungarn und Polen zu. Selbst die Methoden ähneln sich. Unmüßig verweist auf einen regelrechten Boom sogenannter NGO-Gesetze, welche die Beziehungen zwischen in- und ausländischen Nichtregierungsorganisationen (Geldflüsse, Registrierung, Berichtspflichten, usw.) regeln sollen und im Kern darauf abzielen, lokale Organisationen von ausländischen Geldflüssen abzuschneiden bzw. diese Geldtransfers staatlich zu kontrollieren.[16] Diese beispielsweise bereits in Indien

15 Unmüßig, Zivilgesellschaft unter Druck, 3.
16 Vgl. ebd. 6–8.

und Äthiopien etablierten Gesetzgebungen werden seit dem Jahr 2017 auch in Ungarn mittels des so genannten STOP-Soros-Pakets angewandt. Der in Ungarn geborene US-amerikanische Philanthrop und Investor George Soros unterstützt mit der von ihm gegründeten *Open Society Foundations* weltweit Initiativen der Zivilgesellschaft, darunter auch solche, die Flüchtlingen mit Sachspenden, Informationen und Rechtsbeistand helfen. Die ungarische Regierung wirft Soros und seiner Organisation vor, einer massenhaften Zuwanderung den Weg bereiten zu wollen und illegale Migration zu fördern. Unter dem rechtspopulistischen Vorwand, (illegale) Migration zu bekämpfen, schreibt das Gesetzespaket unter anderem vor, dass Nichtregierungsorganisationen, die jährlich mehr als 23.000 Euro Förderung aus dem Ausland erhalten, sich in Publikationen und Internetauftritten als „vom Ausland unterstützte Organisation" bezeichnen müssen.[17] Des Weiteren wird eine Strafverfolgung einschließlich möglicher Haftstrafen für jegliche Unterstützung bei Asyl- und Aufenthaltsanträgen ermöglicht. KritikerInnen weisen vor allem darauf hin, dass aufgrund der breiten Formulierung des Gesetzes praktisch alle Menschenrechtsgruppen und Nichtregierungsorganisationen ins Visier der Justiz geraten können, selbst dann, wenn nur ein kleiner Teil ihrer Arbeit Flüchtlinge oder Migration involviert.

> The fact that the Hungarian government is clearly maintaining control of its borders since the crisis of 2015 gives the lie to the government's claims that the work of NGOs is somehow facilitating „illegal" migration. The clear purpose of this legislation is to intimidate and silence groups who defend the civil and political rights of all Hungarians – all under the pretext of combatting a supposed threat to national security that does not exist. This approach represents a dangerous precedent that can be used in the future to restrict other rights, such as women's rights, rights of LBGTI, and the right to freedom of religion.[18]

Nicht nur die Regierung in Ungarn versucht den Handlungsspielraum zivilgesellschaftlicher Initiativen zu minimieren. Auch Polen, ein weiteres Land der Europäischen Union, das dem Modell der illiberalen Demokratie nahesteht, nimmt seit 2017 mit einem neuen Gesetz die Zivilgesellschaft an die kurze Leine, indem die Regierung direkt kontrolliert, wie öffentliche Gelder an Nichtregierungsorganisationen verteilt werden. Dafür wurde ein neues Gremium, das „Nationale Freiheitsinstitut – Zentrum für die Entwicklung der Zivilgesellschaft", geschaffen, das darüber entscheidet, welche Nichtregierungsorganisation wie

17 Vgl. Verseck, Schikanen gegen Zivilorganisationen, o. S.

18 Open Society Foundations, How the Open Society Foundations Are Defending Free Speech in Hungary, o. S.

viel öffentliche Gelder erhält. Die Leiterin bzw. der Leiter des Gremiums wird durch das Büro des Premierministers ernannt.

> Da die Regeln für Finanzierungs-Wettbewerbe und Auswahlverfahren in dem Gesetz nicht explizit festgelegt sind, hat der Direktor in diesem Bereich einen immensen Ermessensspielraum. Das Gesetz erlaubt es ihm auch, öffentliche Aufgaben an bestimmte NGOs zu delegieren. Dies hat zur Folge, dass der Direktor nahezu uneingeschränkt kontrolliert, wie öffentliche Gelder in diesem Bereich verteilt werden.[19]

Diese Gesetzgebungen und administrativen Vorgaben werden oft von medialen Hetzkampagnen regierungsnaher Medien ergänzt bzw. unterstützt.

Im Zuge des europaweiten Rechtsrucks hat diese Politik jenseits der Visegrád-Staaten Nachahmer in der gesamten Europäischen Union gefunden. In Italien verbot die rechtspopulistische Regierung Rettungsschiffen, die Flüchtlinge vor dem Ertrinken im Mittelmeer retten, die Einfahrt in italienische Häfen oder drohte mit der Konfiszierung der Schiffe.[20] HelferInnen von Nichtregierungsorganisationen wurden dabei pauschal als kriminelle Helfershelfer von Schleppern denunziert. Auf Worte des Widerspruchs anderer EU-Länder wartet man derweil vergebens. Im Gegenteil, das Mittelmeerland Malta scheint die Politik Italiens zu kopieren und aus dem Rest Europas wird dem Vorgehen offen zugestimmt oder es wird zumindest stillschweigend toleriert. Das mag damit in Zusammenhang stehen, dass auch andere europäische Regierungen, wenn auch subtiler, Schritte zur Beschneidung des Handlungsspielraums der Zivilgesellschaft setzen. Die österreichische Bundesregierung beispielsweise versuchte unbequeme Nichtregierungsorganisationen, deren Themen ideologisch nicht zur Regierungslinie passen, mittels Budgetkürzungen und/oder gänzlicher Streichung der Förderung finanziell auszuhungern. Verbal wurden AkteurInnen der Zivilgesellschaft von Mitgliedern einer früheren Regierungspartei als „Gutmenschen“[21] oder „Willkommensklatscher“[22] verunglimpft. Stark davon betroffen waren im Jahr 2018 Nichtregierungsorganisationen, die sich für Flüchtlinge einsetzten, frauenspezifische bzw. feministische Themen behandelten[23] sowie zivilgesellschaftliche Initiativen im Bereich der Entwicklungszusammenarbeit.[24]

---

19 Day, Polen will Zivilgesellschaft über das Geld kontrollieren, o. S.

20 Vgl. Braun, Die Abriegelung ist komplett, o. S.

21 Die Presse, Ein Scharfmacher für die Regierung, o. S.

22 Bachler, FPÖ-Stratege jenseits der Komfortzone, o. S.

23 Vgl. Hausbichler, Frauenprojekten in Österreich wird massiv das Budget gekürzt, o. S.

24 Vgl. Wabl, Was bedeutet die Kürzung der Entwicklungshilfe, o. S.

5 Konklusion

Michael Walzer formuliert den Zusammenhang von Zivilgesellschaft und Demokratie mit den Worten: „Nur ein demokratischer Staat kann eine demokratische, zivile Gesellschaft schaffen, nur eine demokratische zivile Gesellschaft kann einen demokratischen Staat aufrechterhalten".[25] Zivilgesellschaft und Demokratie bedingen sich demnach gegenseitig und sind untrennbar miteinander verbunden. Ein Zerfall des einen hätte zwangsläufig den Niedergang des anderen zur Folge. Jeglicher Einschränkung der Handlungsspielräume von zivilgesellschaftlichen Initiativen und Nichtregierungsorganisationen sollte deshalb vehement entgegentreten werden. Dies gilt umso mehr in einer Zeit, in der sich die Europäische Union am Scheideweg befindet: Das Modell einer liberalen, toleranten, weltoffenen und demokratischen Gesellschaftsordnung gerät zusehends durch illiberale Tendenzen unter Druck. Konsensual ausgehandelte Normen und Regeln, welche auf den Prinzipien Rechtstaatlichkeit, Menschenwürde, Partizipation, Toleranz und Gerechtigkeit beruhen, sowie ein identitätsstiftender Gemeinsinn verlieren rasant an Bedeutung bzw. werden aktiv ins Gegenteil verkehrt. Es wird versucht, zivilgesellschaftliche Organisationen mit Gesetzen, bürokratischen und steuerlichen Auflagen (beispielsweise Ungarn), medialen Hetzkampagnen (beispielsweise Polen) und teilweise sogar mit offener Repression (früher Italien) mundtot zu machen. Auf einem vom Rechtspopulismus mehr und mehr gezeichneten Kontinent scheinen die Zivilgesellschaft als Artikulations- und Gestaltungsraum und die daraus hervorgegangenen Errungenschaften ihre Bedeutung zusehends zu verlieren. Liegt Michael Walzer mit seinem Befund über das Verhältnis von Zivilgesellschaft und Demokratie richtig, hieße das für die Demokratie in Europa nichts Gutes. Es obliegt zivilgesellschaftlichen Organisationen wie Südwind und vor allem jeder einzelnen Bürgerin bzw. jedem einzelnen Bürger, diesen Entwicklungen Einhalt zu gebieten. Die 16. Entwicklungspolitischen Hochschulwochen an der Universität Salzburg boten dafür Gelegenheit.

25 Walzer, Zivile Gesellschaft und amerikanische Demokratie, 91.

Literatur

Adloff, Frank, Kirchen, Religion und Zivilgesellschaft – soziologisch-komparative Perspektiven, in: Bauerkämper, Arnd/Nautz, Jürgen (Hg.), Zwischen Fürsorge und Seelsorge. Christliche Kirchen in den europäischen Zivilgesellschaften seit dem 18. Jahrhundert, Frankfurt am Main 2009, 25–46.

Adloff, Frank, Zivilgesellschaft. Theorie und politische Praxis, Frankfurt am Main 2005.

Bachler, Martina, Innenminister Herbert Kickl: FPÖ-Stratege jenseits der Komfortzone, 2017: https://www.trend.at/politik/herbert-kickl-fpoe-stratege-komfortzone-8439580 (26.03.2020).

Borutta, Manuel, Religion und Zivilgesellschaft: Zur Theorie und Geschichte ihrer Beziehung (WZB Discussion Paper, No. SP IV 2005–404), Wissenschaftszentrum Berlin für Sozialforschung (WZB), Berlin 2005.

Braun, Michael, Die Abriegelung ist komplett, 2018: http://www.taz.de/!5534755 (26.03.2020).

Day, Jonathan, Polen will Zivilgesellschaft über das Geld kontrollieren, 2017: https://www.liberties.eu/de/news/polen-ngo-gesetz-finanzierung/13783 (26.03.2020).

Die Presse, Gottfried Waldhäusl: Ein Scharfmacher für die Regierung, 2018: https://diepresse.com/home/innenpolitik/5363165/Gottfried-Waldhaeusl_Ein-Scharfmacher-fuer-die-Regierung (26.03.2020).

Drinhausen, Katja/Schucher, Günter, Zivilgesellschaft unter Druck: Globaler Widerstand gegen Demokratie wächst (GIGA Focus Global 3), 2015: https://www.giga-hamburg.de/de/system/files/publications/gf_global_1503.pdf (26.03.2020).

Graf Strachwitz, Rupert, Zusammenarbeit Staat – Markt – Zivilgesellschaft im europäischen Vergleich, in: Forschungsjournal Soziale Bewegungen 29 (2016) 1, 104–108.

Grande, Edgar, Warum auch rechte Bewegungen zur Zivilgesellschaft gehören. Interview Süddeutsche Zeitung, 2018: https://www.sueddeutsche.de/politik/gesellschaftsforschung-warum-auch-rechte-bewegungen-zur-zivilgesellschaft-gehoeren-1.4084420 (26.03.2020).

Grunert, Johannes, Rechte jagen Menschen in Chemnitz, 2018: https://www.zeit.de/politik/deutschland/2018-08/auslaenderfeindlichkeit-rechte-chemnitz.

Hausbichler, Beate, Frauenprojekten in Österreich wird massiv das Budget gekürzt, 2018: https://derstandard.at/2000084071322/Frauenprojekte-in-Oesterreich-von-massiven-Budgetkuerzungen-betroffen (26.03.2020).

Klie, Thomas, Zivilgesellschaft – mehr als Dritter Sektor, 2011: https://www.zze-freiburg.de/assets/pdf/Unser-Verstaendnis-von-Zivilgesellschaft-zze.pdf (26.03.2020).

Kocka, Jürgen, Zivilgesellschaft und soziale Ungleichheit aus historischer Perspektive, in: Rehberg, Karl-Siegbert (Hg.), Soziale Ungleichheit, kulturelle Unterschiede: Verhandlungen des 32. Kongresses der Deutschen Gesellschaft für Soziologie in München, Frankfurt am Main 2006, 131–143.

Kocka, Jürgen/Nolte, Paul/Randeria, Shalini/Reichardt, Sven, Neues über Zivilgesellschaft. Aus historisch-sozialwissenschaftlichem Blickwinkel (Discussion Paper P01–801), Wissenschaftszentrum, Berlin 2001: http://bibliothek.wz-berlin.de/pdf/2001/p01-801.pdf (26.03.2020).

Meyer, Thomas, Was ist Politik? Opladen 2003.

Open Society Foundations, How the Open Society Foundations Are Defending Free Speech in Hungary, 2018: https://www.opensocietyfoundations.org/publications/how-open-society-foundations-are-defending-free-speech-hungary (26.03.2020).

Schade, Jeanette, Zivilgesellschaft – eine vielschichtige Debatte (INEF Report, Heft 59), Duisburg 2002: https://duepublico.uni-duisburg-essen.de/servlets/DerivateServlet/Derivate-29300/report59.pdf (26.03.2020).

Sterkl, Maria, Theaterstück gestürmt: Verfassungsschutz ermittelt gegen Identitäre, 2016: https://derstandard.at/2000034939397/Identitaere-stuermten-Theaterstueck-Verfassungsschutz-ermittelt (26.03.2020).

Sterkl, Maria/Müller, Walter, Polizei: Mutmaßlicher Identitäre-Angreifer auf Rektor identifiziert, 2016: https://derstandard.at/2000038670138/Uni-Dozent-Vorlesung-sicher-nicht-zufaellig-gewaehlt (26.03.2020).

Unmüßig, Barbara, Zivilgesellschaft unter Druck – shrinking – closing – no space, 2016: https://tn.boell.org/sites/default/files/uploads/2016/03/zivilgesellschaft_unter_druck_shrinking_spaces_final.pdf (26.03.2020).

Verseck, Keno, Schikanen gegen Zivilorganisationen: Wie Orbán die Helfer in Ungarn drangsaliert, 2018: http://www.spiegel.de/politik/ausland/ungarn-wie-viktor-orban-gegen-zivilorganisationen-vorgeht-a-1215576.html (26.03.2020).

Wabl, Stephan, Was bedeutet die Kürzung der Entwicklungshilfe? 2018: https://www.profil.at/shortlist/oesterreich/kuerzung-entwicklungshilfe-eza-oesterreich-9962702 (26.03.2020).

Walzer, Michael, Zivile Gesellschaft und amerikanische Demokratie, Berlin 1992.

Franz Gmainer-Pranzl

Die Bedrohung globaler Zivilgesellschaft aus interkulturell-theologischer Sicht

Abstract: The engagement of the young discipline of „Intercultural Theology" in the debate surrounding the interaction between religion and society brings it into confrontation with the threat to local and global civil society, most notably as a result of the developments in the societies of the Global South. Three examples clearly demonstrate the extent to which the crisis in civil society presents an unavoidable challenge to intercultural theology: the influence of right-wing populist politics, the threat from religious fundamentalism/extremism and the social, ecological and political crisis scenarios which result in co-operation between Christian churches and civil society movements. Contemporary threats to civil society provide an impetus for Intercultural Theology to intensify its interdisciplinary work in the interests of a peaceful and solidary world.

Keywords: Intercultural Theology, right-wing populism, civil societal movements, freedom of religion, contextual theology

Das Zentrum Theologie Interkulturell und Studium der Religionen am Fachbereich Systematische Theologie der Katholisch-Theologischen Fakultät der Universität Salzburg zählte zu den Kooperationspartnern der Entwicklungspolitischen Hochschulwochen 2017[1] und ist Mitherausgeber des vorliegenden Bandes. Die Kooperation mit Südwind Salzburg, die seit mehreren Jahren einen fixen Bestandteil der Arbeit des Zentrums ausmacht,[2] verdankt sich zum einen der umsichtigen und engagierten Leitung von Südwind Salzburg im Allgemeinen sowie der Organisation der Entwicklungspolitischen Hochschulwochen im Besonderen durch Mag.[a] Anita Rötzer, zum anderen dem spezifischen Interesse interkulturell-theologischer Forschung, Zusammenhänge und Spannungsverhältnisse zwischen dem „Globalen Süden" und „Norden" aus interkultureller, weltkirchlicher und interreligiöser Perspektive zu reflektieren.[3]

---

1 Konkret bezog sich diese Kooperation auf den Vortrag von Dr.[in] Julia Schöneberg „‚Mete tèt ansanm' – Lasst uns die Köpfe zusammen stecken. Berichte aus der haitianischen Zivilgesellschaft" am 15.11.2017 um 18.30 Uhr im Hörsaal 103 der Katholisch-Theologischen Fakultät.

2 Vgl. Gmainer-Pranzl, Theologie Interkulturell und Entwicklungstheorie, 27 f.

3 Vgl. Moser/Prüller-Jagenteufel/Prüller-Jagenteufel (Hg.), Gut(e) Theologie lernen; Rensinghoff, Ökumenisches Lernen auf den crossroads; Küster, Einführung in

Die Auseinandersetzung mit entwicklungspolitischer Praxis und entwicklungstheoretischer Forschung gehört zu den spezifischen Anliegen des Salzburger Zentrums Theologie Interkulturell und Studium der Religionen.[4]

Dieser Beitrag möchte (1) einige Hinweise zum Selbstverständnis interkultureller Theologie geben, (2) von daher die Thematik „Shrinking Spaces – Mehr Raum für globale Zivilgesellschaft!“ der 16. Entwicklungspolitischen Hochschulwochen in Salzburg durch drei Beispiele aus der interkulturell-theologischen Auseinandersetzung beleuchten und (3) einige mögliche Konsequenzen für Forschung und Lehre des Zentrums benennen.

1 „Theologie Interkulturell und Studium der Religionen“: ein akademisches Fach im Raum globaler Zivilgesellschaft

„Theologie Interkulturell“ bzw. „Interkulturelle Theologie“[5] ist das bisher jüngste Fach im theologischen Fächerkanon, das sich einem tiefgreifenden Transformationsprozess und dem damit verbundenen Problembewusstsein des ausgehenden 20. Jahrhunderts verdankt. Im Anschluss an die Phase der Entkolonialisierung in Asien und Afrika hatte sich die Theologie auf eine grundlegend veränderte Situation einzustellen: der Eurozentrismus der christlichen Kirchen wurde von den „jungen Kirchen“ im globalen Süden in Frage gestellt, ebenso die paternalistische bzw. (neo-)koloniale Haltung vieler Vertreter*innen der kirchlichen Mission und Entwicklungsarbeit; der religiöse Pluralismus forderte die Theologie dazu heraus, den Heils- und Wahrheitsansprüchen nichtchristlicher Religionen mit einer entsprechenden Theorie und Praxis zu begegnen; und bedrängende Erfahrungen[6] wie Armut, Diskriminierung, Globalisierung, Xenophobie und

---

die Interkulturelle Theologie, 154–186; Hock, Einführung in die Interkulturelle Theologie; Walz, Kritik der europäischen Vernunft; Müller, Religionen und Entwicklung; Beauftrage für den Kirchlichen Entwicklungsdienst (Hg.), Entwicklung – Ökumene – Weltverantwortung.

4 Gmainer-Pranzl, Missionstheologie und Entwicklungstheorie; ders., Interkulturelle Theologie im Licht entwicklungstheoretischer Forschung.

5 Je nachdem, ob eher die unausweichliche und grundsätzliche Interkulturalität der Theologie als solche oder die spezifische Expertise einer einzelnen Disziplin innerhalb des theologischen Fächerkanons betont werden soll, spricht man (adverbiell) von „Theologie Interkulturell“ (so die Sprachregelung an der Universität Salzburg und an der Goethe-Universität Frankfurt am Main) oder (adjektivisch) von „Interkultureller Theologie“ (wie an den meisten [Evangelisch-]Theologischen Fakultäten in Deutschland).

6 In theologischer Semantik: „Zeichen der Zeit“.

Migration setzten die theologische Reflexion unter Druck, bisherige Konzepte und Zuordnungen von Religion und Politik, Kirche und Gesellschaft sowie von Universalität und Partikularität kritisch zu hinterfragen.[7] Viele Selbstverständlichkeiten traditioneller christlicher Theologie wurden durch die Prozesse der Globalisierung und Pluralisierung in Frage gestellt: der universale Deutungsanspruch europäischer und nordamerikanischer Theologie; das Selbstverständnis der westlichen Kirchen als „Mittelpunkt“ und Leitungsinstanz der Weltchristenheit; das kulturelle Monopol christlich geprägter Gesellschaften oder bestimmte gesellschafts- und wirtschaftspolitische Erklärungsmuster (etwa die Asylpolitik oder Entwicklungszusammenarbeit betreffend).

Um die Jahrtausendwende wurden an Katholisch- und Evangelisch-Theologischen Fakultäten des deutschen Sprachraums die ersten Institute für „Interkulturelle Theologie“ gegründet, so auch an der Universität Salzburg.[8] An der Gestaltung und Strukturierung dieses neuen universitären Fachs wird in besonderer Weise der Problemdruck, der sich angesichts der globalen Umbruchsdynamiken für die christliche Theologie ergeben hat, sichtbar: in der Auseinandersetzung mit lokalen, „kontextuellen“ Theologien (z. B. Theologie in China, Theologie in Ostafrika, Theologie in Brasilien usw.), die Resultat eines wechselseitigen Einflusses einer bestimmten Gesellschaft bzw. kulturellen Traditionen und dem lokalen Christentum sind; in der kritischen Rekonstruktion von Begriffen und Konzepten, die für die interkulturell-theologische Auseinandersetzung maßgeblich sind, wie z. B. Mission, Kultur, Religion, Kontext, Universalität, Heil usw.; in der Begegnung von Menschen aus unterschiedlichen religiösen Traditionen, die Gemeinsamkeiten und Unterschiede spürbar werden lässt, aber auch deutlich macht, inwiefern Religionen mit politischen, sozialen und kulturellen Dimensionen des Lebens verwoben sind; sowie in der Frage, was das religiöse Selbstverständnis eines/einer Angehörigen der Religion A für eine Gläubige/einen Gläubigen der Religion B bedeutet bzw. welche wechselseitige Beeinflussung zwischen religiösen Heils- und Wahrheitsansprüchen einerseits und gesellschaftlichen Normen sowie politischen Überzeugungen andererseits bestehen (Stichwort: politische Instrumentalisierung von Religionen, Fundamentalismus usw.). Auch wenn die einzelnen universitären Standorte das Fach „Interkulturelle Theologie“ zum Teil sehr unterschiedlich vertreten, lassen sich

7 Vgl. den problemgeschichtlichen Hintergrund der Genese des Fachs „Theologie Interkulturell“ bei Gruber, Theologie nach dem Cultural Turn, 54–67.

8 Zur Entstehungsgeschichte der Salzburger Einrichtung vgl. Winkler, „Wer nur das Christentum kennt“.

vier große Arbeitsfelder[9] ausmachen, die in den soeben angeführten Problemstellungen bereits angeklungen sind:

- *kontextuelle Theologien*: die Erforschung lokaler theologischer Strömungen und Entwicklungen;
- *interkulturell-theologische Erkenntnislehre*: die Auseinandersetzung mit der Begrifflichkeit und Methodik theologischer Reflexion angesichts globaler Herausforderungen;
- *komparative Theologie*: der Vergleich von Elementen und Charakteristika unterschiedlicher Religionen;
- *Religionstheologie*: die Frage nach der Relevanz fremder religiöser Überzeugungen für die eigene religiöse Tradition und umgekehrt.

Ohne diese vier Arbeitsfelder zu sehr voneinander abzugrenzen – als wären sie unterschiedliche „Container" für bestimmte Fragestellungen –, lässt sich doch die Thematik „kontextuelle Theologien" als jener Arbeits- und Forschungsbereich ansehen, der am ehesten an die Fragestellung der 16. Entwicklungspolitischen Hochschulwochen „Shrinking Spaces – Mehr Raum für globale Zivilgesellschaft!" anschließt. Die Auseinandersetzung mit „kontextuellen Theologien" bedeutet, die konkrete Geschichte des Christentums von seinem gesellschaftlichen Hintergrund her zu erforschen.[10] Die Schlusserklärung der Konferenz von Daressalam vom August 1976, bei der die Organisation EATWOT[11] gegründet wurde, formulierte aus Sicht von Theolog*innen des globalen Südens den programmatischen Satz: „Da wir uns mehr und mehr des Einflusses von politischen, sozialen, ökonomischen, kulturellen, rassischen und religiösen Bedingungen auf die Theologie bewusst sind, wollen wir den Hintergrund unserer Länder als einen Bezugspunkt unserer theologischen Reflexion analysieren."[12] Mit diesem partizipativen, interdisziplinären und nicht zuletzt gesellschaftspolitischen Ansatz kommt die theologische Reflexion unweigerlich mit Fragen des gesellschaftlichen Lebens in Kontakt, und nachdem die Lebenssituation vieler Menschen in den Ländern des globalen Südens immer auch von Not, Repression, sozialer Ungleichheit, Gewalt und ökologischen Krisen geprägt ist, aber auch von einem bewundernswerten zivilgesellschaftlichen Engagement, hängen kirchliches Leben und theologische Auseinandersetzung untrennbar mit dem Kampf der Menschen gegen Unterdrückung, Ungerechtigkeit und Ausgrenzung

9 Vgl. Gmainer-Pranzl, „Theologie Interkulturell und Studium der Religionen", 166 f.
10 Vgl. die konzise Darstellung bei Estermann, Südwind.
11 Ecumenical Association of Third World Theologians.
12 Schlusserklärung der Konferenz von Daressalam, 33.

zusammen.[13] Das bedeutet: theologische Arbeit in Afrika, Asien und Lateinamerika, aber genauso in der westlichen Gesellschaft ist seit der Zeit der Entkolonialisierung, spätestens aber seit dem Erwachen einer „Politischen Theologie" in den späten 1960er Jahren in Lateinamerika, enorm herausgefordert von den Lebensbedingungen der armen Bevölkerungsmehrheit, von den ökonomischen und sozialen Folgen von Globalisierungsprozessen und neuerdings von neokonservativen, rechtspopulistischen und antidemokratischen Tendenzen in mehreren Ländern, in denen früher politische Aufbruchsstimmung herrschte; Brasilien ist hier als aktuelles Beispiel anzuführen.[14]

Wenn nun der Veranstaltungsfolder für die 16. Entwicklungspolitischen Hochschulwochen einleitend festhält: „Die Zivilgesellschaft steht unter Druck. Um sich Gehör zu verschaffen, müssen ihre AkteurInnen ihre Interessen immer vehementer verteidigen, denn: Weltweit greifen Regierungen mehrerer Länder zu Maßnahmen, welche die Rechte der Zivilgesellschaft beschneiden. Der Raum für Zivilgesellschaft wird stetig kleiner […]"[15], stellen diese bedenklichen Entwicklungen, die von vielen Vortragenden dieser Hochschulwochen eindrücklich aufgezeigt wurden, nicht nur (irgend-)ein Thema einer kontextuell-emanzipatorischen Theologie dar, sondern eine unausweichliche Herausforderung.[16] Nicht, dass die theologische Auseinandersetzung soziologische oder ökonomische Analysen ersetzen würde oder eindeutige Antworten auf die aktuellen Problemstellungen hätte; als Reflexion einer emanzipatorischen Hoffnung und befreienden Praxis kann Theologie jedoch gar nicht anders, als in den gegenwärtigen Kämpfen um Anerkennung, Gerechtigkeit und Freiheit einen Anspruch wahrzunehmen, in dem es um die Würde aller Menschen, um die Option für Arme und Benachteiligte sowie schlicht um den Respekt vor den Anderen geht – und damit um die „ureigenste Sache" der Theologie selbst: die Erfahrung einer verändernden und ermächtigenden Freiheit.[17] Um es auf den Punkt zu bringen: Theologie, die zur Freiheit des Menschen im Allgemeinen und zum Druck

---

13 Vgl. etwa die Beispiele in Lienemann-Perrin/Lienemann (Hg.), Kirche und Öffentlichkeit.

14 Vgl. Lichterbeck, Bolsonaro und die drei B.

15 https://www.suedwind.at/fileadmin/user_upload/suedwind/Regionalstelle_Salzburg/Programm_EPHSW2017_shrinking_spaces.pdf (28.08.2019).

16 Vgl. als aktuelle Stellungnahme Gebara, Das Theologietreiben im 21. Jahrhundert.

17 Gustavo Gutiérrez, der maßgebliche Initiator der lateinamerikanischen Befreiungstheologie, drückt diese konstitutive theologische Überzeugung so aus: „Radikale Befreiung ist das Geschenk, das Christus bringt" (Gutiérrez, Theologie der Befreiung, 170).

auf die lokale und globale Zivilgesellschaft im Besonderen nichts zu sagen hat, verfehlt ihr Thema.

2 „Shrinking Spaces" – eine drängende Herausforderung auch für die (interkulturelle) Theologie

Für jene politischen Initiativen und intellektuellen Impulse, die aus einer Kooperation christlicher Praxis und zivilgesellschaftlichen Engagements hervorgegangen sind, ließen sich zahlreiche, sehr beeindruckende Beispiele anführen; zugleich aber müssen sich christliche Kirchen (und Religionsgemeinschaften als solche) auch die Frage stellen, ob sie nicht selbst – aktiv oder indirekt – an einer Dynamik der *Shrinking Spaces* mitwirken: durch Intoleranz, Sympathien für rechtspopulistische Politiken bzw. die Tendenz, Eigeninteressen (etwa zum Erhalt und zur Stärkung der eigenen Institution) über das Wagnis der Solidarität, der Machtkritik oder eines emanzipatorischen Engagements zu stellen. Manchmal ist es auch einfach das Desinteresse an gesellschaftlichen bzw. globalen Entwicklungen oder das Konzept einer individuellen, apolitischen Spiritualität, die mit dazu beitragen, dass jenen Kräften, die den Raum der Zivilgesellschaft immer mehr einschränken, nichts entgegengesetzt wird. Hier wird die Thematik der „*Shrinking Spaces*" zu einer kritischen Anfrage an die Theorie und Praxis christlicher Theologie selbst. Auf dem Hintergrund dieses Problembewusstseins soll im Folgenden an drei Beispielen aufgezeigt werden, inwiefern (interkulturelle) Theologie unweigerlich mit der Problemstellung der 16. Entwicklungspolitischen Hochschulwochen zu tun hat und wie der theologische Diskurs auf diese Herausforderungen zu antworten versucht.

2.1 Rechtspopulismus und identitäre Politik

Dass der Spielraum zivilgesellschaftlichen Handelns in zahlreichen Ländern der Welt gegenwärtig (mehr oder weniger) eingeschränkt wird, hat nicht zuletzt mit rechtspopulistischen und identitären Politikkonzepten zu tun, die in Zeiten des Umbruchs und der Unsicherheit offenbar viele Menschen ansprechen. Kennzeichen einer rechtspopulistischen Politik sind vor allem die Unterstellung einer kulturellen Homogenität, die typisch und maßgeblich für ein „Volk" sei; die Kulturalisierung sozialer Konflikte;[18] die Konstruktion und Inszenierung unterschiedlicher „Identitäten" zwischen Angehörigen der Mehrheitsgesellschaft

18 Vgl. die eindrückliche Analyse von Feinberg, der die Verteidigung des Wohlstands Europas als eigentliches Ziel einer kulturalistischen, fremdenfeindlichen Politik hervorhebt und hinter der Berufung auf „Kultur" letztlich ökonomische Motive sieht: „Wenn

und Angehörigen von Minderheiten, zu deren Zwecken immer auch religiöse Symbole und Elemente religiöser Botschaften instrumentalisiert werden; die Überblendung einer sach- und faktenorientierten Analyse durch Emotionen, suggestive mediale Strategien und das Schüren von Angst; und nicht zuletzt die Naturalisierung historischer oder gesellschaftlicher Entwicklungen, wie sie etwa im „Heimat“-Begriff zur Geltung kommt.[19]

Rechtspopulistische und identitäre Formen von Politik haben insofern ein „Shrinking of public spaces“ zur Folge, als die „Versicherheitlichung“[20] des öffentlichen Raumes, eine schwelende „Mixophobie“[21] oder überhaupt Xenophobie, eine (medial und politisch beförderte) Abneigung gegen kritischen Journalismus, Intellektualität, emanzipatorische Politik, interkulturelles/interreligiöses Engagement und kosmopolitische Haltungen, die Artikulationsmöglichkeiten bzw. den Aktionsradius zivilgesellschaftlicher Bewegungen zum Teil empfindlich einschränken.[22] Eine neue Rhetorik eines NGO-Bashings, verbunden mit Kürzungen von Subventionen für engagierte Initiativen im Bereich der Migrations- oder Entwicklungspolitik sowie Druck, der auf die Tätigkeit und Berichterstattung von zivilgesellschaftlichen Organisationen bzw. von Medien überhaupt ausgeübt wird, sind zu Kennzeichen dieser neuen Form von Politik geworden.[23]

Spätestens seit Mitte der 2010er Jahre findet eine explizite und durchwegs kritische Auseinandersetzung der Theologie mit dem gesellschaftlichen Rechtspopulismus statt,[24] und zwar vor allem mit der zunehmend restriktiven Migrationspolitik, antisemitischen und islamophoben Tendenzen, der Unterdrückung sozialer Bewegungen sowie der identitären Vereinnahmung christlicher Symbole,

---

Menschen sich auf ökonomischer Ebene den Marktgesetzen hilflos ausgeliefert fühlen, setzen sie auf die kulturelle Ebene“ (Feinberg, Die Verteidiger Europas, 6).

19 Vgl. die zusammenfassenden Überlegungen bei Wodak, Politik mit der Angst, 40–42, 83–84.

20 Bauman, Die Angst vor den anderen, 28.

21 Ebd. 14.

22 Vgl. Simsa, Wie die Politik die Zivilgesellschaft einschränkt, mit der Präsentation der Ergebnisse einer Studie an der WU Wien zum schleichenden Prozess der Einschränkung der Zivilgesellschaft, der in vier Schritten erfolgt: 1. Rhetorik und Narrative, 2. Einschränkung der Partizipation, 3. Finanzierung als Machtmittel, 4. Unterminierung von Grundrechen.

23 Vgl. Tragler, Vom Umgang mit unliebsamen Stimmen.

24 Vgl. exemplarisch Strube (Hg.), Rechtsextremismus; Lesch (Hg.), Christentum und Populismus; Orth/Resing (Hg.), AfD, Pegida und Co.; Akademie CPH (Hg.), Was tun gegen „rechts“?

um „andere“ Gruppen (gemeint ist hier insbesondere der Islam) auszugrenzen. Auch das Salzburger Zentrum Theologie Interkulturell und Studium der Religionen hat sich mit einer Lehrveranstaltung[25] und einer Publikation[26] an dieser Auseinandersetzung beteiligt. Die Reflexion der gesellschaftlichen Dynamiken, die zu rechtspopulistischen Tendenzen führen, ist zu einem wichtigen Anliegen (interkulturell-)theologischer Forschung geworden – einerseits, um den öffentlichen Raum der Freiheit und Meinungsäußerung, der schließlich auch den christlichen Kirchen zugutekommt, gegen rechtspopulistische „Shrinking“-Strategien zu verteidigen, und andererseits, um willkürlichen Interpretationen und Instrumentalisierungen religiöser Symbole und Inhalte Einhalt zu gebieten.

2.2 Religiöser Integralismus und Extremismus

Die Dynamik des „Shrinking Spaces“ stellt für die (interkulturelle) Theologie nicht nur eine Bedrohung von außen dar, sondern entspringt auch dem inneren Bereich der Religion(en). Wie sich immer wieder zeigt, sind Religionen ambivalent: sie verteidigen die Freiheit von Mensch und Gesellschaft, aber sie bedrohen sie auch und versuchen, den Spielraum von Kultur, Politik und Wissenschaft einzuengen.[27] In Form eines „Integralismus“ versuchen Religionen, das Leben der gesamten Gesellschaft unter religiöse Kontrolle zu bringen, also gleichsam alles in die Logik ihrer Überzeugungen zu „integrieren“, sei es die Rolle von Mann und Frau, das Verständnis von Familie oder die Perspektiven auf Kultur, Politik und Wissenschaft. Während solche integralistische Konzepte in Europa bis ins 20. Jahrhundert (zumindest teilweise) „erfolgreich“ waren – und dadurch religionskritische Tendenzen und Kirchenaustrittsbewegungen beförderten –, verfügen verschiedene Religionen in den Ländern des globalen Südens nach wie vor über ein hohes Maß an Sozialkontrolle und politischer Macht, was für die betroffenen Menschen sowohl Orientierung als auch Einengung, ja Repression bedeuten kann.[28]

---

25 Interdisziplinäres Forschungsseminar Theologie Interkulturell und Studium der Religionen im Sommersemster 2018 zum Thema „Rechtspopulismus und Religion“.

26 Vgl. Heft 1/2018 der Salzburger Theologischen Zeitschrift zum Schwerpunkt „Rechtspopulismus und Religion“; Übersicht: https://www.sbg.ac.at/sathz/2018-1/SaThZ-2018-1-IHVZ.pdf (29.08.2019).

27 Die Einführung eines „Tages der Opfer religiöser Gewalt“ durch die Vereinten Nationen, der ab 2019 jedes Jahr am 22. August begangen wird, macht auf diese Problematik aufmerksam.

28 Ein Beispiel für den Protest gegen die repressive Macht religiöser Traditionen – in diesem Fall die autoritäre Gesellschaftspolitik des Islams in Bangladesch betreffend –,

„Extremismus" besteht dem gegenüber in einer noch gesteigerten Form des Drucks auf eine offene und plurale Gesellschaft, der durch symbolische Aktionen bis hin zu terroristischen Handlungen einzig und allein das Ziel verfolgt, eine bestimmte religiöse Überzeugung und Symbolik als exklusiv geltende Orientierung zu etablieren. Religiöse Extremismen sind häufig politisch motiviert und bekämpfen alles, was sie in einer Gesellschaft als möglichen oder tatsächlichen Widerstand gegen ihre (zumeist identitäre) Politik ansehen; Beispiele dafür gibt es aus allen Weltreligionen.[29] Die Anhänger*innen einer Religion, aus deren Reihen Extremist*innen kommen, sind zumeist verschiedener Meinung; was für die einen eine legitime Manifestation der eigenen – oft als „bedroht" angesehenen – Tradition darstellt, ist für die anderen eine völlig überzogene Inszenierung und Ideologisierung einer religiösen Überzeugung sowie die Missachtung der Freiheit anderer.

Für eine christliche (interkulturelle) Theologie, die sich ernsthaft mit der Herausforderung religiöser Extremismen beschäftigt, ist eine zentrale Kategorie maßgeblich: *Religionsfreiheit*. Dieses grundlegende Menschenrecht[30] – das, wie nicht zu leugnen ist, unter anderem *gegen* die beharrenden Kräfte der christlichen Kirchen erstritten werden musste – begreift die Theologie spätestens seit dem 20. Jahrhundert[31] nicht bloß als „Zugeständnis" an die moderne Gesellschaft, sondern als fundamentale Voraussetzung religiöser Praxis als solcher. Wie denn sonst, wenn nicht durch freie Entscheidung, sollen Menschen ihre religiöse oder nichtreligiöse Überzeugung leben können? Das Zusammenleben von nichtreligiösen Menschen und von Gläubigen, die unterschiedlichen Religionsgemeinschaften angehören, ist in einer von Vielfalt, Migration und Globalisierung geprägten Gesellschaft überhaupt nicht anders möglich als durch die Anerkennung von Religionsfreiheit: sowohl als Freiheit *zur* Religion als auch als Freiheit *von* Religion; als Freiheit, eine religiöse Praxis aufzugeben, sowie als Freiheit, eine bestimmte religiöse Überzeugung zu übernehmen; als Freiheit, Religion praktizieren zu dürfen, sowie als Freiheit, zu einer anderen Religion konvertieren zu können oder überhaupt keine religiöse Überzeugung zu leben. In diesem

---

das in den 1990er Jahren international bekannt wurde, ist der Roman *Scham* von Taslima Nasrin (erschienen 1993 in Bangladesch), dem das bezeichnende Motto vorangestellt wurde: „Der andere Name von Religion sei von nun an Menschlichkeit" (Nasrin, Scham, 5).

29 Vgl. als ein aktuelles Beispiel Jaffrelot, Indien im Griff der Hindu-Nationalisten.

30 Vgl. Heimbach-Steins, Religionsfreiheit.

31 Vor allem durch die Proklamation der „Erklärung über die Religionsfreiheit" (*Dignitatis humanae*) 1965 am Ende des Zweiten Vatikanischen Konzils.

Zusammenhang ist auch auf die Möglichkeit von Religionskritik hinzuweisen, die manchmal von Gläubigen als „Beleidigung“ ihres Religionsbekenntnisses beklagt wird, in Wirklichkeit aber ebenfalls Ausdruck der Religionsfreiheit ist. Gegen das Missverständnis, das Recht auf „Religionsfreiheit“ sei entweder ein überkommenes Privileg bestimmter Kirchen und Religionsgemeinschaften (säkularistische Kritik) oder ein Freibrief, die „Gefühle“ religiöser Menschen zu „beleidigen“ (religiös-fundamentalistische Kritik), ist festzuhalten: Religionsfreiheit ist ein Menschenrecht, aber keine Immunisierung religiöser Wahrheiten oder Institutionen gegen Kritik, von wem auch immer sie geäußert wird.[32] Durch die Erforschung von Geschichte und Gegenwart des Anspruchs auf Religionsfreiheit sowie durch den engagierten Einsatz für das Menschenrecht auf Religionsfreiheit – und selbstverständlich auch für alle anderen Menschenrechte – kann die (interkulturelle) Theologie einen entsprechenden Beitrag für einen lebendigen und vielfältigen Raum globaler Zivilgesellschaft leisten.[33]

2.3 Christliche Kirchen und zivilgesellschaftliche Bewegungen

Ein dritter, für die Thematik „Shrinking Spaces – Mehr Raum für globale Zivilgesellschaft!“ relevanter Beitrag interkulturell-theologischer Auseinandersetzung besteht in der Reflexion der Kooperation von christlichen Kirchen und zivilgesellschaftlichen Bewegungen, die seit dem Amtsantritt von Papst Franziskus

---

32 In diesem Sinn betont Heiner Bielefeldt, 2010–2016 UN-Sonderberichterstatter über Religions- und Weltanschauungsfreiheit: „Träger menschenrechtlicher Ansprüche im Feld von Religionen und Weltanschauungen können deshalb nur die *Menschen* in ihrer Würde, Freiheit und Gleichberechtigung sein. Menschenrechtlich geschützt ist nicht die Wahrheit der Religion, sondern die freie Wahrheitssuche der Menschen, nicht die Heiligkeit eines göttlichen Gesetzes, sondern die persönliche und gemeinschaftliche Freiheit religiöser Lebensführung, nicht der Vorrang der einen wahren Kirche, sondern die Möglichkeit zur öffentlichen Manifestation vielfältiger Überzeugungen“ (Bielefeldt, Religionsfreiheit, 136).

33 Das Zentrum Theologie Interkulturell und Studium der Religionen setzte sich bereits vor zehn Jahren mit religiös motivierter Gewalt auseinander; vgl. Hoff/Winkler (Hg.), Religionskonflikte. Im SS 2016 fand im Rahmen der Lehrveranstaltung „Modul zur Spezialisierung“ ein interdisziplinäres Seminar zur „Fundamentalismus- und Extremismusforschung“ statt. Zudem trägt der jährlich im November stattfindende „Empfang der Religionen“ an der Katholisch-Theologischen Fakultät der Universität Salzburg dazu bei, dass sich Vertreterinnen und Vertreter der in Salzburg ansässigen Religionsgemeinschaften besser kennenlernen (vgl. www.uni-salzburg.at/ztkr/empfang-der-religionen).

(2013) intensiviert wurde,[34] aber genauso in vielen anderen religiösen Traditionen gepflegt wird. Angehörige einer Religionsgemeinschaft arbeiten mit Mitgliedern von sozialen Bewegungen bzw. zivilgesellschaftlichen Organisationen zusammen, um sich für konkrete Projekte zu engagieren oder auch nachhaltigere politische Ziele zu verfolgen. Diese Kooperation versteht sich nicht nur als pragmatisches „Zweckbündnis" – weil eine größere Anzahl von Menschen eben mehr erreichen kann –, sondern auch als Ausdruck der Überzeugung, dass durch die Zusammenarbeit mit Anders- oder Nichtglaubenden wichtige Lernerfahrungen angestoßen werden können, die auch theologisch relevant sind. Während die Tendenzen zur Einschränkung und Marginalisierung der Zivilgesellschaft vom Vorurteil getragen sind, dass nur die eigene Gruppe/Partei/Weltanschauung genau weiß, wie gesellschaftliche Probleme zu lösen sind, und sich von anderen letztlich nichts lernen lasse, gehen Angehörige christlicher Kirchen, die sich mit zivilgesellschaftlichen Bewegungen verbünden, von genau der entgegengesetzten Überzeugung aus: Eine lebendige Zivilgesellschaft lebt von unterschiedlichen Positionen, Fähigkeiten und Erfahrungen, die in das gemeinsame Engagement für eine bessere Welt eingebracht werden können und sollen.[35]

Zu den Aufgaben interkultureller Theologie gehört von daher auch die wissenschaftliche Begleitung von Kooperationen zwischen kirchlichen Gruppierungen und zivilgesellschaftlichen Bewegungen, sowohl was den Beitrag christlicher Kirchen für bestimmte politische Initiativen (etwa in den Bereichen Sozialpolitik, Ökologie, Diversity, Migrations- und Asylpolitik, Gender usw.) betrifft,[36] als auch die Impulse und Lernerfahrungen, die soziale Bewegungen ihren Mitstreiter*innen aus christlichen Kirchen vermitteln.[37] Zwar ist es nicht unmittelbare Aufgabe der theologischen Reflexion, politische Initiativen zu

34 Vgl. die erste diesbezügliche Studie von Kern, Radikal Welt verändern.

35 Vgl. die Überlegungen von Spiegel, in denen er neben vielen Möglichkeiten für ein entwicklungspolitisches Engagement auch die nachdenkliche Anmerkung macht: „Die Ressource Solidarität ist knapp" (Spiegel, Wie wollen wir leben, 210).

36 Vgl. Moreira, Beiträge der Theologie der Befreiung.

37 Hier ist besonders auf theologische Beiträge aus Asien zu verweisen, wo Kooperationen zwischen Vertreter*innen christlicher Kirchen (die in vielen asiatischen Ländern eine kleine Minderheit darstellen) und sozialen Bewegungen um vieles selbstverständlicher sind als in Europa. Als Beispiel für die theologische Rezeption der Erfahrungen mit sozialen Kämpfen vgl. Wilfred, Asian Public Theology; bereits in der Einleitung fordert der Autor, ein weltweit bekannter indischer Theologe, einen Übergang „[f]rom Civil Society to ‚Political Society'" (ebd. XIX).

setzen, sondern zivilgesellschaftliche Prozesse kritisch-differenziert zu reflektieren; dennoch erwächst der Disziplin interkultureller Theologie auf diesem Weg ein beträchtliches Potential an Erfahrungen in den Bereichen sozialer, gesellschaftspolitischer und globaler Auseinandersetzungen, das ihren eigenen Diskurs bereichert und verändert. Von daher versteht sich das Fach „Interkulturelle Theologie" durchaus als wissenschaftlicher Teilnehmer an jener progressiven Koalition von Menschen und Gruppen, die davon bewegt sind, dass „eine andere Welt möglich ist" (so das bekannte Motto des ersten Weltsozialforum in der südbrasilianischen Stadt Porto Alegre im Jahr 2001).[38] In der „Charta der Prinzipien"[39], die durch den Internationalen Rat des Weltsozialforums am 10.06.2001 verabschiedet wurde, wird dieses Forum als „(1) [...] ein offener Treffpunkt für reflektierendes Denken, demokratische Debatte von Ideen, Formulierung von Anträgen, freien Austausch von Erfahrungen und das Verbinden für wirkungsvolle Tätigkeit" angesehen, das „(5) [...] Organisationen und Bewegungen der Zivilgesellschaft aus allen Ländern in der Welt" zusammenbringt und sich als „(8) [...] ein pluraler, breit gefächerter, nicht-konfessioneller, nichtstaatlicher und nicht-parteiischer Zusammenhang" versteht, der „(9) [...] offen ist für Pluralismus, Vielfältigkeit der Aktionen und Arten des Engagements der Organisationen und der Bewegungen, die sich entscheiden, an ihm teilzunehmen, sowie für Vielfalt der Geschlechter, der Ethnien, der Kulturen, der Generationen und der physischen Kapazitäten [...]". Gerade diese Offenheit, Pluralität und Nicht-Konfessionalität bieten die ideale Voraussetzung dafür, dass Gruppierungen und Initiativen aus christlichen Kirchen gemeinsam mit vielen anderen Engagierten am Ziel, „(14) [...] eine neue Welt in Solidarität aufzubauen", mitwirken können.

Für das Zentrum Theologie Interkulturell und Studium der Religionen stellt die Kooperation von christlichen Kirchen und zivilgesellschaftlichen Bewegungen eine noch eher neue Thematik dar, die in Lehrveranstaltungen und Kooperationen (z. B. mit Südwind Salzburg, AK Salzburg, AAI Salzburg usw.) umgesetzt wird. Ein deutliches Signal für den Bezug der (interkulturellen) Theologie zu Theorie und Praxis zivilgesellschaftlicher Bewegungen ist der „Erwin-Kräutler-Preis für kontextuelle Theologie, interreligiösen Dialog und

---

38 Zur Situation der Weltsozialforen fast zwanzig Jahre nach ihrer Gründung vgl. Dilger, Es war einmal in Porto Alegre, vor allem sein Resümee mit Blick auf die rechtskonservativ/-populistisch beeinflussten politischen Umbrüche in Lateinamerika in den vergangenen Jahren: „Eine selbstkritische Aufarbeitung der Frage, wie es zum Ende dieses ‚progressiven Zyklus' kommen konnte, steht bis heute aus" (ebd. 19).

39 Zu den folgenden Zitaten vgl. http://weltsozialforum.org/prinzipien/index.html (30.08.2019).

befreiungstheologische Forschung", der seit 2011 alle zwei Jahre vergeben wird und in seiner Ausrichtung u. a. ausdrücklich die Themen „Friede, Gerechtigkeit und Bewahrung der Schöpfung […], soziale Gerechtigkeit, Solidarität, offene Gesellschaft […]" umfasst.[40]

3 Anstöße für die interkulturell-theologische Arbeit

Die 16. Entwicklungspolitischen Hochschulwochen, die die Bedrohung des Raums globaler Zivilgesellschaft in den Blick nahmen, waren für das Zentrum Theologie Interkulturell und Studium der Religionen an der Universität zweifellos ein Anstoß, diese Problematik künftig stärker in den interkulturell-theologischen Diskurs aufzunehmen. Konkrete Folgen dieser Auseinandersetzung werden eine noch intensivere Kooperation interkultureller Theologie mit der entwicklungstheoretischen Forschung und entwicklungspolitischen Initiativen sein[41] sowie eine stärkere Berücksichtigung sozialwissenschaftlicher Beiträge in der interdisziplinären Arbeit. Mehr als in früheren Jahren ist sich auch die interkulturell-theologische Forschung dessen bewusst, dass eine freie und offene (Zivil-)Gesellschaft keine selbstverständliche Errungenschaft ist, sondern immer wieder neu gestaltet und gegen Tendenzen der identitären Regression, der neoliberalen Ökonomisierung oder der rechtspopulistischen/neokonservativen Entsolidarisierung verteidigt werden muss. Die Spannung zwischen der Macht globaler politischer Entwicklungen, der spezifischen Perspektive christlicher Theologie und der notwendigen Differenziertheit wissenschaftlicher Arbeit, in die der Diskurs interkultureller Theologie dabei notwendig gerät, könnte dazu

---

40 Vgl. www.uni-salzburg.at/ztkr/erwin-kraeutler-preis (30.08.2019). Erwin Kräutler (geboren 1939) stammt aus Vorarlberg und war 1981–2015 Bischof der Diözese Xingu im Nordosten Brasiliens; bei seinem Einsatz für die indigenen Bewohner*innen des Amazonasgebiets sowie für die Rechte benachteiligter Bevölkerungsgruppen kooperierte er mit zahlreichen sozialen Bewegungen.

41 Jüngste Projekte in diesem Bereich sind die Lehrveranstaltung „Kritische Entwicklungstheorie" im Rahmen des interdisziplinären Forschungsseminars Theologie Interkulturell und Studium der Religionen im Wintersemester 2019/20 sowie die Vorbereitung eines Schwerpunktheftes (geplant für Dezember 2020) von „Polylog. Zeitschrift für interkulturelles Philosophieren" zur Thematik „Interkulturelle Philosophie und Kritische Entwicklungstheorie im Dialog", gemeinsam mit Dr.[in] Julia Schöneberg (Universität Kassel). Nicht zuletzt ist auf den Schwerpunkt „Theologie des Wiederaufbaus" zu verweisen, einem kontextuell-theologischen Ansatz, in dem die Kooperation zwischen unterschiedlichen gesellschaftlichen Gruppen zur Stärkung der Zivilgesellschaft in Ost- und Zentralafrika eine entscheidende Rolle spielt.

beitragen, das Engagement für einen möglichst großen Raum zivilgesellschaftlichen Handelns als interdisziplinäre Herausforderung für die wissenschaftliche Arbeit an der Universität als solcher wahrzunehmen.

Literatur

Akademie CPH (Hg.), Was tun gegen „rechts"? Empfehlungen für den Umgang mit Rechtspopulismus und Rechtsextremismus in Kirche und Gesellschaft. Ein Handbuch für die Praxis, Würzburg 2018.

Bauman, Zygmunt, Die Angst vor den anderen. Ein Essay über Migration und Panikmache, Berlin 2016.

Beauftragte für den Kirchlichen Entwicklungsdienst der Landeskirchen/Evangelische Kirche in Deutschland (Hg.), Entwicklung – Ökumene – Weltverantwortung. 50 Jahre Kirchlicher Entwicklungsdienst, Leipzig 2018.

Bielefeldt, Heiner, Religionsfreiheit – oft missverstanden, aber unverzichtbar, in: Krämer, Klaus/Vellguth, Klaus (Hg.), Religionsfreiheit. Grundlagen – Reflexionen – Modelle (Theologie der Einen Welt 5), Freiburg im Breisgau 2014, 115–137.

Dilger, Gerhard, Es war einmal in Porto Alegre, in: Le Monde diplomatique 23 (2017) 11, 19.

Estermann, Josef, Südwind. Kontextuelle nicht-abendländische Theologien im globalen Süden (Forum Religionspädagogik interkulturell 31), Zürich 2017.

Feinberg, Josef Grim, Die Verteidiger Europas. Warum die neue radikale Rechte in Ost und West so erfolgreich ist, in: Le Monde diplomatique 22 (2016) 4, 6–7.

Gebara, Ivone, Das Theologietreiben im 21. Jahrhundert angesichts der neuen Formen der Unterdrückung, in: Gmainer-Pranzl, Franz/Lassak, Sandra/Weiler, Birgit (Hg.), Theologie der Befreiung heute. Herausforderungen – Transformationen – Impulse (Salzburger Theologische Studien 57, interkulturell 18), Innsbruck 2017, 217–232.

Gmainer-Pranzl, Franz, Missionstheologie und Entwicklungstheorie. Skizze eines interdisziplinären Projekts, in: Delgado, Mariano/Sievernich SJ, Michael/Vellguth, Klaus (Hg.), Transformation der Missionswissenschaft. Festschrift zum 100. Jahrgang der ZMR. Zeitschrift für Missionswissenschaft und Religionswissenschaft 1911–2016, St. Ottilien 2016, 128–137.

Gmainer-Pranzl, Franz, Interkulturelle Theologie im Licht entwicklungstheoretischer Forschung, in: Interkulturelle Theologie. Zeitschrift für Missionswissenschaft 43 (2017) 3, 168–183.

Gmainer-Pranzl, Franz, Theologie Interkulturell und Entwicklungstheorie, in: Gmainer-Pranzl, Franz/Rötzer, Anita (Hg.), Zukunft entwickeln. Dokumentation der 15. Entwicklungspolitischen Hochschulwochen an der Universität Salzburg 2015 (Salzburger interdisziplinäre Diskurse 8), Frankfurt am Main 2017, 27–46.

Gmainer-Pranzl, Franz, „Theologie Interkulturell und Studium der Religionen": Zur Theorie christlicher Glaubensverantwortung im Horizont von Pluralität und Globalität, in: Gmainer-Pranzl, Franz/Hoff, Gregor M. (Hg.), Das Theologische der Theologie. Wissenschaftstheoretische Reflexionen – methodische Bestimmungen – disziplinäre Konkretionen (Salzburger Theologische Studien 62), Innsbruck 2019, 163–178.

Gruber, Judith, Theologie nach dem Cultural Turn. Interkulturalität als theologische Ressource (ReligionsKulturen 12), Stuttgart 2013.

Gutiérrez, Gustavo, Theologie der Befreiung (Gesellschaft und Theologie, Systematische Beiträge 11), München/Mainz ^{9}1986.

Heimbach-Steins, Marianne, Religionsfreiheit. Ein Menschenrecht unter Druck, Paderborn 2012.

Hock, Klaus, Einführung in die Interkulturelle Theologie, Darmstadt 2011.

Hoff, Gregor Maria/Winkler, Ulrich (Hg.), Religionskonflikte. Zur lokalen Topografie eines Globalisierungsphänomens (Salzburger Theologische Studien 42, interkulturell 7), Innsbruck 2011.

Jaffrelot, Christophe, Indien im Griff der Hindu-Nationalisten, in: Le Monde diplomatique 25 (2019) 7, 1, 16.

Kern, Benedikt, Radikal Welt verändern. Papst Franziskus und die Sozialen Bewegungen (Edition ITP-Kompass 24), Münster 2018.

Küster, Volker, Einführung in die Interkulturelle Theologie (UTB 3465), Göttingen/Oakville 2011.

Lesch, Walter (Hg.), Christentum und Populismus. Klare Fronten? Freiburg im Breisgau 2017.

Lichterbeck, Philipp, Bolsonaro und die drei B, in: Südwind Magazin. Internationale Politik, Kultur und Entwicklung 3–4 (2019), 8–13.

Lienemann-Perrin, Christine/Lienemann, Wolfgang (Hg.), Kirche und Öffentlichkeit in Transformationsgesellschaften, Stuttgart 2006.

Moreira, Alberto da Silva, Beiträge der Theologie der Befreiung zu den sozialen Bewegungen, in: Gmainer-Pranzl, Franz/Lassak, Sandra/Weiler, Birgit (Hg.), Theologie der Befreiung heute. Herausforderungen – Transformationen – Impulse (Salzburger Theologische Studien 57, interkulturell 18), Innsbruck 2017, 69–93.

Moser, Maria Katharina/Prüller-Jagenteufel, Gunter/Prüller-Jagenteufel, Veronika, Gut(e) Theologie lernen. Nord-Süd-Begegnung als theologisches Lernfeld (Kommunikative Theologie 10), Ostfildern 2009.

Müller, Johannes, Religionen und Entwicklung. Sozialkapital, Solidarität und Hilfe von unten, in: Stimmen der Zeit 142 (2017) 9, 623–633.

Nasrin, Taslima, Scham. Lajja. Roman, Hamburg 1995.

Orth, Stefan/Resing, Volker (Hg.), AfD, Pegida und Co. Angriff auf die Religion? Freiburg im Breisgau 2017.

Rensinghoff, Katharina, Ökumenisches Lernen auf den crossroads weltkirchlicher Gemeindepartnerschaften. Schwierigkeiten und Lösungsansätze, in: Bünker, Arnd u. a. (Hg.), Gerechtigkeit und Pfingsten. Viele Christentümer und die Aufgabe einer Missionswissenschaft, Ostfildern 2010, 187–197.

Schlusserklärung der Konferenz von Daressalem 1976, in: Von Gott reden im Kontext der Armut. Dokumente der Ökumenischen Vereinigung von Dritte-Welt-Theologinnen und -Theologen 1976–1996 (Theologie der Dritten Welt 26), Freiburg im Breisgau 1999, 33–46.

Simsa, Ruth, Wie die Politik die Zivilgesellschaft einschränkt, in: DER STANDARD, 03.04.2019, 30.

Spiegel, Pirmin, Wie wollen wir leben? Entwicklungspolitische Leitlinien für Christ- und Kirchesein in weltweiter Solidargemeinschaft, in: Krämer, Klaus/Vellguth, Klaus (Hg.), Weltkirche in Deutschland. Miteinander den Glauben leben (Theologie der Einen Welt 6), Freiburg im Breisgau 2014, 197–211.

Strube, Sonja Angelika (Hg.), Rechtsextremismus als Herausforderung für die Theologie, Freiburg im Breisgau 2015.

Tragler, Christine, Vom Umgang mit unliebsamen Stimmen, in: Südwind Magazin. Internationale Politik, Kultur und Entwicklung 3–4 (2018), 36–38.

Walz, Heike, Kritik der europäischen Vernunft? Herausforderungen für die Interkulturelle Theologie aus Lateinamerika und Afrika, in: Interkulturelle Theologie. Zeitschrift für Missionswissenschaft 41 (2015) 2/3, 261–283.

Wilfred, Felix, Asian Public Theology. Critical Concerns in Challenging Times, Delhi 2010.

Winkler, Ulrich, „Wer nur das Christentum kennt, kennt das Christentum nicht.“ Theologie Interkulturell und Religionen studieren in Salzburg, in: ders., Wege der Religionstheologie. Von der Erwählung zur komparativen Theologie (Salzburger Theologische Studien 46, interkulturell 10), Innsbruck 2013, 38–71.

Wodak, Ruth, Politik mit der Angst. Zur Wirkung rechtspopulistischer Diskurse, Wien/Hamburg 2016.

Beiträge der 16. Entwicklungspolitischen Hochschulwochen (Salzburg, 6.–16.11.2017)

Lara Wodtke

Shrinking Spaces – Mehr Raum für globale Zivilgesellschaft!

Abstract: Civil society, that is all individuals, movements and organisations who campaign for human rights, particularly for freedom of expression and assembly, has always had to contend with threats, violence and suppression; recently, however, many governments, including some in Europe, have been taking systematic action on a massive scale against civil society movements. „Shrinking spaces" are sadly no longer an exception. What is known as „NGO legislation" is being used to try to cut organisations off from international networking and to starve them of finance. Repressive governments constantly point to „non-interference" in a state's internal affairs, which ought to be safeguarded. This has led to journalists being threatened and, sadly, even killed. What this development means for democracy, including European democracy, remains to be seen.

Keywords: civil society, authoritarian government, NGOs, human rights, freedom of the press

Dass sich Nichtregierungsorganisationen (NGOs), die Gelder aus dem Ausland erhalten, in Russland als „ausländische Agenten" registrieren müssen; dass auf Malta eine Journalistin ermordet wurde, weil sie über Korruption berichtete; dass der Präsident der USA die Medien als Feinde des Volkes bezeichnet – all das sind Beispiele dafür, dass die Handlungsspielräume der Zivilgesellschaft weltweit eingeschränkt werden. *Shrinking Spaces* (deutsch: schrumpfende Räume) oder *Closing Spaces* (sich schließende Räume) wird dieser Trend genannt.

Mit Zivilgesellschaft sollen hier Menschen, Bewegungen und Organisationen gemeint sein, die für ihre Rechte und für politische oder gesellschaftliche Veränderung eintreten. Ihre Handlungsspielräume, die eingeschränkt werden, sind v. a. das Recht auf Meinungs-, Versammlungs- und Vereinigungsfreiheit. Diese Rechte sind in der Allgemeinen Erklärung der Menschenrechte der Vereinten Nationen in Artikel 19 und 21 festgesetzt sowie im Internationalen Pakt über Bürgerliche und Politische Rechte (Artikel 19, 21, 22) und der Europäischen Menschenrechts-Charta und sind damit geltendes Völkerrecht, an das Staaten gebunden sind. Stattdessen aber werden die Rechte vielerorts mit Füßen getreten und die Handlungsspielräume der Zivilgesellschaft systematisch eingeschränkt. Es ist dieses systematische Vorgehen und Einschränken der Rechte, die hier gemeint sind, wenn von *Shrinking Spaces* gesprochen wird. Denn natürlich ist es keinesfalls ein neues Phänomen, dass Menschenrechte missachtet werden und Menschen ihr Recht auf Meinungsfreiheit nicht garantiert wird. So ist es auch nicht neu, dass sich Zivilgesellschaft nur unter der Androhung von Gewalt und Repressalien organisieren und engagieren kann.

In den 1990er Jahren konnte man aber beobachten, dass die Freiräume für Zivilgesellschaft sich weiteten. Das ging mit einer Hoffnung und vielleicht naiven Vorstellung einher, dass der Trend für Meinungs-, Versammlungs- und Vereinigungsfreiheit sich fast unaufhaltsam Richtung Besserung bewegen würde. Seit einigen Jahren kann man aber beobachten, dass dieser positive Trend sich vielerorts gar umgekehrt hat. Beobachter*innen diagnostizieren, dass die Lage so schlimm ist wie seit 25 Jahren nicht mehr.[1] Diese Trendumkehr vollzieht sich rasant und ist systematisch. Das ist hier mit *Shrinking Spaces* gemeint.

1 Closed Spaces – die Regel, nicht die Ausnahme

Weltweit gehen Regierungen massiv gegen die Zivilgesellschaft vor. Nicht nur in autokratischen und autoritär-regierten Staaten. Auch in (semi)-demokratischen Ländern ist der Trend zu beobachten. Handlungsspielräume werden eingeschränkt (*shrinking spaces*) oder existieren so gut wie nicht mehr (*closed spaces*). Die Organisation CIVICUS, eine globale Allianz aus zivilgesellschaftlichen Organisationen und Aktivisten, die dafür arbeiten, Zivilgesellschaft und ihre Rechte weltweit zu stärken, beobachten die Entwicklung zivilgesellschaftlicher Handlungsspielräume. Ihr Civil Society Monitor zeigt, dass die Zivilgesellschaft in 80% der Länder unter Druck steht. Nur 23 Länder werden als *offen* eingestuft (Stand: November 2017). Nur 2% der Weltbevölkerung lebt in offenen Gesellschaften, während 3 Milliarden Menschen es mit ernsthaften Einschränkungen ihrer Rechte auf Meinungs-, Versammlungs- und Vereinigungsfreiheit zu tun haben.[2]

Besonders zu denken sollte geben, dass nur 13 von 28 EU-Mitgliedsstaaten als „offen" gelten – eine unbequeme Tatsache für eine Union, die sich auf die Werte Demokratie und Menschenrechte beruft, urteilt CIVICUS.[3] Auch Reporter ohne Grenzen warnen u. a. davor, dass in etablierten Demokratien in Europa und Nordamerika Politiker*innen, die ihre Verachtung für die Presse und politische Opposition zur Schau stellen, Autokraten auf der ganzen Welt die Legitimation und Rechtfertigung für ihre eigenen repressiven Praktiken liefern – und damit

1 Unmüßig, Shrinking – Closing – no Space.
2 Vgl. CIVICUS Monitor; CIVICUS Monitor Platform, Global Ratings Update.
3 Vgl. ebd.

einen gefährlichen Trend beflügeln, anstatt ihm Einhalt zu bieten.[4] Ein Beispiel für diese Dynamik ist Ungarns Ministerpräsident Victor Orbán und sein Kampf gegen kritische Zivilgesellschaft. Geht es nach ihm, sind Mitarbeitende von NGOs „bezahlte Aktivisten", die „Schmiergeld aus internationalen Finanzkreisen" bekommen, um das Land auszubeuten und „fremde, gegen das Land gerichtete Interessen" zu verfolgen[5]. US-Präsident Obama hatte ihn für diese Agenda immer kritisiert. Mit Donald Trumps Einzug ins Weiße Haus entfachte Orbán seinen Kampf gegen die Zivilgesellschaft jedoch erneut – seit 2017 gibt es ein neues NGO-Gesetz (siehe unten). Damit sind der Trend und seine Methoden also auch in Europa angekommen.

2 Shrinking Spaces sind nicht die Ausnahme, sie sind die Regel.

Wie einleitend bereits beschrieben, ist das Missachten und Einschränken von Menschenrechten leider keineswegs ein neuer Trend. Neu ist aber die Systematik, mit der Errungenes, Liberalisierung und demokratische Normen und Werte abgebaut werden, indem das Recht auf Meinungs-, Versammlungs-, und Vereinigungsfreiheit eingeschränkt wird, um so unliebsame Zivilgesellschaft mundtot zu machen.

Die Maßnahmen, die Machthabende dazu ergreifen, sind vielfältig und werden meistens in einem orchestrierten Bündel verwendet. Sie reichen von Hetz- und Diffamierungskampagnen über Zensur, bürokratische Auflagen und Hürden bis hin zu Kriminalisierung, Verfolgung, gewaltsamer Einschüchterung und in manchen Fällen sogar zu offener Gewalt und Mord. In der Praxis bedeutet das, dass der Zugang zum Internet in Ländern eingeschränkt wird oder Soziale Medien nicht aufrufbar sind; dass Aktivisten oder Journalisten Hetz- und Schmierkampagnen ausgesetzt werden, die sie ihre Glaubwürdigkeit kostet; dass NGOs derart umständliche und ausführliche Berichte über ihre Aktivitäten abliefern müssen, dass ihnen Ressourcen und Zeit für ihre eigentliche Arbeit fehlt; dass Mitarbeitende am Arbeitsplatz oder zu Hause von Geheimdiensten überwacht, befragt und eingeschüchtert werden; oder dass Menschen, die der Wahrheit oder den Privilegien der Machthabenden zu nahe kommen, ins Gefängnis geworfen werden, verschwinden oder auf offener Straße ermordet werden. Die Täter sind oft die Geheimdienste und Polizei der Staaten, oft aber auch private Akteure wie Sicherheitsfirmen, Gangs oder Milizen, die unter

---

4 Vgl. Reporter Ohne Grenzen, 2017.

5 Vgl. Verseck, Razzien gegen NGOs.

Umständen auch im Dienste wirtschaftlicher Interessen agieren. Im Endeffekt arbeiten staatliche und private Akteure vielerorts Hand in Hand und beschützen ihre Interessen gegenseitig, nicht zuletzt wegen der extrem niedrigen Aufklärungsrate und hohen Straflosigkeit.

Die Opfer sind Aktivisten, die ihre Rechte verteidigen, vor allem Menschenrechts-, Frauen- und LGBTI*-Aktivisten sowie Menschen, die sich gegen Raubbau an ihrem Land und Vertreibung engagieren. Amnesty International berichtet, dass 2017 mindestens 312 Menschenrechtsverteidiger/innen getötet wurden.[6]

3 NGO Gesetze – die Legalisierung von Repressionen

Ein besonderes Augenmerk soll hier auf sogenannte NGO-Gesetz fallen, die über die letzten 3 bis 5 Jahre einen regelrechten Boom erlebt haben und vor allem illustriert haben, in welcher Dimension das Vorgehen gegen Zivilgesellschaft und das Einschränken der Menschenrechte auf Meinungs-, Versammlungs- und Vereinigungsfreiheit nicht nur systematisiert, sondern auch legalisiert wurde. Dass die Organisation von NGOs gesetzlich geregelt ist, ist im Vereinsrecht an sich nichts Ungewöhnliches. Darin ist unter anderem festgehalten, mit welchen Regeln sich ein Verein gründen und organisieren darf, es gibt Transparenz- und Rechenschaftspflichten – wichtige Grundlagen für die Glaubwürdigkeit, Gemeinnützigkeit und damit das Handeln von NGOs.

NGO-Gesetze regeln auf ähnliche Weise, unter welchen Bedingungen zivilgesellschaftliche Organisationen oder NGOs in einem Land arbeiten dürfen. Ein besonderes Merkmal der Gesetze ist, dass sie auch die (vor allem finanziellen) Beziehung der Organisationen zum Ausland regeln. Laut dem *International Centre for Not-for-Profit Law* (ICNL) wurden allein im Jahr 2015 weltweit 64 solcher Gesetze, Verordnungen und anderer restriktiver Initiativen erlassen bzw. bestehende Gesetze verschärft.[7] Im Kern zielen diese Gesetze alle darauf ab, heimischen zivilgesellschaftlichen Organisationen ihre Verbindungen, vor allem finanzielle Verbindungen ins Ausland, abzuschneiden bzw. diese kontrollieren und überwachen zu können. Am bekanntesten ist das russische „Agenten-Gesetz“ – gleichzeitig eine Blaupause, die andere Staaten gerne kopieren: Organisationen, die finanzielle Zuwendungen aus dem Ausland erhalten und politisch tätig sind, müssen sich als „ausländische Agenten“ bei den russischen Behörden in ein Register eintragen – der Begriff „politische Tätigkeit“ wird dabei äußert

6 Vgl. Amnesty International, Agents of the People.
7 Vgl. Survey of Trends Affecting Civic Space, 2.

großzügig ausgelegt. Das Register umfasst mittlerweile rund hundert NGOs, darunter so gut wie alle namhaften Menschenrechtsorganisationen des Landes. Sie alle müssen sich in sämtlichen ihrer Publikationen als „ausländische Agenten" ausweisen. Amnesty International hat kritisiert, dass dieses Gesetz geschaffen wurde, „um kritische NGOs zu behindern, zu stigmatisieren und zum Schweigen zu bringen"[8]. Denn es gibt auch viele NGOs, die politisch, aber regierungstreu arbeiten und dies ungehindert ohne Registrierung tun können. Ausländische Finanzierung scheint also entgegen der Rhetorik nicht das ausschlaggebende Kriterium zu sein.

Ähnlich ist es in vielen anderen Ländern: In Israel wurde 2016 ein Gesetz verabschiedet, das NGOs, die mehr als die Hälfte ihrer Finanzierung aus dem Ausland erhalten, vorschreibt, dies bei allen öffentlichen Aktivitäten auszuweisen. Vertreter*innen der Organisationen müssen außerdem bei Besuchen im israelischen Parlament einen Button tragen, auf dem steht, dass sie aus dem Ausland finanziert werden. Premier Netanjahu erklärte dazu, dass so die „absurde Situation beendet [werde], dass sich ausländische Staaten in die inneren israelischen Angelegenheiten einmischen, ohne dass dies für die Öffentlichkeit erkennbar ist"[9]. In der Praxis sind von dieser Stigmatisierung als aus dem Ausland gesteuerte Aktivitäten zur Einmischung in inner-israelische Angelegenheiten vor allem linke, regierungs-kritische und Menschenrechtsorganisationen betroffen – sie sind überproportional auf Finanzierung aus dem Ausland angewiesen. Rechtsgerichtete und regierungstreue Gruppen finanzieren sich in hohem Maß aus israelischen Privatspenden und sind damit von dem Gesetz nicht betroffen.

In Ungarn ist seit 2017 ein NGO-Gesetz in Kraft, dass sich Organisationen registrieren und als „aus dem Ausland unterstützt" ausweisen müssen, wenn sie mehr als 24.000 Euro im Jahr aus dem Ausland erhalten – allerdings nur, wenn sie keine Sport-, religiösen oder ethnischen Organisationen, politische Parteien oder deren Stiftungen sind. Diese Akteure sind von den Berichtspflichten ausgenommen. Auch EU-Gelder, die der ungarische Staat verteilt, sind ausgenommen. EU-Gelder, die direkt an die Zivilgesellschaft fließen, jedoch nicht. Auch hier geht es mehr um die Empfänger/innen der Finanzierung und die staatliche Kontrolle darüber als um die ausländische Finanzierungsquelle selbst.

In China ist seit letztem Jahr ein Gesetz in Kraft, unter dem sich alle NGOs aus dem Ausland bei den Sicherheitsbehörden registrieren müssen und ihre Finanzen und alle Tätigkeiten offenlegen und genehmigen lassen müssen. Untersagt

8 Amnesty International, Agents of the people.
9 Yaron, Israel streitet über das neue NGO Gesetz.

sind unter anderem „politische und illegale religiöse“ Aktivitäten, die „Chinas Sicherheit“ sowie die „nationale und ethnische Einheit“ gefährden oder „gesellschaftliche öffentliche Interessen“ verletzen. Diese bewusst abstrakt formulierten Definitionen lassen viel Interpretationsfreiraum für die willkürliche Auslegung und Anwendung der Gesetze.[10]

In Indien existiert bereits seit 1976 der „Foreign Contributions Regulation Act“ (FCRA), der die finanzielle Unterstützung von indischen NGOs aus dem Ausland reguliert und sie für politische Arbeit verbietet. Das Gesetz wurde jedoch 2010 weiter verschärft. Seitdem müssen Organisationen ihre Registrierung regelmäßig erneuern lassen, und das Gesetz wird schärfer umgesetzt. Seitdem haben rund 14.000 Organisationen ihre Registrierung verloren (Stand Oktober 2016).[11] Zu den prominentesten Opfern zählte die Umweltorganisation Greenpeace Indien. Nachdem die Organisation vor allem wegen ihrer Kampagnen gegen die Kohlepolitik Indiens besonders angegriffen worden war, wurden ihr die FCRA-Lizenz entzogen, ihre Konten gesperrt und einer Mitarbeiterin die Ausreise zu einer Parlamentsanhörung in London verweigert.

Man sieht an diesen Beispielen exemplarisch, dass die Gesetze und bürokratischen Regularien in jedem Land verschieden sein mögen. Gemein haben sie jedoch, dass sie darauf abzielen, kritische Stimmen mundtot zu machen. Zivilgesellschaftliches Engagement bleibt prinzipiell erlaubt. Es wird aber diskreditiert oder ganz verboten, wenn es kritisch oder politisch ist.

Mit der neuen Welle der NGO-Gesetze wird versucht, Organisationen von ihren internationalen Netzwerken und ihrer finanziellen Unterstützung abzuschneiden. Sie sind in arbiträrer Sprache formuliert, die Raum für Willkür in der Anwendung der Gesetze lässt; sie zielen einseitig auf die Arbeit politischer und vor allem (regierungs)kritischer Organisationen ab, stigmatisieren und diffamieren zivilgesellschaftliche Akteure als aus dem Ausland gesteuert, um ihnen die gesellschaftliche Akzeptanz zu entziehen, und werden dementsprechend damit gerechtfertigt, dass Staats- und Regierungschefs sich gegen Einmischung aus dem Ausland verwehren.

3.1 Zwischen Menschenrechten und Nicht-Einmischung

Dieses Argument, die Nicht-Einmischung in die inneren Angelegenheiten eines Staates aus dem Ausland, ist die wohl beliebteste Rechtfertigung für bürokratische Hürden und Diffamierungsstrategien. Ein Grund dafür ist sicherlich das

10 Vgl. Giesen/Strittmatter, Deutsche Stiftungen in China.

11 Vgl. Harneit-Sievers, Begrenzte Meinungsfreiheit.

Schreckensbild westlicher Demokratieförderung, die als fehlgeleitete Politik der letzten Jahrzehnte und vor allem durch die missglückten militärischen Interventionen etwa im Nahen Osten der letzten Jahre jede Legitimation verloren haben. Nicht überraschend werden heute Geldtransfers zur Unterstützung demokratischer und menschenrechtlicher Prozesse, besonders aus dem Ausland, kritischer betrachtet denn je, und Regierungen im globalen Süden behalten sich vor, die volle Kontrolle über solche Geldflüsse zu behalten. Dabei verweisen die Machthabenden gerne auf das Völkerrecht und die darin verankerte staatliche Souveränität und das Recht auf Nicht-Einmischung (wie etwa Netanjahu und Orbán). Dabei vergessen sie leider immer zu erwähnen, dass sie nach internationalem Recht auch an die Menschenrechte gebunden sind und, wie bereits erwähnt, Meinungs-, Versammlungs- und Vereinigungsfreiheit ihrer Bürger*innen garantieren müssten.

Auch die Protestwelle der „Farbrevolutionen" und der „Arabellion" spielt sicherlich eine Rolle in den Beweggründen, die Menschenrechte trotzdem systematisch zu ignorieren. Die Organisation Carnegie hat seit 2010 in über 60 Ländern große Proteste gezählt, die angetrieben waren von sozialer und ökonomischer Ungerechtigkeit, Umweltkrisen und der Forderung nach Good Governance – demokratischer Regierungsführung und einem Ende der Korruption.[12] Diese und ähnliche Protestbewegungen scheinen es immer besser, schneller und in einem größeren Ausmaß zu schaffen, sich zu organisieren und zu mobilisieren. Ein Faktor dabei spielt sicherlich die fortschreitende Digitalisierung. Sie erlaubt es lokalen Protesten, sich noch schneller und effektiver mit nationalen, regionalen und internationalen Netzwerken zu verknüpfen und sichtbar zu sein.

3.2 Wenn Journalist/innen zu Terrorist/innen gemacht werden

Diese Forderungen nach Gerechtigkeit und demokratischer Teilhabe manifestieren sich immer effektiver und sichtbarer auf der ganzen Welt, und die politischen und ökonomischen Eliten suchen sie zu unterbinden. Bürokratische Auflagen in Form von NGO-Gesetzen sind dabei nur ein Instrument. Häufig werden auch andere Gesetze angewandt, um vor allem Individuen zu diffamieren, zu bedrohen und mundtot zu machen. So werden kritische Stimmen häufig unter der Anwendung von Sicherheits-, Medien-, Anti-Korruptions- oder Anti-Terrorgesetzen angeklagt und eingesperrt – vor allem in der Türkei seit dem Putsch-Versuch im Juli 2016 eine gängige Praxis. Die Wochenzeitung DIE ZEIT dokumentiert die Fälle inhaftierter Journalisten im Land und berichtet aktuell

12 Vgl. Carothers/Brechenmacher, Closing Space, 25.

von 154 Fällen. Den meisten inhaftierten Journalisten wird die Mitgliedschaft oder Unterstützung einer Terrororganisation vorgeworfen.[13]

So gehen Regierungen nicht nur gegen kritische Aktivisten vor, sondern auch gegen ihre Unterstützer*innen (Anwälte, Journalisten und Medienschaffende), die sie verteidigen und ihre Stimmen sichtbar machen.

Überproportional von gewaltsamen Repressionen betroffen sind außerdem Umweltaktivisten. Die Organisation *Global Witness* dokumentiert gemeinsam mit der britischen Tageszeitung *The Guardian* Morde an Umweltaktivisten. 2017 haben sie 197 getötete Aktivisten gezählt, die meisten von ihnen in Lateinamerika.[14] Hinzu kommt eine vermutlich hohe Dunkelziffer sowie zahllose Fälle von Gewalt, Drohungen, sexueller Gewalt und juristischer Angriffe, die alle normalerweise ungestraft bleiben. Die Aktivisten werden Opfer dieser Repressionen, weil sie sich gegen Regierungen und Firmen zur Wehr setzen, die ihr Land stehlen und die Umwelt zerstören. In den vergangenen Jahren berichtete *Global Witness*, dass die meisten Todesfälle im Zusammenhang mit extraktivistischen Industrien und Protest gegen sie stattfanden – also dem Abbau von Rohstoffen. Mittlerweile werden allerdings 60% der Todesfälle in Verbindung mit der Agroindustrie in Verbindung gebracht, also Landraub und Vertreibungen, um in Lateinamerika landwirtschaftliche Fläche für den Sojaanbau zu schaffen, der auch die vielen Nutztiere füttern soll, die wir hier in Europa Tag für Tag zu einem sehr niedrigen Preis verspeisen.

Die letzten drei Jahre sind die Zahlen der getöteten Aktivisten stetig gestiegen, 2017 gehen sie erstmals leicht zurück. *Global Witness* erklärt das damit, dass internationale Aufmerksamkeit und Druck als Antwort auf Tötungsdelikte Wirkung zu zeigen scheinen. Vor allem der Tod der Aktivistin Berta Cáceres hat international große Empörung ausgelöst und Aufmerksamkeit erfahren; in der Folge hat zum Beispiel die niederländische Entwicklungsbank erklärt, dass die Sicherheit von Menschenrechtsverteidiger*innen in Zukunft ein maßgeblicher Faktor für zukünftige Investitionen sein wird[15].

4 Shrinking Spaces und Demokratie

Dieser Trend der *Shrinking Spaces* und gewaltsame Repressionen gegen kritische Stimmen stellt die Opfer und zivilgesellschaftliche Organisationen vor eine große Herausforderung. Wie gehen sie mit dem Druck und der Bedrohung um?

---

13 Vgl. Klormann, Zehra, Aysenur, Mehmet.

14 Vgl. Global Witness, New Data Reveals.

15 Vgl. auch Harzer/Blume, Die Mörder von Berta Cáceres.

Geben sie auf und ziehen sich zurück? Passen sie ihre Arbeit den Vorgaben der Gesetze an und tun nur, was erlaubt ist, riskieren damit aber die Entpolitisierung und Selbstzensur? Was setzt man der Spaltung der Zivilgesellschaft in Gut und Böse entgegen, wie organisiert man Solidarität miteinander, wenn Netzwerke abgeschnitten werden? Bis zu welchem Punkt ist jede*r Einzelne bereit zu gehen, wenn Leib und Leben bedroht werden?

Die kritische Arbeit im Kontext von *Shrinking Spaces* und autoritären Regimen, die die Menschenrechte missachten, ist eine Gratwanderung. Viele Organisationen ziehen sich zurück oder tasten sich nur vorsichtig vor, jeden Tag aufs Neue, um zu sehen, wie viel kritische politische Arbeit sie noch leisten können. Einige setzen auf „Überwinterung": Sie reduzieren ihre Strukturen in einem Land auf ein Minimum und warten ab, ob sich die Lage wieder verbessert; manche geben auf. Gleichzeitig gibt es nach wie vor sehr viele engagierte und mutige Menschen, die weitermachen und ihre Rechte und Interessen verteidigen. Sie setzen sich für die Menschenrechte, für Rechtsstaatlichkeit, eine gerechte Wirtschaftspolitik, soziale und ökologische Gerechtigkeit ein, verteidigen Frauen- und LGBTI-Rechte und fordern ihr Recht auf demokratische Teilhabe ein. Damit greifen sie die Privilegien der politischen und wirtschaftlichen Machthabenden an, um ihnen Gerechtigkeit und Teilhabe entgegenzusetzen.

Wie wichtig das ist, kann man nicht überschätzen. Eine kritische und vielfältige Zivilgesellschaft, politische Opposition und eine freie Presse sind existenziell für eine demokratische Gesellschaft. Ohne sie kann es keine plurale gesellschaftliche Teilhabe an den Geschicken des Landes geben, und die Machthabenden können ansonsten nicht dazu angehalten werden, Politik und Wirtschaftspolitik im Interesse des Gemeinwohles zu gestalten. Deshalb müssen die Wahrung der Menschenrechte und das Eintreten gegen *Shrinking Spaces* uns alle angehen. Nicht nur in autoritären Regimen auf der ganzen Welt werden die Rechte auf Meinungs-, Versammlungs- und Vereinigungsfreiheit eingeschränkt. Auch in Europa und Nordamerika ist der Trend angekommen und fordert uns und unsere menschenrechtlichen und demokratischen Werte heraus.

Neben konkreten Gegenstrategien, wie man als Zivilgesellschaft mit *Shrinking Spaces*, ihren vielfältigen Gestalten und daraus folgenden Auswirkungen umzugehen lernt, gehört das Thema auf die politische Agenda. *Shrinking Spaces* und die Forderung, dass das Recht auf Meinungs-, Versammlungs- und Vereinigungsfreiheit – genau wie alle anderen Menschenrechte – geachtet wird, gehört ins Herz jeder entwicklungs- und außenpolitischen Agenda. Sie müssen Teil aller Gespräche und Verhandlungen zwischen Regierenden werden und endlich bindendes Kriterium für Wirtschaft und Investitionen werden. Meinungs-, Versammlungs- und Vereinigungsfreiheit sind allgemein gültige und unveräußerliche Menschenrechte. Das dürfen wir nicht vergessen und müssen stetig von diesen Rechten Gebrauch machen, um Handlungsspielräume offen zu halten und unsere Demokratien mit Leben zu füllen.

Literatur

Amnesty International, Agents of the People: Four Years of Foreign Agents' Law in Russia: Consequences for the Society (2016): https://www.amnestyusa.org/reports/agents-of-the-people-four-years-of-foreign-agents-law-in-russia/ (12.03.2020).

Amnesty International, Annual Report 2017/2018. The State of the World's Human Rights (22.02.2018): https://www.amnesty.org/en/documents/pol10/6700/2018/en/ (12.03.2020).

Carothers, Thomas/Brechenmacher, Saskia, Closing Space: Democracy and Human Rights Support under Fire, Washington 2014.

CIVICUS, Monitor: https://monitor.civicus.org/ (12.03.2020).

CIVICUS Monitor Platform, Global Ratings Update October 2017 (30.10.2017): https://blackseango.org/civicus-monitor-platform-global-ratings-update-october-2017/ (12.03.2020).

Giesen, Christoph/Strittmatter, Kai, Deutsche Stiftungen in China sind „technisch illegal", in: Süddeutsche Zeitung (13.03.2017): https://www.sueddeutsche.de/politik/gesetze-in-china-deutsche-stiftungen-in-china-sind-technisch-illegal-1.3416071 (12.03.2020).

Global Witness, New Date Reveals 197 Land and Environmental Defenders Murdered in 2017 (Blog, 02.02.2018): https://www.globalwitness.org/en/blog/new-data-reveals-197-land-and-environmental-defenders-murdered-2017/ (12.03.2020).

Harneit-Sievers, Axel, Begrenzte Meinungsfreiheit, überwachte NGOs: Indiens Zivilgesellschaft unter Druck (21.10.2016): https://www.boell.de/de/2016/10/21/begrenzte-meinungsfreiheit-ueberwachte-ngos-indiens-zivilgesellschaft-unter-druck (12.03.2020).

Harzer, Erika/Blume, Jutta, Die Mörder von Berta Cáceres kamen nach Mitternacht (04.03.2016): https://www.boell.de/de/2016/03/04/berta-caceres-ist-tot-die-moerder-kamen-nach-mitternacht (12.03.2020).

Jacob, Christian/Leifker, Maren/Meissler, Christine, Atlas der Zivilgesellschaft. Report zur weltweiten Lage, Berlin 2018.

Klormann, Sybille u. a., Zehra, Aysenur, Mehmet – angeklagt wegen Journalismus, in: ZEIT online (13.03.2017, aktualisiert am 27.09.2018): https://www.zeit.de/gesellschaft/zeitgeschehen/2017-03/pressefreiheit-tuerkei-inhaftierte-journalisten-deniz-yuecel-freedeniz (12.03.2020).

Reporter ohne Grenzen, Rangliste der Pressefreiheit 2017: https://www.reporter-ohne-grenzen.de/rangliste/2017/ (12.03.2020).

Survey of Trends Affecting Civic Space, in: Global Trends in NGO Law. A Quarterly Review of NGO Legal Trends around the World 7 (2016) 4: https://www.icnl.org/wp-content/uploads/global-ngo-law_trends7-4.pdf (12.03.2020).

Unmüßig, Barbara, Shrinking – Closing – no Space. Zivilgesellschaft unter Druck (Mai 2016): https://www.boell.de/sites/default/files/uploads/2016/03/zivilgesellschaft_unter_druck_shrinking_spaces.pdf (12.03.2020).

Verseck, Keno, Razzien gegen NGOs: Orbán putinisiert Ungarn (12.09.2016): https://www.spiegel.de/politik/ausland/ungarn-orban-will-ngos-zum-schweigen-bringen-a-990770.html (12.03.2020).

Yaron, Gil, Israel streitet über das neue NGO Gesetz, in: WELT (12.07.2016): https://www.welt.de/politik/ausland/article156994637/Israel-streitet-ueber-das-neue-NGO-Gesetz.html (12.03.2020).

Karin Fischer

Ein Konzept auf Reisen: Zivilgesellschaft im postkolonialen und entwicklungspolitischen Kontext

Abstract: The term „civil society" has been used in various contexts and is part and parcel of political vocabulary. Civil society traditionally occupies a position between the market, the state and the private life of individuals; these three spheres, however, tend to fluctuate and can be variously interpreted in their relationship to each other, as an analysis from a liberal and a Marxist perspective indicates. A postcolonial critique shows that in the Global South civil societies are constituted differently from those in the bourgeois capitalist societies of the North. From the perspective of a critical development policy, the preferential treatment of NGOs by international financial sponsors is questionable, on the grounds that it continues the neoliberal reinforcement of the dominant economic institutions and the marginalisation of the lower social strata. This means that the plurality and relativity, but above all the political power dynamics within the field of civil societies must be taken seriously; according to Antonio Gramsci, civil society is to be viewed as a space for critical engagement with relationships of domination.

Keywords: development policy, social injustice, postcolonial theory, civil society, Antonio Gramsci

Der Begriff der Zivilgesellschaft erlangte in ganz spezifischen politischen Kontexten Bedeutung. Die Protestierenden in den Ländern Osteuropas beriefen sich auf ihn, als sie gegen die spätstalinistischen Regime, die ihnen grundlegende Bürgerrechte vorenthielten, aufbegehrten. Zuvor tauchte er in Lateinamerika auf, im Kampf gegen die Militärdiktaturen. In den 1990er-Jahren machte der Begriff eine ähnliche Karriere wie „Globalisierung". Als inter- oder transnationale Zivilgesellschaft wurden jene Gruppen und Netzwerke in Nord und Süd bezeichnet, die gegen die Spielregeln und Repräsentanten der herrschenden Weltwirtschaftsordnung demonstrierten. Etwa zur selben Zeit entdeckte die internationale Entwicklungspolitik „die Zivilgesellschaft" als eine zentrale Akteurin, die Entwicklungsprogramme „von unten" voranbringen soll.

Dass der Begriff für so unterschiedliche und unvergleichbare Kontexte verwendet wird, verweist auf seine Bedeutungsvielfalt und seine mannigfaltigen Ausdrucksformen in der Realität. Es mag gerade seine Vieldeutigkeit sein, die den Begriff so beliebt macht. „Zivilgesellschaft" ist ein „Zeltwort", in das viel hineinpasst, und es bleibt klassenunspezifisch.[1] Jedenfalls gehört „Zivilgesellschaft" zu einem festen Bestandteil des politischen Vokabulars, über das gesamte politische Spektrum hinweg. Dies legt nahe, sich intensiver mit seiner Begriffsgeschichte und seiner Inanspruchnahme auseinanderzusetzen. Denn „Zivilgesellschaft" ist kein beliebiger Begriff, und seine Definition hat Folgen. Wie man Zivilgesellschaft definiert, auf welche ideengeschichtliche Traditionslinie man sich beruft, bestimmt, was man in den Blick nimmt und was nicht. Jede Entscheidung für eine Definition besitzt zudem eine politische Implikation. Zivilgesellschaft will einerseits eine analytische Kategorie sein, um politische Verhältnisse zu beschreiben. Sie besitzt andererseits eine stark normative Dimension, beschreibt also zugleich eine politische Vision.

Der Beitrag will, mit Verweis auf die Geschichte des Begriffs und unterschiedliche theoretische Deutungen, das Verständnis von Zivilgesellschaft schärfen. Dazu taucht er als erstes in die Ideengeschichte ein und beleuchtet die liberale und marxistische Auslegung, deren Utopie gleichermaßen wie deren Leerstellen. Danach begibt sich der Beitrag auf die Reise in den globalen Süden. Einerseits haben sich internationale Geber den Begriff auf ihre Fahnen geheftet; gleichzeitig bedeutet er durch seine koloniale Verbreitung nicht nur die Erkämpfung politischer Rechte, sondern auch deren Verweigerung. Zivilgesellschaft im globalen Süden ist verbunden mit Ausbeutung, Rassismus und Gewalt.[2] „Zivilgesellschaft" wird deshalb zum einen aus einer post-kolonialen Perspektive auf seine Anwendbarkeit im globalen Süden befragt und zum anderen kritisch auf seinen entwicklungspolitischen Einsatz hin beleuchtet. Am Ende schlage ich eine inhaltliche Bestimmung für den wissenschaftlichen und politischen Gebrauch des Konzepts Zivilgesellschaft vor.

1 Begriffsgeschichten: Zivilgesellschaft liberal und marxistisch betrachtet

Welche Bestimmungsfaktoren lassen sich aus den oben skizzierten Kontexten, in denen der Begriff der Zivilgesellschaft große Bedeutung erlangte, ableiten? Zum einen erkämpfen Menschen politische Freiheitsrechte gegen einen unterdrückerischen und allmächtigen Staat. Unter autoritären Bedingungen schaffen sie sich einen gesellschaftlichen Raum, eine von Kontrolle und Angst befreite Sphäre, in der sie solidarische Netzwerke knüpfen und sich organisieren. Zum anderen

---

1 Vgl. Schedler, Entdeckung der Zivilgesellschaft, 11; Chandhoke, Civil Society, 176; Fischer, Die andere Globalisierung, 117.

2 Vgl. Randeria, Verwobene Moderne.

geht es um freiwilliges, organisiertes Zusammenwirken von Menschen, die für hehre Ziele eintreten, die über individuelle Bedürfnisse und Gruppeninteressen hinausgehen. So zutreffend diese Merkmale sind, bleibt eine solche Auffassung von Zivilgesellschaft doch unvollständig, wie eine Reise zu ihren theoretischen Herkünften zeigt.

Eine ideengeschichtliche Quelle bilden die europäische Aufklärung und die aufkommende Moderne.[3] Zwei Phänomene sind dafür konstitutiv: zum einen die Ausdifferenzierung zwischen Staat, kapitalistischer (Markt-)Ökonomie und ziviler Gesellschaft; zum anderen die Ausdifferenzierung zwischen öffentlicher und privater Sphäre. Zivilgesellschaft bezeichnet mithin eine Sphäre zwischen Markt, Staat und der „privaten Zone" des Haushalts bzw. des Familienverbands. Dort werden die antiständischen, aufklärerisch-modernen Bürger aktiv, um für politische Rechte und Mitwirkung an den öffentlichen Angelegenheiten zu kämpfen.

Aus dieser doppelten Trennung bezieht der Begriff der Zivilgesellschaft seine Legitimation und emanzipatorische Kraft. Dadurch werden zum einen bestimmte Maßstäbe des sozialen Zusammenlebens und des individuellen Verhaltens verteidigt, die durch die Funktionsmechanismen der beiden anderen Systeme – Staat und Wirtschaft – strukturell bedroht sind.[4] Zum anderen braucht Zivilgesellschaft eine öffentliche Sphäre, um sich Gehör zu verschaffen und ihre Anliegen „zur Sprache" zu bringen.

Dieses utopische Moment wohnt ihrer Entstehungsgeschichte inne. Gleichzeitig entwickelt sie sich realgeschichtlich parallel zur Entstehung von Klassengesellschaft und zur Ausbreitung des Kapitalismus. Kößler und Melber weisen auf diesen Doppelcharakter hin. Die Herausbildung unterscheidbarer Bereiche von Politik und Markt ermöglicht nämlich „gleichermaßen die Konstituierung eines von staatlich-öffentlichen Eingriffen weitgehend abgeschotteten und zugleich durch das Eigentumsrecht garantierten Raums kapitalistischen Wirtschaftens *und* die Herausbildung einer Sphäre öffentlichen Austauschs nicht nur von Waren, sondern auch von Ideen, deren Trägerinnen und die Möglichkeit hatten, diese Ideen zu verbreiten, sich zu organisieren und dafür zu kämpfen, dass diese Ideen eines Tages die Massen ergreifen und so, gemäß der berühmten Formulierung, zur materiellen Gewalt werden könnten"[5].

---

3 Ausführlicher vgl. Fischer, Wer, was und wie viele ist Zivilgesellschaft?

4 Vgl. Nolte, Zivilgesellschaft und soziale Ungleichheit, 22.

5 Kößler/Melber, Chancen internationaler Zivilgesellschaft, 76 (Kursivsetzung i. O.).

So bedeutsam die Ausdifferenzierung der drei Sphären sind, ihre Grenzen sind durchlässig und historisch veränderlich. Man denke beispielsweise an wirtschaftliche Interessen, die sich im Staat und in seinen Apparaten einschreiben und verdichten. Auch die Ausdifferenzierung von Staat und Zivilgesellschaft ist nicht gleichbedeutend mit einer Entgegensetzung. Entgegen der liberal-bürgerlichen Interpretation, die das anti-staatliche Moment stark betont, soll nicht übersehen werden, dass der Staat die Zivilgesellschaft nicht nur (potenziell) gefährdet oder ihr Wirken einschränkt: Er ermöglicht auch ihre relative Autonomie und schützt ihren Bestand. Der Staat garantiert durch Gesetze die Grund- und Freiheitsrechte ihrer Mitglieder sowie freie Medien, also eine öffentliche Sphäre, die die Zivilgesellschaft braucht wie die Luft zum Atmen. Anders ausgedrückt: Staat und Zivilgesellschaft bedingen einander.[6]

Zivilgesellschaften haben sich nicht immer gegen den Staat konstituiert. Den Staat von der Gesellschaft her zu verändern, auf ihn einzuwirken, ja sogar im Bündnis mit ihm Reformen zu erzielen, stand historisch und aktuell genauso auf der Agenda zivilgesellschaftlicher Akteure.[7] Schließlich zielt zivilgesellschaftliches Handeln letztlich auch auf die Kontrolle über Institutionen und materielle Ressourcen.

Auch die Grenzziehung zwischen dem, was als öffentlich und als privat gilt, ist keiner Theorie oder Definition zu überantworten, sondern historisch veränderlich und umkämpft.[8] Die zweite Welle der Frauenbewegung im Zuge des gesellschaftlichen Aufbruchs der 1960er-Jahre hat etwa erfolgreich die Trennung zwischen Privatleben und Öffentlichkeit in Frage gestellt und klar gemacht, dass „das Private politisch ist". Sie hat Alltagshandeln und den gesamten reproduktiven Bereich zu einem legitimen Gegenstand von Politik gemacht, von der Arbeitsteilung im Haushalt über Sexualität bis hin zur Gewalt in der Ehe.

In liberaler Traditionslinie ist zivilgesellschaftliches Engagement das ehrenvolle Projekt mündiger BürgerInnen (wobei die weibliche Form schon eine erhebliche Erweiterung ihrer Basis darstellt). Dass die politische Mitwirkung an den öffentlichen Angelegenheiten auch an materielle Fragen gebunden ist, machen Einsprüche von links deutlich. Bei struktureller Ungleichheit und Marginalisierung großer Teile der Bevölkerung müssen die materiellen Bedingungen für eine autonome Zivilgesellschaft ökonomisch und politisch erst geschaffen werden. Eine handlungsfähige Zivilgesellschaft braucht nicht nur

6 Vgl. Chandhoke, State and Civil Society.

7 Vgl. Kocka, Zivilgesellschaft, 7.

8 Vgl. Kocka, Zivilgesellschaft, 10 f.; ders., Zivilgesellschaft in historischer Perspektive.

einen öffentlichen Raum, sondern auch Verhandlungsmacht, die durch staatliche Verteilungspolitik überhaupt erst geschaffen wird.

Auf die ungelöste Spannung zwischen ziviler Gesellschaft und sozialer Ungleichheit hat bereits Karl Marx hingewiesen. Für ihn ist Zivilgesellschaft eine exklusive bürgerliche Angelegenheit, die eng mit der politischen Gesellschaft verquickt ist. Sein Argument gilt bis heute: Die emanzipativen Möglichkeiten der für die Moderne entscheidenden Differenzierung zwischen Politik und Ökonomie bleiben prekär, solange die materiellen Bedingungen politischer Teilhabe nicht berücksichtigt werden.[9] Der Anspruch auf politische Teilhabe braucht materielle Sicherung, damit er zur effektiven politischen Teilnahme werden kann.

Die – jedenfalls im Deutschen bzw. im deutschsprachigen Mitteleuropa – enge Verknüpfung von Zivilgesellschaft mit bürgerlicher Gesellschaft und Kapitalismus lässt viele Linke davor zurückscheuen, ihn als positiven Bewegungs- und Zielbegriff zu verwenden. Zu dieser Geschichte gehören auch zähe Geschlechterungleichheit, Nationalismus und Ausschlüsse. Vom Ausschluss von politischer Teilhabe und Hierarchisierung betroffen waren untere soziale Klassen, Frauen und Kolonisierte. Dennoch kündet die Zivilgesellschaft in ihrer bürgerlich-liberalen Variante von einer starken Utopie: Sie bedeutet das Versprechen der Einlösung politischer (und sozialer) Rechte *für alle*. Die Spannung zwischen diesem universalen Versprechen und seiner Nichteinlösung in der Realität entfaltet „eine mächtige, auf Veränderung drängende Dynamik“[10]. Sie „befeuert“ zivilgesellschaftliche Kämpfe.

Zeitgenössische radikaldemokratische Konzepte knüpfen an diesem emanzipatorischen Potenzial an. Solche Ansätze gehen über die liberale Idee von sich frei assoziierenden, sozial engagierten Individuen hinaus. Grundlegend ist die Kritik an den demokratiepolitischen Defiziten der repräsentativen Demokratie. Sie treten für die „Demokratisierung der Demokratie“ und für die Erweiterung des öffentlichen Raums als Voraussetzung und Medium demokratischer Selbstverwirklichung ein.[11] Andere, radikaldemokratisch gedachte Konzepte sehen Zivilgesellschaft als Gegenmacht, in der Widerstand, Aufstand und konstituierende Macht zusammenkommen. Zivilgesellschaft als konstituierende Macht richtet sich gegen die zahnlosen Institutionen der repräsentativen Demokratie und gegen kapitalistische Herrschaft. Sie öffnet, schafft und erobert Räume,

---

9 Vgl. Nolte, Zivilgesellschaft und soziale Ungleichheit.
10 Kocka, Zivilgesellschaft, 20.
11 Vgl. Rödel u. a., Die demokratische Frage; Sousa Santos, Democratizing Democracy.

in denen Demokratie in ihrer authentischen Bedeutung praktiziert und nicht delegiert wird.[12]

Eine ganz andere Sicht auf Zivilgesellschaft entwickelte der marxistische Sozialtheoretiker Antonio Gramsci in den 1920er-Jahren, als er im Gefängnis den Siegeszug des Faschismus in Italien erlebte. Zivilgesellschaft stellt in seinem Denken nicht notwendigerweise Herrschaft in Frage, im Gegenteil.[13] Sie kann auch als konservative Kraft wirken und bürgerliche Herrschaft legitimieren und stabilisieren.

Gramsci unterscheidet ebenfalls zwischen Ökonomie, Staat (politische Gesellschaft) und Zivilgesellschaft. Diese sind allerdings nicht als autonom zu verstehen. Zivilgesellschaft betrachtet Gramsci nicht abgetrennt vom Staat, sondern diesem eingelagert. Scheinbar private oder nicht-staatliche Institutionen wie die Kirche, die Familie, Vereine, Medien oder Schulen und Universitäten schützen den Kernbereich bürgerlicher Herrschaft; diese „zivilgesellschaftlichen Apparate" wirken in das Alltagsleben und in den Alltagsverstand der Menschen hinein und prägen ihre Vorstellungen davon, was richtig oder falsch, möglich oder unmöglich, wünschenswert oder unerwünscht ist. Ökonomische Zugeständnisse und das Wirken zivilgesellschaftlicher Akteure sorgen für die Zustimmung der Massen zu ihrer eigenen Beherrschung. Mit anderen Worten: Zivilgesellschaft ist der soziale Raum, in dem die Bourgeoisie ihre Hegemonie über die Gesellschaft einrichtet, dort „verschanzt" sie ihre Klassenherrschaft.

Gramscis Überlegungen führen uns zu einem Konzept von Zivilgesellschaft, das ein Feld politischer Auseinandersetzungen darstellt. Es ist ein konfliktives Terrain, in dem Konsens hergestellt wird, in dem aber auch herrschende Auffassungen – die Hegemonie der herrschenden Klassen – in Frage gestellt wird. Für die zivilgesellschaftliche politische Praxis heißt das: Es braucht die geduldige Auseinandersetzung um die und in den Institutionen der Zivilgesellschaft, mit dem Ziel, die Deutungshoheit über das, was wünschenswert ist, zu erringen und den Möglichkeitsraum für alternative Entwicklungswege zu vergrößern. Mit anderen Worten: Eine „Gegenhegemonie" zur bürgerlich-kapitalistischen Hegemonie aufzubauen.

2 Zivilgesellschaft – postkolonial betrachtet

Zivilgesellschaft, Demokratie oder *citizenship* ist in Ländern des globalen Südens ohne die kolonialen Spuren, die diese Konzepte aufweisen, nicht zu verstehen.

---

12 Vgl. Negri, Repubblica Costituente; Hardt/Negri, Empire.

13 Vgl. Kebir, Gramscis Zivilgesellschaft; Neubert, Antonio Gramsci.

Liberale Demokratie und mit ihr das Konzept der Zivilgesellschaft ist, wie wir gesehen haben, Produkt einer spezifischen historischen Erfahrung, der europäischen Moderne. Und die Moderne wurde im globalen Norden und im globalen Süden gänzlich unterschiedlich erfahren. Für die Mehrheit der Weltbevölkerung, die Kolonisierten, bedeutet sie die Erfahrung von Eroberung, Beherrschung, Versklavung und Genozid. Imperialismus und Kolonialismus sind die „dunkle Seite" der Moderne, ohne die ihre „leuchtende Seite" nicht möglich gewesen wäre: Demokratie und Bürgerschaft *at home*, Ausbeutung und Autoritarismus *abroad*.

Auf diesen Zusammenhang machen post- bzw. dekoloniale TheoretikerInnen und GlobalhistorikerInnen aufmerksam: Weder die industrielle Revolution, die Ausbreitung der Lohnarbeit noch *citizenship* und Demokratie im Zentrum sind ohne transnationale, überwiegend gewaltsame Beziehungen zur sogenannten „außereuropäischen Welt" denkbar.[14]

„Koloniale Differenz"[15] bedeutet, dass sich Demokratie, Staatswerdung (*nation building*), *citizenship*, Öffentlichkeit etc. nicht in derselben Art und Weise entwickelten wie in bürgerlich-kapitalistischen Gesellschaften. Somit sind auch die Grenzlinien zwischen Politik, Ökonomie und Zivilgesellschaft anders gezogen. Zivilgesellschaften im globalen Süden halten sich nicht an die aus einer spezifisch europäischen historischen Erfahrung erwachsenen Grenzen zwischen Öffentlichkeit und Privatsphäre, zwischen Staat und Zivilgesellschaft, zwischen Familie/Haushalt/Gemeinschaft und Zivilgesellschaft sowie zwischen Wirtschaft und Zivilgesellschaft oder stellen diese überhaupt in Frage. „Zivilgesellschaft" hat außerdem den historischen Prozess der Individualisierung zur Voraussetzung. Dieser Prozess hat im globalen Süden nicht oder unvollständig stattgefunden. Verantwortung, Rechte, Pflichten, Solidarität leiten sich mitunter von anderen Ordnungssystemen ab, nicht aus einem liberalen Werte-, Gesellschafts- und Rechtssystem.[16]

Bis heute wirkt eine „koloniale eurozentrische politische Grammatik"[17] fort. Sie gibt vor, wer im globalen Süden als politisches Subjekt anerkannt wird und sich legitimerweise äußern darf. Was oder wen identifizieren wir in der postkolonialen Welt als Zivilgesellschaft? Meist jene politischen Subjekte im „modernen

14 Vgl. exemplarisch Lander, La colonialidad del saber; Quijano, Coloniality and Modernity/Rationality; Conrad u. a., Jenseits des Eurozentrismus.

15 Mignolo, Geopolitics of Knowledge, 58.

16 Vgl. Neubert, Aufbrüche, 539; Hauck, Gesellschaft und Staat; Gabay/Death, Critical Perspectives.

17 Lander, New State Structures, 35.

Sektor", die Spiegelbilder des westlichen Gesellschaftsmodells sind; die anderen, als „vormodern" charakterisierten gesellschaftlichen Sektoren bleiben ausgeschlossen, ja werden nicht einmal wahrgenommen.

Darin zeigt sich ein gängiger okzidentialistischer Fehlschluss, nämlich von unseren Vorstellungen von Demokratie oder Zivilgesellschaft auszugehen und zu prüfen, ob diese in anderen Weltregionen realisiert sind. Das Messen an eigenen Vorstellungen kann nur scheitern. Das Ende der Übung: Zivilgesellschaft im globalen Süden wird als embryonal, unzureichend, defizitär etc. gekennzeichnet.[18] Edward Said hat diesen Mechanismus als „Othering" bezeichnet. Der Diskurs über den Westen als Sinnbild von Demokratie, Industrialisierung oder Säkularisierung beschreibt keine real existierenden Gesellschaften. Es handelt sich vielmehr um einen Prozess oder Mechanismus, Bilder und Vorstellungen vom anderen zu erzeugen, um sich selbst als besser, positiv, fortgeschritten etc. zu kontrastieren. Das „Othering" produziert überhaupt erst die positiv konnotierte Vorstellung des Westens von sich selbst – während der „Rest" als despotisch, rückständig und irrational konstruiert wird. Kolonialismus und politische Intervention von Seiten des Westens werden in weiterer Folge zu legitimen „Zivilisierungsmissionen".[19]

Nach Randeria[20] bezeichnet Zivilgesellschaft im globalen Süden einen Bereich außerhalb der kolonialen Staatlichkeit, entweder weil die Kolonialmacht eine Sphäre markieren wollte, in die der Staat nicht eingreifen würde, oder weil die Untertanen das neu verfügbare politische Vokabular dazu nutzten, den Einfluss der Kolonialherrschaft auf bestimmte Bereiche ihres Lebens zu begrenzen. In den Kolonien ist Zivilgesellschaft von Anfang an ein Produkt imperialer Herrschaft und konfliktträchtiger Aushandlung. Es bildeten sich, wie Randeria schreibt, „Zivilgesellschaften im Schatten des imperialen Staates und gegen ihn".[21]

Vorkoloniale und frühe Institutionen der einheimischen Zivilgesellschaft gingen vielfach im und am politischen Streit mit der Kolonialmacht zugrunde, andere verloren ihre wirtschaftliche Basis. Nach der Unabhängigkeit wurden viele Organisationen zerschlagen oder wirtschaftlich ausmanövriert, andere kooptiert oder verstaatlicht. Das transnationale Kapital, die ehemalige Kolonialmacht und der autoritäre postkoloniale Staat ließen (in Afrika) nur jenen Teil der Zivilgesellschaft bestehen, an dem diese selbst beteiligt waren oder der für sie völlig ungefährlich war.[22]

---

18 Vgl. Randeria, Verwobene Moderne, 160 (mit Bezug auf Heins).

19 Vgl. Said, Orientalismus; vgl. auch Hall, Der Westen und der Rest.

20 Vgl. Randeria, Zivilgesellschaft in postkolonialer Sicht; ders., Verwobene Moderne.

21 Randeria, Verwobene Moderne, 160.

22 Vgl. Schicho, Mythos Zivilgesellschaft, 103.

Bleibt die Idee der Zivilgesellschaft, weil sie in die europäische (Ideen-) Geschichte gehört und mit der Errichtung der Kolonialstaaten in die kolonisierten Gebiete kam, ein eurozentristisches Gesellschaftskonzept? Kommt jedes Räsonieren über Zivilgesellschaft im globalen Süden einer intellektuellen Kolonisierung gleich? In Anlehnung an Arif Dirliks „Globale Moderne"[23] kann man durchaus von einer „globalen Zivilgesellschaft" sprechen, und zwar in dem Sinn, als sich die Moderne - gewaltsam - global ausgebreitet hat. Aber die Moderne und mit ihr das Konzept der Zivilgesellschaft wird im globalen Süden in unterschiedlicher Weise angenommen, adaptiert, zurückgewiesen, herausgefordert. Es artikulieren sich im globalen Süden lokale, von der westlichen Moderne unterdrückte und mit ihr verwobene Traditionen im Feld der Zivilgesellschaft. Die Modi gesellschaftlicher Integration, die Bedeutung von Gruppenzugehörigkeit (*„politics of belonging"*) und kollektive Bindungen können dabei ganz unterschiedlich bestimmt sein. Im Bereich zwischen Staat, Wirtschaft, Haushalt/ Familie bewegen sich religiöse Gruppen, Communities, soziale und Volksbewegungen, (internationale) NGOs und Netzwerke, lokale *Chieftancy*-Systeme, lokale Verteidigungsgemeinschaften oder auch „imaginäre Gemeinschaften" wie die afghanischen Qaums.[24] Gleiches gilt für Handwerksverbände in den Städten der islamischen Welt. Solche Gruppen können eine wichtige zivilgesellschaftliche Funktion haben. Sie praktizieren ganz unterschiedliche Formen der Sozialität, Reziprozität, Loyalität, Zivilität (Friedfertigkeit), Solidarität und des Gemeinnutzes.[25]

3 Zivilgesellschaft - entwicklungspolitisch betrachtet

Im entwicklungspolitischen Kontext gilt „die Zivilgesellschaft" meist unhinterfragt als Synonym für „Demokratie" oder „demokratisch". Sie avancierte bei

---

23 Vgl. Dirlik, Global Modernity.

24 Qaums sind soziale Netzwerke in der komplexen, ethnisch diversen afghanischen Gesellschaft. Ihre Basis ist die erweiterte Familie (der Klan). Soziale Einbettung, Loyalität und Zugehörigkeit („belonging") werden über Beruf, ethnische Zughörigkeit und/ oder die Region hergestellt. Qaums sind stark lokal verankert, die Mitglieder unterstützen und schützen einander, z. B. bei äußerer Bedrohung. Qaums haben sich in der afghanischen Gesellschaft, die durch die Geschichte hinweg Kolonialismus und Imperialismus ausgesetzt war, erhalten und sorgen mit sich überlappenden Zugehörigkeiten und einem System sensibler Gleichgewichte für Zusammenhalt (siehe z. B. Weinstein, Afghanistan's Transition).

25 Vgl. Paya, Die Gestalt der kommenden globalen Zivilgesellschaft; Hauck, Gesellschaft und Staat; Sousa Santos, Democratizing Democracy; Dunn/Hann, Civil Society.

den internationalen Finanzinstitutionen (IFIs) und Gebern zu einem zentralen Akteur, und Nichtregierungsorganisationen (NGOs) wurden zu ihren bedeutendsten Repräsentanten erkoren, in Nord und Süd. Im Zuge der neoliberalen Strukturanpassung der 1980er-Jahre wurde ihnen die Aufgabe zugewiesen, wahlweise „Staatsversagen“ oder den im neoliberalen Programm geforderten Rückzug des Entwicklungsstates zu kompensieren. Ihr Know-how, ihre Flexibilität und Kosteneffizienz machten NGOs zu bevorzugten Partnern bei der Umsetzung von Mikroprojekten und Sektorprogrammen. Sie wurden zu Trägern von Projekten, diejenigen, die es betrifft, zur Zielgruppe; zwischen Staat oder internationaler Organisation und NGOs entwickelte sich eine Auftraggeber-Kunden-Beziehung.[26] Als Ende der 1980er-Jahre die IFIs „Good Governance“ als normatives Leitbild der internationalen Entwicklungspolitik ausriefen und die Vergabe von Geldern an Demokratie, Rechtsstaatlichkeit und gute Regierungsführung banden, erhielt „die Zivilgesellschaft“ einen Platz in der erste Reihe zugewiesen: Sie wurde gleichsam zur Voraussetzung und zum Indikator für Good Governance erklärt.

Schicho hat dies polemisch als „partizipatorische“ oder „dritte Kolonisierung“ bezeichnet.[27] „Zivilgesellschaft“ wird zur Basis der internationalen Finanzinstitutionen und Geberländer und so zur aktiven Unterstützerin einer dritten Kolonisierung. Die Entdeckung der Zivilgesellschaft ist so betrachtet eine Technologie der Machtausübung. Macht verbirgt sich hinter der Rede von partizipatorischer Entwicklung (oder auch Community oder Bottom-up Development) und wirkt auf diese Weise viel effizienter als direkte Kontrolle oder gar Gewalt. Die genannten Entwicklungskonzepte haben ihren ursprünglich systemkritischen Gehalt eingebüßt, genauso wie die Zivilgesellschaft selbst. Es haftet ihr nichts Subversives oder Herrschaftskritisches mehr an.

Eine vereinfachende Gegenüberstellung oder gar Entgegensetzung von Staat und Zivilgesellschaft, wie es in der bürgerlich-liberalen Version geschieht, spielt einer solchen Auffassung von Zivilgesellschaft in die Hände: Alles, was staatlicher Kontrolle oder Steuerung „entrissen“ wird, ist ein Schritt in Richtung

---

26 Vgl. Fischer, Die andere Globalisierung, 120 f.; Kontinen/Melber, Civil Society, Cooperation, and Development, 8; vgl. auch die Beiträge von Hayman, NGOs, Aid Withdrawal and Exit Strategie; Kontinen/Katsui, Ethical, Managerial and Methodological Perspectives; Rovaniemi, Caught in the Funding Game zu Anforderungen, Konkurrenz und den Finanzierungszwängen von Entwicklungs-NGOs.

27 Vgl. Schicho, Mythos Zivilgesellschaft, 95, 110 f. Der Autor fügt an, dass die westliche Unterstützung von „Demokratisierung“ am afrikanischen Kontinent immer davon abhing, welcher Staatsmann in Frage gestellt wurde.

Emanzipation.[28] Allerdings: Neoliberale Politik höhlt beständig die Basis der Zivilgesellschaft der unteren Schichten aus und stärkt die dominierende Zivilgesellschaft, zu der etwa Verbände der Großbauern und liberale Think Tanks, auflagenstarke Medien und Unternehmensstiftungen gehören.[29]

Dass NGOs als Partner der internationalen Entwicklungszusammenarbeit so hoch im Kurs stehen, liegt auch an der – oft unbewussten – eurozentrischen politischen Grammatik im Aid-Business: Als Zivilgesellschaft werden im globalen Süden nur jene Organisationsformen wahrgenommen, die den Gebern und nördlichen Partnern vertraut und bekannt sind – und das sind eben die international orientierten und vernetzten NGOs. Ihre Mitarbeiter beherrschen die „lingua franca" und sind geschult im Agieren am internationalen Parkett.[30] Wenn diese Form der Zivilgesellschaft als Alternative zu lokalen Formen politischer Organisation betrachtet wird, bedeutet das auch, sich einer Auseinandersetzung mit den Bedingungen vor Ort zu entziehen und staatliche Strukturen zu umgehen.

4 Zivilgesellschaft – konstruktiv betrachtet

Welche Schlussfolgerungen lassen sich nach der kritischen Befragung des Konzepts ziehen? Wie können wir Zivilgesellschaft sinnvoll definieren und den Begriff in der politischen Debatte und wissenschaftlichen Beschäftigung handhaben?

Beginnen wir damit: „Die" Zivilgesellschaft gibt es nicht. Sie ist weder ein reales Subjekt politischer Veränderung, noch tritt sie als Objekt auf. Sie ist vielmehr ein Handlungsfeld, in dem Gruppen, Bewegungen und Organisationen tätig werden. Mit Blick auf die Akteure in diesem Feld gilt, dass Zivilgesellschaft kein einheitlicher Block ist. Ganz im Gegenteil verfügen die heterogenen Akteure im Feld der Zivilgesellschaft über unterschiedliche Ressourcen und (Verhandlungs-)Macht. Der dominierenden Zivilgesellschaft stehen widerständische Gruppen der unteren Schichten gegenüber, etwa Basisbewegungen und unabhängigen Gewerkschaften. Daneben existieren eher unpolitische Vereine wie zum Beispiel Kirchenkomitees, Nachbarschaftsvereine, Begräbnisgesellschaften und Sparvereine.

Die kursorische Aufzählung weist bereits darauf hin: Zivilgesellschaft zeigt sich in verschiedenen Gesellschaften und Weltregionen auf vielfältige Weise.

---

28 Vgl. Meschkat, Gefährdete Zivilgesellschaft, 184.

29 Vgl. ebd.; vgl. auch Fischer, State Continuity.

30 Vgl. Fischer, Die andere Globalisierung, 122.

Sie kann nicht auf zivilgesellschaftliche Formationen, die die europäische Geschichte hervorgebracht hat, reduziert werden. Soziale Bewegungen, die für Allmende oder andere Formen von Gemeinbesitz eintreten, eine eigene lokale Gerichtsbarkeit nach dem Gewohnheitsrecht praktizieren oder kollektive Ansprüche auf Wasser und Wälder formulieren, können eine/n Anhänger/in einer liberalen Variante von Zivilgesellschaft gewaltig verstören, sind aber selbstverständlich Ausdruck zivilgesellschaftlicher Organisierung. Die koloniale Moderne bringt im globalen Süden Erweiterungen des Bildes und des Bereichs von Zivilgesellschaft hervor. In Umgebungen, in denen zivilgesellschaftliche Werte versprochen, aber nicht eingelöst werden, schaffen zivilgesellschaftliche Kräfte ihre eigenen Vokabularien und Praktiken.[31]

Zivilgesellschaft ist ein politisch aufgeladener Begriff; in seine Definition gehen normative Kriterien mit ein. Manche reservieren ihn für prodemokratische Akteure, andere sehen die

Gemeinwohlorientierung als ihr zentrales Kennzeichen. Mit einer „Moralisierung“ der Zivilgesellschaft läuft man allerdings Gefahr, diese Sphäre zu idealisieren und Unmoral und Machtasymmetrien daraus zu verbannen. Wird „Zivilgesellschaft“ als Alternative zur „politischen Gesellschaft“, zur institutionalisierten Sphäre der Politik gedacht, die gegenüber einem Staat, der seiner eigenen Machtlogik folgt, und dem Markt, der von Profitlogik getrieben ist, als unabhängige Sphäre oder Akteur agiert, wird sie zu einem voluntaristischen Konzept, in dem „das Gute“ regiert.[32]

Ein gramscianisches Verständnis von Zivilgesellschaft fordert uns auf, Zivilgesellschaft als ein politisches Terrain zu betrachten, in dem sich unterschiedliche Interessen organisieren und artikulieren. Zivilgesellschaft ist nicht nur lieb und gut, auch schwarze, braune, ethnozentrische und neoliberale Gruppen gehören dazu.[33]

Auch die Entgegensetzung von Staat und Zivilgesellschaft geht an der Sache vorbei. Die liberal-bürgerliche Tradition und das „Erbe“ der Umsturzbewegungen in Mittel- und Osteuropa trugen dazu bei, dass Zivilgesellschaft als demokratisch an sich wahrgenommen wird – und nicht als eine umkämpfte Sphäre, wo Gruppen für die Einlösung demokratischer Rechte kämpfen, nicht nur gegen den Staat, sondern auch gegen anti-demokratische Gruppen – die ebenfalls Teil

---

31 Vgl. Randeria, Verwobene Moderne, 160 f.; Randeria, Zivilgesellschaft in postkolonialer Sicht, 102 f.; Lander, New State Structures.

32 Vgl. Chandhoke, Civil Society, 177.

33 Vgl. Fischer, State Continuity.

der Zivilgesellschaft sind. Mit Neera Chandhoke ist festzuhalten, dass Staat und Zivilgesellschaft einander konstituieren, ermöglichen und beschränken.

Daraus folgt: Zivilgesellschaft ist für sich alleine nichts. Zivilgesellschaft ist ein relationaler Begriff, mit konkreten und veränderlichen Verzweigungen hin zum (National-)Staat, zu Markt und zu Öffentlichkeit. Das bedeutet: Wer von Zivilgesellschaft spricht, muss auch vom Staat reden; ihr Verhältnis ist keine abstrakt-theoretische oder konzeptuelle Entscheidung, sondern immer empirisch zu beantworten.[34] Ob autonom oder kooptiert, kontrolliert oder unterwandert, ob finanziell abhängig vom Staat oder von internationalen Organisationen, ob gefügig, konfrontativ oder verlängerter Arm des Staates – ihre Programmatik, ihre Handlungsformen und ihre Wirksamkeit ist Gegenstand der Untersuchung.

Praktisch lässt sich die Schlussfolgerung ziehen, dass es immer darum geht, konkrete und reale Zivilgesellschaften zu untersuchen. Nur so – und nicht abgeleitet aus einer einzigen Theorie oder einer normativen Bestimmung – können wir herausfinden, wer und was die „Zivilgesellschaft" in einem spezifischen Kontext ist, was sie tut und wie sie wirkt. Weder Romantisierung noch Verteufelung sind angemessen. Für den wissenschaftlichen Umgang mit ihr heißt das: moralische, analytische und empirische Fragen sind auseinander zu halten; etwaige normative Vorannahmen und Erwartungen sind offen zu legen; die Entscheidung für eine Definition ist zu begründen und der Gegenstand der Untersuchung ist genau zu benennen.[35]

Gramsci gibt uns für ein solches Forschungsvorhaben meines Erachtens den besten Rat. Zivilgesellschaft ist in dieser Lesart der Raum kritischer Auseinandersetzung mit Herrschaftsverhältnissen und der Logik der Macht – wobei dieser Raum nicht mehr wie bei Gramsci nationalstaatlich verfasst ist. Er beinhaltet transnational vernetzte Hegemonialstrukturen und Gegenmachtstrategien. Zivilgesellschaft so verstanden, kann zu einem positiven Bezugspunkt für die politischen Praxis werden: Sie muss dort, wo sie gefährdet ist, verteidigt werden, „wobei diese Verteidigung und der Kampf um die Hegemonie in ihr niemals zu trennen sind"[36].

34 Vgl. Schedler, Die zivile Gesellschaft, 238.
35 Vgl. ebd. 246.
36 Hauck, Gesellschaft und Staat, 265.

Literatur

Chandhoke, Neera, Civil Society, in: Cornwall, Andrea/Eade, Deborah (Hg.), Deconstructing Development Discourse. Buzzwords and Fuzzwords, Oxford 2010, 175–184.

Chandhoke, Neera, State and Civil Society. Explorations in Political Theory, Delhi 1995.

Conrad, Sebastian/Randeria, Shalini/ Römhild, Regina (Hg.), Jenseits des Eurozentrismus. Postkoloniale Perspektiven in den Geschichts- und Kulturwissenschaften, Frankfurt am Main 2013.

Dirlik, Arif, Global Modernity? Modernity in an Age of Global Capitalism, in: European Journal of Social Theory 6 (2003) 3, 275–292.

Dunn, Elizabeth/Hann, Chris (Hg.), Civil Society: Challenging Western Models, London/New York 1995.

Fischer, Karin, Die andere Globalisierung. Möglichkeiten und Grenzen einer transnationalen Zivilgesellschaft, in: Parnreiter, Christof u. a. (Hg.), Globalisierung und Peripherie. Umstrukturierungen in Lateinamerika, Afrika und Asien, Frankfurt am Main/Wien 1999, 113–128.

Fischer, Karin, State Continuity, Transformismo and Neoliberal Civil Society Formation in Chile, in: Lesay, Ivan/Leubolt, Bernhard (Hg.), Lateinamerika nach der Krise. Entwicklungsmodelle und Verteilungsfragen, Wien u. a. 2012, 199–213.

Fischer, Karin, Wer, was und wie viele ist Zivilgesellschaft? Historische und dekoloniale Sichtweisen auf einen schillernden Begriff, in: Lakitsch, Maximilian/ Reitmair-Juárez, Susanne (Hg.), Zivilgesellschaft im Konflikt. Vom Gelingen und Scheitern in Krisengebieten (Dialog – Beiträge zur Friedensforschung Band 69), Wien u. a. 2016, 37–52.

Gabay, Clive/Death Carl (Hg.), Critical Perspectives on African Politics. Liberal Interventions, State Building and Civil Society, London/New York 2014.

Hall, Stuart, Der Westen und der Rest. Diskurs und Macht, in: Hall, Stuart (Hg.), Rassismus und Kulturelle Identität (Ausgewählte Schriften 2), Hamburg 1994, 137–179.

Hall, Stuart, Rassismus als ideologischer Diskurs, in: Räthzel, Nora (Hg.), Theorien über Rassismus, Hamburg 2000, 7–16.

Hardt, Michael/Negri, Antonio, Empire, Cambridge 2000.

Hauck, Gerhard, Gesellschaft und Staat in Afrika, Frankfurt am Main 2001.

Hayman, Rachel, NGOs, Aid Withdrawal and Exit Strategies, in: JEP [Journal für Entwicklungspolitik] 31 (2015) 1, 48–64.

Kebir, Sabine, Antonio Gramscis Zivilgesellschaft. Alltag – Ökonomie – Kultur – Politik, Hamburg 1991.

Kocka, Jürgen, Zivilgesellschaft in historischer Perspektive, in: Forschungsjournal Neue Soziale Bewegungen 2 (2003) 16, 29–37.

Kocka, Jürgen, Zivilgesellschaft. Zum Konzept und seiner sozialgeschichtlichen Verwendung, in: Kocka, Jürgen u. a. (Hg.), Neues über Zivilgesellschaft. Aus historisch-sozialwissenschaftlichem Blickwinkel (WZB Discussion Paper P 01–801), Berlin 2001, 4–21.

Kößler, Reinhart/Melber, Henning, Chancen internationaler Zivilgesellschaft, Frankfurt am Main 1993.

Kontinen, Tiina/Melber, Henning, Civil Society, Cooperation and Development (Introduction), in: JEP 31 (2015) 1, 4–12.

Kontinen, Tiina/Katsui, Hisayo, Ethical, Managerial and Methodological Perspectives in Knowledge Creation in Two Finnish Civil Society Organisations, in: JEP 31 (2015) 1, 65–82.

Lander, Edgardo (Hg.), La colonialidad del saber. Eurocentrismo y ciencias sociales. Perspectivas latinoaericanas, Caracas 2000.

Lander, Edgardo, New State Structures in South America, in: Heine, Jorge/ Chandra Thakur, Ramesh (Hg.), The Dark Side of Globalization, New York 2011, 32–49.

Meschkat, Klaus, Die gefährdete Zivilgesellschaft, in: Faschingeder, Gerald (Hg.), Wisse, was du tust (JEP-Book 4), Wien 2002, 181–188.

Mignolo, Walter, The Geopolitics of Knowledge and the Colonial Difference, in: The South Atlantic Quarterly 101 (2002) 1, 57–96.

Negri, Antonio, Repubblica Costituente – Umrisse einer konstituierenden Macht, in: Negri, Antonio/Lazzarato, Maurizio/Virno, Paolo, Umherschweifende Produzenten. Immaterielle Arbeit und Subversion, Berlin 1998, 67–81.

Neubert, Dieter, Aufbrüche. Zivilgesellschaften, Neo-Traditionalisten und Konflikte über gesellschaftliche Ordnungsmodelle in der Moderne, in: Soeffner, Hans-Georg (Hg.), Transnationale Vergesellschaftungen, Wiesbaden 2013, 533–545.

Neubert, Harald, Antonio Gramsci. Hegemonie – Zivilgesellschaft – Partei. Eine Einführung, Hamburg 2001.

Nolte, Paul, Zivilgesellschaft und soziale Ungleichheit. Ein historisch-sozialwissenschaftlicher Problemaufriß, in: Kocka Jürgen u. a.: Neues über Zivilgesellschaft. Aus historisch-sozialwissenschaftlichem Blickwinkel (WZB-Discussion Paper P 01–801), Berlin 2001, 27–44.

Paya, Ali, Die Gestalt der kommenden globalen Zivilgesellschaft. Vorschläge für eine mögliche islamische Perspektive, in: Polylog. Zeitschrift für interkulturelles Philosophieren 18 (2007) 27–44.

Quijano, Aníbal, Coloniality and Modernity/Rationality, in: Cultural Studies 21 (2007) 2/3, 168–178.

Randeria, Shalini, Verwobene Moderne. Zivilgesellschaft, Kastenbindungen und nicht-staatliches Familienrecht im (post)kolonialen Indien, in: Randeria, Shalini u. a. (Hg.), Konfigurationen der Moderne. Diskurse zu Indien, Baden-Baden 2004, 155–178.

Randeria, Shalini, Zivilgesellschaft in postkolonialer Sicht, in: Kocka, Jürgen u. a., Neues über Zivilgesellschaft. Aus historisch-sozialwissenschaftlichem Blickwinkel (WZB-Discussion Paper P 01–801), Berlin 2001, 81–103.

Rödel, Ulrich/Frankenberg, Günter /Dubiel, Helmut, Die demokratische Frage. Ein Essay, Frankfurt am Main 1989.

Rovaniemi, Sipra, Caught in the Funding Game: The Challanges of NGO Research within Development Aid, in: JEP 31 (2015) 1, 100–116.

Said, Edward, Orientalismus, Frankfurt am Main 2009.

Schedler, Andreas, Einleitung. Zur entwicklungspolitischen Entdeckung der Zivilgesellschaft, in: Kolland, Franz u. a. (Hg.), Staat und Zivilgesellschaft. Beiträge zur Entwicklungspolitik in Afrika, Asien und Lateinamerika (Historische Sozialkunde 8), Frankfurt am Main 1996, 9–16.

Schedler, Andreas, Die zivile Gesellschaft und der wilde Staat. Versuch einer Zwischenbilanz, in: Kolland, Franz u. a. (Hg.), Staat und Zivilgesellschaft. Beiträge zur Entwicklungspolitik in Afrika, Asien und Lateinamerika (Historische Sozialkunde 8), Frankfurt am Main 1996, 235–247.

Schicho, Walter, Mythos Zivilgesellschaft. Die „Dritte Kolonialisierung" Afrikas, in: Kolland, Franz u. a. (Hg.), Staat und Zivilgesellschaft. Beiträge zur Entwicklungspolitik in Afrika, Asien und Lateinamerika (Historische Sozialkunde 8), Frankfurt am Main 1996, 93–115.

Sousa Santos, Boaventura de (Hg.), Democratizing Democracy. Beyond the Liberal Democratic Canon, London 2007.

Weinstein, Michael A., Afghanistan's Transition: Decentralization, Global Policy Forum, New York (4.08.2004): https://www.globalpolicy.org/component/content/article/168/33211.html (2.4.2020).

Kathrin Hartmann

Zertifizierte Zerstörung. Für Palmölplantagen werden Regenwälder vernichtet und Menschenrechte verletzt

Abstract: Palm oil, the world's most widely used vegetable oil, has a „green image", but it gives rise nonetheless to serious problems. On the basis of an EU directive which requires that by the year 2020 one tenth of all fuel consumption must be sourced from renewable energy, and because Europe has insufficient cultivation areas, land in the Global South has been brought into use for the production of maize, oilseed rape or beet. Institutions such as the „Round Table on Sustainable Palm Oil" are supposed to guarantee and support the sustainability of these plantations – something that is regarded by many NGOs as „greenwashing". This article takes Indonesia as an example in order to describe the power-political and financial interests which stand behind the production of palm oil, and its serious social and ecological consequences.

Keywords: palm oil, sustainability, greenwashing, climate change, bio petrol

„Wenn Puji an einer Krankheit gestorben wäre, könnte ich damit leben", sagt Arti, „aber er wurde mir geraubt." Sie sitzt auf dem Boden einer ärmlichen Holzhütte und wiegt ein schlafendes Mädchen in den Armen. Im Juni 2014 ist Arti 29 Jahre alt und seit mehr als 100 Tagen Witwe. Ihre fünf Monate alte Tochter wird ihren Vater nie kennen lernen. Als sie ihn totgeschlagen haben wie einen Hund, war sie noch ein Baby. Am 5. März 2014 prügelten Militärs und Sicherheitsleute des Palmölkonzerns *PT Asiatic Persada* mit Eisenstangen und Gewehrkolben so brutal auf den protestierenden Puji ein, dass er an seinen schweren Verletzungen starb. Sein Tod ist der blutige Höhepunkt eines Landkonflikts, der seit 30 Jahren in der Provinz Jambi auf der indonesischen Insel Sumatra tobt. 1986 begann dort die Palmölfirma *PT Asiatic Persada*, rund um das Dorf Bungku den Wald des indigenen Volks der Suku Anak Dalam illegal abzuholzen, um auf einer Fläche eineinhalb Mal so groß wie München Ölpalmenplantagen anzupflanzen. Weil die Indigenen ihren „Wald der Ahnen" besetzten, hetzte ihnen *PT Asiatic Persada* immer wieder Polizei, Militär und Security auf den Hals, um sie zu vertreiben. Es ist nur einer von 5.000 Landkonflikten, die der Palmölboom in Indonesien heraufbeschworen hat.

Palmöl ist mit 60 Millionen Tonnen pro Jahr das meistverwendete Pflanzenöl der Welt. Es steckt in jedem zweiten Supermarktprodukt, in Schokoriegeln,

Margarine, Tütensuppen, Tiefkühlpizza, Keksen, Eis, Duschgel, Kosmetik, Putz- und Waschmittel. Es wird dem Biodiesel beigemischt und in der Massentierhaltung verfüttert. Indonesien ist der größte Palmölproduzent der Welt: Etwa die Hälfte des weltweit produzierten Palmöls kommt von dort, wo die Ölpalmen auf einer Fläche von 13,5 Millionen Hektar wachsen, auf der zuvor Regenwald stand. Schon auf der dreistündigen Fahrt von Jambi nach Bungku wird das Ausmaß der Zerstörung deutlich: eine menschenleere Monotonie zieht am Autofenster vorbei, endlose Palmöl-Monokulturen, dazwischen kahle Flächen mit Baumstümpfen, auf denen bereits Ölpalmen-Setzlinge darauf warten, gepflanzt zu werden. Dutzende LKW donnern über holprige Sandpisten, Tankwagen, die mit Palmöl gefüllt sind, und LKW, auf denen sich die riesigen rotbraunen Palmfrüchte stapeln. Auf Sumatra haben sich die Palmölplantagen als erstes ausgebreitet. In der Provinz Jambi wurde dafür fast die Hälfte des Primärwaldes vernichtet. Das hat dem südostasiatischen Inselstaat eine fatale Spitzenposition beschert: er hat Brasilien als Waldvernichter Nummer eins abgelöst und ist zum drittgrößten CO_2-Emittenten der Welt aufgestiegen.

1 Tödlicher Klimaschutz

An diesem Desaster ist nicht zuletzt die europäische Klimapolitik schuld: 2003 brachte das EU-Parlament eine Richtlinie zu Biokraftstoffen auf den Weg, die 2009 in der Erneuerbare-Energie-Richtlinie aufging. Sie schrieb vor, dass bis 2020 ein Zehntel des gesamten Kraftstoffverbrauchs aus erneuerbarer Energie, etwa aus nachwachsenden Rohstoffen, stammen muss. Weil es in ganz Europa nicht genug Fläche gibt, um Mais, Raps oder Rüben für den Tank anzubauen, bezog die EU die Länder des Südens in ihre Treibstoffpolitik ein. „Allein die Ankündigung der gesetzlichen Beimischungsquote hat für einen Expansionsboom bei Palmöl in Indonesien gesorgt“, sagt Indonesien-Expertin Marianne Klute.[1] Laut einer Studie von Naturschutzbund Deutschland und der NGO *Trade & Environment* hat sich die Beimischung von Palmöl in europäischem Biosprit zwischen 2010 und 2014 versiebenfacht: von 456.000 Tonnen auf 3,2 Millionen Tonnen. Die Anbauflächen, die nur dafür benötigt werden, sind sechs Mal so groß wie Mallorca. Die Beimischungsquote soll den CO_2-Ausstoß senken, weil bei der Verbrennung von Pflanzenkraftstoffen nur so viel CO_2 in die Luft gelangt, wie die Pflanze vorher aufgenommen hat. 60 Prozent des in die EU eingeführten Palmöls wird zur angeblich klimafreundlichen Energiegewinnung in Tanks und

1 Quelle: Telefoninterview mit Marianne Klute.

Öfen verbrannt. Bezieht man aber den Klimaschaden ein, der durch die Zerstörung von Wäldern und Torfböden entsteht, produziert Biodiesel aus Pflanzenöl 80 Prozent mehr Emissionen als fossiler Diesel. Palmölbasierter Kraftstoff ist sogar drei Mal so klimaschädlich. Das belegen eine Reihe von Untersuchungen, unter anderem die GLOBIOM-Studie, die die EU 2013 selbst in Auftrag gab.[2]

Doch EU und Bundesregierung halten an der fatalen Biosprit-Politik fest. Letztere hat im Januar 2015 die Beimischungsquote auf die so genannte Treibhausgasquote „umgestellt", um, so das Bundesumweltministerium, „die Klimabilanz von Biokraftstoffen zu verbessern"[3]. Dieses Ziel soll durch Biosprit erreicht werden – nicht etwa mit einer Reduzierung des Individual- und Transportverkehrs, der für ein Fünftel der Treibhausgasemissionen verantwortlich ist. Bis 2020 sollen sechs Prozent der durch den Kraftstoffverbrauch ausgestoßenen Treibhausgase eingespart werden. Das entspräche einem Anteil von Biokraftstoffen am Gesamtenergieverbrauch von zwölf Prozent, fast doppelt so viel wie heute. Dafür wird noch mehr Palmöl gebraucht. Entsprechend antwortete die Bundesregierung auf eine Kleine Anfrage der Grünen zur „Umsetzung verbindlicher Umwelt- und Sozialstandards in der internationalen Palmölproduktion" im Juli 2016, dass ein Importverbot für Palmöl, das nicht soziale und ökologische Mindeststandards erfüllt, nicht in Erwägung gezogen werde.[4] Die Verletzung von Sozialstandards sei nach den Regeln der Welthandelsorganisation kein Grund für handelsbeschränkende Maßnahmen. Auch sieht die Regierung keinen Anlass, verbindliche Umwelt- und Sozialstandards bei importiertem Palmöl zu verlangen. Man setze auf den „Dialog" mit den Regierungen palmölerzeugender Länder und die Selbstverpflichtung von Unternehmen.

Dabei schreibt die EU für importierte Biokraftstoffe Nachhaltigkeitskriterien gesetzlich vor. 19 von der EU anerkannte freiwillige Siegel der Industrie sollen dies garantieren. Am weitesten verbreitet ist das Siegel des *Roundtable on Sustainable Palmoil* (RSPO). Rund 14 Prozent des weltweit gehandelten Palmöls ist RSPO-zertifiziert. Der „Runde Tisch für nachhaltiges Palmöl" wurde 2004 von der industriefreundlichen Naturschutzorganisation WWF, dem Unternehmen Unilever, das mit 1,53 Millionen Tonnen am meisten Palmöl von allen Konsumgüterkonzernen der Welt verbraucht, sowie von der Palmölindustrie gegründet. 1.398 von 1.447 Vollmitgliedern sind Firmen, darunter Aldi, BASF, Bayer Crop

---

2 Vgl. ECOFYS/IIASA/E4tech, The land use change impact of biofuels consumed in the EU.

3 bmu, Zwölftes Gesetz zur Änderung des Bundes-Immissionsschutzgesetzes.bmu, Zwölftes Gesetz zur Änderung des Bundes-Immissionsschutzgesetzes.

4 Vgl. Deutscher Bundestag, Drucksache 18/8987.

Science, BP, Cargill, Edeka, Ferrero, Henkel, Ikea, McDonald's, Metro, Nestlé, Procter & Gamble, Rewe, Unilever, Shell und Syngenta sowie Banken wie ABN AMRO, Commerzbank, Credit Suisse, HSBC, Rabobank und Standard Chartered und Palmölkonzerne wie Wilmar International. Ihnen sitzen nur 40 NGOs gegenüber – vier davon sind Länderorganisationen des WWF. Den RSPO leiteten lange Zeit Manager von Unilever, erst Jan Kees Vis, dann Biswaranjan Sen. Bis 2011 war Wilmar-Manager Jeremy Goon Vizepräsident. Nicht am Tisch sitzen Indigene, Kleinbauern, Gewerkschaften, lokale Bewegungen.[5]

Entsprechend schwach sind auch die Kriterien: Gefährlich Pestizide sind erlaubt, für Betroffene von Landraub gibt es nur einen Beschwerdemechanismus. Doch die Hürden sind hoch und die Verfahren zäh: vom Zeitpunkt des Einreichens einer Beschwerde bis zum Abschluss des Falls dauert es zwischen neun und 1600 Tagen – im Schnitt 340 Tage. Also fast ein Jahr. Die Beweislast liegt bei den Opfern, und Schlichtungsverfahren sind kostenpflichtig. Ohne eine NGO im Rücken, die sich des Falls annimmt, Daten sammelt und bearbeitet und Beschwerde einreicht, ist es für Betroffene unmöglich, ihre Rechte einzufordern. Nur die Abholzung von schützenswerten Wäldern ist verboten, nicht die Zerstörung von Torfböden. Wurde schützenswerter Wald vor 2005 gerodet, dürfen auf den zerstörten Flächen Plantagen errichtet werden. Unabhängige Kontrollen gibt es nicht. Mehr als 250 internationale NGOs lehnten denn auch den „Runden Tisch für nachhaltiges Palmöl“ als Greenwashing ab. Bis heute hat der RSPO die Lage nicht verbessert: immer wieder weisen NGOs Mitgliedern illegale Abholzung, Waldbrände, Landraub, Menschenrechtsverletzung und katastrophale Arbeitsbedingungen auf den Plantagen nach. In den zwölf Jahren seit Gründung des RSPO sind gerade einmal drei Firmen suspendiert worden. Als im Herbst 2015 die Wälder auf Borneo und Sumatra brannten, wurden 1,8 Million Hektar Torfböden und Regenwälder vernichtet. 500.000 Menschen litten an Atemwegskrankheiten, mindestens 20 starben an den direkten Folgen, vor allem Kinder und alte Menschen. Mehr als 100 Brände hat es laut Robin Wood auf Flächen von RSPO-Mitgliedern gegeben. Indem die EU das RSPO-Siegel als Nachhaltigkeitsnachweis für Biosprit akzeptiert, schafft sie für diesen systematischen Raubbau einen Pseudo-Ordnungsrahmen, der Naturzerstörung und Menschenrechtsverletzungen legitimiert.

Mehr als ein Drittel des weltweit gehandelten Palmöls stammt von *Wilmar International*, dem größten Palmölkonzern der Welt. Er ist in mindestens 100 Landkonflikte verwickelt, auch in den von Bungku: 2006 kaufte *Wilmar PT*

5 Vgl. RSPO (Stand 2016).

Asiatic Persada und verschärfte die Gewalt gegen die Indigenen, ließ Bauern verhaften und schickte schließlich im August 2011 die Mitglieder der mobilen Polizeibrigade BRIMOB in ihre Siedlung. Sie schossen auf die Menschen, plünderten ihre Häuser und walzten sie mit Bulldozern platt. Zu den größten Abnehmern von *Wilmar International* gehört der Konsumgüterkonzern *Unilever*, der intensiv mit „nachhaltigem Palmöl" wirbt. Er unternahm nichts, um seinen Hauptlieferanten dazu zu zwingen, den Konflikt zu befrieden.

Wilmar hatte den TÜV Rheinland damit beauftragt, die Vorfälle in Bungku zu untersuchen. Der Befund fiel ganz im Sinne von *Wilmar* aus: die Hütten seien illegal gewesen, Schießereien und Gewalt gegen die Bewohner wurden im Bericht nicht erwähnt. *Wilmar* ist ein guter Kunde des Prüfkonzerns: als vom RSPO akkreditierte Audit-Firma hatte der TÜV Rheinland bereits sechs Plantagen von *Wilmar* als nachhaltig zertifiziert. RSPO und *Unilever* stimmten dem Ergebnis zu. Erst nach der dritten NGO-Beschwerde Anfang 2012 bei der *International Finance Corporation* (IFC) der Weltbank, die zu den Financiers von *Wilmar International* gehört, begann der zähe Schlichtungsprozess zwischen IFC, den Suku Anak Dalam und *PT Asiatic Persada*. Im April 2013 verkaufte Wilmar *PT Asiatic Persada*, der neue Besitzer, ein Bruder des Wilmar-Gründers Martua Sitoris, brach die Verhandlung ab. Wenige Monate später wird in Bungku, wie eingangs geschildert, Puji umgebracht.

2 Staatlich finanziertes Greenwashing

Ein halbes Jahr zuvor, während des ersten europäischen RSPO-Gipfels in Berlin, gründeten Politik und Industrie das „Forum nachhaltiges Palmöl" (FONAP). Es soll deutsche Unternehmen dabei unterstützen, nur noch 100 Prozent zertifiziertes Palmöl zu kaufen, etwa mit RSPO-Siegel. Deutschland ist mit 179 Mitgliedern das Land mit den meisten Mitgliedern im RSPO. Die Initiative wurde von der Gesellschaft für technische Zusammenarbeit (GIZ), dem Chemiekonzern *Henkel* sowie *Unilever* und WWF gegründet. 1,7 Millionen Euro hat das Bundesministerium für Ernährung und Landwirtschaft bislang in das Projekt gesteckt. Auch hier geht es nicht darum, den Verbrauch zu senken. FONAP gibt an, man wolle „Druck" auf die Palmölfirmen ausüben und den RSPO und andere Zertifizierungssysteme „verbessern". Aber wie viel Druck können Unternehmen aufbauen, deren Interesse im Zugang zu noch mehr Palmöl besteht? Tatsächlich hat der RSPO seine Kriterien sogar noch weiter geschwächt und – einstimmig – neue „Kompensationsregeln" beschlossen. So können jetzt Mitglieder, die zwischen 2005 und 2014 illegal schützenswerte Wälder vernichtet haben, die Flächen trotzdem zertifizieren lassen, wenn sie einen Kompensationsplan vorlegen. Laut RSPO geht es dabei um 300.000 Hektar Plantagen (eine Fläche so groß wie Mallorca, die illegal abgeholzt wurde), von der künftig „nachhaltiges Palmöl" kommen soll.

Aber auch NGOs treiben den zertifizierten Raubbau voran. Dass es zu Palmöl keine Alternative gäbe, weil es die effizienteste Ölpflanze sei, ist das neue grüne Sachzwang-Argument. „Kein Palmöl ist auch keine Lösung" – so stellte der WWF im August 2016 seine Studie „Auf der Ölspur" vor. Fazit: der Ersatz durch Kokos-, Soja-, Sonnenblumen- und Rapsöl hätte einen höheren Flächenbedarf zur Folge, die Treibhausgasemissionen stiegen an und die Gefährdung von Tier- und Pflanzenarten nähme zu. Zwar müsste der Verbrauch gesenkt werden, es führe aber „kein Weg daran vorbei, den Anbau von Ölpflanzen ausnahmslos umwelt- und sozialverträglicher zu gestalten". Eine ähnliche Position vertritt auch Greenpeace, die zu den ersten Kritikern des RSPO gehört und Verstöße der Mitglieder immer wieder dokumentiert hat. Dennoch hat Greenpeace zusammen mit WWF und Palmölfirmen wie *Musim Mas* – die, unter anderem, von *Wilmar* beliefert wird – die „Palmoil Innovation Group" gegründet. Auf Basis des RSPO wolle man strengere Standards etablieren. Warum sollten sich Unternehmen, die sich nicht einmal an die minimalen Standards des RSPO halten, freiwillig an strengere Standards halten?

Dabei hat Greenpeace bereits schlechte Erfahrungen mit freiwilligen Selbstverpflichtungen und „No-Deforestation"-Statements gemacht, zu denen unter anderem *Wilmar International* bewegt werden konnte. Wilmar holzte weiter ab – die Kooperation mit der *Sinar Mas*-Tochter *PT Asia Pulp and Paper* musste Greenpeace abbrechen, nachdem auf einer Plantage ebenfalls ein junger Aktivist von Sicherheitsleuten totgeprügelt wurde. „Wenn Firmen die Legitimation von Greenpeace haben, dann können sie alles machen", sagt Feri Irawan von Perkumpulan Hijau in Jambi. Der Aktivist, der seit Jahren gegen die Ausbreitung von Palmölplantagen kämpft, die Verbrechen der Palmölfirmen aufdeckt und sie vor Gericht bringt, unterstützt auch die Suku Anak Dalam in Bungku. Die Zusammenarbeit von großen NGO mit der Palmölindustrie, vor allem die des WWF, machen ihn und viele andere Graswurzel-Aktivisten wütend: „Erst durch den WWF ist es möglich, schmutzige, umweltzerstörende Monokulturen als nachhaltig zu verkaufen." Sie kämpfen um ihre Wälder und ihr Land – und nicht für nachhaltiges Palmöl als „kleineres Übel".

Drei Monate nach der tödlichen Gewalt in Bungku, im Juni 2014, harren hunderte Suku Anak Dalam immer noch in den Plantagen von *PT Asiatic Persada* aus. Sie schlafen unter Plastikplanen und im Straßengraben. Zurück in ihre Dörfer können sie nicht – die Firma hat den Zugang mit Wassergräben und bewachten Schranken abgeriegelt. Pujis Freunde sind erschöpft, viele traumatisiert.

Ardani, ihr charismatischer Anführer, hustet unablässig. Sie haben zu wenig Essen und zu wenig Wasser. „Wir wollen unser Land zurück", sagt Ardani. „Der Wald gab uns, was wir brauchten. Wir waren reich und sicher." Jetzt sind viele mittellos. Manche versuchen, Palmölfrüchte zu verkaufen. Doch wenn sie kein Geld haben, um die Security zu bestechen, werden sie als Diebe verhaftet. Ardani selbst saß dafür schon im Gefängnis. Er beobachtet die Kinder im Camp und sagt: „Es tut weh, sie zwischen den nutzlosen Ölpalmen aufwachsen zu sehen." Das Wissen, wie man mit und von der Natur lebt, ist für diese Generation verloren. Vermutlich wird ihnen kaum etwas übrig bleiben, als sich gegen einen Hungerlohn in den Palmölplantagen zu verdingen. Weil ihr Wald für den Klimaschutz der reichen Länder verbrannt und in Tütensuppen, Tiefkühlpizza und Aufbackbrötchen verarbeitet wird. Dinge, die keiner zum Leben braucht.[6]

Literatur

bmu, Zwölftes Gesetz zur Änderung des Bundes-Immissionsschutzgesetzes (20.11.2014): https://www.bmu.de/gesetz/zwoelftes-gesetz-zur-aenderung-des-bundes-immissionsschutzgesetzes/ (02.04.2020).

Deutscher Bundestag, Antwort der Bundesregierung auf die Kleine Anfrage der Abgeordneten Uwe Kekeritz, Harald Ebner, Bärbel Höhn, weiterer Abgeordneter und der Fraktion BÜNDNIS 90/DIE GRÜNEN, Drucksache 18/8987 (28.07.2016): http://dipbt.bundestag.de/dip21/btd/18/092/1809290.pdf (02.04.2020).

ECOFYS/IIASA/E4tech, The land use change impact of biofuels consumed in the EU, Quantification of area and greenhouse gas impacts (2015): https://ec.europa.eu/energy/sites/ener/files/documents/Final%20Report_GLOBIOM_publication.pdf (02.04.2020).

Hartmann, Kathrin, Aus kontrollierten Raubbau. Wie Politik und Wirtschaft das Klima anheizen, Natur vernichten und Armut produzieren, München 2014.

Roundtable on Sustainable Palm Oil: https://rspo.org/ (02.04.2020).

6 Für weitere Informationen zu dem Thema siehe auch: Hartmann, Aus kontrollierten Raubbau, 27 ff.

Katharina Koidl

Erfolgreiche Bildungsinitiative mit jungen Hazara in Bamiyan und Daikundi, Afghanistan. Eine Kooperation zwischen INTERSOL und dem JRS: Solar Cooperation Bamyan[1]

Abstract: Since 2016 there has been a working partnership between the Jesuit Refugee Service, a Catholic aid organisation for refugees, and INTERSOL, an independent non-profit-making association from Salzburg, to provide support to the ethnic groups of the Hazara and the Tajik in the Bamiyan and Daikundi regions. In addition to practical help for people who are in need as a result of the difficult and hazardous living conditions in the region, the partnership holds training programmes and provides assistance with energy use, most notably through the provision of solar lamps, solar cookers and solar dryers. The co-operation between JRS and INTERSOL has empowered people in a life-threatening situation, but it still struggles with problems and continues to depend on donations.

Keywords: Afghanistan, refugees, education projects, solar lamps, promotion of women

0 Einleitung

Seit einigen Jahren beschäftigen wir uns hierzulande intensiv mit dem Thema Migration und Flucht, nicht zuletzt, da es ein fixer Bestandteil der Medienwelt geworden ist. Viele Menschen aus konfliktgeladenen Regionen und Kriegsgebieten flüchten nach Europa, auf der Suche nach einem sicheren und glücklicheren Leben; eine komplexe Situation, die politische Lager sowie die Gesellschaft spaltet und eine langfristige, menschenwürdige und chancengleiche Lösung erschwert. Jedoch wird, im andauernden Diskurs um den Umgang mit den Gegebenheiten in Europa, ein ebenso wichtiger Aspekt der prekären Lage stark vernachlässigt: die Hilfe vor Ort. Die meisten Menschen aus Konfliktregionen leben noch in ihrer Heimat oder kehren wieder dorthin zurück. Genau dessen nimmt sich der *Jesuit Refugee Service* (JRS) in Afghanistan in Kooperation mit dem *Verein zur Förderung INTERnationaler SOLidarität* (INTERSOL) aus Salzburg an. Im Fokus der Zusammenarbeit steht die Reintegration in der Region

1 Der Beitrag ist auf Basis des Vortrags „Erfolgreiche Bildungsinitiative mit jungen Hazara Bamiyan und Daikundi, Afghanistan" (13.11.2017) von Orville de Silva SJ während der 16. Entwicklungspolitischen Hochschulwoche in Salzburg entstanden.

Bamiyan; ferner marginalisierte ethnische Gruppen und Frauen, denen in der afghanischen ruralen Gesellschaft viele Rechte und Möglichkeiten verwehrt werden. Um die unabdingliche Arbeit des JRS in Bamyian bestmöglich zu unterstützen, wurde eine Kooperation mit INTERSOL gebildet, in deren Zentrum die Solartechnologie steht. So werden seit knapp drei Jahren Solarlampen am Campus zum Lernen und Ausgehen am Abend genutzt. Ebenso wichtig ist der dadurch entstehende interkulturelle Dialog.

1 Allgemeines

Im zentralen Hochlandgebiet von Afghanistan, westlich von Kabul, liegt die Region Bamiyan. Bekannt geworden ist diese durch die Zerstörung der größten Buddhastatuen von Seiten der Taliban. Die Herausforderungen Bamiyans gehen jedoch weit über den Schutz des kulturellen und historischen Erbes hinaus und reichen tief in das gesellschaftliche Zusammenleben und ihre Entwicklung hinein. Sozioökonomisch ist die Landwirtschaft für die Mehrheit der 500.000 EinwohnerInnen die einzige Einnahmequelle. Wirtschaftlich bildet die Solartechnologie die Hauptenergiequelle der überwiegend ruralen Region. Soziodemographisch sind in Bamiyan die ethnischen Gruppen der Hazara und Tajik vertreten, welche durch andauernde Konflikte in eine marginalisierte Position gedrängt wurden. Diese gilt es entsprechend dem Verständnis des JRS und INTERSOL in den Fokus zu nehmen und zu fördern.

Im Besonderen sind die Zielgruppen des Programms von JRS und der Kooperation mit INTERSOL Jugendliche, vor allem Mädchen, sowie aus Pakistan, dem Iran oder anderen Ländern zurückgekehrte Flüchtlinge und Binnenflüchtlinge. Diesen wird vor allem mit Bildungsprogrammen die Möglichkeit gegeben, ein besseres Leben für sich zu schaffen. Sie sollen später ihre Fähigkeiten dazu nutzen, einen positiven Einfluss auf ihr Umfeld zu haben, in dem sie selbst neue Bildungsmöglichkeiten in ihren Dörfern schaffen. Die Situation der afghanischen Frauen hat sich seit dem Ende der Taliban-Ära deutlich verbessert,[2] vor allem im Sektor der Bildung. Jedoch hält sich die Gewalt gegen Frauen immer noch vehement im Alltag. 2012 wurde im zentralen Hochlandgebiet, auch in Daikundi, ein starker Anstieg verzeichnet. Gründe dafür sind eine schlechte finanzielle Lage, Arbeitslosigkeit, veraltete Traditionen, Probleme mit der Rechtsprechung, Zwangsheirat und hohe Mitgift.[3]

---

2 Vgl. UNAMA, UN Report Urges Afghanistan.

3 Vgl. UNAMA, Dai Kundi.

Außerdem wird vielen Frauen und Mädchen immer noch das Recht auf Schulbildung verwehrt, und so perpetuiert sich die Unterdrückung, welche durch ihre eigene oder die Familie ihres Ehemannes erwirkt wird. Die 2015 von der Regierung forcierte Entscheidung zu Senkung der Frauenquote in Provinz- und Distrikträten führte zum Anstieg von Kinderheirat, brutalen Angriffen und Morden an Frauen im öffentlichen oder politischen Dienst und Gewalt an Frauen im Allgemeinen.[4] Angesichts dieser tragischen Entwicklungen setzt sich der JRS in Kooperation mit INTERSOL speziell für junge Frauen ein, um gegen die kulturelle und institutionalisierte Marginalisierung und Unterdrückung anzukämpfen. Auch die Vereinten Nationen üben seit 2014 Druck auf das Land aus, um Lehrerinnen auszubilden und die Bildung von Mädchen aus ruralen Gebieten zu fördern. Dieser Appell ist kongruent mit den Tätigkeiten und Zielen der Projektkooperation. Afghanische Lehrerinnen sind von großer Wichtigkeit, um einen Anstieg in der (Aus)-Bildung von Schülerinnen verzeichnen zu können.[5]

Die zweite Gruppe, die eine Zielgruppe der Projektkooperation konstituiert, ist jene der zurückgekehrten Flüchtlinge. Diese kommen überwiegend aus Pakistan und dem Iran oder aus Europa zurück in ihr Heimatland. Die *International Organization for Migration* (IOM) schätzt die Zahl der RückkehrerInnen im Jahr 2018 auf 700.000. Als weitere Gründe dafür werden einerseits die spürbar sinkende Sicherheit, die AfghanInnen im Iran und in Pakistan geboten werden, angegeben.[6] Andererseits finden sich unter den Beweggründen der Rückkehr im UNHCR-Bericht Angaben finanzieller und wirtschaftlicher Art, Angst vor Deportation und Verfolgung in einigen Regionen Afghanistans.[7] Die Reintegration dieser Menschen stellt das Land vor eine große Herausforderung, der sich die Projektkooperation des JRS annimmt.

Einen weiteren Teil der afghanischen Bevölkerung stellen die Binnenflüchtlinge dar. Sie wurden gewaltvoll aus ihren Heimatregionen vertrieben und warten seit Jahren in Flüchtlingscamps oder provisorischen Bleiben in Abbruchhäusern oder unter Brücken im ganzen Land auf eine Möglichkeit der Rückkehr. *Amnesty International* setzt ihre Zahl bei 1,2 Millionen an. Darüber hinaus hatte sich die Summe an Binnenflüchtlingen in den vorhergehenden drei Jahren verdreifacht. Die Flucht trieb die Erwachsenen in die Arbeitslosigkeit und ihre Kinder aus den Schulen. Trotz großer Versprechen der afghanischen Regierung verbleiben jene Menschen in unvorstellbaren Lebensumständen, ohne Verpflegung, Unterkunft,

---

4 Vgl. UNAMA, International Women's Day.
5 Vgl. UNAMA, UN Report Urges Afghanistan.
6 Vgl. IOM, Return of Undocumented Afghans.
7 Vgl. UNHCR Bericht, Tough Choices for Afghan Refugees.

medizinische Versorgung und Möglichkeiten auf Anstellung und Ausbildung. Diese Menschen werden vom JRS ebenso bestmöglich unterstützt und gefördert.[8]

Zuletzt unterstreicht ein Überblick über die nationale Bildungs- und Alphabetisierungsrate die Wichtigkeit der Arbeit des JRS in Bamiyan und Daikundi. Der allgemeine nationale Prozentsatz liegt bei 71 % für die ersten 9 Schulstufen und bei 29 % für die 10. bis 12. Schulstufe. Seit dem Ende der Taliban-Ära in Afghanistan stiegen die Zahlen der Einschulung von Mädchen in primärer und sekundärer Bildung laut UNHCR-Bericht signifikant an. Obwohl die Quoten noch verhältnismäßig niedrig sind, ist ihr Anstieg jedoch sehr vielversprechend. Nichtsdestotrotz erweist es sich immer noch gerade für Rückkehrende und Mädchen, denen (Aus)-Bildung aus soziokulturellen und finanziellen Gründen verwehrt bleibt, als fast unmöglich, sich Zugang dazu zu verschaffen. Auch schlechte Infrastruktur und Mangel an qualifiziertem Lehrpersonal, vor allem an Lehrerinnen, hemmen die Alphabetisierung in Afghanistan. Dieser Entwicklung tritt der JRS entschieden entgegen und setzt seinen Schwerpunkt auf die Ausbildung von Lehrerinnen.[9]

2 Die Kooperation JRS und INTERSOL

2.1 Jesuit Refugee Service (JRS)

Der *Jesuit Refugee Service* (JRS) ist eine katholische, nicht-missionierende Organisation, welche ihren Arbeitsschwerpunkt in der Unterstützung von Flüchtlingen, Binnenflüchtlingen und Vertriebenen hat und in insgesamt 51 Ländern weltweit aktiv ist. Dabei legt sie ihren Fokus auf die Bereiche Empowerment durch Bildung, Nothilfe, Gesundheitsvorsorge, Existenzsicherung (Lebensunterhalt), Sozialfürsorge und Rechtsberatung bzw. generelle Menschenrechtsarbeit. Die Betreuung von Geflüchteten und Vertriebenen durch den JRS findet vor allem in Flüchtlingslagern, Städten und Haftanstalten statt – an Orten, wo Hilfe am nötigsten gebraucht wird.[10] Speziell in Afghanistan sind die jesuitischen SozialarbeiterInnen in den Regionen Kabul, Bamiyan, Daikundi und Herat tätig. Der Fokus liegt hierbei auf (Aus-)Bildungsprogrammen in den Bereichen LehrerInnenausbildung, Englischunterricht, Computerkurse und universitäre Vorbereitung.

---

8 Vgl. Amnesty International, Afghanistan: Number of People Internally Displaced.
9 Vgl. Jenner, Education and the Future of Afghan Refugees.
10 Vgl. JRS, About.

2.2 INTERSOL - Verein zur Förderung INTERnationaler SOLidarität

INTERSOL ist ein konfessions- und parteipolitisch unabhängiger, gemeinnütziger Verein aus Salzburg, der 1992 gegründet wurde. Gemäß dessen Grundsätze möchte die Organisation Solidarität, Pluralität und Demokratie fördern und setzt sich dabei für neue Formen der Zusammenarbeit zwischen Nord und Süd, vor allem in den Ländern Bolivien, El Salvador, Guatemala und Indien ein. Dabei geht es um die Umsetzung einer zukunftsfähigen, solidarischen Gesellschaftsentwicklung, basierend auf internationaler Kooperation an Stelle von Fremdbestimmung durch wenige Länder, Konzerne und Interessengruppen. Die Arbeitsfelder umfassen dabei die Bereiche Bildung und Empowerment, Wirtschaftsentwicklung, Gesundheitsvorsorge, Biolandbau und Permakultur, Wasserwirtschaft und interkulturellen Tourismus.[11]

2.3 Aspekte der Kooperation

Seit dem Jahr 2016 besteht eine Kooperation zwischen INTERSOL und JRS. Die Zusammenarbeit konzentriert sich im Rahmen der *Solar Cooperation Bamiyan* (SCB) auf die partielle Verbesserung der Energiesituation in Bamiyan und in den ländlichen Gegenden Daikundis. Wie eingangs erwähnt, sind die EinwohnerInnen von Bamiyan fast zu 100 % auf erneuerbare Energien (vor allem Solarenergie) angewiesen, da es einerseits vor Ort kaum Alternativen dazu gibt, andererseits aber auch ideale Voraussetzungen für die Nutzung der Sonne zur Energiegewinnung vorherrschen: Die Region zählt durchschnittlich 300 Sonnentage pro Jahr. Deshalb kommen in dieser Kooperation hauptsächlich mikrosolartechnische Lösungen zum Einsatz, das heißt kleinere Geräte, die kostengünstig angeschafft und multifunktional genutzt werden können. In den folgenden Abschnitten werden diese aufgelistet und ihre Implementierung in Afghanistan erläutert.

2.3.1 Solarlampen

Die Solarlampen, welche in Bamiyan Verwendung finden, werden in Bayern gefertigt. Dieser Standort garantiert ein qualitativ hochwertiges Produkt, das wasserfest und stoßsicher ist. Die Lampe bietet eine 3,7 V starke Lichtquelle und kann durch inkludierte Solarpanele geladen werden. Darüber hinaus verfügt das Model „A-Light S“ über weitere Funktionen: Sie kann ebenso als Stromquelle zur Ladung von Mobiltelefonen und Akkubatterien sowie zum Betreiben eines

11 Vgl. INTERSOL, Home.

Radios genutzt werden. Die Solarlampe ist somit ein wichtiger und vielfältiger Begleiter im Haushalt. Ihr Potenzial wird daher von den SchülerInnen der JRS Bildungseinrichtung in Bamiyan, die aktuell die hauptsächlichen BenutzerInnen der Lampen sind, sehr geschätzt, da sie diese tagsüber zum Laden ihrer Mobiltelefone und nach Einbruch der Dunkelheit für ihre Hausaufgaben, zum Lernen und Lesen nutzen können. Auch im Bereich der Sicherheit spielen die Qualitätslampen eine wichtige Rolle: Mit der mobilen Lichtquelle können sich die Studierenden auch nach Sonnenuntergang im Umfeld der Unterkunft frei bewegen, ohne Angst haben zu müssen. Außerdem können auch noch zu späterer Stunde Hausarbeiten durchgeführt werden – eine Möglichkeit, die eben durch den Einsatz der Solarlampen gegeben ist. Ein weiteres Modell, das „Home Light 4", ist eine kostengünstigere Variante. Diese dient ausschließlich als Lichtquelle und bietet sich als ergänzendes Gerät zur Multifunktionslampe „A-Light S" an, da nur das elaboriertere, aber auch teurere Modell über die Handyladefunktion verfügt.

2.3.2 Solarkocher mit Parabolspiegel

Der Solarkocher ist seit Jahrzehnten in anderen Kooperationen von INTERSOL im globalen Süden bereits ein bewährter und fester Bestandteil der Ausstattung: So setzt INTERSOL die Solarkocher bereits seit vielen Jahren im Hochland Boliviens und in Indien ein. In Afghanistan, im Rahmen der SCB, sind die Solarkocher gerade in der Implementierungsphase. Die klimatischen und sozioökonomischen Gegebenheiten der Region bilden optimale Voraussetzungen für eine Eingliederung eines Solarkochers in den Alltag der Studierenden und Lehrenden am Campus. Das Gerät bietet, mit einer Leistung von bis zu 700 W, die Möglichkeit, nur durch Sonnenenergie Speisen zuzubereiten. So können mit der Verwendung des Solarkochers zum Beispiel Brot gebacken, Wasser gekocht und Lebensmittel eingekocht werden. Dabei ist das physikalische Prinzip, das sich dahinter verbirgt, einfach und effektiv: Der Solarkocher funktioniert ähnlich wie ein Brennglas. Es werden annähernd parallele Sonnenstrahlen auf einen Brennpunkt reflektiert. Aufgrund der Konzentration der Sonnenstrahlen entstehen sehr hohe Temperaturen von über 400° C. Mit dieser Methode kann ab einer Stunde nach Sonnenaufgang bis eine Stunde vor Sonnenuntergang Essen problemlos zubereitet werden. Abgesehen von seiner universellen Einsetzbarkeit und seiner einfachen Bedienung, birgt der Solarkocher noch andere Vorteile: eine langfristige energiekostenneutrale Nutzung, da die Sonne ihren Beitrag nicht in Rechnung stellt. Besonders einkommensschwache Familien und Personen können so durch die Nutzung des Solarkochers mittel- und langfristig ihre Energiekosten deutlich senken.

2.3.3 Solartrocknungsanlagen

Die Implementierung von Solartrocknungsanlagen ist ein mittel- bis langfristiges Ziel der SCB. Die Anlagen werden von der Firma CONA in Oberösterreich entwickelt und vertrieben. Sie bietet eine Qualitätssicherung des Produktes, welches die Trocknung von Früchten, (Heil-)Kräutern, Getreide und Bohnen, Nüssen und sogar Fleisch ermöglicht. Durch eine genau gesteuerte Erwärmung von Luft kann eine sehr effiziente Nutzung gewährleistet werden. Bereits 2 m^2 Solarfläche liefern eine Leistung von bis zu 1400 W. Die daraus resultierenden Produkte können neben der Haltbarmachung von Lebensmittel für den Eigenbedarf auch eine wichtige Grundlage des Einkommens sein; dies beinhaltet den potentiellen Verkauf zum Beispiel von Trockenfrüchten. INTERSOL hat dazu in El Salvador in den letzten Jahren Erfahrung gesammelt: Die Kooperation mit APRAINORES bietet gute Erfahrungswerte in der Produktion von Trockenfrüchten wie Mangos, Ananas, Bananen, Papaya und Cashewkernen. Mit dieser Basis will die Kooperation das definierte Ziel der Implementierung in den nächsten Jahren umsetzen.

2.4 Herausforderungen und Ziele

Die von der Kooperation definierten Ziele spiegeln sich auf verschiedenen Ebenen wider. Laut Orville Da Silva, auf wessen Vortrag der Artikel basiert, konnte durch die Verwendung der Solarlampen ein großer Anstieg der Lernstunden und der Effizienz der StudentInnen verzeichnet werden. Ebenso spielt sie eine große Rolle in der Gewährleistung einer sicheren Umgebung für die jungen Mädchen, die nach Sonnenuntergang am Campus und seiner Umgebung unterwegs sind. Des Weiteren kann durch die Geräte Energie gespart werden und leichter Kontakt zwischen den Studierenden und ihren Angehörigen hergestellt werden, da die Multifunktionslampen über eine Handyladefunktion verfügen. Dieses erste Vorhaben konnte in den vergangenen Jahren erfolgreich umgesetzt werden, und es wird regelmäßig überprüft, ob sich positive neue Entwicklungen in diesem Rahmen abzeichnen. Ein weiteres Ziel ist die erfolgreiche Eingliederung der Solarkocher in den Alltag der StudentInnen und Lehrenden am Campus sowie der übrigen Partner in Bamiyan und Daikundi. Da der Solarkocher in den Kooperationen INTERSOLs in Süd- und Mittelamerika und Indien fester Bestandteil des Repertoires ist, dürfte die Zukunft der Implementierung desselben in Afghanistan sehr vielversprechend sein. In diesem Fall ist das Ziel der

Verringerung der Energiekosten durch die Nutzung von Solarenergie angesichts der klimatischen Bedingungen ein realistisches. Nicht zuletzt ist die Anschaffung und Verwendung einer Solartrocknungsanlage ein lang- und mittelfristiges Ziel. Sie soll der Bevölkerung nicht nur die Möglichkeit zur alternativen Konservierung und Trocknung von Früchten geben, sondern auch die Option, diese in eine lukrative Einnahmequelle umzuwandeln. Insgesamt sollen die Kooperationen und die in diesem Rahmen definierten Ziele zur Verbesserung der Lebenssituation der Menschen beitragen und ihnen Chancen bieten, ihre Ausbildung im JRS Center effizienter und lebenswerter zu gestalten.

Nichtsdestotrotz ist die Arbeit der Kooperation zwischen JRS und INTERSOL auch von Herausforderungen geprägt. Die erste und wohl auch prominenteste ist jene der Fragilität der politischen und sozialen Situation vor Ort. Aus Herr Da Silvas Schilderungen über die politische Situation des Landes, ließ sich schließen, dass Afghanistan in keinster Weise ein sicheres Herkunftsland ist, so wie es die österreichischen Medien und die Politik oftmals euphemistisch simplifizieren. Die sozialen Gegebenheiten im Land werden immer noch sehr stark durch den Eingriff der Taliban in das Leben der Bevölkerung geprägt und geplagt. Dennoch sind Bamiyan und Daikundi im Vergleich zu Kabul sehr konfliktarme Regionen, und so konnte der Großteil der Projekte des JRS und die Kooperation mit INTERSOL problemlos durchgeführt werden. Trotzdem ist nicht abzustreiten, dass es fast unmöglich ist, vorherzusagen, welche Entwicklungen sich in den nächsten Jahren im Land abzeichnen. Aus dieser Perspektive kann die junge Kooperation nicht zu 100 % für die nächsten Jahre gesichert werden. Ungeachtet dessen werden im Zeichen des Optimismus und Engagements immer neue Ziele definiert und deren Implementierung angestrebt. Die zweite Herausforderung ist jene des Versands, welcher relativ kostenintensiv ist. Darin schlägt sich auch nieder, dass bis jetzt nur ein Solarkocher in die Probephase gegangen ist. Weitere Sendungen nach Afghanistan sind mit hohen Kosten verbunden. Um diese decken zu können, ist INTERSOL ständig auf der Suche nach neuen Sponsoren, ob privat, geschäftlich oder politisch gefördert.

3 Resümee

Die seit 2016 bestehende Kooperation zwischen Jesuit Refugee Service (JRS) und der Verein zur Förderung INTERnationaler SOLildarität (INTERSOL) in den afghanischen Regionen von Bamiyan und Daikundi unterstützen die Arbeit des JRS, die Binnen- und rückkehrenden Flüchtlingen eine Möglichkeit der (Aus-) Bildung in den Bereichen IT und Lehre sowie Vorbereitungslehrgänge für tertiäre Bildung bietet. Der prekären wirtschaftlichen und politischen Situation der Studierenden im JRS Center und der Bevölkerung vor Ort nimmt sich der JRS in Kooperation mit INTERSOL an, um eine erfolgreiche Reintegration der jungen StudentInnen zu ermöglichen und neue Chancen für die Region und ihre BewohnerInnen zu schaffen. In diesem Rahmen unterstützt INTERSOL diese Ziele und Herausforderungen mit Solartechnologie. Aber nicht nur die Implementierung der gut etablierten Solarlampen, die sowohl als Lichtquelle als auch als Handyladegeräte fungieren, sondern auch Solarkocher und eine Solartrocknungsanlage sind fester Bestandteil der Ziele und Erfolge, die sich die Kooperation gesetzt hat. Dennoch ist die Zusammenarbeit auch von Herausforderungen geprägt: Einerseits ist die politische Situation in Afghanistan schwer einschätzbar und vorhersehbar, andererseits ist der Versand der Solargeräte sehr kostspielig, für den der Verein laufend Sponsoren jeder Art sucht. Ungeachtet der Herausforderungen ist die Kooperation von Optimismus und Engagement geprägt, da permanent an neuen Zielen und Ansätzen gearbeitet wird, um das Leben der Menschen vor Ort erheblich zu verbessern und den interkulturellen Dialog zu fördern.

Literatur

Amnesty International, Afghanistan: Number of People Internally Displaced by Conflict Doubled to 1.2 Million in just Three Years, 31.05.2016: https://www.amnesty.org/en/latest/news/2016/05/afghanistan-internally-displaced/ (22.02.2018).

INTERSOL, Home: www.intersol.at (22.02.2018)

IOM, Return of Undocumentes Afghans. Weekly Situation Report, 28.01.–03.02.2018: https://afghanistan.iom.int/sites/default/files/Reports/iom_afghanistan-return_of_undocumented_afghans-_situation_report-_28_jan__3_feb_2018_002.pdf (22.02.2018).

Jenner, Charlotte, Education and the Future of Afghan Refugees, 15.12.2015: http://tracks.unhcr.org/2015/09/education-and-the-future-for-afghan-refugees/ (22.02.2018).

JRS, About: http://en.jrs.net/about (22.02.2018).

UNAMA, Dai Kundi: Violence Against Women on the Rise in Central Highlands, 05.12.2018: https://unama.unmissions.org/dai-kundi-violence-against-women-rise-central-highlands (22.02.2018).

UNAMA, International Women's Day – Empowering Women, Empowering Humanity, 08.03.2015: https://unama.unmissions.org/international-women%E2%80%99s-day-empowering-women-empowering-humanity (22.02.2018).

UNAMA, UN Report Urges Afghanistan to Recruit Female Teachers Locally to Boost Girls' Education, 29.01.2014:

https://unama.unmissions.org/un-report-urges-afghanistan-recruit-female-teachers-locally-boost-girls%E2%80%99-education (22.02.2018).

UNHCR, Tough Choices for Afghan Refugees Returning Home After Years in Exile, 03.02.2017: http://www.unhcr.org/afr/news/briefing/2017/2/589453557/tough-choices-afghan-refugees-returning-home-years-exile.html (22.02.2018).

Jennifer Kohel

Recht auf Wasser für alle. Wie eine soziale Bewegung in Mumbai die Regierung zur Umsetzung der Nachhaltigkeitsziele bewegt

Abstract: On January 1st 2016 the global Sustainable Development Goals came into effect as the successor to the Millennium Development Goals. They provide the global guidelines for development co-operation for the next 15 years. To ensure that these goals are realised, the Member States are reliant on assistance from a range of stakeholders. When taking the necessary action, however, not all demographic groups are given equal consideration. This means that civil society stakeholders are directed to back up governments in their responsibilities. However, not all civil society stakeholders have the capability to influence government development policy. Using a case study on the topic of „Access to water in Mumbai" this article examines the potential for progressive social movements to foster the implementation of the Sustainable Development Goals. The analysis comes to the conclusion that the movement studied, Pani Haq Samiti (PHS), is contributing positively to the realisation of the Sustainable Development Goals by gradually enabling discriminated groups to have access to water.

Keywords: Mumbai, sustainability, SDG 6, water supply, social movements

1 Einführung in die Thematik

Mit der Einführung der globalen Nachhaltigkeitsziele haben sich die Mitgliedsstaaten der Vereinten Nationen freiwillig dazu verpflichtet, unter Berücksichtigung gemeinsamer Nachhaltigkeitsprinzipien eine gerechte, umweltfreundliche und wohlhabende Welt zu schaffen.[1] Eines der 17 Nachhaltigkeitsziele ist der universelle Zugang zu sauberem und erschwinglichem Wasser (Wasserziel).[2] Da Wasser existentiell für das menschliche Überleben ist, hat das Wasserziel die Besonderheit, das es sowohl Ziel als auch Voraussetzung von nachhaltiger Entwicklung ist.[3] Schätzungen der Weltgesundheitsorganisation zufolge haben

1 Vgl. Vereinte Nationen, The Sustainable Development Agenda.
2 Vgl. Weltgesundheitsorganisation, Drinking-water.
3 Vgl. Generalversammlung der Vereinten Nationen, Transforming our World; Dahan, SDG 6 on Water and Sanitation is Essential for Sustainable Development.

mehr als 2 Milliarden Menschen weltweit weiterhin keinen Zugang zu sicherem Trinkwasser.[4]

Die Gründe hierfür sind zahlreich und von Region zu Region oftmals sehr unterschiedlich. Um bis 2030 Menschen weltweit den Zugang zu sauberen Wasser zu ermöglichen, müssen Entwicklungsmaßnahmen daher zielführend auf die unterschiedlichen Herausforderungen ausgerichtet werden.[5] Diese Notwendigkeit wird insbesondere in den Megastädten des Globalen Südens deutlich.[6] Hier treffen globale Trends wie Bevölkerungswachstum, Verstädterung und Klimawandel geographisch aufeinander und müssen entwicklungspolitisch kontinuierlich mitgedacht werden. Für die Umsetzung der Nachhaltigkeitsziele auf lokaler Ebene sind die Zentralregierungen daher auf die Zusammenarbeit mit Ländern, Städten und Kommunen angewiesen.[7] Ein föderalistischer Grundsatz kann deshalb dazu beitragen, dass Entwicklungsmaßnahmen effektiver ausgestaltet und umgesetzt werden. Die Dezentralisierung von Staatsmacht hat in einigen Entwicklungs- und Schwellenländern allerdings auch dazu geführt, dass sich ungleiche Machtverhältnisse manifestiert haben, die die Umsetzung der Nachhaltigkeitsziele erschweren. Als besonders problematisch erweist es sich, wenn die führende Elite das Recht auf politische Teilhabe exklusiv für sich beansprucht und aus Eigeninteresse anderen gesellschaftlichen Gruppen ausgewählte Rechte entzieht.[8]

In der indischen Megastadt Mumbai hat das dazu geführt, dass Teile der lokalen Slumbevölkerung[9] systematisch von der städtischen Wasserversorgung ausgeschlossen wurden.[10] Wasseranschlüsse werden in informellen Siedlungen nur unter zwei Voraussetzungen bewilligt: Zum einen muss das Land, auf dem sich die Siedlung befindet, im Besitz der Landesregierung sein, und zum anderen muss im Einzelfall ein Meldenachweis erbracht werden, der zum Jahr 2000 oder früher ausgestellt wurde.[11] Schätzungen zufolge haben etwa zwei Millionen Menschen in Mumbai aufgrund dieser Bedingungen keinen Zugang

---

4 Vgl. Vereinte Nationen, The Sustainable Development Goals Report, 22.
5 Vgl. Generalversammlung der Vereinten Nationen, Transforming our World, 13; Vereinte Nationen, The Addis Ababa Action Agenda, 3.
6 Vgl. UN DESA Populations Division, World Urbanization Prospects, 1–2.
7 Vgl. Generalversammlung der Vereinten Nationen, Transforming our World.
8 Vgl. Zimmermann, Nachhaltigkeit wofür?
9 Die Bezeichnungen Slum und informelle Siedlungen werden zur Vereinfachung in diesem Text analog verwendet.
10 Vgl. Björkmann, Pipe Politics.
11 Vgl. ebd.

zu sauberem Wasser.[12] Darunter befinden sich auch Menschen, die rechtmäßig Anspruch auf den Zugang zur städtischen Wasserversorgung haben, die entsprechenden Nachweise aber nicht erbringen können.[13] Aus Mangel an Alternativen greifen die Betroffenen auf illegale Praktiken zurück, beispielsweise indem sie Wasserleitungen aufbrechen und anzapfen.[14] Das hat zum einen zur Folge, dass Schmutz ins Versorgungssystem gelangt und das Wasser kontaminiert, und zum anderen, dass ein Druckabfall durch den Ausbau illegaler Wassernetzwerke zustande kommt, der immer wieder zu Ausfällen im Versorgungsnetz führt. Hinzu kommt, dass sich private Netzwerke, sogenannte Wassermafias, die Marktlücke zunutze gemacht haben und Wasser zu einem Preis an die betroffene Bevölkerung verkaufen, der mitunter den Literpreis des öffentlichen Versorgungssystems um das 200fache übersteigt.[15]

Obwohl universeller Zugang zu Wasser viele dieser Probleme lösen könnte, ist eine Veränderung politisch nicht gewollt. Hierfür gibt es zahlreiche Gründe. Einer der Gründe hat seinen Ursprung in der Siedlungspolitik Mumbais. Durch das rasante Wirtschaftswachstum ist der Wohnungsmarkt in Mumbai für viele zu teuer geworden. Zuwanderer sind deshalb oft dazu gezwungen, sich in informellen Siedlungen niederzulassen.[16] Verstädterung geht in Mumbai deshalb insbesondere auch mit der Ausdehnung von Slums einher. Die Regierung steht demzufolge vor der Herausforderung, erschwinglichen Wohnraum für Millionen von Menschen zu schaffen und gleichzeitig die unkontrollierte Ausdehnung der informellen Siedlungen zu unterbinden. In der Konsequenz werden Menschen – je nachdem, ob sie gewisse Voraussetzungen erfüllen – als legal oder illegal eingestuft.[17] Zusätzlich unterstützt wird diese Illegalisierung von Menschen durch die radikale Anti-Migrationshaltung der Regierung. Politisch besteht die Ansicht, dass die städtischen Ressourcen den Maharatis[18] vorbehalten bleiben sollten, da sie ursprünglich das Land besiedelt hatten und damit die rechtmäßigen Besitzer wären. Zugezogenen, die nicht über ausreichende finanzielle Mittel verfügen, gelten als Nutznießer.[19] Ihnen werden daher grundlegende Rechte wie eben das Recht auf Zugang zur städtischen Wasserversorgung aberkannt.

12 Vgl. Pani Haq Samiti, Mumbai Water Presentation.
13 Vgl. Sumati, Interview Nr. 4, 8.
14 Vgl. Björkmann, Pipe Politics.
15 Vgl. Anand, Leaky States.
16 Vgl. Shah, Interview Nr. 15, 29, 34.
17 Vgl. Björkmann, Pipe Politics.
18 Ureinwohner im Bundesstaat Maharashtra.
19 Vgl. Shelar, Interview Nr. 7, 12.

Das Fallbeispiel Mumbai zeigt, wie komplex die Umsetzung der Nachhaltigkeitsziele auf lokaler Ebene sein kann, und es stellt sich die Frage, inwiefern die Nachhaltigkeitsziele der Vereinten Nationen umgesetzt werden können, wenn auf lokaler politischer Ebene kein Interesse an der Umsetzung besteht. Diese Fragestellung lenkt den Blick verstärkt darauf, welche nicht-staatlichen Akteure das Potenzial haben, die notwendigen politischen Veränderungen herbeizuführen. Sam Hickey und Giles Mohan haben in diesem Zusammenhang verschiedene Akteure untersucht und sind zum Ergebnis gekommen, dass progressive soziale Bewegungen (PSB) zu den zivilgesellschaftlichen Akteuren zählen, die das Potenzial haben, institutionelle Veränderungen anzustoßen. Als PSB werden Bewegungen bezeichnet, die sich für die Zivilrechte aller Bevölkerungsgruppen einsetzen und damit insbesondere auf andauernde Veränderungen in etablierten Strukturen abzielen.[20] Hierzu zählen beispielsweise die Proteste im Rahmen von „Occupy Wall Street". Auch auf lokaler Ebene kämpfen progressive soziale Bewegungen für Veränderung und Gleichberechtigung. In Mumbai haben solche Formationen fast schon Tradition. Die sogenannten Morchas[21] sind in der Regel friedliche Protestbewegungen, die historisch oft mit disruptiven Methoden wie Hungerstreiks einhergegangen sind und mehrfach auch gewalttätig endeten.[22] Seit 2010 gibt es in Mumbai auch eine soziale Bewegung, die sich für das Recht auf sauberes und erschwingliches Trinkwasser einsetzt.

Pani Haq Samititi[23] (PHS) ist eine Bewegung bestehend aus 42 Mitgliederorganisationen, die zunächst sporadisch als Reaktion auf ein Pilotprojekt zur Wasserprivatisierung entstanden war.[24] 2010 wurde die Bewegung formalisiert und offiziell mit dem Ziel gegründet, die Regierung dazu zu bewegen, durch nachhaltiges Wassermanagement allen Bevölkerungsgruppen in Mumbai den Zugang zu sauberem und erschwinglichem Trinkwasser zu ermöglichen. Damit macht PHS deutlich, dass sie die Versorgungspflicht beim Staat sieht. Als Argumentationsgrundlage dient der Bewegung der Artikel 21 der Verfassung Indiens, der das Recht auf Leben und Lebensunterhalt regelt.[25] Um das Wasserrecht für alle Einwohner und Einwohnerinnen zu sichern, verklagte PHS die städtische Wasserbehörde. Im Dezember 2014 fiel die Rechtsprechung durch den obersten

---

20 Vgl. Hickey/Mohan, Relocating Participation within a Radical Politics of Development.
21 „Morchas" bedeutet in der Sprache Hindi Protestmärsche.
22 Vgl. Brook, A History of Future Cities; Anand/Rademacher, Housing in the Urban Age.
23 „Pani Haq Samititi" bedeutet in der Sprache Hindi „Recht auf Wasser"-Kampagne.
24 Vgl. Ashkandam, Interview Nr. 18, 18.
25 Vgl. Shelar, Interview Nr. 7, 2–4.

Gerichtshof zugunsten des Klägers aus.[26] Die Stadt wurde angewiesen einen Plan vorzulegen, wie die Wasserversorgung für alle gesichert werden könne. Der Plan wurde im Ausschuss immer wieder vertagt, sodass sich trotz gerichtlichem Urteil keine Veränderung einstellte. Durch weitere Morchas übte die Bewegung zusätzlichen Druck auf die Regierung aus. Im Juni und im November 2017 beteuerte die führende Partei ihren Willen, die Pläne doch noch umsetzen zu wollen. Seit der Wiederwahl im Februar 2018 haben sich noch keine Veränderungen eingestellt.

Die vorliegende Fallstudie zeigt, dass sich durch die Aktivitäten der progressiven sozialen Bewegung PHS erste politische Veränderungen abzeichnen, die die Umsetzung des Wasserziels beeinflussen können. Es stellt sich daher die Frage, wie diese Veränderungen im Nachhaltigkeitskontext einzuordnen sind. Die meisten Forschungsarbeiten, die soziale Bewegungen untersuchen, sind in der Soziologie und Politikwissenschaft verortet. Entwicklungspolitische Ansätze, die sich mit den Wirkungsweisen sozialer Bewegungen beschäftigen scheint es bisher nicht zu geben.[27] Aber auch in Politikwissenschaft und Soziologie wurde den Wirkungsweisen sozialer Bewegungen bisher wenig Beachtung geschenkt. Das liegt daran, dass es sich sehr schwierig gestaltet, die Auswirkungen von sozialen Bewegungen zu verstehen, zu verorten und zu bewerten, da sich politische Veränderungen nur selten auf bestimmte Akteure, geschweige denn Einzelmaßnahmen, zurückführen lassen. Vielmehr ist eine Kette von Umständen für politische Veränderungen verantwortlich.[28]

Die Untersuchung der vorliegenden Fallstudie soll erste Erkenntnisse darüber liefern, inwiefern eine progressive soziale Bewegung wie PHS als Akteur nachhaltiger Entwicklung verstanden werden kann. Da die globalen Nachhaltigkeitsziele als allgemein gültiger Maßstab für nachhaltige Entwicklung verstanden werden, können sie als Bemessungsgrundlage herangezogen werden. Durch die Verortung von progressiven sozialen Bewegungen im entwicklungspolitischen Kontext kann diese Arbeit neue Erkenntnisse dazu beisteuern, wie sich verschiedene Akteure im Entwicklungskontext bedingen und dazu beitragen, das Verständnis von Forschenden und Praktikern hinsichtlich der Einflusskraft dieser Akteure zu erhöhen.

26 Vgl. Mumbai High Court, Pani Haq Samiti.
27 Vgl. Routledge, Our Resistance Will be as Transnational as Capital.
28 Vgl. Giugni, How Social Movements Matter, XV, 268–269.

2 Forschungsdesign

Um zu verstehen, wie sich die Aktivitäten von PHS tatsächlich auf die Umsetzung des Wasserziels auswirken, wurde zunächst die Wassersituation in Mumbai analysiert (Status Quo) und anschließend untersucht, wie sich die Arbeit von PHS auf diese Situation auswirkt. Die Sichtung von Sekundärliteratur ergab, dass nicht alle relevanten Informationen dort abgebildet wurden. Zum einen trifft das auf viele informelle Prozesse und illegale Praktiken zu, da hier vorsätzlich jede Art von Dokumentation weitestgehend unterbunden wird. Zum anderen ist PHS eine sehr junge Graswurzel-Bewegung, die lokal agiert und kaum formalisiert ist. Aus diesem Grund sind Informationen über die Struktur, Arbeitsweise und Tätigkeitsfelder der Bewegung weder dokumentiert noch öffentlich zugänglich. Da die Beantwortung der Forschungsfrage nur mittels entsprechender Informationen möglich ist, wurde eine Feldstudie mit dem Ziel durchgeführt, Datenmaterial zu generieren; dieses Material soll Aufschluss über die Dynamiken und Prozesse geben, die die Wassersituation in Mumbai bestimmen, und verstehen helfen, wie sich die Arbeit von PHS auf diese Situation auswirkt. Für die Umsetzung der Feldstudie wurde ein Forschungsdesign nach dem Prinzip der Gegenstandsangemessenheit entwickelt,[29] das im Folgenden detailliert erläutert wird.

Mit Blick darauf, dass insbesondere informelle Prozesse und Dynamiken vor Ort sichtbar gemacht werden sollten, wurden explorative, leitfadengestützte Experten-Interviews als Forschungsmethode herangezogen. Diese Methode diente dazu, sicherzustellen, dass zum einen eine Vergleichbarkeit der Interviews gewährleistet wird und zum anderen ausreichend Spielraum bestehen bleibt, um unvorhersehbare relevante Aspekte mit berücksichtigen zu können.[30] Aufgrund der sprachlichen Barriere wurde zusätzlich je nach Bedarf auf Dolmetscher zurückgegriffen. Insgesamt wurden 18 semi-strukturierte Interviews mit Betroffenen, Mitarbeitern der Stadt und Mitgliedern von PHS durchgeführt. Die Leitfäden für die Interviews wurden nach dem SSPS Prinzip erstellt.[31] Zur Operationalisierung der Fragen wurden die Unterziele des Wasserziels sowie die Nachhaltigkeitsziele mit nachweislichem Bezug zum Wasserziel einbezogen.

Eine besondere Herausforderung stellte das Forschen in informellen Siedlungen dar, da verschiedene Faktoren wie Misstrauen, religiöse und genderspezifische Vorstellungen, Analphabetismus und Sprachbarrieren hier verstärkt eine Rolle spielen. Um ein Verständnis verborgener Prozesse zu gewinnen und

29 Vgl. Brüsemeister, Qualitative Forschung, 28.

30 Vgl. Hopf, Qualitative Interviews; Willis, Interviewing, 145.

31 Vgl. Dannecker/Englert, Qualitative Methoden in der Entwicklungsforschung.

kulturelle und sprachliche Barrieren zu überwinden, wurde daher zusätzlich die Autofotographie als fotografisch-visuelle Methode herangezogen. Auto-Fotografie ist eine visuelle Forschungsmethode, bei der die Probanden explorativ Fotomaterial entwickeln, das im weiteren Verlauf durch den Forschenden interpretiert wird.[32] Visuelle Methoden haben den Vorteil, dass sie Prozesse sichtbar machen können, die anderweitig verborgen geblieben wären.[33] Deshalb wurden einzelne Bewohner, zu denen in offenen Gesprächen Vertrauen aufgebaut werden konnte, gebeten, Fotografien zum Thema Wasserversorgung anzufertigen. Ziel war es, Einblicke in die Wasserproblematiken und die illegalen Praktiken in den Slums zu gewinnen. In zwei ausgewählten Siedlungen, Kaula Bunder und Ambujwadi, fotografierten die Probanden über einen Zeitraum von jeweils drei Tagen ihre Berührungspunkte zum Thema „Wasser". Die Auswahl der informellen Siedlungen erfolgte nach dem Zufallsprinzip. Die Fotografien wurden hauptsächlich von Kindern und Jugendlichen angefertigt, da sie in der Regel im Haushalt für die Wasserbeschaffung verantwortlich sind.[34] Die Bilder wurden im Anschluss in qualitativen Gruppen-Interviews genutzt, um Sinnzusammenhänge nachvollziehen zu können. Die Interviews wurden in Gruppen durchgeführt, um die Hemmschwelle bei den Kindern und Jugendlichen möglichst gering zu halten. Da Gruppeninterviews naturgemäß sehr unstrukturiert verlaufen, wurde auf eine wörtliche Transkription verzichtet. Stattdessen wurden die Gesprächsinhalte sinngemäß zusammengefasst.

Da sich die qualitative Inhaltsanalyse sowohl für Interviewmaterial wie auch für visuelle Daten eignet,[35] wurden sowohl die Gruppeninterviews wie auch die Einzelgespräche im Anschluss transkribiert, thematisch kodiert, vergleichend analysiert und ausgewertet.[36] Zur Aufbereitung der Informationen wurde ein einfaches Transkriptionssystem verwendet, das den Gesprächsinhalt in den Vordergrund rückt und sich an verschiedenen Autoren orientiert.[37]

---

32 Vgl. Dirksmeier, Zur Methodologie und Performativität qualitativer visueller Methoden, 83.

33 Vgl. Dannecker/Englert, Qualitative Methoden in der Entwicklungsforschung, 199.

34 Diese Erkenntnis entstand im Rahmen von informellen Gesprächen während der Feldforschung.

35 Vgl. Schreier, Qualitative Content Analysis, 180.

36 Vgl. Dirksmeier, Zur Methodologie und Performativität qualitativer visueller Methoden, 83.

37 Vgl. Dresing/Pehl, Praxisbuch Interview; Gläser/Laudel, Experteninterviews und qualitative Inhaltsanalyse; Kowal/O'Connel, The Transcription of Conversation; Pfaffenbach/Reuber, Methoden der empirischen Humangeografie.

Um die Daten möglichst zielführend herauszuarbeiten und auszuwerten, wurden die Kategorien analog zu den Nachhaltigkeitszielen abgebildet. Hierbei wurde zwischen indirekter und direkter Wirkungsweise unterschieden. Unter direkter Wirkungsweise wurden Informationen zusammengefasst, die Aufschluss darüber gaben, inwieweit sich die Aktivitäten von PHS auf das Wasserziel in Mumbai auswirken. Unter indirekter Wirkungsweise wurden Informationen gesammelt, die Aufschluss darüber gaben, inwiefern die Aktivitäten von PHS Zusammenhänge zwischen dem Wasserziel und anderen Nachhaltigkeitszielen berücksichtigen und ob diese durch die Arbeit von PHS beeinflusst werden. Zusätzlich wurde untersucht, inwiefern die Aktivitäten von PHS Einfluss auf den entwicklungspolitischen Kurs der städtischen Regierung nehmen. So konnten die Informationen in einen vergleichenden Rahmen gegossen und zielführend ausgewertet werden.

3 Die Rolle von PHS bei der Umsetzung des Wasserziels

Die Analyse der Wassersituation in Mumbai zeigt, dass die Regierung bereits einige Maßnahmen ergriffen hat, um verschiedene Unterziele des Wasserziels zu adressieren.[38] Dabei beschränken sich die Maßnahmen nahezu ausschließlich auf ökonomische und ökologische Faktoren, während soziale Faktoren weitestgehend außer Acht gelassen werden. Ohne die Integration der sozialen Dimension kann das Wasserziel jedoch nicht umgesetzt werden. Die Arbeit von PHS setzt genau hier an.

PHS führt unterschiedliche Aktivitäten durch, mittels derer die Bewegung über verschiedene Kanäle Einfluss auf den Status Quo nimmt. Grundsätzlich kann zwischen Interessenvertretung, Aufklärungsarbeit, Wissensmanagement, Bildungsarbeit und Beteiligung unterschieden werden. Welche Arten von Maßnahme ergriffen werden, ergibt sich aus den jüngsten politischen Entwicklungen. In regelmäßigen Abständen finden Treffen der Kernmitglieder statt, bei denen die Hauptverantwortlichen die neusten Entwicklungen analysieren und Gegenmaßnahmen beschließen. Für die Umsetzung dieser Maßnahmen greift PHS auf verfügbare Ressourcen und die Expertise ihres Netzwerks zurück. Das können Einzelpersonen, Organisationen oder Netzwerke der jeweiligen Organisationen sein. In der Regel werden Informationen direkt über informelle Netzwerke gestreut um sicherzustellen, dass möglichst viele Menschen informiert sind und es auch bleiben.[39]

38 Vgl. im Folgenden dazu Anhang 1.
39 Vgl. Shelar, Interview Nr. 7, 28–34.

Anhang 1 zeigt, dass die Aktivitäten der Bewegung sich primär an Unterziele des Wasserziels richten, die Defizite in der sozialen Dimension ausweisen. Insgesamt begünstigt die Arbeit von PHS vier Unterziele des Wasserziels (6.1, 6.4, 6.5, 6B) und wirkt sich auf keines der Unterziele nachteilig aus. Neben der direkten Einflussnahme auf die Umsetzung des Wasserziels wirkt sich PHS auch indirekt auf die Umsetzung anderer Nachhaltigkeitsziele aus. Anhang 2 zeigt, dass PHS Ressourcen investiert hat, um die Zusammenhänge zwischen dem Wasserziel und anderen Nachhaltigkeitszielen festzustellen und zu verstehen. Einige hiervon werden direkt oder indirekt durch die Aktivitäten von PHS beeinflusst. Eine detaillierte Ausführung ist Anhang 2 zu entnehmen. Ähnlich wie bei der direkten Einflussnahme auf das Wasserziel wirkt sich PHS weitestgehend positiv auf die Umsetzung weiterer Nachhaltigkeitsziele aus. Eine Ausnahme bildet das Nachhaltigkeitsziel 11, nachhaltige Städte und Gemeinden.

Zugang zu Wasser in Mumbai ist stark an die Art des Wohnraums gebunden. Während dauerhafte Wohnstrukturen an das Wasserversorgungssystem angeschlossen sind, werden die Menschen in informellen Strukturen teilweise nur bedingt versorgt (legalisierte Slums) oder gar nicht versorgt (als illegal deklarierten Slums). PHS zufolge darf die Wasserversorgung nicht an die Wohnstrukturen gebunden sein, da die Stadt keine alternativen und erschwinglichen Wohnbauten für alle Betroffenen bereitstellen kann. Aus diesem Grund entkoppelt PHS ganz bewusst das Wasserziel vom Wohnraum und handelt damit zugunsten des Wasserziels und ohne absehbare Konsequenzen für das Ziel 11.

Die Studie kommt daher zum Ergebnis, dass PHS positiv zur Erreichung der Nachhaltigkeitsziele beiträgt, indem sie auf verschiedene Weisen den ungleichen Machtverhältnissen entgegensteuert und die Kapazitäten der Regierung erhöht, nachhaltigere Maßnahmen zu entwickeln und umzusetzen.

4 Progressive Bewegungen als Akteure nachhaltiger Entwicklung?

Anhand des studierten Fallbeispiels kann nun erörtert werden, ob progressive soziale Bewegungen das Potenzial haben, nachhaltige Entwicklung in Situationen anzustoßen, in denen die Regierung selbst nur ein bedingtes Interesse an einer solchen Veränderung hat. Die Studie zeigt, dass die untersuchte progressive soziale Bewegung *Pani Haq Samiti* positiv zur Umsetzung des Wasserziels beiträgt. Insofern bleibt zu beurteilen, inwiefern dieses Ergebnis extrapoliert bzw. verallgemeinert werden kann.

Obwohl die Ergebnisse der Studie sehr eindeutig ausfallen, kann aus verschiedenen Gründen nicht angenommen werden, dass PSB in anderen

Entwicklungskontexten ähnlich wirken. Zum einen muss berücksichtigt werden, dass soziale Bewegungen sehr diverse Phänomene sind. Auch progressive Bewegungen können beispielsweise in der Organisation, Arbeitsweise und Strategie stark voneinander abweichen. Daher ist es nicht unproblematisch anzunehmen, dass andere PSBs auf eine ähnliche Weise wirken. Nichtsdestotrotz zeigt das vorliegende Fallbeispiel, dass PSBs grundsätzlich das Potenzial haben, nachhaltige Entwicklung zu begünstigen. Weitere Fallstudien können hier ansetzen und Erkenntnisse darüber liefern, ob ähnliche Bewegungen in anderen Entwicklungskontexten die gleichen Auswirkungen auf die Umsetzung der Nachhaltigkeitsziele haben.

Ein weiterer Punkt ist die Frage nach der Dauer der Veränderung. Die vorliegende Fallstudie wurde in einem sehr kurzen Zeitraum von wenigen Monaten bearbeitet und kann deshalb keinen Aufschluss darüber geben, ob sich die politischen Veränderungen langfristig einstellen oder ob von Seiten der Regierung Zugeständnisse gemacht wurden, die bei der nächsten Gelegenheit widerrufen werden. Aus diesem Grund sind Langzeitstudien erforderlich, die die Entwicklungen über einen wesentlich längeren Zeitraum verfolgen und analysieren können.

Vor dem Hintergrund dieser Argumente fällt es schwer, PHS als Akteur nachhaltiger Entwicklung angemessen zu verorten. Zu viele Parameter scheinen zu diesem Zeitpunkt noch ungewiss. Insbesondere mit Blick auf die Priorisierung des Wasserziels gegenüber dem Nachhaltigkeitsziel für nachhaltige Städte und Gemeinden kann die Angemessenheit der Maßnahmen infrage gestellt werden. Auf der einen Seite widerspricht diese Verhaltensweise dem Integrationsansatz der Nachhaltigkeitsziele,[40] auf der anderen Seite kann argumentiert werden, dass einzelne Akteure auch als Bestandteile eines komplexen Gefüges verstanden werden können, in dem jeder Akteur eine Rolle übernimmt, in deren Rahmen er nur einzelne Aspekte nachhaltiger Entwicklung aufgreift, die dann durch die Handlung anderer ergänzt werden.

Unter Berücksichtigung der genannten Aspekte lässt sich die folgende Schlussfolgerung ziehen: Das behandelte Fallbeispiel beweist, dass progressive soziale Bewegungen die Umsetzung der Nachhaltigkeitsziele begünstigen können. Die Übertragbarkeit auf andere Fälle kann aufgrund verschiedener Faktoren zu diesem Zeitpunkt nicht eingeschätzt werden, sondern erfordert Folgestudien, die auf dieser Erkenntnis aufbauen.

---

40 Die Zusammenhänge zwischen den Nachhaltigkeitszielen sollen bei der Planung und Umsetzung von Maßnahmen berücksichtigt werden.

Anhang

Anhang 1: Die Bewertung des Beitrags von PHS an der Umsetzung des Nachhaltigkeitsziels 6

Sauberes Wasser und Sanitäreinrichtungen		
Unterziele und Indikatoren	**Status Quo in Mumbai**	**Einflussbereiche von Pani Haq Samiti**
6.1 Bis 2030 den allgemeinen und gerechten Zugang zu einwandfreiem und bezahlbarem Trinkwasser für alle erreichen. **Indikator:** Bevölkerung mit Zugang zu einer sicheren Trinkwasserversorgung.	Die städtische Trinkwasserversorgung bietet bezahlbares, aber kein sicheres Trinkwasser. Um die Trinkwasserverschmutzung zu reduzieren, arbeitet das WDIP (eine Abteilung zur Verbesserung der Wasserversorgung) daran, Löcher im Versorgungssystem zu reduzieren und eine kontinuierliche Wasserversorgung durch ständigen Wasserfluss zu gewährleisten. Darüber hinaus ist der Zugang zur städtischen Trinkwasserversorgung nicht gerecht. Menschen, die in regulären Wohngebäuden leben, stehen 130 Liter Wasser pro Person zu. BewohnerInnen autorisierter Slums erhalten lediglich 45 Liter pro Person. BewohnerInnen aus illegalisierten Slums sind von der öffentlichen Trinkwasserversorgung ausgeschlossen und beziehen Wasser über informelle Kanäle, das weder sicher noch erschwinglich ist. Dieses Wasser wird in der Regel durch das Anzapfen der bestehenden Trinkwasserversorgung gewonnen. Hierdurch entstehen Durchbrüche im Versorgungssystem, wodurch Schmutz in das Wasserversorgungssystem gelangt und sich die hohe Trinkwasserverschmutzung erklären lässt. Unter Berücksichtigung der bestehenden politischen Rahmenbedingungen kann die städtische Wasserbehörde danach streben, sicheres und erschwingliches Trinkwasser für die Teile der Gesellschaft zu erreichen, die gemäß den politischen Richtlinien abgesichert sein müssen. Zugang für die gesamte städtische Bevölkerung liegt unter der geltenden Gesetzgebung nicht in ihrer Zuständigkeit.	PHS adressiert den ungerechten Zugang zu Wasser und diskriminierendes Vorgehen. Die Bewegung konzentriert sich daher vorwiegend auf die Veränderung der politischen Rahmenbedingungen zugunsten aller Teile der Bevölkerung. Die Verbesserung des Wasserversorgungsnetzwerkes kann durch die städtische Wasserbehörde auch unabhängig von PHS umgesetzt werden. PHS führte Studien durch, um die politischen Rahmenbedingungen zu erfassen, die den gerechten und universellen Zugang zu Wasser untergraben. Darüber hinaus organisierte PHS Demonstrationen sowie Aufklärungs-Workshops und half den Betroffenen bei den Anträgen auf Wasserverbindungen. Weiter bediente sich PHS legislativer Werkzeuge wie dem Gesetz zum Informationsrecht, um Behauptungen und Rechtfertigungen mit fundierten Argumenten zu entkräften. Das gesammelte Informationsmaterial wurde auch dazu verwendet, um einen Antrag auf Gerichtsverfahren zum Wohle des öffentlichen Interesses einzureichen und vor Gericht eine gesetzliche Anweisung zu erreichen, die gerechten und universellen Zugang zur städtischen Wasserversorgung anordnet.

(*fortgeführt*)

Anhang 1: Fortsetzung

Sauberes Wasser und Sanitäreinrichtungen		
Unterziele und Indikatoren	**Status Quo in Mumbai**	**Einflussbereiche von Pani Haq Samiti**
6.2 Bis 2030 den Zugang zu einer angemessenen und gerechten Sanitärversorgung und Hygiene für alle erreichen und der Notdurftverrichtung im Freien ein Ende setzen, unter besonderer Beachtung der Bedürfnisse von Frauen und Mädchen und von Menschen in prekären Situationen. **Indikator:** Bevölkerung mit Zugang zu einer sicheren Sanitärversorgung	Es besteht kein Zugang zu einer angemessenen und gerechten Sanitärversorgung und Hygiene. Die Unterkünfte in informellen Siedlungen besitzen keine eigenen Sanitäreinrichtungen. BewohnerInnen sind auf die Bereitstellung öffentlicher Duschen und Toiletten angewiesen. Wenn diese nicht vorhanden sind, wird die Notdurft im Freien verrichtet, oftmals am Rande der Müllhalden. Zur Erhaltung der Körperhygiene wird in naheliegenden Gewässern gebadet. Legalisierte Slums verfügen in der Regel über öffentliche Toiletten. In Durchschnitt kommen auf mehrere hundert Personen in etwa fünf Toiletten. Aufgrund der langen Wartezeiten praktizieren viele Menschen ihre Notdurftverrichtung daher weiterhin im Freien. Illegale Slums verfügen über keinen Zugang zu Sanitäreinrichtungen. In dem untersuchten Fallbeispiel in Ambujwadi zerstörte die Regierung mutwillig bestehende Toilettenblocks, nachdem die Siedlung als illegal deklariert wurde, um die Menschen zur Umsiedlung zu bewegen. Zusätzlich bedingt die Wasserknappheit die Hygienebedingungen in den informellen Siedlungen in beiden untersuchten Fallbeispielen. In Ambujwadi griffen die BewohnerInnen auf Meereswasser zurück, um sich und ihre Kleidung zu waschen. In Kaula Bunder reduzierten die BewohnerInnen den Wasserkonsum auf ein Minimum, weshalb sie sich und ihre Utensilien nicht regelmäßig säubern. Um diese Situation zu ändern, müssen die politischen Rahmenbedingungen angepasst werden.	

Sauberes Wasser und Sanitäreinrichtungen		
Unterziele und Indikatoren	**Status Quo in Mumbai**	**Einflussbereiche von Pani Haq Samiti**
6.3 Bis 2030 die Wasserqualität durch Verringerung der Verschmutzung, Beendigung des Einbringens und Minimierung der Freisetzung gefährlicher Chemikalien und Stoffe, Halbierung des Anteils unbehandelten Abwassers und eine beträchtliche Steigerung der Wiederaufbereitung und gefahrloser Wiederverwendung weltweit verbessern. **Indikatoren:** Sicher behandeltes Abwasser, Gewässer mit guter Wasserqualität.	Die Qualität der umliegenden Gewässer, aus denen die Stadt ihr Wasser bezieht, ist sehr gut, und die Trinkwasseraufbereitung in Mumbai hat einen sehr hohen Qualitätsstandard. Trinkwasserverschmutzung entsteht durch willkürliche Durchbrüche im Wasserversorgungsnetzwerk, die vorwiegend durch das illegale Anzapfen und Erweitern des Versorgungsnetzwerkes in informelle Siedlungen erfolgen. Die Wasserqualität in Mumbai ist daher sowohl ein Management-Problem als auch eine Konsequenz davon, dass Teile der Bevölkerung von der Wasserversorgung ausgeschlossen sind. Das WDIP arbeitet zwar an der Reduzierung von Durchbrüchen und der Umsetzung eines kontinuierlichen Versorgungssystems, aber solange die Menschen weiterhin die Wasserleitungen anzapfen, kann das Problem nicht behoben werden. Die städtische Wasserbehörde kann sich zwar um die Sicherstellung der Wasserqualität bemühen, müsste jedoch erhebliche Ressourcen für die Überwachung, Instandhaltung und Reparatur des Netzwerkes aufbringen. Die städtische Abwasserbehandlung wurde aufgrund des Schwerpunktes der Arbeit weitestgehend vernachlässigt. Jedoch zeichnete sich in Kaula Bunder ab, dass durch das Anzapfen der Wasserleitungen im Industrie-Hafen mit einem Schiffsfriedhof auch gefährliche Chemikalien in das Wasserversorgungsnetzwerk gelangen können, ähnlich wie durch Müllhalden und Notdurftverrichtungen.	

(*fortgeführt*)

Anhang 1: Fortsetzung

Sauberes Wasser und Sanitäreinrichtungen		
Unterziele und Indikatoren	**Status Quo in Mumbai**	**Einflussbereiche von Pani Haq Samiti**
6.4 Bis 2030 die Effizienz der Wassernutzung in allen Sektoren wesentlich steigern und eine nachhaltige Entnahme und Bereitstellung von Süßwasser gewährleisten, um der Wasserknappheit zu begegnen und die Zahl der unter Wasserknappheit leidenden Menschen erheblich zu verringern. **Indikatoren:** Wassernutzungseffizienz, Süßwasserentnahme.	Das Wasserversorgungssystem für die Stadt Mumbai stützt sich auf die nachhaltige Wasserentnahme von sieben Süßwasserseen im Bundesstaat Maharashtra. Die städtische Wasserbehörde arbeitet darüber hinaus daran, die Effizienz des Versorgungssystems zu erhöhen. Dadurch soll mehr Wasser im städtischen Raum zur Verfügung gestellt werden. Allerdings ist nicht vorgesehen, dass der zusätzliche Wasserbestand auf Privatpersonen umgelegt wird, sondern es soll sichergestellt werden, dass das Wirtschaftswachstumsniveau erhalten bleibt.	PHS hat seine Bedenken über die Entzugs- und Versorgungsmethoden der HD geäußert. Die Bewegung führte Untersuchungen über die Wasserressourcen durch und argumentierte, dass sich der städtische Wasserversorger in erster Linie auf die Erweiterung der Wasserquellen durch den Bau von Dämmen konzentriert, da dies einfacher sei als die Verbesserung des Verteilungsnetzes. Gleichzeitig werfen sie der Regierung vor, dass sie die Wasserknappheit als Entschuldigung für die ungleiche Verteilung benutzt. PHS argumentiert, dass es zwar genug Wasser gibt, dieses aber ineffizient verteilt ist.
6.5 Bis 2030 auf allen Ebenen eine integrierte Bewirtschaftung der Wasserressourcen umsetzen, gegebenenfalls auch mittels grenzüberschreitender Zusammenarbeit **Indikatoren:** Implementierung eines integrierten Wasserressourcenmanagements, operationale Vereinbarung zur grenzüberschreitenden Wasserkooperation	Die Vorgaben zur Wasserversorgung werden vom Bundesstaat Maharashtra gemacht. Mumbai hat den größten Wasserbedarf im Bundesstaat und konsumiert Wassermengen, die in ländlichen Gebieten stellenweise immer wieder zu Wassermangel führen. In Abwesenheit eines funktionierenden integrativen Wasserressourcenmanagements auf Staatsebene war der Staat Maharashtra in der Vergangenheit immer wieder auf den Wasserankauf durch benachbarte Staaten angewiesen. Diese Praxis hat dazu geführt, dass sich eine sogenannte Wassermafia darauf spezialisiert hat, Wassertanker mit Bestechungsgeldern abzufangen und mit einem erheblichen Aufpreis an die Menschen zu verkaufen. Menschen in ländlichen Gebieten, deren Situationen in Dürrezeiten aussichtslos werden, sind häufig dazu gezwungen, in Städte zu migrieren, häufig mit dem Ergebnis, dass sie in informellen Siedlungen unterkommen.	PHS führte Studien durch, um die Probleme bei der städtischen Wasserversorgung zu identifizieren, und präsentierte die Ergebnisse der städtischen Wasserbehörde. Die folgenden Probleme wurden identifiziert und Vorschläge zur Verbesserung eingereicht: (1) Angestellte der Wasserbehörde verfügen nicht über ausreichende Qualifikationen, (2) Führungspositionen werden oft an Personen kurz vor dem Ruhestand vergeben, sodass diese Personen häufig wechseln, (3) Sanktionsmaßnahmen sind nicht ausreichend. Die Bedenken von PHS wurden zwar angehört, aber nicht weiter verfolgt. Aus diesem Grund änderte PHS ihre Strategie und begann, Menschen für Demonstrationen zu mobilisieren.

Sauberes Wasser und Sanitäreinrichtungen		
Unterziele und Indikatoren	**Status Quo in Mumbai**	**Einflussbereiche von Pani Haq Samiti**
6.6 Bis 2020 wasserverbundene Ökosysteme schützen und wiederherstellen, darunter Berge, Wälder, Feuchtgebiete, Flüsse, Grundwasserleiter und Seen **Indikatoren:** Umfang von Wasser-Ökosystemen	Die städtische Wasserversorgung bezieht Wasser aus dem Wasserüberschuss in den Seen, die durch die Regenfälle in der Monsunzeit entstehen. Dadurch werden die Ökosysteme nicht gefährdet.	
6A Bis 2030 die internationale Zusammenarbeit und die Unterstützung der Entwicklungsländer beim Kapazitätenaufbau für Aktivitäten und Programme im Bereich Wasser- und Sanitärversorgung ausbauen, einschließlich der Wassersammlung und -speicherung, Entsalzung, effizienten Wassernutzung, Wasserbehandlung, Wiederaufbereitungs- und Wiederverwendungstechnologien. **Indikator:** ODA für Wasserver- und -entsorgung	Nicht anwendbar auf der Städte-Ebene. Es kann jedoch angeführt werden, dass die städtische Wasserbehörde zeitweise mit der Weltbank im Gespräch zur Wasserprivatisierung war, um das Wasserversorgungsnetzwerk zu verbessern.	
6B Die Mitwirkung lokaler Gemeinwesen an der Verbesserung der Wasserbewirtschaftung und der Sanitärversorgung unterstützen und verstärken. **Indikator:** Lokale Verwaltungseinheiten mit Strategien und Verfahren zur Beteiligung der Gemeinden am Wasser- und Abwassermanagement.	Grundsätzlich ist eine Beteiligung der Gemeinden am Wassermanagement nicht vorgesehen. Es gibt jedoch stellenweise Ansätze, die eine Mitwirkung begünstigen. So hat das WDIP zur Umsetzung eines Pilot-Projektes zur kontinuierlichen Wasserversorgung BewohnerInnen in Slums konsultiert, um Informationen zu generieren und das Projekt vorzustellen. Da es hier überwiegend um Informationsfluss ging und nicht um eine richtige Beteiligung, kann das Beteiligungsniveau vernachlässigt werden.	Die Organisationsform von PHS baut auf der Beteiligung von Freiwilligen auf und stärkt damit das Engagement von lokalem Gemeinwesen im städtischen Wassermanagement. Die Zielführung der Bewegung entstand im Rahmen eines öffentlichen Diskurses; ihre Struktur beruht auf Austausch, Verschläge, Feedback, Arbeit und die Mobilisierung von Teilnehmenden.

Anhang 2: Die Bewertung des Beitrags von PHS an der Umsetzung von Nachhaltigkeitszielen mit nachgewiesenem Bezug zum Wasserziel

Ziele für nachhaltige Entwicklung	**Identifizierte Zusammenhänge zu Nachhaltigkeitsziel Nr. 6**	**Direkte und indirekte Einflussnahme durch PHS**
1: Keine Armut	In Ambujwadi und Kaula Bunder beeinflussten die Wasserpreise die Haushaltsausgaben für andere essentielle Güter wie Nahrung und Elektrizität. Die Menschen sind in einer Armutsfalle. In Kaula Bunder waren auch einige Betroffene, die riskierten, ihre Arbeit zu verlieren, damit sie Wasser besorgen können.	PHS arbeitet nicht mit Akteuren in informellen Strukturen zusammen, um Wasser erschwinglich zu machen, sondern zielt darauf ab, dass Zugang zum städtischen Wasserversorgungssystem für alle gewährleistet wird. Im Falle einer Umsetzung würde der Wasserpreis für die BewohnerInnen informeller Siedlungen signifikant sinken und damit die Kaufkraft der Menschen stärken.
3: Gesundheit und Wohlergehen	In Ambujwadi und Kaula Bunder wirken sich die Wasserknappheit, -erschwinglichkeit, -verschmutzung und die schlechten Hygienebedingungen auf die Gesundheit der Bevölkerung aus. Berichten zufolge gibt es insbesondere Probleme durch wasserbedingte Krankheiten sowie Hautinfektionen, Durchfall und Asthma.	PHS hat durch die Durchführung von Forschungsstudien ein Bild über die Problematiken und ihre Konsequenzen gemacht. Sollte PHS Zugang zum städtischen Wasserversorgungssystem sicherstellen, könnte das den Ausbruch von Krankheiten mindern, jedoch nicht aufheben. Insbesondere durch die Abwesenheit von Sanitäreinrichtungen und durch die schlechten Hygienebedingungen würde eine Vielzahl von Faktoren weiterhin die Gesundheit der Menschen stark beeinträchtigen.
4: Hochwertige Bildung	Die Fallstudie in Ambujwadi zeigt, dass Kinder gefährdet sind, die Schulzeit zu verpassen, weil sie verantwortlich dafür sind, Wasser für den Haushalt zu beschaffen, oftmals weil die Eltern arbeiten und sonst riskieren, ihr Einkommen zu verlieren (siehe auch 1). Darüber hinaus sinkt das Konzentrationslevel der Schulkinder dadurch, dass sie nicht genug Trinkwasser haben.	PHS führe Nachforschungen durch, um die Zusammenhänge zwischen Bildung für Kinder und Zugang zu Wasser zu erkunden. Zugang zur städtischen Wasserversorgung würde die Probleme jedoch nicht beheben. Da die Kinder weiterhin für die Beschaffung von Wasser verantwortlich wären und es in den legalen Slums lediglich Wasserstationen zur kollektiven Nutzung gibt, könnten sich zwar die Wartezeiten verändern, die Kinder würden allerdings weiterhin Schlange stehen, um Wasser zu besorgen.

Ziele für nachhaltige Entwicklung	**Identifizierte Zusammenhänge zu Nachhaltigkeitsziel Nr. 6**	**Direkte und indirekte Einflussnahme durch PHS**
5: Geschlechtergleichheit	In beiden Fallstudien waren die Frauen verantwortlich für den Haushalt und somit unter anderem für Kochen, Waschen und Säubern des Haushaltes. Die Frauen müssen ihre tägliche Arbeit mit sehr wenig Wasser verrichten und haben deshalb ein erhöhtes Bewusstsein für die Missstände. Aus diesem Grund tendieren sie häufiger als Männer dazu, gegen die etablierten Rahmenbedingungen ihre Stimmen zu erheben. Die politische Landschaft und die Strippenzieher informaler Wasserbeschaffungskanäle sind hingegen männerdominiert. Männer fühlen sich deshalb von den Frauen attackiert, wenn diese ihre Schwierigkeiten artikulierten, und neigen dazu, diese Probleme zu bagatellisieren. Gleichzeitig wird der Eintritt von Frauen in die Politik verhindert.	PHS führte Nachforschungen über die Zusammenhänge zwischen betroffenen Mädchen, Frauen und dem Lebensunterhalt durch. Ein Zugang zur städtischen Wasserversorgung würde die Bürden der Frauen und Mädchen jedoch nicht mindern und auch nicht zwangsläufig Männer dazu motivieren, Frauen als gleichwertig und gleichberechtigt zu betrachten.
8: Menschenwürdige Arbeit und Wirtschaftswachstum	Obwohl die meisten SlumbewohneInnen einer Beschäftigung im formellen oder informellen Sektor nachgehen, kommt es vor, dass sich die Wassersituation auf das Beschäftigungsverhältnis auswirkt. Da die Menschen Zeit einplanen müssen, um Wasser zu beschaffen, riskieren sie geringe Tagessätze oder Fehlzeiten. In Kaula Bunder sind vor allen Dingen Haushälterinnen davon betroffen. So ist es auch schon mehrfach vorgekommen, dass einigen gekündigt wurde, da sie zu häufig absagen mussten, um Wasser zu holen.	

(*fortgeführt*)

Anhang 2: Fortsetzung

Ziele für nachhaltige Entwicklung	**Identifizierte Zusammenhänge zu Nachhaltigkeitsziel Nr. 6**	**Direkte und indirekte Einflussnahme durch PHS**
10: Weniger Ungleichheiten	Unter den bestehenden politischen Rahmenbedingungen werden die ärmeren Bevölkerungsgruppen gegenüber der wirtschaftlich starken Bevölkerung diskriminiert behandelt. Zugang zu Wasser ist nur ein Aspekt.	Ungleichheiten entgegenzuwirken ist eines der Hauptanliegen von PHS. PHS setzt sich für ein Umdenken ein, indem sie bestehende politische Rahmenbedingungen aushebelt und legalen Zugang zur Wasserversorgung für alle sicherstellen möchte.
11: Nachhaltige Städte und Gemeinden	Das Nachhaltigkeitsziel 11 bezieht sich unter anderem auf den Zugang zu Wohnraum und öffentliche Dienstleistungen. Die Regierung hat sogenannte Slum-Sanierungs-Projekte ins Leben gerufen, die berechtigten Personen einen Platz in einer festen Wohnstruktur mit Zugang zu Wasser und Elektrizität sichern. Diese Projekte richten sich ausschließlich an nachweislich „legale“ SlumbewohnerInnen und bietet damit keinen ganzheitlichen Lösungsansatz.	PHS unterscheidet bewusst zwischen Zugang zu Wasser und Zugang zu Wohnraum. Obwohl diese beiden Ziele stark miteinander verbunden sind, setzt sich PHS dafür ein, Wasser unabhängig von der Wohnstruktur zur Verfügung zu stellen. Sollte PHS ihr Ziel erreichen, würde das auf der einen Seite bedeuten, dass Wasser für alle zugänglich gemacht werden würde. Auf der anderen Seite würde sich die Wohnsituation dadurch nicht verbessern.

Ziele für nachhaltige Entwicklung	**Identifizierte Zusammenhänge zu Nachhaltigkeitsziel Nr. 6**	**Direkte und indirekte Einflussnahme durch PHS**
12: Nachhaltige/r Konsum und Produktion	Das Nachhaltigkeitsziel 12 bezieht sich auf ein nachhaltiges und effizientes Ressourcenmanagement. Eine Abteilung der städtischen Wasserbehörde, das WDIP, arbeitet zurzeit an einem Pilotprojekt, das die Effizienz des Versorgungssystems steigern soll. Das Produktions- und Konsumentenverhalten am anderen Ende der Lieferkette wird allerdings nicht berücksichtigt. Das führt zu einer Verschwendung von Wasserressourcen auf der Verbraucherseite.	PHS zielt darauf ab, Verhaltensveränderungen hervorzurufen, ist sich aber nicht sicher, inwiefern sie dieses Ziel überhaupt erreichen können. PHS ist sich dessen bewusst, dass die Menschen nicht im Rahmen ihrer religiösen Werte handeln, und macht die Kommerzialisierung dafür verantwortlich. Sie argumentiert, dass die Kommerzialisierung dazu geführt hat, dass sich Wasser in Mumbai zu einem Status-Symbol entwickelt hat und die Ausbeutung von Ressourcen zu kommerziellen Zwecken als normal angenommen wird. Dies lässt den Menschen keinen Raum, das Konzept des Wassers als Grundrecht zu verstehen. Stattdessen äußern sie Dankbarkeit, wenn Menschen Wasser mit ihnen teilen oder ihnen zur Verfügung stellen, beispielsweise indem sie sie in ihre Gebete einschließen und sie dafür segnen (vgl. Shelar, Interview Nr. 7, 48).
15: Leben an Land	Menschen sind Teil des Ökosystems und auf seine Funktion angewiesen. Fehlender Zugang zu Wasser wirkt sich nicht nur auf den Menschen, sondern auch auf Tiere und Pflanzen aus, was wiederum Einfluss auf den Menschen hat. In Kaula Bunder äußert sich dies beispielsweise darin, dass Ziegen weniger Milch geben, da sie nur vertrocknetes Gras zu essen bekommen.	

(*fortgeführt*)

Anhang 2: Fortsetzung

Ziele für nachhaltige Entwicklung	**Identifizierte Zusammenhänge zu Nachhaltigkeitsziel Nr. 6**	**Direkte und indirekte Einflussnahme durch PHS**
16: Frieden, Gerechtigkeit und starke Institutionen	Das Nachhaltigkeitsziel 16 ist sehr vielseitig. Es zielt darauf ab, universellen Zugang zum Justizsystem zu sichern, Korruption und Bestechung zu reduzieren, Institutionen zu stärken, die zivilgesellschaftliche Teilnahme zu erhöhen und diskriminierende Gesetze abzuschaffen. Alle diese Faktoren bestimmen die Wassersituation in Mumbai. Auf politischer Ebene halten diskriminierende Gesetze die Menschen davon ab, auf legale Weise Wasser zu beziehen. Der informelle Wassermarkt ist wiederum von Bestechung und Korruption durchzogen und wird von den Wassermafias bestimmt.	PHS hat Studien durchgeführt, um die Gesetze und politischen Rahmenbedingungen zu verstehen, die die Wassersituation beeinflussen. Zusätzlich hat PHS über das Informationsgesetz Auskünfte bei der Regierung eingeholt und die Informationen auf ihre Legitimität hin analysiert. Dabei ist PHS auch dem Vorwurf nachgegangen, dass SlumbewohnerInnen mit Zugang zur Wasserversorgung ihre Rechnungen nicht bezahlen würden – mit dem Ergebnis, das keiner dort als Schuldner aufgeführt war. Dafür ist PHS darauf gestoßen, das viele öffentliche Einrichtungen wie Regierungsgebäude, das Polizeikommissariat und Krankenhäuser ihre Wasserrechnungen nicht bezahlt haben. Als der Antrag von PHS auf Wasserversorgung mit humanitärer Begründung abgelehnt wurde, nutzte die Bewegung das Informationsgesetz, um herauszufinden, wem Wasser aus humanitären Gründen bereitgestellt wurde, und fand heraus, dass Anschlüsse an Einkaufszentren und Baufirmen vergeben wurden, die keine offizielle Genehmigung hatten und somit illegal handelten. Des Weiteren hat PHS sich an den obersten Gerichtshof gewandt und eine Anklage gegen die Stadt im Sinne des öffentlichen Interesses eingereicht, um sicherzustellen, dass alle Menschen Zugang zur städtischen Wasserversorgung erhalten. Die Rechtsprechung erfolgte zugunsten von PHS, und die Stadt wurde angewiesen ihre vorgelegten Pläne umzusetzen.

Literatur

Anand, Nikhil, Leaky States: Water Audits, Ignorance, in: Public Culture (2015) 27, 305–330.

Anand, Nikhil/Rademacher, Anne, Housing in the Urban Age. Inequality and Aspiration in Mumbai, in: Rademacher, Anne/Sivaramakrishnan, Kalyanakrishnan (Hg.), Ecologies of Urbanism in India: Metropolitan Civility and Sustainability, Hong Kong 2013, 201–223.

Ashkandam, Anand, Interview Nr. 18, Mumbai 2016, in: Kohel, Jennifer (Hg.), Linking Social Movements and the Sustainable Development Goals – A Case Study on Access to Water in Mumbai (Masterarbeit an der Universität Wien), Wien 2017, 306–311.

Björkman, Lisa, Pipe Politics, Contested Waters. Embedded Infrastructures of Millennial Mumbai, Durham/London 2015.

Brook, Daniel, A History of Future Cities, New York 2013.

Brüsemeister, Thomas, Qualitative Forschung. Ein Überblick, Wiesbaden [2]2008.

Dahan, Stephane, SDG 6 on Water and Sanitation is Essential for Sustainable Development (03.06.2016): https://blogs.worldbank.org/opendata/sdg-6-water-and-sanitation-essential-sustainable-development (16.05.2018).

Dannecker, Petra/Englert, Birgit, Qualitative Methoden in der Entwicklungsforschung (Gesellschaft – Entwicklung – Politik), Wien 2014.

Dirksmeier, Peter, Zur Methodologie und Performativität qualitativer visueller Methoden. Die Beispiele der Autofotografie und reflexiven Fotografie, in: Rothfuß, Eberhard/Dörfler, Thomas (Hg.), Raumbezogene qualitative Sozialforschung, Wiesbaden 2013, 83–101.

Dresing, Thorsten/Pehl, Thorsten, Praxisbuch Interview, Transkription & Analyse. Anleitungen und Regelsysteme für qualitativ Forschende, Marburg [6]2015: https://www.audiotranskription.de/Praxisbuch-Transkription.pdf (16.05.2018).

Generalversammlung der Vereinten Nationen, Transforming our World: the 2030 Agenda for Sustainable Development, Rio de Janeiro 2015.

Giugni, Marco, How Social Movements Matter. Past Research, Present Problems, Future Developments, in: Giugni, Marco/McAdam, Dougl/Tilly, Charles (Hg.), How Social Movements Matter, Minneapolis/London 1999, XIII–XXXIV.

Gläser, Jochen/Laudel, Grit, Experteninterviews und qualitative Inhaltsanalyse als Instrumente rekonstruierender Untersuchungen, Wiesbaden 2009.

Hickey, Sam/Mohan, Giles, Relocating Participation within a Radical Politics of Development, in: Development and Change 36 (2005) 2, 237–262.

Hopf, Christel, Qualitative Interviews. An Overview, in: Flick, Uwe/Kardoff, Ernst von/Steinke, Ines (Hg.), A Companion to Qualitative Research, London/Thousand Oaks/New Delhi 2004, 203–208.

Kohel, Jennifer, Linking Social Movements and the Sustainable Development Goals – A Case Study on Access to Water in Mumbai (Masterarbeit an der Universität Wien), Wien 2017: http://othes.univie.ac.at/47755/1/49227.pdf (24.03.2020).

Kowal, Sabine/O'Connell, Daniel C., The Transcription of Conversation, in: Flick, Uwe/Kardoff, Ernst von/Steinke, Ines (Hg.), A Companion to Qualitative Research, London/Thousand Oaks/New Delhi 2004, 259–266.

Mumbai High Court, Pani Haq Samiti & Ors. vs. Brihan Mumbai Municipal Corporation & Ors, Mumbai 2014.

Pani Haq Samiti, Mumbai Water Presentation, Mumbai 2016.

Pfaffenbach, Carmella/Reuber, Paul, Methoden der empirischen Humangeographie, Braunschweig 2005.

Pogge, Thomas, Wir müssen bei der globalen Architektur ansetzen. Bekämpfung der Ungleichheit, in: politische ökologie 143 (Nachhaltige Entwicklungsziele: Agenda für eine bessere Welt?), München 2015, 35–40.

Routledge, Paul, Our Resistance Will be as Transnational as Capital. Convergence space and strategy in globalising resistance, in: Geojournal 52 (2000) 1, 25–33.

Schreier, Margrit, Qualitative Content Analysis, in: Flick, Uwe (Hg.), The SAGE Handbook of Qualitative Data Analysis, London/Thousand Oaks 2014, 170–183.

Shah, T.V., Interview Nr. 15, Mumbai 2016, in: Kohel, Linking social movements, 289–302.

Shelar, Sitaram, Interview Nr. 7, Mumbai 2016, in: Kohel, Linking social movements, 230–238.

Sumati, Interview Nr. 4, Mumbai 2016, Linking social movements, 179–192.

UN DESA Populations Division, World Urbanization Prospects. The 2014 Revision, New York 2014.

Vereinte Nationen, About: The Sustainable Development Agenda: http://www.un.org/sustainabledevelopment/development-agenda/ (16.05.2018).

Vereinte Nationen, Sustainable Development Goals: https://sustainabledevelopment.un.org/sdgs (16.05.2018).

Vereinte Nationen, The Addis Ababa Action Agenda, Addis Ababa 2015.

Vereinte Nationen, The Sustainable Development Goals Report 2016, New York 2016.

Weltgesundheitsorganisation (WHO), Drinking-water: http://www.who.int/en/news-room/fact-sheets/detail/drinking-water (16.05.2018).

Willis, Katje, Interviewing, in: Desai Vandana/Potter, Robert B. (Hg.), Doing Development Research, London/Thousand Oaks 2006, 144–152.

Zimmermann, Friedrich. M., Nachhaltigkeit wofür? Von Chancen und Herausforderungen für eine nachhaltige Zukunft, Berlin/Heidelberg 2016.

Anita Rötzer/Dominique Muller/Anna Paluszek

Die Clean Clothes Kampagne und ihr Schuhprojekt

Abstract: The Clean Clothes Kampagne Österreich is part of the Clean Clothes Campaign, a network of initiatives in 17 European countries; from 2015 to 2017 the focus of the Austrian Clean Clothes Campaign was on the global supply chain of shoes. This article gives a summary of the study „How to do better: an exploration of better practices within the footwear industry". The examples of better practice are divided into four categories: brands with an ethically correct ethos, collaboration with NGOs, multi-stakeholder initiatives and quality labels and certification systems. The analysis recommends open communication between business enterprises and systematic attention to the rights of workers in shoe production.

Keywords: Clean Clothes Campaign, fair trade, footwear industry, NGOs, multi-stakeholder initiatives

1. Einleitung[1]

Die Clean Clothes Kampagne (CCK) setzt sich aktiv für faire Arbeitsbedingungen in der Bekleidungs- und Sportartikelproduktion weltweit ein. Sie zeigt Menschen- und Arbeitsrechtverletzungen in Fabriken der Textilindustrie auf, mobilisiert KonsumentInnen und setzt sich mit deren Unterstützung für bessere Arbeits- und Lebensbedingungen von NäherInnen ein.

Die CCK ist auf nationaler Ebene als Plattform organisiert. Diese ist die politische Basis der CCK. Die österreichische Kampagne wird von 13 Organisationen, sogenannten Plattform-Organisationen, getragen. Die Koordination liegt bei Südwind e. V., einem Verein für Entwicklungspolitik und globale Gerechtigkeit. Die CCK Österreich ist Teil der *Clean Clothes Campaign*, einer Koalition von Kampagnen in 17 europäischen Ländern. Auf der europäischen Ebene hat das internationale Sekretariat der *Clean Clothes Campaign*, das unter anderem für Koordination und die Abstimmung zwischen den nationalen Plattformen zuständig ist, seinen Sitz in Amsterdam. Die *Clean Clothes Campaign* steht in Verbindung mit über 250 Partnerorganisationen weltweit. Dabei handelt es sich um Gewerkschaften und NGOs in Produktionsländern von Bekleidung.

---

1 Die Einleitung wurde von Anita Rötzer verfasst.

Die Aufgabenbereiche der Clean Clothes Kampagne sind:

- Ausübung von Druck auf die Markenfirmen, damit diese Verantwortung für die Produktionsbedingungen in ihren Zulieferbetrieben übernehmen, und für faire Arbeitsbedingungen sorgen.
- Unterstützung von ArbeiterInnen, Gewerkschaften und NGOs in Produktionsländern.
- Bewusstseinsbildung bei KonsumentInnen durch Information über die Arbeitsbedingungen in der globalen Bekleidungs- und Sportartikelproduktion, damit die Menschen ihre Macht als KonsumentInnen nützen können und als BürgerInnen aktiv werden.
- Ausschöpfen der gesetzlichen Möglichkeiten zur Verbesserung der Arbeitsbedingungen und Lobbying für eine Gesetzgebung, die gute Arbeitsbedingungen garantiert und so Regierungen und Markenfirmen zwingt, ethisch zu konsumieren.

Ein Schwerpunkt der CCK in Österreich liegt in den Jahren 2015–2017 bei der globalen Lieferkette von Schuhen. Unter dem Titel „*Change Your Shoes*" arbeiten 18 Menschen- und Arbeitsrechtsorganisationen zusammen, die sich für eine nachhaltige und ethische Schuhlieferkette einsetzen. Indem die Kampagne die KonsumentInnen für einen nachhaltigen Lebensstil sensibilisiert, Lobbyarbeit bei PolitikerInnen und Labelorganisationen leistet und Unternehmen drängt, ihre Sorgfaltspflichten wahrzunehmen, zielt sie darauf ab, die sozialen und ökologischen Bedingungen in der Schuh- und Lederindustrie zu verbessern.

Im Rahmen der Initiative „*Change Your Shoes*" wurden zahlreiche Studien zu Arbeitsbedingungen in der Leder- und Schuhindustrie veröffentlicht. Im folgenden Beitrag möchten wir die Zusammenfassung der Studie „*How to do better: An exploration of Better Practices within the footwear industry*" als Beispiel anführen.[2]

2 Wie es besser geht: Ein Auszug von Better Practice-Beispielen in der Schuhindustrie (Zusammenfassung)[3]

Die Autorinnen stellen in ihrer Untersuchung eine Reihe von *Better Practice*-Beispielen aus der Schuh- und Modeindustrie vor. Die von ihnen festgestellten Ansätze wurden in fünf Schlüsselbereichen entsprechend ihrer Wirkung auf Verbesserungen bewertet.

2 Für die vollständige Studie vgl. Clean Clothes, How to Do Better.

3 Die Abschnitte 2 und 3 wurden von Dominique Muller und Anna Paluszek verfasst.

- Verbesserung der Arbeitsbedingungen entlang der gesamten Wertschöpfungskette (von der Gerberei bis hin zur Fabrik) einschließlich Arbeitsverträgen, Schutz besonders benachteiligter ArbeiterInnen, Arbeitszeiten etc.
- Maßnahmen zu Sicherheit und Gesundheit am Arbeitsplatz für ArbeiterInnen entlang der Wertschöpfungskette (von der Gerberei zur Fabrik).
- Vereinigungsfreiheit, einschließlich Tarifverhandlungen, Beispiele guter Beziehungen zwischen ArbeitgeberInnen und ArbeitnehmerInnen, wirksame Beilegung von Arbeitskämpfen sowie Stärkung von Gewerkschaften und ArbeitnehmerInnenrechten.
- Umweltfragen einschließlich Einsatz von giftigen Substanzen sowie die Abwasser- und Abfallbehandlung etc.
- Transparenz und Rückverfolgbarkeit der Lieferkette, einschließlich Veröffentlichung von Prüfberichten, Zulieferern, Beschwerdemechanismen, Löhnen etc.

Ziel des Berichts ist die Verbreitung von Erkenntnissen zu *Better Practice*-Beispielen und Ergebnissen sowie von Beispielen von Akteuren der Schuhindustrie zu nachhaltigen Alternativen. Der Bericht enthält weder Empfehlungen noch eine Bewertung oder ein Ranking der untersuchten Markenunternehmen. In den vorgestellten Fallbeispielen geht es nicht um Einhaltung von Verordnungen und Gesetzen auf nationaler, internationaler oder EU-Ebene, sondern um bedeutsame Schritte bei der Entwicklung von innovativen und herausragenden Vorgangsweisen, die einen positiven Einfluss auf das Leben der ArbeiterInnen und ihrer Familien haben. Die vorgestellten Fallbeispiele lassen sich in vier Kategorien unterteilen:

2.1 Marken mit einer ethisch korrekten Grundeinstellung

Es werden einige Fallbeispiele einschließlich der Marken *Ethletic*, *Veja*, *Solerebels*, *Solo* und *Po Zu* vorgestellt, die sich durch einen Fokus auf ethische und faire Herstellung oder den Einsatz von umwelt-, menschen- und tierschonenden Materialien für mehr Nachhaltigkeit entlang der Wertschöpfungskette bis hin zum Endprodukt einsetzen. Gesucht wurde nach einem integrierten, ganzheitlichen Ansatz mit einem gewissen Standard bezüglich Nachweise und Transparenz.

Die am häufigsten gefundenen *Better Practices* sind: nahtloses Lieferkettenmanagement, Produkttransparenz, Zahlung von Zuschlägen, Veröffentlichung von Lohnspannen und Daten zur Geschlechterverteilung in der Belegschaft sowie online veröffentlichte Impact-Berichte. In den meisten vorgestellten Fallbeispielen finden sich extern zertifizierte Materialien oder Produktionsstätten.

Viele konzentrieren sich auf die Abfallvermeidung während des gesamten Fertigungsprozesses und innovative Materialien zur Verbesserung der ökologischen Bilanz. Hervorzuheben ist, dass sich viele der Unternehmen auf die Veröffentlichung von Informationen zu Produktionsstätten, Beschäftigten oder Prüfberichten konzentrieren.

Alle angeführten Beispiele verzichten auf chromgegerbtes Leder und nutzen Pflanzenöl oder alternative Materialien wie Biobaumwolle, Pinotex, JMesh etc. für den Oberschuh. Einige Unternehmen sind dazu übergegangen, sowohl das gesamte Material als auch die Herstellung vor Ort einzukaufen. Andere kaufen, abhängig davon, wo Produktionsstätten mit zertifizierten Arbeitsbedingungen oder Umweltzertifikaten zu finden sind, Materialien und Leistungen in verschiedenen Ländern ein. In vielen Fällen ist jedoch ein Informationsmangel für KundInnen festzustellen, besonders in Hinblick auf Produktionsstätten und die Risikobewertung bezüglich Arbeits- und Menschenrechte sowie Umweltstandards.

2.2 Zusammenarbeit mit Nichtregierungsorganisationen (NRO)

Bei diesen Fallbeispielen besteht eine Zusammenarbeit zwischen einer Marke bzw. einem großen Händler und einer NRO. Eine langfristige Lösung für die in der Schuh- und Lederindustrie beheimateten Probleme, von Arbeitsbedingungen bis zu Umweltschäden, wird nur erzielt, wenn alle Beteiligten – einschließlich Markenunternehmen, Zulieferer, lokaler, nationaler und internationaler Gewerkschaften, Arbeitgeberverbände, Zivilgesellschaft und Regierung – zusammenarbeiten. Dabei ist unabdingbar, dass Unternehmen Partnerschaften mit VertreterInnen der ArbeitgeberInnen- und ArbeitnehmerInnenseite/Gewerkschaften aufbauen.

Eines der vorgestellten Beispiele beinhaltet eine Zusammenarbeit mit *Homeworkers Worldwide*, die sich um die Belange von HeimarbeiterInnen in Indien kümmern und sich dabei auf die Arbeitsbedingungen (einschließlich Sicherheit und Gesundheit am Arbeitsplatz, Beschäftigungsverhältnisse, Vertretung durch Gewerkschaften und Bedürfnisse allgemein) konzentrieren, statt sich nur auf ein einziges Themenfeld zu beschränken. Das Projektziel besteht darin, dass, sobald ein funktionierendes System zur Gleichstellung von HeimarbeiterInnen und regulär Beschäftigten entwickelt ist, weitere Nachahmungen gefunden werden sollen.

In einem anderen Beispiel wird beleuchtet, wie der *World Wildlife Fund* (WWF) und seine PartnerInnen, einschließlich einiger großen Markenunternehmen, zusammenarbeiten, um die von den Gerbereien verursachte

Verschmutzung entlang des Flusses Ganges zu verringern. Bei dieser Zusammenarbeit geht es hauptsächlich um Wasser- und Umweltschutz und die damit verbundene Verringerung der negativen Einflüsse vor Ort. Dies gelingt durch die Förderung der Zusammenarbeit innerhalb der Lieferkette, den Aufbau einer *Best Practice*-Infrastruktur, Innovationen und umweltfreundlichere Verfahren in den Gerbereien (besonders in kleineren, oft in der Lieferkette übersehenen Betrieben). Diesbezüglich zeigt sich ein relativ holistischer Ansatz angesichts der damit verbundenen Probleme und des Bedarfs an kooperativem Handeln und der Unterstützung kleinerer Gerbereien (Aufbau von Kapazität und Ressourcen). Markenunternehmen, Fabrikleitungen und Gewerkschaften unterstreichen die praktische Umsetzung der Vereinigungsfreiheit als wichtigen Aspekt nachhaltiger Produktion in Indonesien.

Ein weiteres Beispiel stammt von der *Fair Wear Foundation*. Sie konzentriert sich auf dreiseitige Zusammenarbeit und Nachweisführung der durch Mitglieder erzielten Verbesserungen. Sie veröffentlicht Informationen zu Fortschritt und Arbeit der Mitglieder und anerkennt, dass Themen wie Begrenzung der wöchentlichen Arbeitszeiten, existenzsichernde Löhne, Beschäftigungsverhältnisse, gesundheitsfördernde Arbeitsbedingungen und Vereinigungsfreiheit in der Fabrik einerseits und die Geschäftspraktiken der Markenunternehmen andererseits miteinander in Beziehung stehen.

2.3 Multi-Stakeholder-Initiativen (MSIs)

In den vergangenen Jahren sind zahlreiche Multi-Stakeholder-Initiativen entstanden. Die Debatte um die UN-Leitprinzipien für Wirtschaft und Menschenrechte und den begrenzten Wirkungsgrad von freiwilligen Initiativen fordert verstärkt ergänzende politische Rahmenbedingungen bezüglich Sorgfaltspflicht und Haftung sowie eine Offenlegungspflicht seitens der Unternehmen. Einige der bisherigen Multi-Stakeholder-Initiativen bestehen aus Markenunternehmen und NRO, andere binden auch Regierungsakteure mit ein, während wieder andere eine dreigliedrige Struktur aus VertreterInnen des Unternehmens, der NRO und Gewerkschaften bevorzugen. Generell lässt sich sagen, dass das auf der dreigliedrigen Struktur fußende Modell die besten Erfolgsaussichten zugunsten der Menschenrechte bei der Arbeit mit sich bringt.

Einige Initiativen, wie beispielsweise *Better Factories Cambodia*, beobachten Fabriken und berichten über die Einhaltung von internationalen Standards zur Verbesserung verschiedener Aspekte der Arbeitsbedingungen, z. B. Sicherheit und Gesundheit am Arbeitsplatz, Löhne, Arbeitszeiten und Überstunden, Urlaub, Kinderarbeit, Vereinigungsfreiheit sowie Luftqualität und direkter

Kontakt zu Chemikalien. Des Weiteren werden den ArbeiterInnen sowie der Unternehmensleitung eine Reihe von Schulungen und Beratungen zur Verbesserung der Kapazität und Produktivität des Unternehmens angeboten.

Durchsetzbare, verbindliche Verträge sind ebenfalls ein wichtiger Baustein. Zum Beispiel wird der *Accord on Fire and Building Safety* (Vertrag zu Brandschutz und Gebäudesicherheit) für die Bekleidungsindustrie in Bangladesch als einzigartiger rechtlich verbindlicher Vertrag unter führenden Arbeitsrechtsverantwortlichen vorgestellt. Dieser bietet eine gute Vorlage für die Schuhindustrie. Ein anderes Beispiel ist das *Freedom of Association Protocol* in Indonesien (Protokoll zur Vereinigungsfreiheit). Unterzeichnete und gründlich verhandelte Abkommen zwischen VertreterInnen der internationalen Markenunternehmen, Fabrikleitungen und Gewerkschaften unterstreichen die praktische Umsetzung der Vereinigungsfreiheit als wichtigen Aspekt nachhaltiger Produktion in Indonesien.

2.4 Siegel und Zertifizierungssysteme

Es gibt zahlreiche private und öffentliche Siegel und Zertifizierungssysteme, die die Bedingungen in der Schuhindustrie überwachen. *Bluesign*, eines der Beispiele für Zertifizierungssysteme, beleuchtet die Sicherheit und Gesundheit der Beschäftigten in der Textilbranche, den Umgang mit Chemikalien und die damit verbundenen ökologischen Probleme. Es bietet Richtlinien und Verfahren für den sicheren Umgang mit Chemikalien und Arbeitsschutzstandards sowie integrierte Schulungs- und Überwachungssysteme an.

Das zweite Beispiel ist der *Higgs Index*, ein Paket von Selbstbewertungswerkzeugen für Markenunternehmen, Händler und Hersteller. Er beinhaltet auch einen Teil darüber, wie die Einkaufsleitlinien der Unternehmen die Bedürfnisse der Hersteller berücksichtigen. Auch wenn dies ein nützliches Instrument ist, bedarf es mehr, um die verschränkten Einflüsse zu überwachen.

Der Internationaler Verband der Naturtextilwirtschaft (IVN), ein weiteres Beispiel, ist ein Zusammenschluss von über 100 Unternehmen aus der Leder- und Textilwirtschaft. Dieser Standard befasst sich mit Umwelt-, Sozial- und Arbeitsstandards und hat umfassende Richtlinien für die ökologisch und gesellschaftlich verantwortungsvolle Herstellung von Textilien und Leder entwickelt.

Kooperation ist ebenfalls ein wichtiger Aspekt nachhaltiger Produktion in der Lederindustrie. So betont *The Leather Working Group* ihr Ziel der Verbesserung der Situation der Lederindustrie durch die Abstimmung von Umweltprioritäten, die Verbreitung von *Best Practices* und die Bereitstellung von Richtlinien. Ihr Prüfprotokoll für Gerbereien legt Richtlinien für die Rückverfolgbarkeit von

Leder fest. Leder aus dem Amazonasgebiet in Brasilien wird außerdem danach bewertet, ob es möglich ist, den Ursprung bis zur jeweiligen Ranch nachzuvollziehen. Der Fokus liegt jedoch auf den Umwelteinflüssen, während die Situation der ArbeiterInnen weitestgehend unberücksichtigt bleibt.

Das österreichische Umweltzeichen ist ein Kennzeichen für Waren und Dienstleistungen, die ganzheitlich evaluiert werden. Chromgegerbte Produkte bekommen dieses Siegel nicht, da dieses Verfahren das Risiko von allergischen Hautreizungen birgt und der Umwelteinfluss durch die Entsorgung des Leders ein Problem darstellt. Darüber hinaus werden auch andere mineralische Gerbstoffe ausgeschlossen. Das österreichische Umweltzeichen ist das erste Siegel, das auch Arbeitsrecht und -bedingungen umfassend einschließt und somit einem nützlichen integrierten Ansatz folgt.

3 Ergebnisse

Es gab in allen fünf Bereichen gute Beispiele. Was jedoch am deutlichsten heraussticht, ist das Fehlen ganzheitlicher Ansätze, besonders bei den kleineren Marken. Der zweite überraschende Aspekt ist die geringe Transparenz und unzureichende Dokumentation in allen Fällen – sowohl bei den kleinen ethischen Unternehmen als auch bei den Multi-Stakeholder-Initiativen. Die meisten verlassen sich auf die Gutgläubigkeit der VerbraucherInnen gegenüber ihren Versprechen. Während diese Versprechen löblich sein mögen, zeigt sich ein mangelndes Bewusstsein für die notwendige Transparenz und die in der Wertschöpfungskette wurzelnden Probleme.

4 Empfehlungen

Zusammengefasst lässt sich sagen, dass diese Probleme zeigen, wie notwendig eine umfassendere Offenlegung und Berichterstattung sind und wie wichtig es für Unternehmen ist, glaubhafte Versprechen abzugeben, die Umwelt zu schonen und ethische Standards einzuhalten. Es ist unabdingbar, dass die Unternehmen immer sowohl ökologische, als auch soziale Kriterien einbeziehen. Die internationale Kampagne *Change Your Shoes* (CYS) ist besorgt, dass nur sehr wenige der analysierten Fallbeispiele umfassende Geschäftsprozesse und praktische Initiativen haben, welche die Identifikation potenzieller und tatsächlicher negativer Auswirkungen auf Menschenrechte ermöglichen würden. Die Identifizierung von Einflüssen auf die Menschenrechte ist jedoch eine Voraussetzung für die Milderung und Beseitigung dieser Probleme. Veränderungen sind notwendig, um sicherzustellen, dass Unternehmen ihrer menschenrechtlichen

Sorgfaltspflicht tatsächlich nachkommen. Nur wenn einkaufende Unternehmen vor Ort Einfluss nehmen beispielsweise durch längere Durchlauf- bzw. Lieferzeiten, gerechtere Preissysteme etc., wird es Verbesserungen für die breite Mehrheit der ArbeiterInnen und ihrer Familien geben.

Anhang

Daten zur Studie „How to do better: An exploration of Better Practices within the footwear industry. Factsheet":

Dezember 2017
AutorInnen: Dominique Muller, Anna Paluszek
Redaktion und Korrektur: Stefan Grasgruber-Kerl, Berndt Hinzmann, Anton Pieper, Vera Schumacher
Verantwortlich im Sinn des Presserechts: Martina Schaub
Gestaltung und Satz: www.pinger-eden.de
Übersetzung: Barbara Kagon, www.kagon-kommunikation.de

Herausgeber:
SÜDWIND e. V.
Kaiserstraße 201, 53113 Bonn
Tel.: +49 (0)228-763698-0
E-Mail: info@suedwind-institut.de
www.suedwind-institut.de

INKOTA-Netzwerk
Chrysanthemenstr. 1–3
10407 Berlin
Tel.: +49 (0)30 42 08 202-0
E-Mail: inkota@inkota.de
www.inkota.de

Südwind/Clean Clothes Kampagne
Laudongasse 40
1080 Wien
E-Mail: office@cleanclothes.at
www.cleanclothes.at/schuhe

Literatur

Clean Clothes, Hot to Do Better (2017): https://www.cleanclothes.at/media/common/uploads/download/how-to-do-better/How_to_do_better_report.pdf (02.04.2020).

Julia Schöneberg

„Mete Tèt Ansanm"[1] – Auf der Suche nach Alternativen zur Entwicklung in Haiti

Abstract: The organizations of small farmers who make up the majority of the population in Haiti, are committed to social rights and ecologically sustainable agriculture. The example of the farmers' organisation „Oganisasyon Peyizan" makes it clear that the concept of „development" is irrelevant to those who work the land. Solidarity and networking, indigenous forms of knowledge and neighbourhood co-operation are prominent, as are democratic structures for coordination and decision-making. These factors make this organisation an example of how a socially unjust global order can meet with tangible resistance. International NGOs could support this kind of initiative and establish a transnational dialogue instead of continuing the traditional development policy.

Keywords: Haiti, development policy, farmers' organization, self-help structures, NGOs

Fast jeder Bericht über Haiti beginnt mit den immer gleichen katastrophischen Superlativen, die hier nicht wiedergegeben werden sollen. Ganz im Gegensatz zu der üblichen Darstellung von Ohnmacht, Untätigkeit und Hilflosigkeit steht die lange Tradition Haitis kollektiver Organisation, sozialen Handelns, Solidarität und Widerstand, die in verschiedenen Ausprägungen und Formen sowohl auf dem Land als auch in der Hauptstadt Port-au-Prince bis heute bestehen.

Die haitianische Revolution kommt in europäischen Geschichtsbüchern so gut wie nicht vor. Dabei haben die Haitianer*innen Beeindruckendes geschafft. Mitte August des Jahres 1791, zwei Jahre nach dem Sturm auf die Bastille, griff eine Gruppe von den Plantagen entflohener Sklav*innen zu den Waffen und erkämpfte sich die Freiheit, die 1804 mit der Umwandlung der französischen Kolonie Sainte Domingue in die *Repiblik Ayiti* besiegelt wurde. Das Konzept *mawonaj*, wichtige emanzipatorische Kraft der haitianischen Revolution, ist der historische Ursprung kollektiven und gemeinschaftlichen Handelns in Haiti. Das kreolische Wort lässt sich als „sich befreien" übersetzen. *Mawons* waren die von den Plantagen entflohenen Sklav*innen, die in den Bergen neue, freie Gemeinschaften gründeten und von dort aus die Revolution initiierten.[2] Das Denkmal

---

1 Übersetzt aus dem haitianischen Kreyol heißt dies: „Lasst uns die Köpfe zusammenstecken."

2 Vgl. Schöneberg, Making Development Political, 113.

des *nèg mawon*, des unbekannten Sklaven, steht auf dem *Chanm Mars*, einem zentralen Platz in der Hauptstadt Port-au-Prince. Um das linke Fußgelenk der Figur liegen die Überreste der Ketten der Sklaverei, der Kopf der Figur ist weit erhoben, sie bläst den Aufruf zur Revolution in ein Muschelhorn. Bis heute ist der *nèg mawon* Symbol für Widerstand und emanzipatorische Kraft der Haitianer*innen.[3]

Dennoch bleibt Haiti auch Objekt von Interventionen und Projekten der internationalen Entwicklungszusammenarbeit. Aus Sicht kritischer Entwicklungstheoretiker*innen, insbesondere Vertreter*innen des Post-Development Ansatzes, ist das Konstrukt und Projekt „Entwicklung" angesichts der offenbaren jahrzehntelangen Erfolgslosigkeit, nicht nur in Haiti, klar gescheitert. Sie fordern Alternativen zur Entwicklung jenseits der etablierten technokratischen und oftmals eurozentristischen Entwicklungsdiskurse.[4] Lokale Graswurzelbewegungen und zivilgesellschaftliche Gruppen sowie lokales, traditionelles und indigenes Wissen spielen eine primäre Rolle bei der Formulierung dieser Alternativen.

Der Begriff der Zivilgesellschaft ist nicht einfach zu definieren. Helga Leitner u. a. beschreiben soziales Handeln als „Formen der Anfechtung, in denen sich Individuen und Gruppen organisieren und zusammenschließen [...], um sozialen Wandel anzustoßen, der hegemoniale Normen herausfordert"[5]. In der allgemeinen Debatte hat Zivilgesellschaft einerseits als neoliberale Rechtfertigung für eine reduzierte Verantwortung des Staates gedient, andererseits als „post-Marxist/poststrukturalistischer Ansatz, der das transformative Potential sozialer Bewegungen betont"[6]. So verstehen Melber und Kößler Zivilgesellschaft als „Gesellschaft der Freien und Gleichen, verknüpft mit der Frage nach effektiven Partizipationschancen"[7], und leiten daraus ein Prinzip ziviler Solidarität,

---

3 Vgl. Trentmann, Mete Tèt Ansanm, 10.

4 Die Post-Development Theorie kann grob in zwei Generationen eingeteilt werden. Die Autor*innen der neopopulistischen Variante lehnen das Konzept von Entwicklung grundsätzlich ab; vgl. etwa Escobar, Encoutering Development; Esteva/Prakash, Grassroots post-Modernism; Latouche, In the Wake; Rist, The History of Development; allerdings wird ihnen auch die Romantisierung von Armut und die Homogenisierung des Subalternen vorgeworfen. Vertreter*innen der skeptischen Variante sind in ihrer Argumentation weniger ausschließend; vgl. Matthews, Post-development Theory; Matthews, The Role of the Privileged; McGregor, New Possibilities; Nustad, Development; Ziai; Entwicklung als Ideologie; Ziai, Development Discourse.

5 Leitner/Sheppard/Sziarto, The Spatialities, 157–158.

6 Bebbington/Hickey/Mitlin, Can NGOs Make a Difference, 6.

7 Kößler/Melber, Chancen internationaler Zivilgesellschaft, 93.

ein „Feld der Auseinandersetzung um Hegemonie und Konsens"[8], ab. Anschließen daran lässt sich Arturo Escobars Forderung nach der Errichtung neuer gesellschaftlicher Strukturen durch soziales Handeln.[9] Er formuliert diese als verschiedene, alternative Konzeptionen der „Wirtschaft (Solidarität und Reziprozität anstelle des homo oeconomicus und des Weltmarktes), der Politik (direkte Demokratie anstelle zentralisierter Autoritäten) und des Wissens (traditionelle Wissenssysteme anstelle moderner Wissenschaft)"[10].

Ich orientiere mich in meiner folgenden schlaglichtartigen Betrachtung an diesen drei Bereichen und stelle haitianische kleinbäuerliche Organisationen in das Zentrum der Diskussion um die Frage, welches emanzipatorische und widerständige Potenzial diese Organisationsformen für eine Suche nach Alternativen zur Entwicklung haben.[11]

1 Die Bedeutung von Bauernorganisationen

Ein Ansatzpunkt auf der Suche nach den skizzierten Alternativen sind in Haiti die Vielzahl der Bauernorganisationen und kooperativen Gemeinschaftsformen, deren gesellschaftliche Bedeutung und Stellenwert im geschichtlichen Kontext gelesen werden muss.

Nach groben Schätzungen sind etwa 66–80 Prozent der haitianischen Bevölkerung Kleinbäuer*innen, dennoch ist die ländliche Bevölkerung marginalisiert und wird abwertend als *moun andeyo*, „die Menschen außerhalb", bezeichnet.[12] Ländliche Gebiete sind sowohl von der haitianischen Regierung, als auch von internationalen Nichtregierungsorganisationen (NROs) vernachlässigt, deren Hauptaktivitäten sich hauptsächlich auf die Hauptstadt konzentrieren. Chavanne Jean-Baptiste, Gründer der Bauernbewegung von Papaye, sagt: „Wir Bauern sind seit mehr als 200 Jahren Opfer. [...] Ab dem Zeitpunkt der Unabhängigkeit hat es soziale Spaltung zwischen Reich und Arm, zwischen den Menschen in der Stadt und den Menschen auf dem Land gegeben."[13] Eine erhebliche Auswirkung auf die landwirtschaftliche Produktion hatten die neoliberalen Strukturanpassungsprogramme und der „Washington Consensus" in den 1980er und frühen 1990er

8 Ebd. 13.

9 Vgl. Escobar, Encountering Development.

10 Ziai, Development Discourse, 5.

11 Meine Beobachtungen basieren auf Feldforschungen in Haiti 2012–2017. Alle Übersetzungen stammen von mir.

12 Vgl. Bell, Fault Lines, 65–67.

13 Ebd. 66.

Jahren, in deren Rahmen internationale Geberinstitutionen erheblichen Druck auf die haitianische Regierung ausübten, um internationale Investitionen zu fördern. Importzölle wurden gekappt, soziale Sicherungssysteme privatisiert.[14] Die ländliche Bevölkerung spürte die Auswirkungen durch billige Lebensmittelimporte im großen Rahmen, mit deren Preisen die lokalen Produzenten nicht mithalten konnten.[15] Kleinbäuerliche Organisationen sind daher ein wichtiger Teil zivilgesellschaftlicher Organisation auf dem Land. Zwei der wichtigsten nationalen Bauernverbände sind der Nationale Kongress der Bauernbewegung von Papaye (MKNKP), die aus der Bauernbewegung von Papaye (MPP) hervorgegangen ist, sowie *Tèt Kole Ti Peyizan Ayisyen* (Köpfe zusammen kleine Bauern Haitis). Diese nationalen Bauernorganisationen verstehen sich als Plattform und Vertretung für die vielen kleinen, über das ganze Land verteilten Gruppen. Sie organisieren Demonstrationen und Aufmärsche für Nahrungsmittelsicherheit und fordern u. a. Agrar- und Landreformen, die strikte Beschränkung von Lebensmittelimporten im Rahmen der Entwicklungs- und Humanitären Hilfe sowie den Schutz einheimischen Saatgutes vor genmanipulierten Varianten. Internationale Netzwerkbeziehungen schließen etwa *Via Campesina* oder die brasilianische Landlosenbewegung ein. Die großen Bauernorganisationen versuchen außerdem, Allianzen mit anderen Gruppen aus der Arbeiter-, Frauen- oder Studentenbewegung zu schließen.

Das institutionelle Fundament der bäuerlichen Kleingruppen basiert auf den traditionell verankerten Konzepten *gwoupman* (kleine Gruppe) und dem *kombit* (Gemeindearbeit) die bis heute weit verbreitet sind.[16] Das Selbstverständnis der Mitglieder ist klar politisch. Sie sind überzeugt, dass die Zukunft des Landes auf dem Stellenwert der Kleinbäuer*innen aufbaut. MPP formuliert es in der Bilanz zum 25-jährigen Bestehen folgendermaßen:

> Wir führen kein Programm aus, nur um des Programms Willen. Wir machen kein Projekt, um ein Projekt zu machen. Wir sind keine Entwicklungsorganisation, wir sind kein Entwicklungsprojekt. Wir sind eine soziale Organisation, die ein gesellschaftliches Projekt hat, ein Projekt des sozialen Wandels.[17]

---

14 Vgl. Pressley-Sannon, Many Hands.
15 Vgl. Bell, Fault Lines, 67.
16 Vgl. Schöneberg, Making Development Political.
17 Bilan 25 an, 195 (Übersetzung der Autorin).

2 Lokale Selbsthilfe- und Solidarstrukturen: Die Bauernorganisation Oganisasyon Peyizan (OP)

Aus der großen Vielfalt lokaler Selbsthilfe- und Solidarstrukturen illustriere ich das konkrete Beispiel der *Oganisasyon Peyizan* (OP), eine von zahlreichen bäuerlichen Kleinorganisationen in der Region Gros Morne im Départment Artibonite.[18] Obwohl ich mit OP einen Einzelfall vorstelle, kann die Organisation in vielen Aspekten, besonders im Hinblick auf Struktur und den Fokus ihrer Aktivitäten, als repräsentativ gelten. Um die Identität meiner Gesprächspartner*innen zu schützen, habe ich sowohl den Namen der Organisation als auch die der Personen verändert.

Im Kontrast zu dem in Projekten internationaler Hilfsorganisationen inflationär gebrauchten Konzept „Entwicklung“ kommt dieser Begriff in den Diskursen der Bäuer*innen kaum vor. So betonen OP-Vertreter*innen, vorrangiges Ziel der Organisation sei es, einander zu unterstützen. Statt *devlopman*, Entwicklung, kommt in den Erzählungen häufig die Wendung *fè chanjman* vor, Veränderung schaffen. Dies wird auch praktisch in den Aktivitäten der Organisation deutlich. Solidarität liegt im Kern des Selbstverständnisses. Joseph Baptiste, Direktor der haitianischen Organisation ODR mit Sitz in Port-au-Prince, die unter anderem Netzwerke bäuerlicher Organisationen initiiert, ist überzeugt, dass das Fundament der haitianischen Nation aufgrund der Geschichte sozialer Kämpfe auf Solidarität gebaut sei. Trotz des Einflusses internationaler Entwicklungsprojekte, die vielfach eine „Entwicklungsmentalität“, das Denken in Projektzyklen und -indikatoren, gefördert haben, ist er überzeugt, dass Gemeinschaft und Solidarität nach wie vor tief in der Gesellschaft verwurzelt seien. Anhand der Organisationsstruktur von OP lassen sich die von Escobar geforderten alternativen Konzeptionen von Wirtschaft, Politik und Wissen illustrieren.

Ich beginne mit der Sphäre der Wirtschaft, für die Escobar besonders die Prinzipien Solidarität und Reziprozität herausstellt. OP besteht seit 2001 und hat derzeit rund 2700 Mitglieder in 28 Siedlungen, unterteilt in 226 *gwoupman*. Smith beschreibt die *gwoupman peyizan*, wörtlich übersetzt als kleine Gruppe, als die komplexeste bäuerliche Organisationsform.[19] *Gwoupman* spielen eine vorrangige Rolle in den dörflichen Strukturen. Das Grundprinzip sieht vor, dass die Mitglieder sich gegenseitig mit den Arbeiten auf ihren Feldern unterstützen, Saatgut teilen und in wöchentlichen Treffen Probleme oder Planungen besprechen. Außerdem zahlen sie regelmäßig einen kleinen Betrag in eine

18 Eine der zehn Verwaltungseinheiten Haitis.

19 Vgl. Smith, When the Hands are Many.

Gemeinschaftskasse. Die Bauernbewegung von Papaye formuliert dies folgendermaßen:

> Jeden Dienstag und jeden Freitag treffen sich die gwoupman auf dem Feld um zu arbeiten. Nach der Arbeit sitzen sie zusammen unter den Bäumen, sie essen gemeinsam, sie besprechen Probleme, sie teilen Ideen, sie lernen zusammen, sie planen zusammen.[20]

In regelmäßigen Intervallen organisiert das übergeordnete Gremium von OP Informationsseminare, um potenzielle neue *gwoupman* zu informieren und auszubilden. Ziel ist, durch einen Schneeballeffekt mit diesen Netzwerken zur Selbsthilfe einen möglichst großen Anteil der Bevölkerung zu erreichen. Gewöhnlich nehmen um die 60 Personen an einem solchen Seminar teil. Die einzelnen *gwoupman*, die danach gebildet werden, bestehen zumeist aus 10 bis 15 Personen. Jede Gruppe hat ein Sprecherteam und einen Schatzmeister und sendet regelmäßig Delegierte zu OP Versammlungen. Der Aufbau der Trainings folgt einer Struktur, die auf der Methodologie des MPP Gründers Chavannes Jean-Baptiste beruht und auf ähnliche Weise vielfach in ganz Haiti angewendet wird. Neue *gwoupman* müssen zunächst ein mehrstufiges Training durchlaufen. Wilfride, Mitglied des Trainingskomitees sagte: „Es ist der Zusammenhalt, der die *gwoupman* erfolgreich macht."[21]

Escobars zweite Sphäre beschreibt das Wissen. Hilfreich zur Einordnung ist hier das Konzept der Ethnophilosophie. Ethnophilosophie meint und beschreibt nicht-formalisierte, indigene Wissenssysteme, in denen sich durch Sprache, Geschichten, Lieder und Sprichwörter Wissensformen und Weltsichten manifestieren, die in eurozentristischen, durch die Ideale der Aufklärung geprägten Bildungssystemen, wenig oder keine Anerkennung finden.[22] Sprichwörter und Lieder, *chante,* spielen eine wichtige Rolle im Alltagsleben Haitis und erfüllen durch ihre häufig zugespitzte Symbolik Funktionen von Spott, Ironie, aber auch Zusammengehörigkeit, Motivation und Appell während der Arbeit.[23] Viele Menschen in der Region sind Analphabeten, sodass Wissen auf diese Weise weitergegeben wird. *Mete tèt ansanm (*Lasst uns die Köpfe zusammenstecken), ist ein häufiger Appell in Treffen, in Liedern und ein geläufiges Sprichwort im Alltag. Eine Lerneinheit des *gwoupman* Trainings hat den Titel *„viele Mitglieder, ein Körper"*. Der *chante* des Themas heißt: „Wenn wir uns verändern wollen, müssen wir unsere Köpfe zusammen stecken." Der Text betont nicht nur die Bedeutung

20 Bilan 25 an, 11.

21 Persönliches Gespräch.

22 Vgl. Chilisa, Indigenous Research Methodologis, 131.

23 Vgl. Smith, When the Hands are Many, 48 f.

vereinter Kräfte und die Relevanz jedes einzelnen Mitgliedes der Gruppe, sondern auch die Überzeugung, dass jede*r etwas Wichtiges, entsprechend der eigenen Fähigkeiten, beitragen kann. Ein weiteres Thema ist Solidarität. Ein Mitglied betont: „Ein Problem eines Einzelnen ist das Problem aller.“[24]

Escobars dritte Sphäre beschreibt die Politik. OP funktioniert als übergeordnete Institution, die Formen der gegenseitigen Solidarität und die individuellen nachbarschaftlichen Kooperationen auf einer übergeordneten Ebene koordiniert. Die Organisation ist stark strukturiert. Neben den *gwoupman* als der kleinsten Organisationseinheit, treffen sich deren jeweilige Sprecher*innen monatlich in den *komite bitasyon* auf Dorfebene. Die dritte Ebene ist das zentrale Koordinationskomitee, *komite kòdinasyon santral*, zu dem jede Siedlung in der Gemeinde eine*n Delegierte*n zur Interessensvertretung entsendet. Die 28 Delegierten treffen sich ebenfalls monatlich. Auf der zentralsten Ebene hat das Exekutivkomitee, *komite ekzekitif*, das jährlich in einer Vollversammlung gewählt wird, mit 11 Mitgliedern eine zentrale Steuerungsfunktion. Zusätzlich gibt es verschiedene Arbeitsgruppen, die sich für die Belange der Frauen oder Jugendlichen einsetzen oder traditionelle Heilmethoden und -kräuter dokumentieren sowie gesundheitliche Aufklärungs- und Präventionsinitiativen organisieren. Die Entscheidungs- und Abstimmungsstrukturen sind strikt basisdemokratisch.

Auf den ersten Blick scheint OP, wie weitere ähnlich aufgebaute Organisationen, die formulierten Kriterien nach Alternativen zur Entwicklung und einer grundsätzlichen Infragestellung der Grundannahmen des klassischen Entwicklungsdiskurses zu erfüllen. Dennoch dürfen die Gruppen weder idealisiert noch romantisiert werden. So kritisiert Vander Zaag zu Recht, dass viele Bauernorganisationen nunmehr mit der Motivation gegründet würden, ausländische Spendengelder für ihre Gemeinde oder Einzelne zu mobilisieren.[25] Im Rahmen partizipativer Entwicklungsprojekte und Bestrebungen der Geldgeber, lokale Zivilgesellschaft zu stärken, haben internationale NROs seit den 1990er Jahren zunehmend begonnen, mit den kleinbäuerlichen Gruppen zusammenzuarbeiten. McIllwaines Kritik im Kontext von San Salvador, dass hier häufig das Konzept der Zivilgesellschaft nach westlichem Verständnis auf bereits existierende Organisationen oktroyiert werde, lässt sich auch auf Haiti übertragen.[26] Ein weiteres Problem ist, dass auf diese Weise Gruppen gegründet werden, deren Selbstverständnis sich aus dem NRO Projekt speist, aus dem sie entstammen, und die

24 Feldforschung 2014.

25 Vgl. Vander Zaag, We do not yet have Development.

26 Vgl. McIllwaine, Contesting Civil Society, 657.

dessen Laufzeit vielfach nicht überdauern, sowie die sogenannten „Brieftaschenorganisationen", die ausschließlich auf dem Papier existieren.[27]

Die Organisation OP wurde für einige Jahre von einer internationalen NRO finanziell und ideell, etwa durch Fortbildungen in Buchführung, gefördert. Die Kernaktivitäten wurden und werden sowohl vor dem Beginn der Förderung als auch nach deren Ende im Jahr 2015 fortgeführt. Obwohl die Organisation die Bandbreite ihrer Aktivitäten durch den Wegfall der finanziellen Mittel eingeschränkt hat, ist die Grundstruktur autark und unabhängig von den Projektentwürfen der externen Geldgeber. Allerdings trifft dies nicht auf alle Organisationen dieser Art zu.

3 Schlussbemerkungen

Die Organisation OP und viele andere kleinbäuerliche Gruppen demonstrieren, dass es im ländlichen Haiti in der Tat funktionierende, eigenständige und nachhaltige Strukturen gibt, die auf einem starken Gemeinschafts- und Solidaritätsverständnis aufbauen. Allerdings stellt sich die Frage, welches sozial-transformative Potential diese häufig sehr lokal begrenzt agierenden Gruppen haben und in welchen Arenen politische Forderungen Gehör finden. Ein Problem ist die Reichweite und Vernetzung der einzelnen Gruppen. Obwohl das Prinzip der bäuerlichen Kleinorganisation in Haiti weitverbreitet ist, bleibt der Aktionsradius der einzelnen Gruppen oft auf ihre Gemeinde begrenzt. Innerhalb der Gruppen gibt es die starke Überzeugung, dass nur mit vereinten Kräften erhoffte Veränderungen der Lebensbedingungen erreicht werden können, miteinander gibt es allerdings oft wenig Kooperation. Ein Aspekt ist hier sicherlich auch die Präsenz internationaler NROs, die mit dem Versprechen von Projektfinanzierung eine Konkurrenz- und Wettbewerbssituation zwischen den einzelnen Gruppen herstellen.[28] Auch die erwähnten nationalen Bauernverbände repräsentieren nur einen kleinen Teil der Gruppen. Vertreter*innen von *Tèt Kòle* sind dennoch überzeugt, dass eine nationale Bauernbewegung mit starker Stimme in der politischen Arena grundlegende Veränderungsprozesse anstoßen könnte.[29] Aus diesem Grund fokussieren sich derzeitige Anstrengungen auf die Stärkung nationaler und internationaler Netzwerke (etwa mit *Via Campesina*).[30] Pressley-Sannon verdeutlicht anhand des Engagements haitianischer Bauernorganisationen

27 Vgl. Vander Zaag, We do not yet have Development, 105.
28 Vgl. Schöneberg, Making Development Political, 167.
29 Feldforschung 2014.
30 Vgl. ebd. 166.

präzise, dass Anfechtungen einer sozial ungerechten globalen Ordnung anhand alternativer Konzeptionen von Wirtschaft, Politik und Wissen an vielerlei Orten bereits existieren und praktisch gelebt werden. Das Problem, folgt man Gayatri C. Spivak[31], ist hier also nicht, dass die Subalternen nicht sprechen, sondern, dass ihnen niemand zuhört. Pressley-Sannon argumentiert mit Bezug auf Spivak: „Die Subalterne spricht nicht nur – sie handelt.“[32] Dennoch bleibt das so produzierte, sogar gelebte Wissen und Handeln marginalisiert.[33] Ein möglicher Ansatzpunkt ist hier der bereits von *Tèt Kòle* und anderen unternommene Versuch der Transnationalisierung von sozialen Bewegungen, die Appadurai als „Globalisierungsnetzwerke von unten“ beschreibt.[34] Esteva und Prakash argumentieren hier, dass es eine Vielzahl von Fällen gebe, die verdeutlichen, dass lokale Initiativen von Allianzen mit externen Akteuren profitierten, um politische Opposition kraftvoll formulieren zu können.[35] Dies funktioniert im Sinne der Bildung von Netzwerken lokaler und internationaler Individuen, Institutionen, Aktivist*innen und Wissenschaftler*innen.[36] Internationale NROs können diese Bemühungen statt der Unterminierung durch Entwicklungsprojekte unterstützen, indem sie den lokalen Aktivist*innen Zugänge zu globalen Arenen verschaffen, zu denen sie selbst leichte Zugänge haben und so lokale Anfechtungen globaler Ungleichheiten in einen transnationalen Dialog bringen.[37] In diesem Sinne könnten internationale NROs Katalysatoren des Wandels sein und nicht länger Katechet*innen von Hilfe und Barmherzigkeit.[38] Smith betont, dass transnationale, globale Koalitionen eines grundlegenden Umdenkens bedürfen. Sie macht klar: „Wenn wir transnationale soziale Bewegungen aufbauen wollen, die wirkliche Veränderung bewirken, sowohl im kleinen als auch im größeren Rahmen, müssen wir radikal unser ‚wir‘ und ‚sie‘ neudefinieren“[39] und Dichotomien zwischen Nord und Süd, Reich und Arm, dem Westen und dem Rest grundlegend aufbrechen.

31 Gayatri Chakravorty stellt in ihrem für die Debatte postkolonialer Fragen von Stimme und Repräsentation grundlegenden Essay die Frage „Can the Subaltern Speak?“.

32 Pressley-Sannon, Many Hands, o.S.

33 Vgl. Escobar, Beyond the Third World, 224.

34 Appadurai, Deep Democracy, 23.

35 Vgl. Esteva/Prakash, Grassroots Post-Modernism, 281.

36 Vgl. Leitner/Sheppard/Sziarto, The Spatialities of Contentious Politics, 162.

37 Vgl. Shivji, The Silences in the NGO Discourse, 44.

38 Vgl. ebd. 47.

39 Smith, When the Hands are Many, 197.

Literatur

Appadurai, Arjun, Deep Democracy: Urban Governmentality and the Horizon of Politics, in: Public Culture 14 (2002) 1, 21–48.

Bebbington, Anthony J./Hickey, Samuel/Mitlin, Diana C., Can NGOs make a Difference? The Challenge of Development Alternatives, London 2008.

Bell, Beverly, Fault Lines. View across Haiti's Divide, London 2013.

Bilan 25 an. 25 ane Lit pou Chanjman Sosyal. Mouvman Peyizan Papay (MPP), Papaye 1998.

Chilisa, Bagele, Indigenous research Methodologies, London 2012.

Escobar, Arturo, Encountering Development. The Making and Unmaking of the Third World, Princeton 1995.

Escobar, Arturo, Beyond the Third World: Imperial Globality, Global Coloniality, and Anti-Globalization Movements, in: Third World Quarterly 25 (2004) 1, 207–230.

Esteva, Gustavo/Prakash, Madhu Suri, Grassroots Post-Modernism. Remaking the Soil of Cultures, London 1998.

Kößler, Reinhart/Melber, Henning, Chancen internationaler Zivilgesellschaft, Frankfurt am Main 1993.

Latouche, Serge, In the Wake of the Affluent Society: An Expoloration of Post-Development, London 1991.

Leitner, Helga/Sheppard, Eric/Sziarto, Kristin M., The Spatialities of Contentious Politics, in: Transaction of the Institute of British Geographers 33 (2008), 157–172.

Matthews, Sally, Post-Development Theory and the Question of Alternatives: A View from Africa, in: Third World Quarterly 25 (2004) 2, 373–384.

Matthews, Sally, The Role of the Privileged in Responding to Poverty: Perspectives Emerging from the Post-Development Debate, in: Third World Quarterly 29 (2008) 6, 1035–1049.

McGregor, Andrew, New Possibilities? Shifts in Post-Development Theory and Practice, in: Geography Compass 3 (2009) 5, 1688–1702.

McIllwaine, Cathy, Contesting Civil Society: Reflections from San Salvador, in: Third World Quarterly 19 (1998) 4, 651–672.

Nustad, Knut G., Development: The Devil we Know? In: Ziai, Aram (Hg.), Exploring Post-Development. Theory and Practice, Problems and Perspectives, New York 2007, 45–56.

Pressley-Sannon, Toni, Many Hands: Contemporary Haitian Peasant Struggles and Triumphs, o. O. 2017.

Rist, Gilbert, The History of Development from Western Origins to Global Faith, London 1997.

Schöneberg, Julia, Making Development Political. NGOs as Agents for Alternatives to Development (Entwicklungstheorie und Entwicklungspolitik 17), Baden-Baden 2016.

Shivji, Issa G., The Silences in the NGO Discourse. The Role and Future of NGOs in Africa, Oxford 2007.

Smith, Jennie M., When the Hands are Many. Community Organization and Social Change in Rural Haiti, Ithaca 2001.

Spivak, Gayatri Chakravorty, Can the Subaltern Speak, in: Williams, Patrick/ Chrisman, Laura (Hg.), Colonial Discourse and Post-Colonial Theory. A Reader, Harlow 1994, 66–111.

Trentmann, Claudia, Mète Tèt Ansanm. Sozialkapital in ländlichen Gebieten Haitis (Dissertation am Fachbereich Sozial- und Kulturwissenschaften), Universität Gießen 2003.

Vander Zaag, Raymond, „We do not yet have Development“: Encounters of Development. Knowledges, Identities and Practices in a NGO Program in Rural Haiti (Dissertation, Carleton University), Ottawa 1999.

Ziai, Aram, Entwicklung als Ideologie? Das klassische Entwicklungsparadigma und die Post-Development Kritik. Ein Beitrag zur Analyse des Entwicklungsdiskurses, Hamburg 2004.

Ziai, Aram, Development Discourse and its Critics: An Introduction to Post-Development, in: ders. (Hg.), Exploring Post-Development. Theory and Practice, Problems and Perspectives, New York 2007.

Mario Tellez Giron Carmona

Was tut sich in Mexiko? Die Entwicklung neuer sozialer Initiativen und die Nutzung von „Social Media“

Abstract: Protests by social movements and effective action that opens up political alternatives depend on the media. The author of this article takes examples from social movements in Mexico to show the extent to which social networks/media have motivated and strengthened the actions of the participants. This form of „digital democracy“ entails a fresh understanding of freedom of expression and participation, one which goes beyond the possibilities of traditional mass media. Its focus is on the way in which digital media influence people's willingness and ability to organise a social movement. The author takes the three examples of „Mensajeros Urbano“, „Morras“ and „Los Super Civicos“ to illustrate how initiatives in Mexico have encouraged digital activism and have thereby contributed to the democratisation of society. However, engagement in „digital democracy“ must also bear in mind the potential negative effects of social media.

Keywords: Mexico, social media, democracy, social movements, social networks

1 Einleitung

Die Proteste der „Indignados“ sowohl in Spanien und Griechenland in Europa sowie in den USA oder in Mexiko in Nordamerika als auch der Arabische Frühling stellten 2011 eine neue Perspektive des Aktivismus dar; es wird angenommen, dass dabei die verlorengegangene soziale und politische Partizipation des Individuums in der Gesellschaft gefördert wurde. Ebenso wird angenommen, dass dies ohne die Digitalisierung nicht möglich gewesen wäre.

Cesar Casino[1] hat argumentiert, dass in Mexiko und in den meisten demokratischen Ländern die Darstellung des aktuellen kollektiven Handelns eine neue Phase der Demokratie hervorgebracht hat. Die BürgerInnen wurden nicht nur politisch wieder ermächtigt, sondern es entwickelte sich auch ein neues Verständnis demokratischer Verfahren, wie öffentliche Diskussionen oder Wahlstrategien, sowie ein neues Verständnis von Meinungsfreiheit und von Beziehungen, die zwischen PolitikerInnen und BürgerInnen in sozialen Netzwerken stattfanden.

1 Vgl. Cansino, Democratizando la democracia.

Durch die folgende Analyse wird die aktuelle Wahrnehmung von sozialen Medien und deren Effekt auf das kollektive Handeln der mexikanischen Gesellschaft beschrieben. Für diese Analyse steht die Relevanz der sozialen Netzwerke angesichts der Entwicklung neuer Formen des Aktivismus und gesellschaftlicher Mobilisierung im Fokus. Damit der Zusammenhang zwischen sozialen Medien und kollektivem Handeln in Mexiko begründet werden kann, wird die Bedeutung einer der wichtigsten mexikanischen sozialen Bewegungen, der *Zapatistischen Armee der nationalen Befreiung* (Ejército Zapatista de Liberación Nacional, EZLN auf Spanisch) und ihrer Entwicklung berücksichtigt. Daher wird der genannte Zusammenhang mit der Relevanz der EZLN kontrastiert, um den zeitgenössischen Aktivismus in der mexikanischen Gesellschaft in Hinblick auf die Entwicklung neuer sozialer Initiativen zu erklären.

Wie kann also das aktuelle kollektive Handeln in Mexiko erklärt werden, wenn die Digitalisierung der Information, der Kommunikation und der Demokratie eine Tatsache ist, aber trotzdem immer noch durch die traditionellen theoretischen Annahmen der sozialen Bewegung, wie sie von Alain Touraine entwickelt wurden, versucht wird, die zeitgenössische mexikanische Realität zu erklären?

Es wird angenommen, dass die Entwicklung neuer sozialer Initiativen, besonders in Mexiko, ihren Anstoß durch den breiten Zugang zu Information und Wissen findet, der durch das Internet und die Digitalisierung der traditionellen Medien ermöglicht worden ist. Diese Möglichkeit der Modernisierung erscheint zurzeit als Alternative für gesellschaftlichen Widerstand, um aktuellen Herausforderungen zu begegnen. Sie eröffnet Möglichkeiten für die Gesellschaft, sich anders zu informieren und sich anders zu organisieren. Es ist offensichtlich, dass der Zusammenhang zwischen Internet, Digitalisierung und Kommunikationsentwicklung nicht nur auf die soziale Interaktion einen signifikanten Effekt hat, sondern auch in der Politik eine entscheidende Rolle spielt.

Seit beispielsweise angenommen wurde, dass die Demokratie auf Twitter stattfindet,[2] funktionieren die verbreitetsten sozialen Netzwerke wie Facebook, Instagram und Twitter unbestritten als Verbindung zwischen Gesellschaft und Politik. #blacklivesmatter in den USA, #yosoy132 in Mexiko oder #JAN25 in Ägypten sind geeignete Beispiele, um die genannte Verbindung zu thematisieren. Die Verbreitung von Informationen über entsprechende Kanäle war so effektiv, dass in den USA, Mexiko und Ägypten nicht nur politische Umbrüche stattfanden, sondern auch die genannten Initiativen Anerkennung fanden. Allerdings müssen diese Kanäle auch mit kritischem Blick betrachtet werden

2 Vgl. Cansino, Hoy la democracia se juega en Twitter.

und vor allem die Manipulation der gesellschaftlichen Tendenzen im Allgemeinen sowie der politischen Tendenzen im Speziellen berücksichtigt werden; das betrifft etwa die Verbreitung von *Fake News* und ihre Wirkung in der Öffentlichkeit oder Widersprüche bei der Verbreitung von Information, die manipuliert und für andere Interessen benützt werden kann.

Um die hier erwähnten Annahmen zu verbinden, konzentriert sich die folgende Analyse auf den mexikanischen Kontext sowie auf die angesprochene Problematik bei der Verbreitung von Information. Zudem werden drei soziale Initiativen beschrieben und der Zusammenhang zwischen älteren und neuen Formen der gesellschaftlichen Mobilisierung aufgezeigt.

2 Puzzle

Die aktuelle Wahrnehmung von sozialer Interaktion und Kommunikation aufgrund des Zugangs zu Informationen wurde durch Internet und Digitalisierung revolutioniert. Die Ablösung der Massenmedien als einzigem Zugang zu Informationen durch das Internet und die Digitalisierung der Informationskanäle[3] hat dazu geführt, dass der/die Einzelne die Verteilung von Informationen und die gesellschaftliche Interaktion anders wahrnehmen kann. Das heißt, das Auftreten alternativer Kanäle von sozialer Interaktion und Kommunikation hat es mit sich gebracht, dass die beobachteten täglichen Ereignisse nicht nur anders interpretiert, sondern auch anders erklärt werden können.

Seit langem wurde die Gesellschaft durch die traditionellen Massenmedien wie Fernsehen, Zeitung und Radio informiert; die Realität wurde durch die Brille dieser Massenmedien wahrgenommen. Allerdings wurde die Glaubwürdigkeit dieser Informationen zunehmend hinterfragt, ebenso die Rolle des Individuums als politischem Akteur sowie als Mitglied in der Gesellschaft. Da das Individuum seit langem unter dem Einfluss der Massenmedien steht und es nur wenige Alternativen gab, um sich anders zu informieren, bietet die Digitalisierung die Gelegenheit, andere Kommunikations- und Informationskanäle zu entdecken, wobei der Zugang zu Informationen frei und (immer noch) unkontrollierbar ist.

Die Digitalisierung hat allerdings auch eine hitzige Debatte über den Missbrauch von Informationen, Datenschutzverfahren und ihren Einfluss auf entscheidende politische Ereignisse mittels manipulierten Informationen (*Fake News, Fake Polls, Fake Data*) ausgelöst. Obwohl also die neuen Medien zu einer Ablöse der traditionellen Massenmedien geführt haben und alternative Zugänge

3 Vgl. Sartori, Homovidens.

zu Information ermöglicht haben, kam es zu anderen Formen der Beeinflussung der Öffentlichkeit.

Außerdem haben andere Entwicklungen der sozialen Interaktion dazu geführt, die Beziehung zwischen Individuen und Informationen zu verzerren: unpersönliche Diskussionen, die oft oberflächlich bleiben; Argumente, die durch fragwürdige Quellen begründet sind; mitgeteilte Information, die falsch oder manipuliert wurde usw.

In diesem Zusammenhang ist die Debatte über soziale Netzwerke und deren Auswirkungen relevant, weil sie nicht nur als ein Weg wahrgenommen werden, wie das Individuum seine Abhängigkeit von traditionellen Massenmedien lösen und andere Formen des Zugangs zu Informationen und sozialer Interaktion nutzen kann, sondern auch die neuartigen Verfahren hinterfragt werden; abgesehen von den oben angeführten kritischen Punkten der Debatte hat der Umgang mit sozialen Netzwerken darüber hinaus dazu geführt, dass sich die Organisationsbereitschaft von Individuen verändern kann. Es hat sich gezeigt, dass das kollektive Handeln durch sie gefördert werden kann; daher steht viel mehr auf dem Spiel als die wahrgenommene Unabhängigkeit der Informationen oder der Zugang zu diesen Informationen. Man kann also fragen: *Wie wirkt sich die Ablöse der Massenmedien durch die Digitalisierung der Information auf das kollektive Handeln aus?*

Information und Interaktion sind zwar wichtige Elemente für die Entwicklung kollektiven Handelns in der Gesellschaft; es lässt sich allerdings beobachten, dass die genannte Information, wenn sie zugunsten der Interessen bestimmter Gruppen und durch die Massenmedien als Mittel solcher Gruppen verarbeitet wird, manipuliert und durch die soziale Interaktion von Massenmedien beeinflusst werden kann. Solche Manipulation und Beeinflussung haben einen Effekt auf das kollektive Handeln und auf die Organisationsbereitschaft in einer Gesellschaft. Diese Analyse versucht eine neue Einsicht dahingehend zu gewinnen, dass eine veränderte Organisationsbereitschaft der Gesellschaft und deren Effekt auf ihr kollektives Handeln beschrieben werden kann, die durch die Nutzung von „Social Media" begründet wird. In diesem Sinn wird angenommen, dass die Massenmedien durch „soziale Medien" ersetzt werden, wobei die genannte Digitalisierung sowie eine neue Phase der Demokratie die oben genannte Entwicklung gefördert haben. Die Entwicklung von aktuellen sozialen Initiativen und ihre Rolle im Internet können als geeignete Beispiele berücksichtigt werden, um diesen Effekt auf das kollektive Handeln zu bestätigen.

3 Theorie: Organisationsbereitschaft und soziale Bewegungen

Wie sich Gesellschaften sozialpolitisch organisieren, war immer ein Thema, das in den Sozialwissenschaften wie der Soziologie oder den Politikwissenschaften analysiert wurde. Um zu erklären, wie sich soziale und politische Gruppen in der Gesellschaft organisieren, um zu mobilisieren bzw. um überhaupt soziale Bewegungen zu verstehen zieht diese Analyse die *Touraines-Annahmen* heran. Diese Annahmen stellen fest, dass heutzutage Fragen der Selbstbestimmung, der authentischen Kommunikation, der Erweiterung demokratischer Rechte und des Respekts gegenüber Minderheiten im Mittelpunkt stehen,[4] wenn über die *Organisationsbereitschaft der Gesellschaft* diskutiert wird.

In diesem Zusammenhang reicht die traditionelle Wahrnehmung der französischen Revolution in Hinblick auf soziale Ungleichheiten und soziale Bewegungen nicht mehr als Hintergrund einer Gesellschaft, die sich gegen ihre Unterdrückung aus hauptsächlich politischen und wirtschaftlichen Gründen organisieren und einsetzen will, aus. Heute werden diese soziale Bewegungen sowie die jeweiligen Repressionen anders wahrgenommen, da sie sich weiterentwickelt haben; dieser Wandel wird im folgenden diskutiert.

Die genannte *Organisationsbereitschaft* wird in dieser Analyse als „das Können und das Wollen" einer Gruppe von Individuen verstanden, die – angesichts einer fragwürdigen und mangelnden Reaktionsfähigkeit der Regierung eines Staates – eine Zusammenarbeit für eine Restrukturierung sowie für die Einforderung eines besseren sozialpolitischen Zusammenlebens anstreben. Diese Zusammenarbeit bzw. dieses kollektive Handeln soll einer bestimmten Identität entsprechen; sie setzt sich gegen eine bestimmte Konfliktlinie ein und verfolgt normalerweise ein soziales Ziel. Mit anderen Worten ist die Organisationsfähigkeit das, worauf eine soziale Bewegung basiert.

Die Analyse stützt ihr Argument auf das Verständnis von sozialen Bewegungen in Hinblick auf die aktuelle Entwicklung der Organisationsbereitschaft, die entscheidend ist, um die aktuelle Verbreitung sozial-politischer Initiativen zu begründen.

Durch das Sprachrohr einer sozialen Bewegung fordert eine Gruppe von Individuen wesentliche Rechte, von denen diese Gruppe fest glaubt, dass sie für ihre Lebensbedingungen entscheidend sind.[5] Eine soziale Bewegung stellt ein gewisses *kollektives Handeln* dar, das sich aufgrund eines sozialpolitisch wesentlichen

---

4 Vgl. Touraine, Krise und Wandel des sozialen Denkens, zitiert in: Klein, Der Diskurs der Zivilgesellschaft, 139.

5 Vgl. Ibarra, ¿Qué son los movimientos sociales?

und permanenten Konfliktes entwickelt hat. Eine *Identität* ist in diesem Sinn durch die genannten *Konfliktlinien* begründet, die den Grund für die kollektive Aktion bildet.

Die genannte Identität bzw. das Zugehörigkeitsgefühl zu diesem kollektiven Handeln verbindet Individuen aufgrund ihrer gemeinsamen Präferenzen, Ziele, Einstellungen, Annahmen usw. stark miteinander. Sie ist deshalb die Eigenschaft einer Gruppe, die ihrem Kampf gegen eine bestimmte Konfliktlinie Sinn gibt und deshalb als ihre Geisteshaltung wahrgenommen werden kann.

Allerdings führt nicht jede Konfliktlinie zu einem kollektiven Handeln, und nicht jedes kollektive Handeln führt zu einer sozialen Bewegung. Wie unterscheiden sich daher soziale Bewegungen von anderen sozialen Gruppen? Durch die gewünschte Zielsetzung. Die gewünschte Zielsetzung ist das Resultat der Einschätzung des Schweregrads einer gewissen Konfliktlinie, die gelöst werden will, und einer deutlichen, festgelegten und selbstbewussten Identität, die innerhalb der Gruppe wahrgenommen wird.

Das Verständnis der Zielsetzung bzw. das Verständnis davon, warum/gegen wen/gegen was sich jemand einsetzt und wie dieses Verständnis verstärkt werden kann, um kollektives Handeln zu begründen und langfristig zu halten, sollte im Laufe der Zeit klar umgesetzt werden. Die Konfliktlinien können mehrere und unterschiedliche sein, aber das Verständnis der Zielsetzung sollte für alle, die sich dagegen einsetzen, deutlich fassbar sein.

Dies soll kurz am Beispiel der zapatistischen Bewegung in Mexiko veranschaulicht werden, die sich für ihre Anerkennung als mexikanische Ureinwohner in der Verfassung von 1994 einsetzte und ihre Rückforderung sowie ihre Autonomie in der mexikanischen Gesellschaft forderten. Darüber hinaus wollten sie bei der Unterzeichnung des Nordamerikanischen Freihandelsabkommen (NAFTA) berücksichtigt werden, da ihnen ihre Gebiete nach der Durchsetzung des Neoliberalismus in Mexiko in den 1990er Jahren und im Namen der Modernisierung entzogen wurden. In diesem Kontext basiert die Konfliktlinie sowohl auf den negativen Auswirkungen des Neoliberalismus als politischem und wirtschaftlichem Modell als auch auf den Auswirkungen des Handelsabkommens.

Ihre Identität als kollektive Aktion ist offensichtlich, sie sind mexikanische Ureinwohner auf der Suche nach grundlegender Anerkennung. Ihr übergeordnetes Ziel ist daher das Zusammenleben in einer vielfältigen Gesellschaft, in der sie frei leben können und ihre Rechte als Menschen und als MexikanerInnen respektiert werden, die aufgrund der Modernisierung und ihrer Entwicklung verletzt wurden. Diese *Zielsetzung* ist der Grund, warum das kollektive Handeln durchgeführt wurde, sie ist der Kern dessen, was eine soziale Bewegung durch die gesellschaftliche Mobilisierung, durch Kampagnen und den Kampf gegen jede Ungleichheit schaffen will. Dabei ging es auch um andere Zielsetzungen wie politische und wirtschaftliche Maßnahmen zugunsten der Landwirtschaft, die Umsetzung einer integrativen politischen Agenda und den Schutz und die Anerkennung aller Minderheiten, die stark mit dem Hauptziel verbunden wurden, den Kampf verstärkt und das oben genannte Verständnis nicht verzerrt haben. Das heißt, die zapatistische Bewegung hat sich für weitere Bedürfnisse eingesetzt, ohne ihren eigenen Ansatz aufzugeben.

Eine soziale Bewegung wird also durch die drei genannten Faktoren (Identität, Konfliktlinie und Zielsetzung) definiert und gleichzeitig differenziert, wobei in Bezug auf die Organisationsbereitschaft auch ein Unterschied zwischen Zivilgesellschaft und sozialer Bewegung besteht.

In diesem Sinn hat auch die Zivilgesellschaft eine gewisse Identität und setzt sich gegen eine bestimmte Konfliktlinie ein; allerdings ist die Festlegung ihrer Zielsetzung eher diffus bzw. pauschal. Das heißt, die Zielsetzung bei einer Zivilgesellschaft ist, abgesehen von Konfliktlinien, veränderlich, und wird im Laufe der Zeit aufgrund unterschiedlicher bzw. kurzfristiger Bedürfnisse adaptiert. Heute kann sich die Zivilgesellschaft für ein besseres Zusammenleben und morgen für die Anerkennung von Minderheiten einsetzen, wobei normalerweise nicht klar ist, ab wann ein besseres Zusammenleben geschaffen wird und welche Minderheiten anerkannt werden sollen.

An einem gewissen Punkt kann das dazu führen, dass die Zielsetzung verzerrt wird; zwar kann sich eine Zivilgesellschaft weiter und bewusst gegen die spezifische Konfliktlinie einsetzen, aber was sie am Ende schaffen will, wird wahrscheinlich etwas anderes sein, als sie am Anfang dachte. Das heißt aber nicht, dass eine soziale Bewegung mehr Sinn hat oder besser ist als eine Zivilgesellschaft. Damit ist gemeint, dass das Verständnis von Organisationsbereitschaft bei beiden Gruppen in Hinblick auf kurz- und langfristige Projekte unterschiedlich ist. Daher ist eine normative Interpretation beider Gruppen ungeeignet, da beide essentiell und entscheidend für den Kampf gegen verschiedene Formen von Ungleichheit in der Gesellschaft sind, allerdings mit einer unterschiedlichen zeitlichen Perspektive.

4 Soziale Medien und sozial-politische Partizipation

Die vorgestellte Analyse stützt ihr Argument in gleicher Weise auf die Debatte, bei der die Interpretation der sozial-politischen Partizipation in der gegenwärtigen Demokratie im Zeitalter der Digitalisierung im Fokus steht. César Cansino argumentiert, dass die Massenmedien die sozial-politische Partizipation negativ beeinflusst haben. Dieser negative Einfluss habe eine Verschiebung der

Bedeutung von BürgerInnen bei Entscheidungsprozessen gebracht. Da also die Massenmedien den Zugang zu Informationen kontrollieren und die Darstellung der sozial-politischen Realität zugunsten von Interessensgruppen manipuliert haben, können die BürgerInnen nicht mehr direkt am Entscheidungsprozess teilnehmen.[6]

Die Massenmedien werden als die „vierte Macht" bezeichnet, und das hat die politische Elite sehr gut verstanden. Giovanni Sartori erklärte in seinem Werk *Homo-videns, Humanity in the Age of Audio-Visual Media*,[7] wie die Massenmedien das Individuum beeinflussen und seine Wahrnehmung sozial-politischer Phänomene langsam, aber deutlich verzerren. So haben die Massenmedien auf den Zugang zur Informationen eine wesentliche Kontrolle ausgeübt, sodass alles, was die Massenmedien darstellten, als „die Wahrheit" wahrgenommen wurde (und immer noch wird).

Sartori meint, dass das Individuum im Zeitalter der Globalisierung anstatt als *homo sapiens* als *homo videns* angesehen werden muss: als Individuum, das die weitergeleitete Information nicht mehr kritisch wahrnehmen kann, weil er oder sie von den Massenmedien so stark beeinflusst wird, das er/sie deren „Wahrheitsgehalt" nicht mehr in Frage stellen kann und letztendlich weder seine oder ihre Rolle als politisches Wesen aktiv ausüben noch direkt an der sozial-politischen Auseinandersetzung teilnehmen kann.

Diese Entwicklung hat sich negativ auf die Organisationsbereitschaft des Individuums ausgewirkt, wobei sowohl politische Apathie beim Entscheidungsprozess als auch Interesselosigkeit für die politische Szene mitgewirkt haben. Beide Faktoren sind unter anderem die großen Feinde der Organisationsbereitschaft in einer Gesellschaft und daher auch von demokratischen Einstellungen. Allerdings wird durch die Konjunktur der sozialen Medien, die die traditionellen Massenmedien mehr und mehr ersetzen, eine Rückkehr zu Entscheidungsprozessen bzw. die Rückkehr der Politik als menschliche Fähigkeit ermöglicht. Soziale Medien wie *Facebook* oder *Twitter* haben den BürgerInnen die Gelegenheit gegeben, die sozial-politische Realität anders wahrzunehmen, und zwar sowohl als alternative Informationskanäle als auch als alternative und (immer noch) unabhängige Interaktionskanäle im Zeitalter der Digitalisierung.

Die sozialen Medien haben die Organisationsbereitschaft innerhalb einer Gesellschaft sowie die politische Partizipation des Individuums revolutioniert, wobei BürgerInnen wieder eine aktive Rolle in der politischen Szene erhalten.

---

6 Vgl. Cansino, Hoy la democracia se juega en Twitter.

7 Vgl. Sartori, Homo videns.

Darüber hinaus hat dieses Phänomen auch mit sich gebracht, dass die Demokratie anstatt als Regierungsform als soziale Form wahrgenommen wird. Das heißt, dass die Demokratie statt als politisches und institutionelles Leben einer Gesellschaft als ein soziales System gesehen wird, bei dem das Individuum bzw. die BürgerInnen – und nicht der Staat und seine politischen Institutionen – die Hauptrolle spielen.

5 Die Argumentation

Diese Analyse nimmt an, dass Individuen ihre Rolle in der sozial-politischen Szene durch die Digitalisierung durch das Aufkommen der sozialen Netzwerke wiedererlangt haben. Aber auf was beruht diese Annahme? Maurice Vergeer[8] zeigt auf, dass zwischen PolitikerInnen und BürgerInnen eine deutliche und scharfe Trennung in der sozio-politischen Beziehung beobachtet wurde, die sich in einer abnehmenden Wahlbeteiligung manifestierte; noch dazu ist ein höheres Misstrauen gegenüber demokratischen Institutionen zu sehen. Um das Vertrauen in die demokratischen Institutionen sowie das Interesse für die Politik wiederherzustellen, spielen die sozialen Netzwerke, in denen PolitikerInnen und BürgerInnen einander näher kommen, eine wichtige Rolle.

Vergeer zufolge haben WählerInnen durch diese sozialen Netzwerke erlebt, dass sie mit KandidatInnen der Politik einen angeblich „persönlichen" Kontakt erreichen können, das heißt eine persönliche Bindung zwischen „durchschnittlichen" Leuten und PolitikerInnen, wobei das Gefühl entsteht, dass sich PolitikerInnen um die BürgerInnen kümmern wollen, ohne eine „Rockstar-Fan-Distanz" zu erfahren. Der Kontakt zwischen BürgerInnen und PolitikerInnen ist durch die traditionellen Massenmedien entstanden, wobei Zeitungen und das Fernsehen Mittel waren, um Öffentlichkeit (*Public Opinion*) zu generieren. Dabei haben sie die Rolle des Vermittlers übernommen und nebenbei die Informationen sowie die besagte Öffentlichkeit beeinflusst. Soziale Netzwerke hingegen, die als Kanäle anstatt als Vermittler funktionieren, ermöglichen es, dass die BürgerInnen „direkt" mit den KandidatInnen in Kontakt sein können.

Die Rolle der sozialen Netzwerke gibt Individuen die Gelegenheit, eine andere Art von Informationsaustausch zu entdecken, andere Verknüpfungsmöglichkeiten zu finden sowie andere Organisationsformen zu entwickeln. Dieser Austausch von Informationen ist zwar unpersönlich; er findet im Internet statt, wobei kein direkter menschlicher Kontakt existiert. Dennoch können viele

8 Vgl. Vergeer, Twitter and Political Campaigning.

Personen weltweit unabhängig voneinander durch ein elektronisches Gerät in Echtzeit miteinander verbunden sein und interagieren. Eine „indirekte" Annäherung zwischen Individuen hat gleichzeitig mit sich gebracht, dass die Vorstellung des kollektiven Handelns und der politischen Teilhabe in Hinblick auf das Potenzial dieser Interaktionskanäle anders wahrgenommen wurde.

Langsam sind dann *Twitter* und *Facebook* in der sozial-politischen Szene aufgetaucht. Als Beispiel haben wir den Wahlkampf Barak Obamas im Jahr 2008, bei dem die Wahlkampfstrategie mit *Facebook*, besonders aber mit *Twitter* geführt wurde, um WählerInnen zu erreichen. Die amerikanischen – meist jungen – WählerInnen haben durch die genannten Netzwerke erfahren, dass sie in gewissem Maße direkt mit den KandidatInnen in Kontakt sein konnten und ihnen in „real time" Schritt für Schritt auf ihrem Wahlkampf folgen konnten. Nach dem Erfolg von Obama wurden soziale Netzwerke bei jeder Wahlkampfstrategie berücksichtigt und als wichtig eingeschätzt, sowohl wegen der geringen Kosten und relativ einfachen Bedienung als auch wegen ihres Effekts auf die Öffentlichkeit und dem Potential, Individuen zusammenzubringen.

In diesem Sinn wird angenommen, dass das Aufkommen der Sozialen Medien gleichsam nebenbei die Konsequenz hatte, dass die Organisationsbereitschaft wiedergewonnen wurde, die in demokratischen Gesellschaften aufgrund der negativen sozial-politischen Beeinflussung der Massenmedien, der zerbrochenen Verbindung zwischen PolitikerInnen und BürgerInnen sowie des Misstrauens in und der Enttäuschung über demokratische Institutionen verloren gegangen war. Allerdings heißt das nicht, dass die sozialen Netzwerke das kollektive Handeln in einer Demokratie gerettet hätten. Dieses kollektive Handeln erlebt steht immer noch in der Krise, bei der es nicht nur eingeschränkt wurde, sondern auch ihr Einfluss auf die sozio-politische Partizipation der Individuen schwach geworden ist. Diese Krise kann nach Colin Crouch[9] durch die negativen Auswirkungen der Post-Demokratie erklärt werden.

Damit Demokratien gedeihen können, sollten ausreichende sozio-politische Gelegenheiten angeboten werden, damit die BürgerInnen sich aktiv politisch engagieren bzw. partizipieren können. Das heißt, wenn BürgerInnen sowie politische Akteure wie NGOs zusammen mit der entsprechenden Regierung bei der Entscheidungsfindung mittels öffentlichen Diskussionen, freien und gerechten Wahlen oder Parteien nicht interagieren können, dann kann nicht davon ausgegangen werden, dass die Rechte des Volkes wie die Menschenrechte sowie gesetzliche Rechte respektiert werden. Post-demokratische Auswirkungen werden als

9 Vgl. Crouch, Coping with Post-Democracy.

die Manipulation der Entscheidungsfindung zugunsten von Interessensgruppen durch eigentlich demokratische Institutionen wie Wahlen oder die Anwendung von Rechten wie Meinungsfreiheit verstanden. Dabei können diese demokratischen Institutionen aber stark von Massenmedien beeinflusst werden, weil sie für die Kommunikations- und Interaktionskanäle sowie für die Informationsverteilung in einer Regierung zuständig sind. Sie sind daher, wie bereits gesagt, zur „vierten Macht" geworden.

In diesem Sinne hat die Innsbrucker Politikwissenschaftlerin Sabine Gatt[10] argumentiert, dass BürgerInnen sich dessen bewusst sein sollen, dass Demokratien auch fragile Konstrukte sind. Mit fragilen Konstrukten meint sie, dass BürgerInnen die liberale Demokratie auch als beste Form der Herrschaft anerkennen müssen, um ihr Bestehen zu sichern. Daher bedeutet Demokratie für Gatt die Herrschaft des Volkes. Wenn deshalb StaatsbürgerInnen das Vertrauen in die Institutionen der Demokratie wie Regierungen und politische Parteien verlieren, gefährdet das ihr Fortbestehen. In diesem Sinne besteht ein sehr konkretes demokratisches Defizit in der wachsenden politischen Exklusion von Teilen der Bevölkerung.

Um ein besseres politisches und soziales Zusammenleben angesichts der fragwürdigen und mangelnden Reaktionsfähigkeit einer Staatsregierung zu ermöglichen, hat die oben beschriebene Organisationsbereitschaft durch soziale Netzwerke wieder einen hohen Stellenwert erhalten, wobei auch klar geworden ist, dass zur Stärkung, Anerkennung und Wiederherstellung einer kollektiven Aktion andere Mittel der Verbreitung von Informationen sowie der Organisation erforderlich sind. Menschen haben durch ein „*send*" bzw. durch ein „*klick*" erlebt, dass sie schneller miteinander in Kontakt treten können und Informationen schneller ankommen, ohne auf die *breaking news* im Fernsehen zu warten. Die Kommunikation ist nicht nur schnell und wirkungsvoll geworden, sondern sie hat sich auch anders entwickelt; sie brachte es mit sich, dass DiskursteilnehmerInnen die Bedeutung ihrer Umgebung anders wahrnehmen konnten und daher in „real time" mit anderen teilen, was sie gerade erleben, sehen und erfahren. Es wurde in diesen Medien auch geteilt, wann und wo sich Leute treffen wollen, um zu feiern, aber es wurden nicht nur Partys, öffentliche Veranstaltungen und Konzerte organisiert, sondern auch Demonstrationen, politische Gruppen und soziale Initiativen. Soziale Netzwerke haben gezeigt, dass eine alternative Art des kollektiven Handelns ermöglicht und eine neue Form der sozialen Organisation

10 Vgl. Gatt, Demokratien sind fragile Konstrukte.

geschaffen werden kann; es war sehr einfach, jemanden durch *Twitter* oder *Facebook* zu finden und zu erreichen bzw. Menschen zu organisieren.

Durch die Entwicklung der sozialen Netzwerke entstand ein neues Verständnis von Organisationsbereitschaft; sie brachte es mit sich, dass Menschen alternative Möglichkeiten entdeckten, um zusammenzukommen und zum politischen Handeln befähigt zu werden. Die Phase der digitalen Demokratie war geboren und damit eine neue Form des Widerstands.[11] Das Verständnis der sozialen Bewegungen hat sich dadurch definitiv gewandelt, aber nicht im Sinn der Erklärungskraft bei der Analyse der Organisationsbereitschaft, sondern in Hinblick auf ihren *modus operandi* bzw. auf ihr Verfahren, Widerstand weiter zu entwickeln und Mitglieder zu erreichen.

Von daher sind zwei Punkte entscheidend, um den genannten Wandel zu begründen: der Kontrast zwischen der Organisationsbereitschaft sozialer Bewegungen wie der zapatistischen Bewegung zu den Organisationsformen im Kontext der Digitalisierung und aktuelle soziale Initiativen, die in Mexiko heutzutage Aufmerksamkeit erhalten haben. Diese zwei Punkte führen auch zur Frage, ob die Definition von Alain Touraine, was soziale Bewegungen betrifft, immer noch die Bedeutung und die Ziele der Organisationsbereitschaft erklären kann.

6 Der Kontrast

Die Zielsetzung der EZLN ist, wie bereits gesagt, ständiger Widerstand gegen die wirtschaftlichen Dynamiken des neoliberalen Systems, die in Mexiko seit den späten 1970er Jahren durchgesetzt wurden. Die Organisationsbereitschaft der zapatistischen Bewegung angesichts der Herausforderungen der wirtschaftlichen und sozialpolitischen Ungleichheit sowie der Unterdrückung der mexikanischen Ureinwohner durch die mexikanische Regierung wurde dadurch gestärkt; der Aufruf zu einem Zusammenwirken verschiedener süd-mexikanischer Ureinwohner-Kommunen zum Widerstand wurde ermöglicht, weil sowohl die Nachbarschaft als auch die konkrete Umgebung eine Rolle gespielt haben. Allerdings hätte dieses Miteinander noch stärker sein können, wenn mehrere Kommunen erreicht und verknüpft worden wären. Derzeit ist ein Aufruf zum Widerstand leichter als in den 1990er Jahren. Zeynep Tufekci stellte mit Blick auf die sozialpolitische Mobilisierung der Gesellschaft fest: „Es ist immer noch schwierig und zeitaufwändig, die Leute auf der Straße zusammenzubringen, allerdings ist das

11 Vgl. Cansino, Democratizando la democracia.

im Zeitalter der Digitalisierung einfacher als damals gedacht."[12] Was die EZLN besonders macht und auch erklärt, warum sie immer noch als Meilenstein der sozialen Bewegung in Mexiko gilt, hängt sehr stark mit dem Verständnis der Zielsetzung zusammen, das unterschiedliche süd-mexikanische Kommunen erarbeitet haben und das sie immer noch zusammenhält.

Gegenwärtig ist das kollektive Handeln zwar mit ähnlichen sozialpolitischen Herausforderungen konfrontiert, aber Nachbarschaft und Landschaft spielen ja aufgrund der Digitalisierung der Information und der Interaktion eine sekundäre Rolle. Auch hier trägt ein Aufruf dazu bei, Menschen zusammenzubringen. Aber kann hier eine Bewegung entstehen, die diszipliniert arbeitet, genau plant und langfristig aktiv ist? Wie gesagt, nicht jede Konfliktlinie führt zu einer kollektiven Aktion, und nicht jede kollektive Aktion führt zu einer sozialen Bewegung. Manchmal hängt dies mit dem Grad der Begeisterung zusammen, und abgesehen davon, wie groß sie ist oder wie motiviert die Leute sind, ist es schwierig, das gemeinsame Handeln in Hinblick auf Demonstrationen oder soziale Bewegungen einzuschätzen.

Konjunkturelle soziale Bewegungen können dies veranschaulichen; sie beschreiben sich selber als soziale Bewegungen, weisen eine Struktur auf, nehmen an Konflikten teil, können aber möglicherweise ihre Tätigkeit nach einiger Zeit oder bei Interessenkonflikten nicht aufrechterhalten. Das war etwa der Fall bei der mexikanischen Studentenbewegung *Yo Soy 132*, die sich 2012 gegen die Kandidatur des Präsident Enrique Peña Nieto einsetzte. Ihre Organisationsbereitschaft wurde durch soziale Netzwerke angestoßen und gefördert; ihre Mobilisierungskraft war für Mexiko einzigartig. Hier muss herausgestellt werden, dass die mexikanische „Studentenbewegung" in den Sommerferien aktiv war, als die Mehrheit der StudentInnen mehr Freizeit hatte. Nach dem Beginn des Wintersemesters war die Motivation, was die Unterstützung des Studentenaufstands betraf, extrem niedrig geworden, bis sich die Bewegung auflöste.

Zeynep Tufekci[13] hat darüber hinaus argumentiert, dass solche Bewegungen in den 1960er Jahren sehr engagiert, gleichsam „mit Herz und Seele", wahrgenommen wurden. Aktuelle Initiativen und Bewegungen müssen vorsichtig eingeschätzt werden, da sie eher als kleine *fancy* und *biased* Kampagne in Erscheinung treten. Eine genaue Definition der derzeitigen sozialen Bewegungen, die sehr komplex in Erscheinung treten, ist schwierig geworden. Wie und

---

12 Tufekci, Twitter and Tear Gas; vgl. auch Gage, When Does a Moment Turn into a "Movement".

13 Vgl. Tufekci, Twitter and Tear Gas.

wann soll also ein kollektives Handeln als soziale Bewegung wahrgenommen werden? Zur Beantwortung dieser Frage wird der Grad der Intensität einer gemeinsamen Aktion mit dem Grad der Aufrechterhaltung der Bewegung verglichen, wobei es angesichts der Digitalisierung der Kommunikation und der Information auf die Mobilisierungsfähigkeit ankommt.

7 Die soziale Initiative

Die aktuelle Wahrnehmung sozialer Bewegungen hat gezeigt, dass sie zwar keinen festgelegten Definitionen entsprechen, ihre wissenschaftlichen Beiträge aber helfen können, das Verständnis unterschiedlicher und aktueller Formen kollektiven Handelns aufzuklären. Darüber hinaus soll, wie Micah White argumentiert hat,[14] dieses gemeinsame Handeln neu entwickelt werden, um den erwünschten Widerstand gegen Ungleichheiten aufrecht zu erhalten.

Soziale Bewegungen definiert Tufekci als den Versuch, sich gegen soziale Herausforderungen einzusetzen, die nicht nur mit allgemeinen Ungleichheiten aufgrund des wirtschaftlichen sowie industriellen Fortschritts im Kontext von Kapitalismus und Globalisierung zu tun haben, sondern auch mit besonderen Herausforderungen wie Klimawandel und Diskriminierung von Frauen, aber auch ganz einfach mit der Möglichkeit, dass sich Menschen wohlfühlen können.

Soziale Bewegungen verbinden sich außerdem in gewissem Maße mit sozialistischen Positionen, die versucht haben, die Weltordnung zu bestimmen. Obwohl die sozialistischen Ziele eigentlich schwer erreichbar sind, haben sie zumindest einen Anstoß dazu gegeben, dass sie BürgerInnen in Bezug auf soziale Herausforderungen motiviert haben, sich die Welt sowie die Zukunft anders vorzustellen. Die oben genannte „Wiedererfindung" sozialer Bewegungen kann durch die Digitalisierung des Aktivismus festgestellt werden; darin liegt laut White das goldene Moment des Aktivismus, wobei die sozialen Netzwerke das Mittel sind, um die Ziele des aktuellen kollektiven Handelns festzulegen. Die aktuellen sozialen Initiativen haben ihren Spielraum in sozialen Netzwerken und im Internet gefunden, wobei es vor allem die junge Generation ist, die sich bei den neuen Technologien und sozialen Netzwerken viel besser auskennt.

Die Proteste der „Indignados" in Spanien, in Griechenland sowie in den USA oder Mexiko, aber auch der arabische Frühling stellten im Jahr 2011 die „Wiedererfindung" des Aktivismus dar, der die verloren gegangene sozial-politische Partizipation an der Gesellschaft wieder förderte. Allerdings wird angenommen,

14 Vgl. White, The End of Protest.

dass dies ohne die Digitalisierung der Kommunikation und Information nicht möglich gewesen wäre. Cesar Casino[15] vertritt die Position, dass diese Darstellung einer kollektiven Aktion eine neue Phase der Demokratie hervorgebracht habe. Die BürgerInnen wurden nicht nur politisch wieder ermächtigt, sondern sie gewannen durch die sozialen Netzwerke auch ein neues Verständnis politisch demokratischer Vorfahren wie öffentliche Diskussionen oder Wahlstrategien, ein neues Verständnis der Meinungsfreiheit sowie ein neues Verständnis der Beziehung zwischen PolitikerInnen und BürgerInnen ohne Zwischeninstanzen.

Die sozialen Initiativen, deren Aktivismus durch soziale Netzwerke wie Facebook oder Twitter gefördert wurde, zeigen der mexikanischen Gesellschaft, dass die Organisationsbereitschaft von BürgerInnen gesteigert werden kann, sofern Internet und die Digitalisierung der Kommunikation genützt werden. Das heißt, BürgerInnen können sich schnell und praktisch organisieren und gegen Ungleichheit oder sozial-politischen Missbrauch auftreten, wenn soziale Netzwerke kompetent genützt werden. Diesbezüglich werden hier drei Beispiele angeführt, die die Beziehung zwischen der aktuell wahrgenommenen Organisationsbereitschaft und der Digitalisierung des Aktivismus durch die sozialen Netzwerke in Mexiko beschreiben können. Die folgenden sozialen Initiativen in Mexiko sind sich darin ähnlich, dass sie Facebook nützen, um ihre sozialen und politischen Positionen vorzustellen, und sich generell gegen das aktuelle soziopolitische System einsetzen; allerdings folgen sie unterschiedliche Zielsetzungen, nämlich das Aufzeigen und Anklagen korrupter Praktiken, die Infragestellung patriarchaler Strukturen oder männlicher Übermacht sowie die Förderung von Empathie, Respekt, Demut und Toleranz in der mexikanischen Gesellschaft. Sie sind gesellschaftlich orientiert, sprechen allerdings verschiedene soziale Herausforderungen an.

- *Mensajeros Urbanos* (städtische BotschafterInnen): eine Initiative, die sich für Großzügigkeit, für Empathie und für Chancengleichheit einsetzt. Sie führt soziale Experimente in der Stadt und auf der Straße durch, um ein bestimmtes soziales Problem zu thematisieren. Sie versucht durch diese Experimente, die Rücksichtslosigkeit sowie das gesellschaftliche Desinteresse angesichts der Armut, der wirtschaftlichen Ungleichheit und des nicht-bewussten Konsums aufzuzeigen und stellt Alternativen für ein besseres Zusammenleben vor. Facebook ist ihre Plattform, bei der sie sich organisiert und die jeweiligen Experimente präsentiert. Mit 4.769.632 Personen, die der Initiative auf Facebook folgen, und mit 3.990.506 Personen, die dieser Initiative ein „Like"

15 Vgl. Cansino, Democratizando la democracia.

gegeben haben, sind sie die beste Facebook-Website in Lateinamerika, die soziale Experimente durchführt.[16]

- *Morras* (die Mädels): eine feministische Initiative[17] mit 58.084 Facebook-AnhängerInnen, die sich für Gleichberechtigung, für Chancengleichheit, gegen das Patriarchat, gegen die Unterdrückung der Frauen auf allen Ebenen und gegen die männliche Übermacht einsetzt. Durch Diskussionen, soziale Experimente und Streetwork versuchen sie, Frauen zu ermächtigen. Die mexikanische Gesellschaft kennzeichnet sich leider als „machista" bzw. als eine chauvinistische Gesellschaft, bei der Frauen aufgrund ihres Geschlechts unterdrückt, ja sogar ermordet werden. *Morras* engagieren sich gegen die Gewalt gegen Frauen und bezeichnen sich als „Volksfeind des Chauvinismus". Allerdings werden die Art und Weise, wie sie vorgehen, kontrovers beurteilt, weil sie auch Gewalt und Aggressivität üben; aber wie soll reagiert werden, wenn eine Person sich aufgrund ihres Geschlechts verfolgt, überwacht und unsicher auf der Straße fühlt? Wie soll reagiert werden, wenn eine Person aufgrund ihres Geschlechts gekidnappt, entführt, vergewaltigt und ermordet wird? *Morras* wollen solche Herausforderungen nicht mehr tolerieren und fördern daher unkonventionelle Maßnahmen angesichts der Übermacht der Männer.
- *Los Super Civicos* (Super-BürgerInnen): eine soziale Initiative, die sich für eine bessere Entwicklung des Bürgersinnes und gegen Korruption und eine fragwürdige Bürokratie einsetzt. Sie versuchen durch Parodie, Kabarett und Streetwork, fragwürdige politische Verfahren der Regierung aufzuzeigen. Sie setzen sich generell für jede Tätigkeit ein, die den Bürgersinn fördern kann, weil sie fest glauben, dass BürgerInnen, wenn sie eine bessere Politik und ein besseres Zusammenleben in Mexiko führen wollen, sozial-politische Verantwortung übernehmen müssen. Mit 1.366.696 Facebook AnhängerInnen[18] zeigen sie, dass sozialpolitische Änderungen möglich werden, sobald die BürgerInnen ihre Rolle als politische AkteurInnen verstehen und übernehmen wollen. Sie führen außerdem Kampagnen durch, um den Bürgersinn zu fördern.

Dies sind nur drei Beispiele, die natürlich in Mexiko nicht die einzigen sind, aber erwähnenswert sind, weil sie im Großen und Ganzen den digitalen Aktivismus in Mexiko gefördert haben. Mit Blick auf Aktivismus und die junge Generation

16 Vgl. Los Mensajeros Urbanos (facebook).
17 Vgl. Morrascontacto, (facebook).
18 Vgl. Supercívicosmx (facebook).

sollen Studentenbewegungen nicht vergessen werden, weil sie das Potenzial der sozialen Netzwerke verstanden und genutzt haben. Allerdings können sie mit den oben genannten Initiativen nicht verglichen werden, da diese Initiativen eine andere Form des kollektiven Handelns vertreten. Sie fördern keine Proteste, aber Alternativen, um sozialpolitische Verantwortung zu übernehmen. Die genannten Initiativen sind keine soziale Bewegung, obwohl ihre Zielsetzungen klar und ihre Konfliktlinien deutlich sind, weisen aber eine festgelegte Identität auf, die andere zusammenbringt. Sie führen nicht Menschen aktiv zusammen, fördern aber im Zeitalter der digitalen Demokratie alternatives politisches Handeln.

Die Relevanz dieser Analyse liegt darin, dass durch solche Beispiele bestätigt werden kann, dass die hier erfolgte Darstellung von sozialen Bewegungen entscheidend ist, um die Organisationsbereitschaft mit Blick auf das aktuelle kollektive Handeln sowie auf den Aktivismus in der Gesellschaft im Zeitalter der sogenannten digitalen Demokratie zu erklären. Der Ersatz der Massenmedien, die Digitalisierung der Kommunikation sowie Information und das Aufkommen der sozialen Netzwerke müssen berücksichtigt werden, um die Ausbildung einer solchen Organisationsbereitschaft zu verstehen; ebenso wichtig ist die Auseinandersetzung mit der „Wiedererfindung" des kollektiven Handelns aufgrund der Digitalisierung des Aktivismus und der Demokratie sowie aufgrund des aktuellen Verständnisses des sozialen Kampfes.

8 Konklusion

Die Herausforderung, eine einzige Definition von sozialen Bewegungen zu finden, mit der kollektives Handeln adäquat erklärt werden kann, wird in der Sozialwissenschaft kontrovers diskutiert. Das Lexikon der amerikanischen sozialen Bewegungen erklärt, dass dieser Begriff verschiedene Bedeutungen enthält; eine einfache Definition für „soziale Bewegungen" besteht im Zusammenschluss eines Großteils der Bevölkerung, der die Zielsetzung verfolgt, in der Gesellschaft Verbesserungen zu ermöglichen. Allerdings sind einfache Definitionen für die Sozialwissenschaft nicht geeignet, weil die Welt komplex ist. Daher ist die genannte Herausforderung immer noch gegeben, und dieser Beitrag kann zumindest auf das, was eine soziale Bewegung ist und was nicht, sowie auf die Wahrnehmung dessen, wie weit die Ausbildung der Organisationsbereitschaft und der kollektiven Aktion aufgrund der Digitalisierung der Kommunikation und der Information entwickelt sind, hinweisen.

Ob die Definition von Alain Touraine immer noch die Bedeutung und die Ziele der Organisationsbereitschaft bei sozialen Bewegungen erklären kann, hängt davon ab, von welcher Perspektive her das kollektive Handeln analysiert wird. Die Annahmen von Alain Touraine sind auf jeden Fall wertvoll, können aber wie jede Theorie nur einen Teil der wahrgenommenen Realität erklären. Den aktuellen sozialen Entwicklungen entsprechen neue Herausforderungen, die andere Erklärungen erforderlich machen. Zudem nimmt dieser Beitrag an, dass Individuen ihre Rolle in der sozial-politischen Szene durch die Digitalisierung der Information wiedererlangt haben. Die sozialen Netzwerke haben ja gezeigt, dass eine alternative Art der kollektiven Aktion ermöglicht und eine neue Form der gesellschaftlichen Organisation geschaffen werden kann.

Die sozialen Netzwerke haben es geschafft, Menschen durch Plattformen wie Twitter oder Facebook zu erreichen, und sind zu einem anerkannten Weg geworden, um Individuen zu organisieren. In dieser Analyse wurde allerdings nur ein Teil des gesamten Phänomens beschrieben bzw. nur ein Aspekt der Frage, wie sich der Ersatz der Massenmedien durch soziale Netzwerke auf das kollektive Handeln auswirkt, behandelt. Diese Auswirkung wurde schließlich durch die merkliche Entwicklung der Demokratie angesichts der Digitalisierung der Information und Kommunikation sowie durch die weltweit zu beobachtende Beeinflussung der Organisationsbereitschaft durch digitale soziale Initiativen in Bezug auf die Steigerung von Aktivismus überprüft.

Allerdings darf nicht vergessen werden, dass soziale Netzwerke auch negative Effekte in einer Gesellschaft hervorrufen können. Konkrete Beispiele sind negative Wahlkampfstrategien, die (Regierungs-)Parteien durch soziale Netzwerke gegen die Opposition umsetzen, oder die Aussendung fragwürdiger Informationen, um jemandem zu schaden, sowie die Übermittlung inhaltlich unbrauchbarer Informationen. Soziale Netzwerke werden kontrovers beurteilt; sie können aber auch wertvolle Auswirkungen haben, die nicht übersehen werden sollen.

Weitere Analysen sollten angesichts der negativen Effekte sozialer Netzwerke geführt werden, um die Annahmen dieses Beitrags zu testen. Solange aber die Beurteilung sozialer Bewegungen immer noch kontrovers erfolgt, bleibt die Analyse der genannten Auswirkungen abstrakt und in gewissem Maße schwierig, um diese auch quantitativ zu überprüfen.

Literatur

Cansino, César, Hoy la democracia se juega en Twitter (2012): https://textoshereticos.wordpress.com/2012/01/03/hoy-la-democracia-se-juega-en-twitter/ (10.11.2017).

Cansino, César, Democratizando la democracia. De la primavera árabe a los Indignados (2012): https://textoshereticos.wordpress.com/2012/11/26/democrati zando-la-democracia-de-la-primavera-arabe-a-los-indignados/ (17.05.2018).

Crouch, Colin, Coping with Post-democracy, London 2000.

Gage, Beverly, When Does a Moment Turn into a "Movement", in: The New York Times Magazine (15.05.2018): https://www.nytimes.com/2018/05/15/magazine/when-does-a-moment-turn-into-a-movement.html (17.05.2018).

Gatt, Sabine, Demokratien sind fragile Konstrukte, in: Vorarlberger Tageszeitung (16.05.2018): https://www.neue.at/lokal/2018/05/15/demokratien-sind-fragile-konstrukte.neue (17.05.2018).

Ibarra, Pedro, ¿Qué son los Movimientos Sociales? In: Grau, Elena/Güell, Pedro Ibarra (Hg.), Una mirada sobre la red: anuario movimientos sociales, Barcelona 2000, 9–26.

Klein, Ansgar, Der Diskurs der Zivilgesellschaft. Politische Hintergründe und demokratietheoretische Folgerungen (Bürgerschaftliches Engagement und Nonprofit-Sektor 4), Opladen 2001.

Los Mensajeros Urbanos (facebook), https://www.facebook.com/LosMensajerosUrbanos/ (20.05.2018).

Sartori, Giovanni, Homo videns. La sociedad teledirigida, Madrid 1998.

Supercívicosmx (facebook), https://www.facebook.com/Supercivicosmx/ (20.05.2018).

Morrascontacto, (facebook), https://www.facebook.com/pg/morrascontacto/about/?ref=page_internal (20.05.2018).

Touraine, Alain, Krise und Wandel des sozialen Denkens, in: Berger, Johannes (Hg.), Die Moderne. Kontinuitäten und Zäsuren (Sonderband 4 der Sozialen Welt), Göttingen 1986, 15–39.

Tufekci, Zeynep, Twitter and Tear Gas. The Power and Fragility of Networked Protest, New Haven 2017.

Vergeer, Maurice, Twitter and Political Campaigning, in: Communication Science 9 (2015) 9, 745–760.

White, Micah, The End of Protest. A new Playbook for Revolution, Toronto 2016.

Beiträge der 7. Österreichischen Entwicklungstagung (Graz, 17.–19.11.2017)

Gerald Faschingeder

Transformation ist aktives Handeln. Die 7. Entwicklungstagung in Graz (Nov. 2017) fragte nach sozial-ökologischen Transformationen heute

Abstract: The Seventh Development Conference, which was held in November 2017 at the University of Graz, addressed the question of possible social-ecological transformations. It set out, not only to analyse this type of transformation but also to present models of and approaches to it. This article discusses some aspects of the Development Conference: the ambivalence of the „green economy", the gap between the „enlightened elite" with its vision of an alternative globalisation and „ordinary people" with their tendencies towards nationalism and right-wing populism, the United Nations Sustainable Development Goals, retrograde steps in gender policy and a new research orientation. As became apparent, several contributions to the conference were influenced by the viewpoints of Karl Polanyi and Paulo Freire, who gave a critical edge to the debate about possible transformation.

Keywords: SDGs, development policy, development conference, critics of globalization, gender policy

1 Einführung

Es war eine kontrastreiche Tagung, bei der die Wandlungsfähigkeit des Systems gepriesen wie auch die Notwendigkeit eines radikalen Bruchs mit den Verhältnissen beschworen wurde. Dieser Syntheseversuch analysiert die Tagung im Hinblick auf ihre selbst gesetzten Ziele.

An die 350 TeilnehmerInnen beteiligten sich an den Debatten rund um die Frage nach den notwendigen sozial-ökologischen Transformationen, die im Rahmen der 7. Entwicklungstagung an der Uni Graz im November 2017 geführt wurden. Die Österreichischen Entwicklungstagungen verstehen sich als ein Ort der Debatte und des konfrontativen Dialogs.[1] Hier dürfen Fragen aufgeworfen werden, ohne dass sogleich Antworten erfolgen – auch wenn dies viele TeilnehmerInnen bedauern, denn allzu sehr sind wir heute gewohnt, dass allerorten Kompetenz und Lösungsorientierung simuliert werden, auch wenn die anstehenden Fragen jede/n einzelne/n wie auch die Menschheit generell überfordern.

1 Vgl. Faschingeder, umbruch aufbruch.

Ein Ziel der Entwicklungstagung ist es vielmehr, die Komplexität der Herausforderungen deutlich zu machen – jeglicher Reduktionismus hindert daran, radikale Antworten zu finden, die es für die globalen Herausforderungen heute aber braucht.

Die Entwicklungstagung, so das Konzept, wollte in zwei Schritten eine Debatte der aktuellen Transformationen ermöglichen:

(1) Die sozial-ökologische und ökonomische, krisenhafte Transformation analysieren – und dabei die Auflösung der Grenzen zwischen Nord und Süd thematisieren sowie reflektieren, wie transnationale sozial-ökologische Transformationen erfahren werden;
(2) Modelle und *Roadmaps* zur „positiven Transformation der Welt" vorstellen und kritisch diskutieren: *Sustainable Development Goals*[2] (künftig: SDGs), *De-Growth*, Postwachstum, *Environmental Justice* und andere mehr. Hier geht es darum, über ein neues kooperatives Modell von Nord und Süd nachzudenken, das ermöglicht, transnationale sozial-ökologische Transformationen zu gestalten.

Im Rückblick darf behauptet werden, dass der erste Schritt gut gesetzt wurde, während der zweite Schritt noch etwas auf sich warten lässt und dazu weit weniger Antworten versucht wurden.

Inhaltlicher Ausgangspunkt der Entwicklungstagung war die Reflexion des Krisendiskurses, der heute im Plural auftritt und zur umfassenden Deutung der aktuellen Zeit zu werden scheint. Neben der Klimakrise und Wirtschaftskrise sind wir mit einer Demokratiekrise und einer Krise der Arbeitswelt konfrontiert. Doch das Wirtschaftssystem läuft weiter – die Rede von der Krise ist der kapitalistischen Produktionsweise ohnehin eingeschrieben und dient auch der Legitimation bestimmter politischer Praktiken. Von einem großen, produktiv gestalteten Systemwandel ist bislang wenig zu erkennen.

Als Ausweg aus der Klimakrise ist der Umstieg vom kohlestoffbasierten zu einem solaren Energiesystem bereits vielfach beschrieben worden.[3] Kann eine solche Umstellung auf nachhaltige Produktions- und Konsumweisen aber auch sozial gerecht erfolgen, oder wird sie bestehende Verwerfungen noch verstärken? Schafft ein kohlenstoffarmer, ökologisch nachhaltiger und klimafreundlicher Weg auch genügend sinnstiftende und menschenwürdige Arbeit für ein

2 Vgl. United Nations, About the Sustainable Development Goals.
3 Vgl. Altvater, Das Ende des Kapitalismus; WBGU (Hg.), Welt im Wandel.

gutes Leben für alle? Was bedeutet dies für Genderverhältnisse? Wie kann eine solche neue große Transformation gelingen?

Nach Abschluss der Verhandlungen rund um die SDGs („Agenda 2030") und die Klimaziele nahmen sich die OrganisatorInnen der Entwicklungstagung vor, in die Zukunft zu blicken und zu diskutieren, ob und wie die neuen globalen Entwicklungsziele Realität werden können und wie mit den konzeptionellen Lücken, die solche globale Vereinbarungen immer aufweisen, umgegangen werden kann.

Transformationen sind dabei als ineinander verzweigte Prozesse zu verstehen, die auf politischer sowie zivilgesellschaftlicher Ebene Veränderungen mit sich bringen: Das Verhältnis von Ökonomie und Ökologie zueinander hat in den letzten 40 Jahren einen tiefgreifenden Bedeutungswandel erfahren. Ökologie kommt als integraler Bestandteil der Ökonomie, der gesellschaftlichen Reproduktion insgesamt in den Blick; sie wurde von einem Anliegen sozialer Bewegungen zu einem Gegenstand von Aushandlungssystemen und Arrangements auf internationaler, nationaler und lokaler Ebene (zuletzt etwa im Pariser Klimavertrag). Die politische Dimension des Ökologischen ist damit deutlich geworden.

Die aktuellen krisenhaften Transformationen finden im Hinblick auf Genderverhältnisse, den Wandel der Arbeitswelt oder globalen Migrationsbewegungen statt. Sozial-ökologische Transformationen verstärken Migration über jene durch bewaffnete Konflikte und Kriege verursachten Migrationen hinaus. Inwiefern verändert Migration (ob „freiwillig" oder aufgrund von Flucht) welche Gesellschaften? Hierbei ging es darum, den damit einhergehenden Wandel von Raum-, Struktur- und Gendervorstellungen zu analysieren, wie z. B. die zunehmende Auflösung der Konzepte von „Norden" und „Süden", zugunsten einer Dichotomie von „Globalem Norden" versus „Globalem Süden".

Im zweiten Schritt wollte sich die Entwicklungstagung der Frage zuwenden, wie konstruktiv auf die anstehenden Herausforderungen reagiert werden kann: Wie kann und soll sozial-ökologische Transformation vonstattengehen? Sind Bewegungen wie *De-Growth* und *Environmental Justice* ausreichende Konzepte, um der Zerstörung natürlicher Ressourcen entgegenzuwirken? Wie integrieren Ansätze aus dem Globalen Süden wie *Buen Vivir* (Ecuador, Bolivien), *Gross-National-Happiness* (Bhutan) oder *Ubuntu* (Südafrika) die anstehenden Widersprüche? Geht es um Post-Wachstum oder vielmehr um ein „Gutes Leben für Alle"?

Die Entwicklungstagung bietet ein Forum für kritische Fragen. Dazu gehört heute jene nach dem politischen Charakter der SDGs. Stellen diese eine „Gerechtigkeitsagenda" dar? Wie werden sie u. a. in Österreich umgesetzt?[4] Können die

4 Vgl. BKA, Beiträge der Bundesministerien; vgl. dazu kritisch Obrovsky/Langtaler, Sind die SDGs bei den PolitikerInnen angekommen?

SDGs als „umkämpftes Terrain" Relevanz gewinnen? Ein Ziel der Entwicklungstagung ist es, Modellentwicklungen bzw. *Roadmaps* kritisch zu beleuchten, die für eine EZA-praktische sowie akademisch-theoretische Weiterarbeit von Bedeutung sind. In diesem Sinn wurden bei der Entwicklungstagung 2017 folgende Fragen ins Zentrum der Debatten gerückt:

- Welche Faktoren, Koalitionen und Allianzen fördern oder behindern sozial-ökologische Transformationen?
- Wie muss nationale, internationale und transnationale Zusammenarbeit gestaltet werden, um konstruktive sozial-ökologische Transformationen voranzubringen?
- Mit welchen Strategien können ökonomische, soziale und ökologische Ziele miteinander in Einklang gebracht werden?

2 Lob und Kritik der *Green Economy*

Freilich, die kritische Analyse ist immer etwas einfacher. Sie startete mit dem Eröffnungsabend der Tagung, bei dem bereits Welten aufeinander prallten: Zum einen zeigte Moema Miranda (*People's Dialogue Brasilien*) auf radikale Art und Weise den destruktiven Charakter der globalen Ökonomie auf. Sie sprach von einem „Krieg gegen den Planeten": Wir leben in einer umkämpften Welt, so Miranda. In Brasilien würden Menschen ermordet, weil sie Transformationen einforderten. Wir erlebten viele Ethnozide gleichzeitig, eigentlich auch einen Suizid der Menschheit. Die Dramatik ihres Appells, den sie zu Ende der Tagung nochmals erneuerte, war kaum zu übertreffen.

Zum Anderen präsentierte Stefan Rohringer vom globalen Technologiekonzern *Infineon* eine durchaus sympathisch wirkende Variante der *Green Economy*, jene Wirtschaftsweise, die sich an ökologischer Nachhaltigkeit orientiert.[5] Er versuchte aufzuzeigen, wie Technologie zur Lösung der globalen Probleme beitragen könne – und machte glaubwürdig, das es sich *Infineon* dabei nicht einfach machte, gelte es doch, die Herkunft aller Produktbestandteile zu kennen, um garantieren zu können, dass die Produktion den sozial-ökologischen Standards des Konzerns entspricht. Rohringer schätzte, dass die Produkte von *Infineon* helfen, im Vergleich zu branchenüblichen Alternativen 30% der CO_2-Emissionen einzusparen. Ähnlich optimistisch bezüglich des Wertes von Technologie zeigte sich der Wissenschaftler Paul Yillia (IIASA), der mehrfach ein Gleichgewicht von sozialen, ökonomischen und ökologischen Zielen in der Nachhaltigkeitsdebatte

5 Vgl. Barbier/Markandya, A New Blueprint.

einforderte, so auch an diesem Abend. Allerdings machte Yillia auch auf die Ambivalenzen der Technologie aufmerksam, die ja nicht nur eine Problemlösung ist, sondern oft große ökologische Belastungen mit sich bringt.

Mirandas Ruf nach radikaler Transformation griff Ulrich Brand, Politikwissenschaftler der Universität Wien, auf. Er kritisierte die *green economy*, wie sie Stefan Rohringer und in seinem Technik-Optimismus auch Paul Yillia verkörperten, und machte deren Selektivität deutlich: Green ist diese Form der Wirtschaft nur in bestimmten Ländern und Sektoren: Elektromobilität sei grün im Hinblick auf den CO_2-Ausstoß, die Problematik des Mobilitätsverhaltens werde damit aber nicht angesprochen. Insofern berühre *green economy* nicht den Kern des Problems, dass wir nämlich einen radikalen Wandel der Produktionsweise und des Konsums brauchen. Brand spricht hier gemeinsam mit Markus Wissen von der „imperialen Lebensweise"[6], die es zu erkennen, hinterfragen und zu überwinden gelte. Weiterhin verharrten wir damit in der dominanten Wachstumslogik des Kapitalismus, der nach dem Motto agiere: „Wasch mir den Pelz, aber mach mich nicht nass!"

3 Vom Übel der aufgeklärten Elite – die wir sind

Die Brücke zur politischen Analyse der jüngsten Transformationen im Weltsystem stellte Brand mit seinem Verweis auf Karl Polanyi[7] her, den am nächsten Tag Andreas Novy, Sozioökonom an der WU Wien, als Ausgangspunkt seiner Reflexionen nahm. Während Brand mit Polanyi zu bedenken gab, dass wir Globalisierung als eine „große Transformation" verstehen können, die Wertschöpfungs- und Ausbeutungsoptionen vermehrt habe, indem die Grenze des kapitalisierbaren Bereiches ausgeweitet wurden, ging es Andreas Novy darum, die Optionen des Widerstandes gegen diese destruktiven Logiken aufzuzeigen.[8] Insbesondere diskutierte er die Bedeutung des Raumes und die ambivalente Rolle des Nationalen als Ort des Kampfes um Rechte und Standards. Die Visionen einer gerechtigkeitsschaffenden *global governance* seien in einer schweren Krise – jenes Versuchs, durch internationale Aushandlungsprozesse eine neue, friedliche Weltordnung zu errichten. US-Präsident Donald Trump zeige, wie die Nation zum Ort der selektiven Abgrenzung von globalen Kooperationsansprüchen wird. Hier brachte Novy einen durchwegs neuen und wichtigen

6 Vgl. Brand/Wissen, Imperiale Lebensweise.
7 Vgl. Polanyi, The Great Transformation.
8 Vgl. Novy, Emancipatory Economic Deglobalisation; ders., Wohin sollen wir uns wandeln?

analytischen Gedanken ein: Der Aufstieg rechtspopulistischer globalisierungskritischer, teilweise sogar protektionistischer PolitikerInnen ging einher mit einem Verteidigen der neoliberalen Globalisierung als Bestandteil einer kosmopolitischen Weltordnung. Dabei werde aber ausgeblendet, dass gerade neo- wie sozialliberale Deregulierungen dafür verantwortlich seien, dass die Ungleichheit in den letzten Jahrzehnten extrem zugenommen haben und dass dies von einer schleichenden Entdemokratisierung begleitet werde, wie man dies an der Politik der Europäischen Union beobachten könne.

So halten weltoffene, progressive Gruppen am überkommenen liberalen Projekt fest, das in wichtigen Bereichen im Widerspruch zu den eigenen Zielen stehe. Unterschicht und untere Mittelschicht, die vermehrt auch rechtspopulistische Parteien wählen, werden als „ungebildet", „unaufgeklärt" und „unethisch" abgewertet. So entsteht eine Kluft zwischen weltoffenen gebildeten „Eliten" und den „einfachen Leuten", die Schutz und Sicherheit suchen. Konsequenz daraus ist eine Politik, die Nationalismus und Neoliberalismus verbindet. Illiberale Tendenzen innerhalb demokratischer Gesellschaften gewinnen an Einfluss, so Novy. Es sollte insofern nicht erstaunen, dass in Polen, Brasilien wie auch in Katalonien um die Nation und deren demokratischen Charakter gerungen werde. Die Menschenrechtsaktivistin Mai Thin Yu Mon bestätigte dies später auch für Demokratien in Süd-Asien, wo unter dem Vorwand einer nachhaltigen Politik eigentlich autoritäre Strukturen durchgesetzt werden.

Bezeichnenderweise diskutierte Novy nicht das Potential der *Sustainable Development Goals*, die derzeit im Zentrum der internationalen Entwicklungsdebatte stehen. Sie sind das progressive Ergebnis von *global governance*. Ihr ganzheitlicher Entwicklungsansatz bleibt aber unrealisierbar, wenn sich die nationale Umsetzung an gänzlich anderen Kriterien orientiert. Im schlimmsten Fall verkommen sie zu einem Brief ans Christkind, so Novy.

4 Apologie und Ignoranz der SDGs

Dies kompensierten die VertreterInnen des formellen politischen Systems. Vier Abgeordnete verschiedener legislativer Ebenen diskutierten, weshalb die SDGs eine so geringe Rolle in der österreichischen Politik spielen. Ihre eindeutige Prämisse war, dass die SDGs wichtig sind und implementiert werden sollten. Dies entspricht auch dem aktuellen impliziten Credo innerhalb der entwicklungspolitischen Community, auch wenn sich darin einzelne Kritiken an der Inkohärenz der SDGs finden. Damit wurde durchaus ein Aspekt des zweiten Schrittes des Tagungskonzeptes aufgegriffen, nämlich über konkrete Modelle und *Roadmaps* zur „positiven Transformation der Welt" zu debattieren. Alle MandatarInnen zeigten sich kritisch gegenüber der Umsetzung des SDGs, einige aber auch gegenüber den inneren Widersprüchen der SDGs selbst. Petra Bayr kritisierte, dass in den SDGs immer wieder die Konzerne als Lösung der globalen Herausforderungen bemüht werden. Anstatt global verbindliche Standards zu setzen, werde hier der „Bock zum Gärtner“ gemacht. Sandra Krautwaschl erinnerte daran, dass Konzerne den Konsum weiterhin anheizen, damit aber auch den globalen Plastikverbrauch. Elisabeth Pfurtscheller betonte hingegen die Verantwortung der Unternehmen für die Umsetzung der SDGs und sah insofern hier keinen Widerspruch, wie auch Stephanie Krisper, die darüber hinaus die Junktimierung der Entwicklungszusammenarbeit mit der Flüchtlingspolitik kritisierte.

Als Erklärung dafür, dass die SDGs bei der Bevölkerung nicht ankommen (und nicht einmal im Tiroler Landtag, wie die Tirolerin Pfurtscheller meinte), führten die Mandatare an, dass es Angst vor Veränderung gebe. Jene, die eine progressive Transformation wollen, lebten zu sehr in ihrer eigenen Welt, in ihrer Blase. Pfurtscheller sprach gar vom *cocooning*. Bayr meinte, wir hätten es hier mit einem Kulturkampf zu tun. Es gebe zwar ein Bekenntnis zu einem *normative shift*, der Notwendigkeit, Werte und Kultur zu verändern. Doch gelinge es der „Neidgenossenschaft“, solche Veränderungen zu verhindern. Insofern werde die notwendige Transformation weiter auf sich warten lassen. Hier werde es zur Unmöglichkeit, Modelle zur positiven Transformation der Welt zu debattieren oder gar umzusetzen.

Der implizite Hinweis von Novy, dass die SDGs Teil der Agenda der Abgehobenheit seien, verhallte ungehört und undiskutiert. Die Debatte warf insofern die Frage auf, ob nicht ein Widerspruch bestehe zwischen dem eigenen Anspruch, Politik mit Moral zu verbinden und eine politische Moralität einzufordern, und der Kritik an das progressive Milieu, in der eigenen sozialen „Blase“ zu verbleiben und sich durch eine bestimmte Moral mit sich selbst zu identifizieren.

5 Frauenpolitische Rückschritte

Vielleicht spiegelte die aus Bangkok angereiste Umweltanwältin Tessa Khan dies aber durchaus wider, die in ihrem Beitrag zur feministischen Dimension der Transformationsdebatte ebenfalls die SDGs im Prinzip ignorierte – und dies, obwohl sie an den Verhandlungen beteiligt war. Sie sieht in den SDGs weiterhin eine von DiplomatInnen entwickelte *top-down*-Agenda, der jegliches *ownership* der Graswurzel-Ebene fehle. Sie forderte als Rechtsanwältin, die mit den sozial ungleichen Folgen des Klimawandels befasst ist, eine radikale Umverteilung von Macht. Denn aufgrund der Geschlechterungleichheit seien Frauen, vor allem im ländlichen Gebieten, ungleich mehr vom Klimawandel betroffen als Männer.

Das Funktionieren des aktuellen Weltsystems hänge ganz wesentlich von der Perpetuierung dieser Geschlechterungleichheit ab. Ohne die meist unbezahlt bleibende *care*-Arbeit vieler Frauen würde das System schnell kollabieren. De facto haben Weltwirtschaftskrise wie auch Klimakrise zu einer Verstärkung der Geschlechter-Stereotypen geführt – in dem Sinn, dass Frauen noch stärker als ohnehin bereits in den Bereich der *care*-Ökonomie abgedrängt werden. Wer wirklich eine sozial-ökologische Transformation wolle, müssen Frauen die Kontrolle über Entscheidungsstrukturen geben. Die auf ihre Key-Note folgende Podiumsdiskussion mit Bea Rodrigez Labajos aus Barcelona und Ulli Gelbmann aus Graz vertiefte den Einblick in die Widersprüche des Systems.

Mit dem von Brand und Novy angeführten Theoretiker Karl Polanyi kann argumentiert werden, dass Frauen vom Kapitalismus als ein Feld betrachtet werden, auf dem die weitere Expansion des Systems betrieben werden kann – entweder durch Produktivmachung und insofern Einbezug ins monetäre ökonomische System, oder aber durch die Nutzung von Frauen als günstige Ressource für *care*-Arbeit, was die Expansion anderer, formell-ökonomischer Sektoren erst im gewünschten Ausmaß möglich mache. Im Forum 4 zu „Extraktivismus und *care*-Arbeit" hat die Südafrikanerin Donna Andrews genau dies noch weiter ausgeführt und mit konkreten Erfahrungen ihrer Arbeit in Südafrika ergänzt.

Insofern wurden auch in diesem, frauenpolitisch orientierten Panel, wichtige Beiträge zum ersten Schritt des Tagungskonzeptes geleistet, also weitere Analysen, die die Debatte um die Gender-Dimension erweiterten und vertieften. Hierbei konnte durchaus gezeigt werden, dass sich die Grenzen zwischen Nord und Süd stark verändert haben, da sich die globalen Interdependenzen deutlich intensiviert haben. Gerade in vermeintlich „zurückgebliebenen" Regionen der Erde erfahren Frauen sehr konkret die Folgen transnationaler sozial-ökologischer Transformationen, dies aber nur selten in positiver Hinsicht. Hier lässt sich eine „Entwicklung der Unterentwicklung"[9] im Sinne Andre Gunder Franks beobachten, eine Peripherisierung ganzer Regionen und sozialer Gruppen sowie eine Verdrängung von Frauen in stereotype Geschlechterrollen.

6 Für ein neues Narrativ und eine neue Forschung

Welche Rolle kommt in diesen vergeschlechtlichten Transformationsprozessen den Wissenschaften zu? Die Entwicklungstagung versteht sich als ein Ort des Dialoges zwischen Wissenschaft und sogenannter Praxis, zwischen der Welt der

---

9 Vgl. Frank, The Development of Underdevelopment.

Unis und der NGOs bzw. generell der Institutionen der Entwicklungszusammenarbeit und der Entwicklungspolitik. Die Notwendigkeit, die Grenzen zwischen diesen Bereichen zu weiten und schließlich auch zu überwinden, stand im Zentrum der *Key-Note* von Ulli Vilsmaier von der Leuphana-Universität Lüneburg. Ihre Kernthese war, dass die anstehende sozial-ökologische Transformation eine transformierte Forschung benötige.[10] Forschung sollte nicht schlicht neue Erkenntnisse verfolgen, sondern die gesellschaftliche Transformation anstreben. Forschung sollte insofern selbst zur transformativen Praxis werden. Hier präsentierte Vilsmaier gewissermaßen eine *Roadmap* für den Umbau des Wissenschaftsbetriebes im Hinblick auf Gesellschaftsgestaltung: Wissensproduktion heute solle nicht nur „robust" im Sinne der konventionellen wissenschaftlichen Kriterien sein, sondern auch in sozialer und kultureller Hinsicht.

Die angestrebte große Transformation, ein positiver Gegenentwurf zu Polanyis pessimistischer Analyse der „Großen Transformation" bei der Durchsetzung des Kapitalismus, benötige ein neues Narrativ. Es gelte, und hier spielte Vilsmaier auf Freire an, „die Welt lesen zu lernen und sich in ihr einzuschreiben". Hier geht es um eine Öffnung des Forschungsbegriffs auf durchaus radikale Weise – wie es Felix Guattari mit seiner Formel des „allgemeinen Rechts der Menschen auf Forschen"[11] bereits auf den Punkt gebracht hatte.

Das Echo dazu kam sogleich im Beitrag der südafrikanischen Forscherin und Aktivistin Donna Andrews, die zunächst die ungeheure Kraft der Ideen ansprach. Aus ihrer Sicht sei eine radikale Transformation ohne Kritik von Sexismus und Rassismus undenkbar. Im Kern gehe es aber auch um die binäre Beziehung zwischen Menschen und nicht-Menschlichem, wie sie ein Teil der feministischen Theorie[12] kritisiert. Die akademische Forschung heute verberge kaum ihren neoliberalen Charakter. Sie sei eine entbettete Wissenschaft – auch hier wieder eine Korrespondenz zu Polanyi, der die Entbettung der Ökonomie aus ihren sozialen Bezügen kritisierte. Die Verwobenheit von Forschung, Universitäten und profitorientierten Konzerne sei nicht zu übersehen, und dies strukturiere auch die binäre Ordnung, mit der Wissenschaft die Welt zu erfassen suche.

Einer transformativen Forschung könne es hingegen nicht um die Ergebnisse gehen, sondern um das konkrete Tun, das Handeln. Es gehe weniger um die richtigen Antworten als darum, die richtigen Fragen zu stellen. Wir Menschen seien zutiefst mit allem Leben verbunden und verwoben; die epistemische

10 Vgl. Vilsmaier/Brandner/Engbers, Research In-between; Vilsmaier, Globales Denken?

11 Orig.: „The [UN] Charter of human rights ought to include an article on the right of everyone to research" (Guattari, Transdisciplinarity, 132).

12 Vgl. Mohanty, Aus westlicher Sicht.

Trennung müsse insofern aufgehoben und überwunden werden. „*I am nature, we are nature*“, brachte dies Donna Andrews auf den Punkt. Soziale Basisbewegungen seien es, die diese Verbundenheit und Verwobenheit aufzeigten, damit eine andere, alternative Art des Wissens praktiziert werde. Diese Forschung von unten richte sich gegen die entfremdenden Konzepte der westlichen Wissenschaft. Hier werde eine Forschung praktiziert, die mit den Menschen gehe, nicht vor ihnen.

Diese beiden Plädoyers für ein neues Narrativ, auch ein neues wissenschaftliches Narrativ, können durchaus als eine Antwort auf die Frage nach den *Roadmaps* für die sozial-ökologische Transformation verstanden werden – freilich in einem ganz anderen Sinn als erwartet. Es geht hier um den Kampf um das Wissen, um die Wissensformen, insofern um das Seinsverständnis der Menschen und der Menschheit. Das neue Narrativ müsste, soweit wurde bei aller Offenheit klar, jenseits der SGDs liegen.

7 Die Frage nach den Allianzen

Das Schlussforum stand im Zeichen der Notwendigkeit, ein neues Narrativ zu entwickeln. Das aktuelle Narrativ im Umfeld der Bewegungen für sozial-ökologische Transformation sei zu pessimistisch, meinte Moema Miranda, die gleichzeitig nicht müde wurde, die Destruktivität des Systems anzuprangern. Gefragt wurde in diesem Abschlusspanel, welche Allianzen gebildet werden müssten, um die gewünschten sozial-ökologischen Transformationen zu verwirklichen. Nach Ansicht Mirandas stellen die „Zonen des Opfers“ den richtigen Ausgangspunkt für neue Allianzen dar. Viele Menschen lebten in jenen Gebieten und Zonen, die im Interesse unseres destruktiven ökonomischen Systems zerstört werden. Mit ihnen sollten wir das Bündnis suchen, mit ihnen und dorthin sollten wir gehen. Der Vorschlag war radikal – und wurde vom Plenum wenig widergespiegelt. Möglicherweise sind viele TeilnehmerInnen ob des Gedankens erschrocken, an diese Ränder des Systems zu gehen und sich selbst den Kräften der Destruktion auszusetzen.

Mehrfach wurde hingegen kritisiert, dass kritische AktivistInnen eben in ihren „sozialen Blasen“ bleiben. Gleichzeitig war aber auch unverkennbar, dass bestimmte Merkmale dieser „Blase“ doch als sehr wichtig erachtet wurden: So wurde mehrfach Kritik am Buffet artikuliert, auf dem sich kein fair gehandeltes Obst und Milch aus konventioneller Landwirtschaft fand – neben durchgehend ökofairen Angeboten. Es ist eben schwer, vor diesen hohen ethischen Ansprüchen zu bestehen, mit denen sich nicht zuletzt die moralische Elite von anderen sozialen Gruppen abgrenzt und damit möglicherweise ihre politischen

Sehnsüchte zu einem elitären Lebensstilprojekt reduziert. Hier stellt sich die Frage, ob solche Kritiken tatsächlich wesentlich sind, um selbst zu einem kohärenten politischen Projekt zu gelangen – oder aber auch ein Weg sind, um sich der radikalen Aufforderung und Zumutung, an die Ränder des Systems, die Zonen des Todes und der Opfer zu begeben, zu entziehen. Hier spiegelten sich die von Novy angesprochenen Elitendiskurse und ihre Widersprüche innerhalb der Entwicklungstagung selbst.

Die zweite Alliierte neben den Opfern des Systems sei Gaia, die Erde selbst. Hier teilte Moema Miranda die Überzeugung Donna Andrews', dass wir Teil der Natur seien und das dichotome Denken in den Kategorien Mensch versus Natur überwinden müssten. Es gehe um einen dialektischen Prozess. Miranda scheute sich auch nicht, hier die damit verbundene spirituelle Dimension anzusprechen – und damit die Debatte auch auf die Dimension der Hoffnung zu öffnen. Die Resonanz darauf war sehr stark, und viele TeilnehmerInnen artikulierten, was ihnen Hoffnung mache, sich weiterhin für eine gerechte Welt einzusetzen.

Das Prinzip Hoffnung war eine der Antworten auf die Schlussfrage der Moderatorin Ines Omann, welche Botschaft die referierenden Gäste aus dem Süden dem Plenum noch mitgeben wollten. Moema Miranda forderte zuletzt nachdrücklich dazu auf, sich nicht zu isolieren und die weiteren Kämpfe als sozialen, kollektiven Prozess zu verstehen – getragen aus einer gemeinsamen Hoffnung.

8 Fazit: Ein Fest für Polanyi und Freire

Hat die Entwicklungstagung ihre Ziele erreicht? Wenn es darum geht, mit der Tagung einen breiten Debattenraum zu öffnen, in dem die unterschiedlichsten Zugänge zur Thematik gleichwertig nebeneinander eingebracht werden können, dann ja. Wenn es hingegen darum ging, die zwei Schritte des Tagungskonzeptes zu gehen, nämlich erstens Analysen der aktuellen sozial-ökologischen Transformation zu bieten und zweitens Modelle und *Roadmaps* dorthin zu skizzieren und in Diskussion miteinander zu bringen, dann fällt die Bilanz eher durchwachsen aus. Zum einen hat dies damit zu tun, dass es nicht gelungen ist, RepräsentantInnen verschiedener Modelle nebeneinander auf Podien zu bringen, was wiederum der Sorge geschuldet war, Personen unzulässigerweise auf Positionen zu reduzieren. Zum anderen aber spiegelt dieses partielle Scheitern auch die Komplexität der Diskussion und der Verhältnisse, deren Wesenskern die Widersprüchlichkeit ist. Darüber hinaus ist dies auch eine Folge der Interventionen der ReferentInnen aus dem Globalen Süden, denen es wichtig war, ihre Zugänge jenseits des konventionellen Entwicklungsdiskurses, damit jenseits der SDGs wie auch anderer *Roadmaps* zu vertreten. Wenn die Seinsweise selbst befragt wird, die Episteme angefragt sind, die herkömmliche Mensch-Natur-Dichotomie in Frage gestellt wird, dann werden Wege jenseits der bekannten Wege beschritten. Donna Andrews ging es mit ihrer Formel, dass Transformation konkretes Handeln ist, eben auch um eine Kritik des diskursiven Zugangs. Dies war ja, auch dies sei angemerkt, Ziel der Übung, strebt die Entwicklungstagung doch danach, „den beteiligten Personen und Institutionen zu ermöglichen, ihre eigenen Zugänge und Positionen im Hinblick auf grundlegende Aspekte der Entwicklungspolitik und humanitären Hilfe im Rahmen eines kollektiven Lernprozesses weiterzuentwickeln". Was sonst könnte inhaltliche Weiterentwicklung denn bedeuten, als grundlegende Denkweisen in Frage zu stellen?

Wenn es zum Abschluss erlaubt ist, die Debatten der Entwicklungstagung entwicklungstheoretisch einzuordnen, kann beobachtet werden, dass Modernisierungs- und Dependenztheorien weiterhin Wahrheitsansprüche stellten: Zum einen fand sich der in modernisierungstheoretischer Tradition stehende Technologieoptimismus in der *Green Economy* wieder, zum anderen aber auch die dependenztheoretisch unterfütterbare Kritik, dass Frauen im Globalen Süden und generell das Feld der *care*-Arbeit mit den Kosten für Entwicklungsprozesse an anderen Orten belastet würden. Beide entwicklungstheoretischen Zugänge wurden von einer postkolonialen Kritik ergänzt: Die Wissenskritik von Ulli Vilsmaier, insbesondere aber jene von Donna Andrews artikulierte Positionen der feministischen postkolonialen Theorie, die sich gegen die Kolonialisierung des Wissens wie des Körpers (der Frauen, aber nicht nur) wenden.

Zwei Leittheoretiker verbargen sich hinter einigen der Vorträge und Beiträge – zum einen sehr explizit *Karl Polanyi* mit seiner kritischen Sicht auf Transformation als Enteignung und auf die Gefährdung und Zerstörung der Demokratie, zum anderen aber auch *Paulo Freire*[13] und seine Kritik einer Forschungspraxis, die ausgebeutete Gruppen weiter marginalisiert und der eine engagierte Forschung entgegenzustellen ist, die kontextualisiert, einbezieht und damit ermächtigt. In diesem Sinne war die siebte Entwicklungstagung – neben vielem anderen – auch eine durchwegs freireanische Tagung.

---

13 Vgl. Freire, Pädagogik der Unterdrückten.

Literatur

Altvater, Elmar, Das Ende des Kapitalismus, wie wir ihn kennen: eine radikale Kapitalismuskritik, Münster [9]2009.

Barbier, Edward/Markandya, Anil, A New Blueprint for a Green Economy, London 2013.

BKA – Bundeskanzleramt Österreich, Beiträge der Bundesministerien zur Umsetzung der Agenda 2030 für nachhaltige Entwicklung durch Österreich, Wien 2017: http://archiv.bka.gv.at/DocView.axd?CobId=65724 (16.04.2018).

Brand, Ulrich/Wissen, Ulrich, Imperiale Lebensweise. Zur Ausbeutung von Mensch und Natur in Zeiten des globalen Kapitalismus, München 2017.

Faschingeder, Gerald, umbruch aufbruch. Kann Entwicklungsforschung global denken? In: Gmainer-Pranzl, Franz/Schottenhammer, Angela (Hg.), Wissenschaft und Globales Denken (Salzburger interdisziplinäre Diskurse 7), Frankfurt am Main 2016, 421–436.

Frank, Andre Gunder, The Development of Underdevelopment, in: Monthly Review 18 (1966) 4, 17–31.

Freire, Paulo, Pädagogik der Unterdrückten. Bildung als Praxis der Freiheit. Vom Verfasser autorisierte deutsche Übertragung von Werner Simpfendörfer. Reinbeck/Hamburg 1973.

Guattari, Félix, Transdisciplinarity Must Become Transversality, in: Theory, Culture & Society 32 (2015) 5/6, 131–137 [Originalmanuskript (April 1992): Fondements éthico-politiques de l'interdisciplinarité].

Mohanty, Chandra, Aus westlicher Sicht: femistische Theorie und koloniale Diskurse (1984), in: Schmidt, Lukas/Schröder, Sabine (Hg.), Entwicklungstheorien. Klassiker, Kritik und Alternativen (Gesellschaft – Entwicklung – Politik 17), Wien 2016, 310–331.

Novy, Andreas, Emancipatory Economic Deglobalisation: A Polanyian Perspective, in: Revista Brasileira de Estudos Urbanos e Regionais 19 (2017) 3, 558–579.

Novy, Andreas, In Search of a Polanyian Countermovement of Coordinated Economic De-Globalization. International Conference: A Great Transformation? (Konferenzbeitrag) Linz (Österreich), 10.01.–13.01.2017: https://www.jku.at/conferences/content/.../Novy_GreatTrans.pdf (16.04.2018).

Novy, Andreas, Wohin sollen wir uns wandeln? In: Südwind Magazin. Internationale Politik, Kultur und Entwicklung 2017, 11, 36–38.

Obrovsky, Michael/Langthaler, Margarita, Sind die SDGs bei den PolitikerInnen angekommen? Zur Umsetzung der Agenda 2030 für nachhaltige Entwicklung durch Österreich, Wien 2017: https://www.oefse.at/publikationen/aktueller-kommentar/aktueller-kommentar-april-2017 (16.4.2018).

Polanyi, Karl, The Great Transformation. Politische und ökonomische Ursprünge von Gesellschaften und Wirtschaftssystemen, Frankfurt am Main 1978 ([1]1944).

United Nations, About the Sustainable Development Goals: https://www.un.org/sustainabledevelopment/sustainable-development-goals (16.04.2018).

Vilsmaier, Ulli/Brandner, Vera/Engbers, Moritz, Research In-between: The Constitutive Role of Cultural Differences in Transdisciplinarity, in: Transdisciplinary Journal of Engineering & Science 8 (2017) 169–179.

Vilsmaier, Ulli, Globales Denken? Zum Wirkungszusammenhang von Forschungspraxis, Erkenntnisfeld und der Art zu denken, in Gmainer-Pranzl, Franz/Schottenhammer, Angela (Hg.), Wissenschaft und Globales Denken (Salzburger interdisziplinäre Diskurse 7), Frankfurt am Main 2016, 109–127.

WBGU – Wissenschaftlicher Beirat der Bundesregierung Globale Umweltveränderungen (Hg.), Welt im Wandel: Gesellschaftsvertrag für eine Große Transformation, Berlin 2011: http://www.wbgu.de/hauptgutachten/hg-2011-transformation (16.04.2018).

Patrick Krennmair/Martin Thalhammer

Die Macht der Schulden: Interdisziplinäre Perspektiven auf die sozioökonomischen Implikationen von Staatsverschuldung im Kontext der Sustainable Development Goals

Abstract: The achievement of the United Nations Sustainable Development Goals depends not least on the burden of debt borne by each country. In the 2030 Agenda the subject of „debt" is barely mentioned, but for many countries of the Global South it represents an oppressive reality. This article takes the form of a historical, cultural and socio-anthropological analysis illustrating that the moral norm that debts are to be repaid as quickly as possible is relatively new in the history of the human race, and sees the root of the problem of debt in (neo-)colonialism, which placed many countries under a heavy burden of debt. Haiti, for instance, which today is one of the poorest countries on the American continent, had to pay an enormous „independence debt" for its independence from France in 1804, the consequences of which it is still experiencing even today. Structural Adjustment Programs represent a heavy burden for countries which are compelled to submit to neoliberal political and economic programmes in exchange for loans. This paper proposes as a solution a state insolvency process to be carried out on an internationally regulated legal basis.

Keywords: public debt, debt policy, development policy, world bank, neoliberalism

1 Einleitung

Die Thematik der Verschuldung von Staaten, gerade der enormen Schuldenlast von Ländern des globalen Südens, ist im Hinblick auf eine ernsthafte Erfüllung der *Sustainable Development Goals* (SDGs) von besonderer Bedeutung. Die Probleme souveräner Verschuldung betreffen ebenso Länder des globalen Nordens, die eine Zunahme an Verschuldung, nicht zuletzt auch aus Konsequenzen der Krisenjahre 2007–2009, zu verzeichnen haben. Die Strukturen staatlicher Schulden sind ein Beispiel von wirtschaftlichen Verflechtungen sowie von Abhängigkeiten und müssen daher immer auch über Disziplinen hinweg betrachtet werden. In diesem Beitrag wird argumentiert, dass die staatliche Verschuldung und ihre Auswirkungen maßgeblich zur (Nicht-)Erfüllung der SDGs beitragen und somit die Schuldenthematik explizit in der *2030 Agenda* unterrepräsentiert ist. Als Folge der Abhängigkeitsverhältnisse hinsichtlich finanzieller und politischer Nord-Süd Beziehungen scheinen die Staatsschulden als *eingepreiste*

Machtverhältnisse interpretierbar und stellen eine Einschränkung staatlichen Handlungsspielraums in Bezug auf Entwicklung dar.

Zu Beginn wird die Bedeutung der fiskalischen Verschuldung ökonomisch skizziert, und es wird klar, dass diese Theorien nicht auf den globalen Süden umzumünzen sind. Sodann wird aus anthropologischer Sicht das Konzept der Schuld und dessen Zusammenspiel mit Risiko und Moral dargestellt, im Besonderen auf Schulden als Ausdruck von Macht- und Abhängigkeitsverhältnissen eingehend. Dies führt uns zwingend zu einem geschichtlichen Abriss, der konzeptuelle Probleme aufzeigt und untermauert. Wurzeln der Verschuldung finden sich bereits in den ersten aufkommenden, staatenähnlichen Gemeinschaften und werden im Laufe des historischen Überblicks in einen entwicklungspolitischen Kontext gesetzt. Eine ausführliche Betrachtung spezifischer Textstellen der *2030 Agenda* und der *Adis Abeba Agenda 2015* formuliert und präzisiert unsere Kritik am aktuellen globalen Schuldenmanagement, das auf Basis des Primats der Strukturanpassung nach wie vor in erster Linie den Gläubigern zugutekommt. Im letzten Teil wird ein Vorschlag vorgestellt, der auf ein internationales, rechtliches Verfahren zur Staatsinsolvenz im Kontext der *Millennium Development Goals* (MDGs) respektive der SDGs abzielt. Dieser Vorschlag stellt insofern eine attraktive Lösung dar, als er sowohl auf die Länder des globalen Nordens, besonders aber auf die Länder des globalen Südens anzuwenden ist und somit einen Raum zur Verbesserung eröffnet und einen nachhaltigen, egalitären Referenzrahmen bildet.

2 Zur ökonomischen Analyse des Problems der Staatsverschuldung

Der Level einer vertretbaren, staatlichen Verschuldung ist als Indikator sowohl ökonomisch als auch politisch umkämpft. Somit wird die Führung und Qualität eines Staates gegenwärtig, vielfach oberflächlich am Verhältnis seiner historischen Einnahmen und Ausgaben bemessen. Es stellt sich daher allgemein die Frage, welche Auswirkungen fiskalische Verschuldung auf den Staat bzw. auf seine Bevölkerung hat, und besonders, ob Länder des globalen Südens in diesem Kontext eine differenzierte Betrachtungsweise benötigen. Im Sinne der volkswirtschaftlichen Theorie ist das öffentliche und politische Interesse an der Wichtigkeit des Levels von Staatsschulden nur bedingt nachvollziehbar, da die Auswirkungen sowie ein „gesundes" Niveau nicht restlos ergründet sind. „Der Streit über den Sinn und Zweck der Staatsverschuldung ist immer eine Auseinandersetzung zwischen verschiedenen wirtschaftswissenschaftlichen und ideologischen Schulen gewesen. Dieser Streit dauert seit über zwei Jahrhunderten in den modernen Wirtschaftswissenschaften an und wird vorwiegend auf einer normativen Ebene geführt."[1]

Für das Verständnis des globalen Schuldendiskurses ist es daher von Bedeutung, die Kernargumente der wichtigsten ökonomischen Gedankenschulen kurz zu skizzieren, um die Staatschuldenthematik in ihrer ökonomischen Bedeutung einordnen zu können. In der *klassischen* Sichtweise ist die Rolle des Staates auf ein systemerhaltendes Minimum eines Tätigkeitsbereiches beschränkt, der nicht von den Individuen selbst über den Markt zur Verfügung gestellt werden kann, wie beispielsweise das Rechtssystem oder die Landesverteidigung. Staatsverschuldung, unabhängig, ob als Ursache oder Wirkung, wird somit immer gemeinsam mit einem nicht intakten System assoziiert. Lediglich Ausgaben für Kriege oder Investitionen für Infrastruktur, die künftige Mehrerträge liefern, werden toleriert. Ebenso lehnen die Strömungen der *Neoklassik* wie auch der *Monetarismus* staatliche Verschuldung klar ab.

Zum einen gilt argumentativ das *Ricardianische Äquivalent*, zum anderen die *Crowding-Out-Hypothese*. Zusammengefasst besagt das erste Argument, dass Staatsschulden wie eine Steuer wirken und die Haushalte sich antizipierend verhalten. Daher kommt es in wissender Voraussicht aller Beteiligten zu einer Einschränkung des Konsums, um die antizipierten höheren Steuern hinsichtlich der Rückzahlungen der Schulden bedienen zu können.[2] Nicht nur wie zuvor Neutralität, sondern einen Schaden durch zu hohe staatliche Ausgaben erkennt die *Crowding-Out-Hypothese*, die besonders von den Monetarist*innen als schlagkräftiges Gegenargument zur fiskalischen Expansionspolitik des Keynesianismus verwendet wurde. Staatliche Expansion verdrängt die Ausgaben der privaten Haushalte. Im Modell von Ökonomien, die miteinander handeln, kann dies aufgrund eines gestiegenen Zinssatzes zu Kapitalimporten und einer Aufwertung der Währung führen. Fortlaufend resultiert dies in sinkenden Exporten und respektive relativ steigenden Importen, d. h. einer negativen Handelsbilanz. Auch in diesem Kontext verdrängt staatliche Nachfrage die private und schränkt den freien Wettbewerb ein.[3]

Keynes betrachtete die Ökonomie nachfrageorientiert und argumentierte im Gegensatz zu den vorher genannten Strömungen weniger in Gleichgewichten, sondern vielmehr auf dem Weg zu ebendiesen. Zwar erkennt er die genannten Verdrängungseffekte, misst ihnen jedoch nicht derartige Relevanz zu. Zentral

1 Wagschal, Staatsverschuldung, 73.
2 Vgl. ebd. 74 mit Bezug auf Barro, Are Government Bonds Net Wealth?
3 Vgl. Wagschal, Staatsverschuldung, 80 f.

dafür ist das Argument, dass nominale Löhne sich starr verhalten und es anzunehmen ist, dass die Unternehmen auf einen Schock mit einer Reduktion der Produktion antworten. Dies erhöht in Folge die Arbeitslosigkeit und senkt respektive die aggregierte Nachfrage, unter anderem auch durch den geringeren Konsum. Hinsichtlich niedriger erwarteter Erträge führt dies auch zu Auswirkungen auf die Investitionen. Der Staat kann hier eingreifen und die Nachfrage stützen, um so einen „ökonomischen Teufelskreis" zu verhindern. Da der Staat in diesem Fall weniger Einnahmen als Ausgaben macht, verschuldet er sich. Folglich ist es möglich, durch staatliche Investitionen die Nachfragefunktion anzukurbeln. Bei der Möglichkeit von effizienten und sozial ertragreichen Zukunftsprojekten (etwa Infrastrukturinvestitionen) ist zu geringe Verschuldung unter Umständen sogar als ineffizient auszuweisen.[4]

Sowohl außenpolitisch als auch ökonomisch, ist es von enormer Bedeutung, ob es sich um *inländische Schulden*, d. h. in eigener Währung, oder *externe Schulden*, d. h. in Fremdwährung, handelt. Im Unterschied zu einem Unternehmen refinanziert der Staat seine Investition über zukünftig erwartete, höhere Steuereinnahmen, die durch die Investition erst möglich geworden sind. Daher ist die Mittelverwendung im Fokus der Betrachtung. In Bezug auf das wirtschaftliche Wachstum kann die Kreditfinanzierung aus ökonomischer Sicht daher die staatliche Entwicklung vorantreiben. Kompensiert das Wirtschaftswachstum die Rückzahlungen aus den durch Staatsausgaben finanzierten Projekten, so werden die Schulden nicht als Hindernis empfunden.[5] Länder, deren Haushalte über zu wenig eigenes Kapital verfügen, können dieses über den Finanzmarkt in Form einer Emittierung von Staatsanleihen aufnehmen. Die erwartete Produktionssteigerung erhöht das Nationalprodukt, und so kann die ausländische Schuld real exportiert werden. „Auslandsverschuldung zur Finanzierung von Investitionen ist also eine Entwicklungsstrategie, die allerdings nur funktioniert, wenn das ausländische Kapital wachstumsfördernd eingesetzt wird."[6]

Im Prinzip handelt es sich hier um eine Form von Spekulation darauf, dass das erwartete Wirtschaftswachstum die Schulden plus Zinsen begleicht, ja viel mehr, dass der jeweilige Staat durch diese Maßnahme sogar profitiert. Im Fall von Schulden in eigener Währung ist die Realisierung denkbar, da die Inflation ein wirksames Mittel zum effektiven Schuldenabbau stellt. Da die staatlichen Obligationen nominal plus Zinsen festgehalten sind, vermindert die Inflation,

4 Vgl. ebd. 132 f. mit Bezug auf Keynes, General Theory.
5 Vgl. Klein, The Keynesian Revolution, 182–183.
6 Beck/Prinz, Staatsverschuldung: Ursachen – Folgen – Auswege, 29.

charakterisiert durch den Anstieg des Preisniveaus, implizit den realen Schuldenwert. „Der Realwert der Schulden, also deren Kaufkraft gemessen in Gütern, sinkt. Wenn die Inflationsrate höher ist als der vereinbarte Kreditzins, dann verbleibt dem Gläubiger am Ende der Laufzeit sogar weniger Kaufkraft, als er zu Beginn verliehen hat."[7]

Handelt es sich aber um Schulden in Fremdwährung, sind diese aus ökonomischer Sicht nur *real* zu begleichen. Es müssen daher entweder Devisen in der jeweiligen Währung gekauft werden oder die Fremdwährung durch Exporte in das Land gebracht werden. Ein Schuldenabbau über Export geht mit einer Senkung des Reallohns einher und senkt somit auch die Kaufkraft der Bevölkerung. Derartige politische Maßnahmen verringern jedoch primär die Importe und verändern die Handelsbilanz nur in Relation, sind daher nicht direkt exportfördernd. Der Gedanke, die Staatsschulden mit Hilfe der Senkung der Reallöhne abzubauen, ist mitunter eine der Grundlagen staatlicher Austeritätspolitik, resultiert aber gesellschafts- und sozialpolitisch in Konflikten. Die Folgen und dramatischen Auswirkungen einer solchen Austeritätspolitik und ihre Effekte auf die Volkswirtschaft wurden bereits in der Arbeit von Keynes[8] in Bezug auf die Reparationszahlungen Deutschlands an Frankreich nach WK I thematisiert und kritisiert.

Der Schuldenpolitik in den Ländern des globalen Südens liegen in verschiedenen Ausformungen vergleichbare Argumente zu Grunde. Die ökonomische Theorie gibt jedoch, wie gezeigt wurde, keine konkreten Empfehlungen, wenn es um das Verhältnis von Schulden anteilig am Nationalprodukt bzw. jährlicher Neuverschuldung und ihrer Effekte geht. Empirische Arbeiten wie jene von Reinhart und Rogoff[9] verzweifeln am Versuch, eine kohärente Schranke für staatliche Verschuldung zu benennen. Dies soll aber im Umkehrschluss nicht bedeuten, dass die Verschuldung keinen Effekt hat. Denn es zeichnet sich sehr wohl ein Zusammenhang zwischen wirtschaftlicher Performance eines Landes und seiner Verschuldung ab. Moderne Untersuchung des IWF zeigen, dass vor allem die Arbeitsproduktivität aufgrund ausbleibender Investitionen leidet und somit das Wirtschaftswachstum eingeschränkt wird.[10]

Empirische Arbeiten zur Schuldenthematik sind meist Opfer der Datenlage, und somit stehen Länder des globalen Nordens bzw. Schwellenländer im Fokus der Forschung.[11] Unter Berücksichtigung politischer Umstände wie fragiler

---

7 Ebd. 76.
8 Vgl. Keynes, How to Pay for the War.
9 Vgl. Reinhart/Rogoff, Growth in a Time of Debt.
10 Vgl. Kumar/Woo, Public Debt and Growth.
11 Vgl. ebd. sowie OECD, Debt and Macroeconomic Stability.

Staatlichkeit und der Qualität von Institutionen sowie globaler Machtverhältnisse ist es beinahe unmöglich, die Ergebnisse dieser Studien methodologisch korrekt auf weniger entwickelte Länder des globalen Südens und ihre Probleme mit Staatsschulden zu übertragen.

Aktuelle ökonomische Arbeiten zu den Themen Entwicklung und Wachstum haben jedoch gemeinsam, dass es unerlässlich ist, für die Länder des globalen Südens auch eine eigene modellierte Betrachtungsweise anzuwenden und nicht nur westliche wirtschaftspolitische Zusammenhänge umzumünzen. Als positives Beispiel dient hier die Definition und Erklärung des *Debt Overhang*. Diese Position, in frühen Ausarbeitungen zu finden bei Krugman[12] oder auch Sachs,[13] geht davon aus, dass Staaten mit geringem Kapitalstock, die sich extern verschuldet haben und deren wirtschaftliche Situation derartig schlecht ist, dass sie für jegliche Investition erneut fremdes Kapital aufnehmen müssen, nur unter einer angemessenen Aufhebung der Schuldenlast wieder als intakter Staat operieren können. Kernargument ist, dass die Rückzahlungen und Zinsen des Schuldenstandes wie eine überdimensionierte Steuer auf jeglichen wirtschaftlichen Fortschritt drücken und dieser somit nicht erstrebenswert ist. Liegt also ein *Debt Overhang* vor – dass also „the ‚inherited debt' of some countries is larger than the present value of the resource transfer that their creditors expect then to make in the future"[14] –, ist ein teilweiser Erlass der Schuldenlast sowohl für den Gläubiger als auch den Schuldner eine beidseitige Verbesserung der Situation.

Es mag in der ökonomischen Theorie zwiespältig bleiben, ob Staatsverschuldung a priori sinnvoll ist, faktisch trägt jedoch ausnahmslos jedes Land, sowohl des globalen Nordens als auch des globalen Südens, in gewisser Weise eine Schuldenlast, die gerade in der wirtschaftlich turbulenten Phase 2007–2009 noch angewachsen ist.[15] Bezeichnend erscheint uns in den bisherigen Ansätzen zur Staatsverschuldung, dass diese fast ausschließlich von einer reduktionistischen Analyse der politischen und ökonomischen und somit strukturellen und/oder konjunkturellen Dimensionen von Staatsverschuldung beherrscht werden, historische, kulturelle und machtkritische Betrachtungsweisen aber weitgehend vernachlässigen. Das bedeutet, dass Konzepte, die ursprünglich im Interesse der Länder des globalen Nordens entwickelt wurden, paternalistisch auf Länder des globalen Südens übergestülpt werden. Dem entgegentretend vertreten wir in diesem Beitrag die Ansicht, dass die Verschuldung der Länder des globalen Südens

12 Vgl. Krugman, Financing vs. Forgiving a Debt Overhang.
13 Vgl. Sachs, Conditionality, Debt Relief and the Developing Country Debt Crisis.
14 Krugman, Financing vs. Forgiving a Debt Overhang, 29.
15 Vgl. Weltbank, International Debt Statistics.

nur unter Berücksichtigung von historisch gewordenen Machtverhältnissen zu verstehen und zu bearbeiten ist. Nicht zuletzt dafür braucht es eine interdisziplinäre Vorgehensweise, die nicht nur nach den ökonomischen und technischen Implikationen von Verschuldung fragt, sondern eben auch Machtverhältnisse und allgemeine Momente des Verschuldungs-Diskurses thematisiert.

3 Eine Anthropologie der Schuld – von Risiko, Moral und Gewalt

Um Verschuldung und damit zugrundeliegende Machtverhältnisse über eine ökonomische Betrachtungsweise hinaus möglichst umfassend begreifen zu können, müssen wir zunächst klären, was wir unter Schulden verstehen, welchen historischen Wandlungsprozessen sie unterworfen sind, und welchen Einfluss sie auf soziale Beziehungen, und damit auch auf die Ökonomie,[16] ausüben. Dabei beziehen wir uns in Ansätzen immer wieder auf David Graebers *Debt. The First 5000 Years,* eine gleichermaßen sozialanthropologische wie wirtschaftshistorische Abhandlung, die sich im weitesten Sinne mit den Themenkomplexen Schulden, (virtuelles) Geld und deren Verschränkung mit ideologischen bzw. politischen Systemen befasst.

Eines wird schon nach kurzer Lektüre des Werks von Graeber klar: Die Institution des Schuld-Kredit-Wesens ist keine neuzeitliche, sondern reicht weit zurück bis in prä-antike Gesellschaften. Gleichwohl bedeuten Schulden im Jahre 2018 offensichtlich etwas Anderes als noch vor mehreren tausend Jahren. So erscheint uns im gegenwärtigen Kontext ein vergleichsweise junger Trend besonders markant, nämlich die extreme Moralisierung von Verschuldung. So ist der für viele fast schon kategorische Anspruch, Schulden müssten bedingungslos und möglichst schnell zurückgezahlt werden, weil es „sich so gehört", etwas (in wirtschaftspolitischer Form) Neues und einer ganz bestimmten (und keineswegs universalen) Werthaltung geschuldet. Das ist umso brisanter, als ein moralisiertes Verständnis von Schulden (etwa ersichtlich im Kontext der Austeritätsdebatte) als Etwas-Unbedingt-zu-Begleichendes nicht mit der ökonomischen Theorie per se zusammenstimmt. So muss laut letzterer ein Kreditgeber a priori ein gewisses Risiko (des möglichen Rückzahlungsausfalls) in Kauf nehmen; gäbe es dieses nicht, würde sich das bisherige Kreditsystem (mitsamt seinen Anreizen) erübrigen.[17] So würde es keine Rolle mehr spielen, wohin, für wen

16 Vgl. Polanyi, The Great Transformation.

17 Zur Verantwortung von kreditgebenden Parteien und einer scharfsinnigen Analyse des Faktors Risiko vgl. Raffer, Risks of Lending and Liability of Lenders, 86 ff.

und unter welchen Umständen Kredite vergeben werden, weil diese ja ohnehin wieder (plus Zinsen) vollwertig bedient werden würden.[18] Wir werden später auf diesen Punkt zurückkommen, spätestens dann, wenn es darum geht, kritisch zu beleuchten, wie mächtige Akteur*innen vermittels verschiedener Mechanismen eben genau das versuchen: sich Geliehenes trotz eines akzeptierten Risikos, trotz ihrer Verantwortung gegenüber Gläubigern und trotz erheblicher Konsequenzen für diese mit Gewalt zurückzuholen.

Es wird außerdem zu untersuchen sein, wie sich das Konzept Schulden, vor allem in der Sozialanthropologie, aber auch über diese hinaus, umreißen lässt. Schon Marcel Mauss, ein früher strukturalistischer Anthropologe, hat zu Beginn des 20. Jahrhunderts in seinem Text *Die Gabe* von Kredit und Schuld als den Bausteinen von Hierarchie und Dominanz gesprochen.[19] Zugleich ist es ebenjener (erweiterte) Kredit-Schuld-Mechanismus, der erst in Form der Reziprozität von Gabe und Gegengabe ein Band von wechselseitig wirkenden Verpflichtungen und somit gesellschaftlichen Zusammenhalt sicherstellt.[20]

Neben dieser gesellschaftskohäsiven und sozial organisierenden Funktion ist das Konzept der Schuld aus kulturwissenschaftlicher Perspektive stark kosmologisch bzw. religiös geprägt. Davon zeugt unter anderem der Terminus „Erbschuld“ genauso wie die in etlichen kulturellen Kontexten heute noch verbreitete Überzeugung, das Leben und der Erfolg im Diesseits funktioniere auf Basis eines im Jenseits verliehenen Kredits.[21]

Im Alltag werden mit Kredit und Schuld oftmals binäre Zuschreibungen assoziiert. Während Kredit und deren Vergabe gemeinhin als bereichernd für den Gläubiger dargestellt wird,[22] erscheint der Zustand der Verschuldung und das Schuldner-Dasein in den meisten Fällen als eine Bürde, als langfristig möglichkeitsbeschränkend.[23] Analytisch kommt hinzu, dass Kredit und Schuld als eine dyadische Einheit zusammenwirken, die als solche wiederum eine temporale Verknüpfung von Vergangenheit, Gegenwart und Zukunft bewirkt.[24] Nach Max Weber erweist es sich als zentrale Funktion des Kredits, durch die gegenwärtige Vermeidung der Verausgabung von Ressourcen auf eine in der Zukunft

18 Vgl. Graeber, Debt, 3 f.
19 Vgl. Mauss, Die Gabe. Form und Funktion in archaischen Gesellschaften.
20 Vgl. Seiser/Thalhammer, Von der Produktion zum Austausch, 75.
21 Vgl. Chu, Cosmologies of Credit.
22 Vgl. Truitt, Hot Loans and Cold Cash.
23 Vgl. Lowrey, Salamanca and the City.
24 Vgl. Peebles, The Anthropology of Credit and Debt, 226.

auftretende Rendite dieses Verzichts spekulieren zu können.[25] Karl Marx geht noch einen Schritt weiter und sieht Kredit als das fiktive Kapital schlechthin. Fiktiv insofern, als der Schuldner rein spekulative Ressourcen aus seiner Zukunft in konkrete Ressourcen bzw. in Kapital im Jetzt verwandelt.[26]

Trotz Alltäglichkeit und einer noch viel intensiveren wirtschaftswissenschaftlichen Präsenz ist bei näherem Blick auffallend, dass Konzepte wie Schulden, Kredit und Zins bis heute äußerst fluide und für einen Großteil der Menschen schwer fassbar geblieben sind.[27] Nach Graeber ist diese kategoriale Flexibilität, dieses Nicht- oder Nur-Wenig-Wissen, wie das globale Schulden-/Kreditsystem funktioniert, die Basis der davon ausgehenden Macht.[28] So zeigt schon die Geschichte, dass es kaum einen effektiveren Weg gibt, als Gewalt- und Abhängigkeitsbeziehungen in einer Sprache der „Schuld" darzustellen: „For thousands of years, violent men have been able to tell their victims that those victims owe them something. If nothing else, they owe them their lives, because they haven't been killed."[29]

Im Zentrum steht dabei die normativierte Logik, die verschuldete Person/der verschuldete Staat sei für ihr/sein Schicksal in jedem Moment selbst verantwortlich (gewesen) bzw. habe in der Vergangenheit durch mangelnde Sorge, durch Selbstüberschätzung oder Unfähigkeit das eigene Elend verursacht. Die Rolle des Gläubigers, des Aggressors, der die Bedingungen für den Erhalt und die Rückzahlung eines Kredits diktiert, bzw. der strukturellen Gewalt als solchen, die vielerorts Menschen als auch Staaten erst in Schuldbeziehungen zwingt, wird vielfach vernachlässigt. Dieser als modernisierungstheoretisch zu fassende Zugang ist im Diskurs rund um die Verschuldung des globalen Südens nach wie vor besonders ausgeprägt und gestaltet sich insofern als zynisch, als es (über institutionelle Umwege) noch immer dieselben imperialen Kräfte sind, die heute zugleich als Gläubiger und „Geberländer/-organisationen" auftreten. Als berühmte historische Beispiele sind in diesem Zusammenhang Madagaskar oder Haiti zu nennen, die entweder während ihrer Kolonialzeit oder erst nach der Unabhängigkeit „verschuldet wurden" und eindrücklich vor Augen führen, wie über eine an Bedingungen geknüpfte Vergabe von Krediten sowie eine darauffolgende rigorose Einforderung des Schuldendienstes Gläubiger(-staaten)

25 Vgl. Weber, Wirtschaft und Gesellschaft, 57.
26 Vgl. Marx, Das Kapital, 457 ff.
27 Vgl. Hart, Money in an Unequal World.
28 Vgl. Graeber, Debt, 15 ff.
29 Ebd. 5.

ihre Interessen intransparent und letztlich anti-rechtsstaatlich durchzusetzen versuch(t)en.[30]

Erst vor dem Aspekt des Durchsetzens von Interessen wird verständlich, warum (Staats-)Verschuldung je nach Ausmaß, Form und vor allem je nach Umstand, wer wem etwas schuldet und wem das nützt, so unterschiedlich bewertet wird, warum innerhalb eines von Disparitäten geprägten ökonomischen Weltsystems äußerst ungleiche und überaus widersprüchliche Maßstäbe für Verschuldung angelegt werden. Es macht somit einen wesentlichen Unterschied (und dieser ist eben keineswegs ausschließlich ökonomisch begründbar), ob man als USA verschuldet ist oder als Haiti, ob als Deutschland oder Indonesien.[31]

Von besonderer politischer Bedeutung erweist sich bis heute die Instabilität, um nicht zu sagen Explosivität der Beziehung von Gläubiger- und Schuldnerparteien. Historische Aufzeichnungen stützen dies insofern, als sie zeigen, dass die meisten größeren Aufstände in direktem Zusammenhang mit Fragen von Verschuldung und Eigentumsverhältnissen stehen. Der Historiker Moses Finley schreibt sogar von einem allen Revolutionen zugrundeliegenden Programm: „Cancel the debts and redistribute the land."[32] So sehen wir an historischen Beispielen gesellschaftspolitischer Umbrüche, dass eine der ersten revolutionären Handlungen häufig darin bestand, die bisherigen Aufzeichnungen über Schuldverhältnisse zu vernichten und somit die Karten der Macht neu zu mischen.

Ein weiterer spannender Analysepunkt, dem auch Graeber in seinem Werk nachgeht, bezieht sich auf das zeitgleiche Aufkommen von virtuellem Geld und Schulden. Virtuelles Geld ist dabei nicht, wie oftmals angenommen, eine Folgeerscheinung des geprägten Geldes, sondern existiert Graeber zufolge seit Jahrtausenden in Form von quantifizierbaren Schuld-Aufzeichnungen. So sind im Zuge von Ausgrabungen aus dem antiken Suma, dem heutigen Irak, Tontäfelchen gefunden worden, die minutiös dokumentieren, wer wem welche Quantität schuldet. Im Gegensatz zu heutigen Schuldtiteln wurden diese aber in regelmäßigen zeitlichen Abständen annulliert, um zu verhindern, dass das verschuldete und geknechtete Volk sich gegen seine Gläubiger (meist waren dies Adelige oder Tempelbeamte) erhebt. Die politische Sprengkraft von Schulden wurde schon damals erkannt, die regelmäßige Erlassung ebenjener und die Umverteilung von

30 Vgl. Raffer, Der Süden in der Schuldenfalle.

31 Vgl. Raffer, International Debts; Raffer/Singer, The Economic North-South-Divide.

32 Finley, Politics in the Ancient World, 108.

Wohlstand waren notwendig, um das (politische) System aufrechterhalten zu können.[33]

In einem entwicklungspolitischen Zusammenhang sind Fragen post-kolonialer Staatsverschuldung aufs Engste mit solchen nach Souveränität und staatlicher Integrität verbunden. Auffallend ist, dass das Zusammenspiel von Verschuldung, staatlicher Souveränität und eigenständiger Entwicklung in der einschlägigen Literatur sowie in der politischen Praxis vergleichsweise spät thematisiert wurde. So fand in den globalen Zentren erst in den letzten Jahren (nicht zuletzt aufgrund der Jubilee-Bewegung sowie der HIPC-Initiative etc.) eine Auffassung Gehör, die Staatsverschuldung im globalen Süden als einen (neokolonialen) Eingriff in die jeweilige staatliche Souveränität wertet, zumindest aber stärker die historischen und ökonomischen Bedingungen von Verschuldung in den Blick nimmt.[34] Ein zentrales Konzept, das im Zuge dieser und ähnlich gerichteter Diskussionen immer wieder auftaucht, ist jenes der *odiosen Schulden* (im Englischen: *odious debt*). Letztere bezeichnen in Anlehnung an Alexander Sack sittenwidrige Schulden, also in einem bestimmten historisch-politischen Setting entstandene Schulden, die dazu verwendet wurden/werden, ein despotisch/völkerrechtswidriges bzw. volkswirtschaftlich von vornherein zum Scheitern verurteiltes System aufrecht zu erhalten, das als solches offensichtlich den Interessen der Nation/der Bevölkerung zuwiderläuft.[35] Spannend ist hier einmal mehr, dass unterschiedliche Akteur*innen je nach Machtkonstellation und Interessenlage einmal für, einmal gegen die Bezeichnung *odiose Schulden* plädieren. So haben die Vereinigten Staaten unter Berücksichtigung der ökonomischen Interessen US-amerikanischer Firmen im Nahen Osten kein Problem damit, die Schulden des irakischen Regimes unter (dem vormaligen Verbündeten) Saddam Hussein als *odios* und somit kürzungswürdig darzustellen, verhalten sich in anderen Situationen jedoch wieder völlig konträr zu dieser Linie.[36] Darüber hinaus existieren zahllose Debatten darüber, was als odios zu werten ist und was nicht, welcher Grad an Despotismus dafür vorauszusetzen ist, in welchem Ausmaß auf eine Kürzung von Schulden bestanden werden kann und wer davon letztlich wirklich profitiert.[37]

Um derartige Überlegungen, also eine dezidierte Auseinandersetzung mit dem Machtcharakter von Schulden, fortzuführen, erscheint es an diesem Punkt

33 Vgl. Graeber, Debt.
34 Vgl. Nyikal, Neo-Colonialism in Africa.
35 Vgl. Howse, The Concept of Odious Debt in Public International Law.
36 Vgl. Ben-Shahar/Gulati, Partially Odious Debts?
37 Vgl. Ludington/Gulati/Brophy, Demystifying the Doctrine of Odious Debts.

notwendig, auf die historischen Ursprünge der gegenwärtigen Staatsverschuldung im globalen Süden einzugehen. So wird rasch klar, dass Staatsverschuldung in weiten Teilen der globalen Peripherie kein Phänomen der letzten Jahrzehnte darstellt, sondern bereits in kolonialen Verhältnissen wurzelt und von daher bis heute Fortbestand erfährt.

4 Schuldenentwicklung vor, im und nach dem Kolonialismus: die Entstehung des Problems

Beginnen wir unsere kursorische Spurensuche nach den geschichtlichen Anfängen der heutigen Staatsverschuldung in einer Zeit, in der sich die Ausgangsbedingungen für das, was wir heute als Globalisierung bezeichnen würden, erstmals sichtbar formierten: im Europa des 15. Jahrhunderts.[38] Durch die Pest als einer tiefgreifenden sozialen sowie ökonomischen Krise stürzten ganze Städte in die Zahlungsunfähigkeit, es herrschte ein systemischer Arbeitskräftemangel, und die größeren zentraleuropäischen Reiche sahen sich mit einer beständigen Bedrohung durch das expandierende Osmanische Reich konfrontiert. Gleichzeitig waren aufgrund des durch den schwarzen Tod drastisch dezimierten Arbeitskräftereservoirs die Reallöhne der Bauern und städtischen Arbeiter punktuell stark gestiegen, während gleichzeitig eine Fülle an christlichen Feiertagen bestand. Dies änderte sich rasch, zuallererst unter puritanischen Reformen in England (etwas später auch in anderen Ländern), im Zuge derer die Anzahl an Feiertagen gesenkt, Löhne gedeckelt und die für den späteren Kapitalismus so notwendigen Enteignungen[39] durchgeführt wurden. Von 1500 bis 1650 wurde die Situation zusätzlich durch eine Inflationskrise verschärft, die erst im Kontext der ökonomischen Dynamiken des transatlantischen Handels – konkreter: durch die unbegrenzte Einfuhr von Gold und Silber aus der „neuen Welt" – zu verstehen ist.[40] Interessanterweise verblieben diese Metalle entgegen der Darstellung in den orthodoxen Geschichtsbüchern kaum in Europa, sondern flossen in erster Linie gen Osten, und dort vor allem nach China und Japan. China, das bereits im

38 Vgl. Wolf, Europe and the People without History.

39 In vielen Fällen ist dieser Aspekt direkt mit Verschuldung verbunden, nämlich insofern, als zunächst freie Bauern und Bäuerinnen innerhalb eines feudalen Systems immer höhere Abgaben an expandierende Königs- und Fürstenhäuser abführen mussten und sich in vielen Fällen aufgrund einer Verschuldung in die Knechtschaft begaben und/oder ihren Landbesitz aufgeben und an den Feudalherren abtreten mussten; vgl. Graeber, Debt, 350 ff.

40 Vgl. Graeber, Debt, 308 ff.

frühen 15. Jahrhundert als eine hochdifferenzierte Ökonomie aufgefasst werden kann, war lange Zeit nur marginal am Handel mit dem Westen interessiert. Erst mit dem steigenden Bedarf Chinas an Silber hatten die westeuropäischen Mächte etwas in der Hand, das auch die chinesischen Kaufleute interessierte.[41] Innerhalb kürzester Zeit entwickelte sich der transpazifische Handel mit China zu einer lukrativen Angelegenheit, zumeist finanziert durch kapitalstarke Bankiers- und Geldverleiher-Familien aus Frankreich, Italien und Deutschland. Diese ersten Banken waren ihrerseits Gläubiger der größeren europäischen Königshäuser. Letztere, innerhalb kurzer Zeit selbst hoch verschuldet, versuchten (vor allem in den ressourcenreichen Amerikas) ihren bröckelnden Fiskalhaushalt durch horrende Steuern und Abgaben zu konsolidieren, und erzeugten dadurch ein bis heute fortdauerndes System (kolonialer) Schuldknechtschaften: „The usual trick of demanding heavy taxes, lending money at interest to those who could not pay, and then demanding that the loans be repaid with work."[42]

Unter einer solchen Perspektive kann schon der transatlantische Dreiecks-Sklavenhandel als ein großes Netzwerk von diversen Kredit-/Schuldverpflichtungen verstanden werden, der eben nicht auf Basis von freier, sondern von erzwungener Arbeit funktionierte. Ungeachtet der Lokalität innerhalb des Weltsystems (sei es in den Bergwerken Chinas oder der Amerikas, im subsaharischen Afrika, auf karibischen Plantagen oder in der eurasischen Peripherie) war es ein zentrales Moment des Kolonialismus, durch eine steuer- und abgabenbegründete Verschuldungspolitik die Lokalbevölkerung in Schuldknechtschaft und Versklavung zu zwingen und somit deren prä-koloniale Sozialstrukturen und Eigentumsverhältnisse zu zersetzen.[43] Parallel dazu verfestigte sich auf ideologischer Ebene eine Auffassung, die Gläubigerparteien darin bestärkte, unbegrenzte und alleinige Macht über ihre „unzivilisierten" Schuldnerparteien auszuüben.

Gleichzeitig ist nicht zu vergessen, dass wir uns nach wie vor im 16. und 17. Jahrhundert befinden, in einer Zeit, in der das globale Schuldsystem, wie wir es heute kennen, zwar Fahrt aufnahm, letztlich aber als in einem noch nicht ausschließlich marktförmigen sozioökonomischen Umfeld situiert aufzufassen ist. Zwar war die feudale und frühkoloniale Schuldknechtschaft vielerorts der tragische Ausgang von Verschuldung bzw. dem Nicht-Aufbringen eines geforderten Schuldendiensts; bis zu diesen fatalen Ausprägungen war das Schuldsystem jedenfalls, konträr zu anonymisierten Markttransaktionen, weitgehend auf

41 Vgl. Pomeranz, The Great Divergence.

42 Graeber, Debt, 319.

43 Vgl. Wolf, Europe and the People without History, 193 ff.; Graeber, Debt, 350 ff.

Vertrauen und persönliche Beziehung zwischen einander bekannten Akteur*innen ausgerichtet. Die Vergabe von Krediten erfolgte im Rahmen einer moralischen Ökonomie, Verschuldet-zu-Sein war in einer naturalwirtschaftlichen und reziprok organisierten Ökonomie bis zu einem gewissen Grad etwas Selbstverständliches. Erst durch das Aufkommen von geprägtem Geld als unpersönlichem Medium des Tausches begann sich dies zu ändern. Ersteres zirkulierte bis ins 17. Jahrhundert hinein fast ausschließlich in den städtischen Handels- und Banknetzwerken und kam auch in der Besteuerung durch die Herrschenden vergleichsweise spät zum Einsatz.[44]

Zentral im historischen Rückblick ist zusammenfassend jedenfalls der Siegeszug der amoralischen und anonymisierenden Dimension des Geldes sowie die gleichzeitige gesellschaftliche Etablierung bürgerlicher Axiome wie Individualität, Eigentum und Unternehmergeist. Im Zuge der Erfindung und Bedeutungsgewinnung von zusätzlichen Geld- und später Finanzprodukten entwickelte sich erst mit dem beginnenden 18. Jahrhundert ein komplexes Banken- und Geldschöpfungssystem. Papiergeld wird dabei selbst auf Basis von Schuldversprechungen ausgegeben, die wiederum stark an militärisch-geopolitische Fragen geknüpft waren: „Paper money was debt money, and debt money was war money, and this has always remained the case. Those who financed Europe's endless military conflicts also employed the government's police and prisons to extract ever-increasing productivity from the rest of the population."[45]

Nach Wallerstein[46] erfuhr diese Situation mit der sich im Zusammenhang mit der französischen Revolution verfestigenden Idee von Nationalstaaten und deren Legitimation durch das „Volk" einen zusätzlichen Impetus. Extrapoliert man das Konzept der Verschuldung auf die Ebene des Staates, ergeben sich dadurch spezielle Implikationen. So ist nach Graeber Staatsverschuldung – anthropologisch gesprochen – im Grunde als ein „promise of continual future improvement […] made by government to the people"[47] aufzufassen. So wenig drastisch diese Definition klingen mag, so bestürzend war für damalige Theoretiker der Aufklärung wie Voltaire oder Sieyès die Verschuldung des Staates, war doch der schlimmste Ausgang einer solchen – die Möglichkeit des Bankrotts – auf Ebene von Individuen bis dato mit Gefängnis, Folter und Verlust gesellschaftlicher Anerkennung verbunden.[48]

44 Vgl. Graeber, Debt, 328 ff.

45 Ebd. 346 f.

46 Vgl. Wallerstein, The French Revolution as World-Historical Event.

47 Graeber, Debt, 358.

48 Vgl. Sonenscher, Before the Deluge.

Wichtiger ist es für unsere Zwecke, das Zusammenspiel von Verschuldung, (Unter-) Entwicklung und (Neo-)Kolonialismus nicht aus den Augen zu verlieren. Das ist insofern von Bedeutung, als viele der Länder, die gegenwärtig im besonderen Maße von den SDGs adressiert werden, auf ein koloniales Erbe (und damit in den allermeisten Fällen auf koloniale Schulden) zurückblicken.[49] Ein besonders anschauliches Beispiel für ein durch (neo-)koloniale Einwirkung lange Zeit stark verschuldetes Land ist Haiti, seines Zeichens Teil und bereits in der dritten Stufe der rezenten *Heavily Indebted Poor Country (HIPC)-Initiative.* Haiti, heute eines der ökonomisch ärmsten Staaten der westlichen Hemisphäre mit einem Pro-Kopf-Einkommen von ca. 1600 US-Dollar,[50] galt im 17. und 18. Jahrhundert lange als profitabelste Kolonie Frankreichs und nach der Unabhängigkeit im Jahre 1804 sogar als einer der aufstrebendsten jungen Staaten Mittelamerikas. Das änderte sich schlagartig mit einem von Frankreich und dessen verbündeten Kräften durchgesetzten Wirtschaftsembargo, das im Jahr 1825 schlussendlich zur Abmachung führte, Haiti müsse an Frankreich für die entgangenen Profite eine *„independence debt"* (später wurde von der Jubilee-Kommission bei diesen auf *odiose Schulden* plädiert) von 150 Millionen Gold-Francs (nach heutigem Stand entspricht das rund 18 Milliarden Dollar) entrichten. Obwohl vor dem Zweiten Weltkrieg diese Schulden zunächst auf 90 Millionen Gold-Francs verringert wurden und der Rest in der Amtszeit von Sarkozy vollständig erlassen wurde, kann man sich vorstellen, was diese ungeheuerlichen Schulden in Fremdwährung für einen Agrarstaat wie Haiti bedeutet haben müssen. Nicht verwunderlich war der seit der Unabhängigkeit erste Staatsbesuch eines französischen Präsidenten im Jahr 2015 von Demonstrationen begleitet, die genau diese Dimension betonten, dass nämlich Haiti durch diese Schulden erst zum Entwicklungsland von heute geworden ist.[51]

Die lateinamerikanischen Staaten sahen sich zu Beginn des 19. Jahrhunderts im Zuge ihrer Unabhängigkeitskämpfe mit einer ähnlichen Situation konfrontiert. Die Finanzierung der Revolutionen erfolgte zu einem Großteil auf Basis von Krediten durch das Vereinigte Königreich, weil dieses seinen Einfluss in der Region sichern wollte. Innerhalb kürzester Zeit konnte man jedoch diese Schulden nicht mehr bedienen. Mit der Weltwirtschaftskrise 1929 wurde der Verschuldungsgrad etlicher lateinamerikanischer Staaten noch zusätzlich angeheizt, begleitet und beeinflusst von einem Preisverfall der Exporte und einem

---

49 Vgl. Sachs, Conditionality, Debt Relief, and the Developing Country Debt Crisis.
50 Vgl. CIA, The World Factbook 2017, Haiti.
51 Vgl. The Guardian, Hollande Promises to Pay ‚Moral Debt' to Former Colony Haiti.

gleichzeitigen Rückgang der Kapitalimporte. Durch die importsubstituierende Industrialisierungs-Strategie nach dem zweiten Weltkrieg änderte sich die ökonomische Performanz lateinamerikanischer Staaten zwar punktuell, wurde aber spätestens in den 1970er und 1980er Jahren erneut durch eine steigende Verschuldung überlagert, ausgelöst durch die Ölkrise, den rezessiven Kurs der amerikanischen Zentralbank unter Volcker ab 1979 und die Abschaffung der fixen Wechselkurse. Obwohl 1989 der Brady-Plan eine teilweise Erlassung von Schulden vorsah und heterodoxe Stabilisierungsmechanismen punktuell Wirkung zeigten, mussten sich etliche lateinamerikanischen Staaten letztlich dem Washington Consensus und damit der Doktrin vom freien Wettbewerb, Deregulierung und Privatisierung fügen.[52]

Einer der wohl spannendsten Fälle eines extrem undisziplinierten Schuldnerstaates stellten im 19. Jahrhundert die noch junge USA selbst dar, vor allem deshalb, weil die (damals sowie heute hoch verschuldeten) USA je nach eigenem Interesse mal beschwichtigend der Verschuldung entgegentrat, mal sich aber vehement für die Rückzahlung von Schulden einsetzte. Allein der Eisenbahnbau in den USA wurde großteils über Kredite aus

Europa finanziert; sobald die jeweilige Strecke von einer Gesellschaft fertiggestellt wurde, wurde letztere als insolvent gemeldet. So entging man gewaltigen Rückzahlungen an europäische Gläubiger.[53] Zusätzlich wurden verschuldete Bundesstaaten per Gesetz „unklagbar“ gegenüber ausländischen Instanzen gemacht, die USA behielt sich aber (zynischerweise) das Recht vor, bei Nicht-Zurückzahlung von Schulden durch lateinamerikanische Staaten jederzeit (im Sinne eines erweiterten Verständnisses der Monroe-Doktrin) zu intervenieren (ähnliches gilt auch für den Konflikt mit Kuba zu Beginn des 20. Jahrhunderts). Dabei ist, auch am Beispiel von Ägypten und Mexiko ersichtlich, wie internationale Rechtsstaatlichkeit damals wie heute noch in erster Linie den Gläubigern, nicht aber den Schuldnern (vor allem jenen im globalen Süden) zu Gute kam und kommt.[54]

Unter diesem Gesichtspunkt stellen die Bestrebungen der letzten Jahrzehnte, wie zum Beispiel jene der Jubilee-Bewegung, der HIPC-Initiative oder der Überlegungen rund um den Monterey Consensus, einen Versuch dar, Rechtssicherheit und -transparenz für alle Beteiligten, ungeachtet ihres machtpolitischen Status, herzustellen.[55]

---

52 Vgl. Beck, Lateinamerika: Schuldenkrise und Stabilisierung.

53 Vgl. Raffer, Grundzüge der Entwicklungspolitik: Verschuldung der Entwicklungsländer.

54 Vgl. Raffer, Risks of Lending and Liability of Lenders.

55 Vgl. Raffer/Singer, The Economic North-South Divide.

In den heutigen *Least Developed Countries* (LDCs) des sub-saharischen Afrikas haben sich zu Kolonialzeiten mit anderen Weltregionen vergleichbare Entwicklungen vollzogen, mit dem Unterschied, dass sie je nach Struktur und Verfasstheit der kolonialen Ökonomie vor Ort verschiedene Auswirkungen zeitigten. In Bezug auf die Agrarstaaten (Somalia, Tansania usw.), die hauptsächlich als Export-Enklaven von unverarbeiteten (und im besonders prekären Maße oszillierenden Weltmarktpreisen unterworfenen) Primärgütern fungierten, war die Verschuldung des (ohnehin stark marginalisierten) öffentlichen Sektors zu Kolonialzeiten vergleichsweise gering. Diese erhöhte sich aber mit der Unabhängigkeit und einem aufkommenden Sozialsystem drastisch, vor allem auch deshalb, weil durch die neo-koloniale Produktion eines gewaltigen *Debt-Overhangs* in den 1980er Jahren Gläubiger, aber auch potentiell zukünftige Investoren erheblich eingeschüchtert wurden.[56] Das hatte wiederum damit zu tun, dass sich spätestens ab den 1970er Jahren die Export-Import-Bilanz zahlreicher sub-saharischer Staaten rapide verschlechterte, zum einen durch die Abhängigkeit der Produktion von sich verteuernden Ölimporten, zum anderen durch eine zunehmende Konkurrenz an globalen Agrargüter- und Mineralienmärkten. So vervierfachten sich allein von 1970 bis 1976 die öffentlichen Schulden der afrikanischen Staaten.[57]

In den Siedlungskolonien wie Süd-Afrika war diese Situation insofern anders, als von Anfang an Investitionen und ein relational höherer Kapitalstock vorhanden waren, die letztlich indirekt eine Rückzahlung von Schulden über eine Verbesserung der Fiskal-Performanz ermöglichten. Generell kann gesagt werden, dass der Schuldenstand der afrikanischen Kolonien kurz vor deren Unabhängigkeit in den 1960er Jahren noch nicht besonders hoch war, mit der neokolonialen Einmischung der ehemaligen Kolonien über neuartige Institutionen und einseitig profitbringende Kreditvergabemechanismen alsbald aber explodiert. Dabei ging es dem globalen Norden weniger darum, den gerade unabhängig gewordenen Ländern zu ökonomischer Entwicklung zu verhelfen, sondern in erster Linie um eine Sicherung des Zugangs zu wesentlichen Ressourcen und um das Abhalten afrikanischer Staaten vom Liebäugeln mit dem Kommunismus.[58] Das bewerkstelligte man im Großen und Ganzen mit Direktinvestitionen (respektive mit dem Einströmen von zuerst *Euro-Dollars* auf Basis des Marshall-Plans, später von *Petrodollars*), Kreditvergaben, aber auch mit bilateraler, gebundener

56 Vgl. Krugman, Financing vs. Forgiving a Debt Overhang.

57 Vgl. Iliffe, Geschichte Afrikas, 341.

58 Vgl. Collier/Hoeffler, On the Incidence of Civil War in Africa; Iliffe, The Emergence of African Capitalism.

Hilfe („*bounded aid*"). Schulden ergaben sich in diesem Kontext somit auf drei Ebenen: private, bilaterale und zuletzt (über den IWF vermittelte) multilaterale Schulden. Laut Senny beliefen sich alle diese drei Kategorien zusammen in den frühen 1980er Jahren bereits auf 89 Milliarden Dollar.[59] Das ist insofern bedenklich, als dieser Verschuldungsgrad in vielen Bereichen erst unter dem Deckmantel einer eurozentrisch-modernisierungstheoretischen Entwicklungspolitik zustande gekommen war.[60] Es wird daher im nächsten Abschnitt thematisiert werden, wie der Entwicklungsdiskurs mit Schulden zusammenhängt und welche Arten von Krediten bzw. diesen zugrundeliegenden Mechanismen volkswirtschaftlich im Detail anzutreffen sind.

5 Zuspitzung des Problems

Es zeigt sich deutlich, dass ein geschichtlicher Abriss der Staatsverschuldung, besonders hinsichtlich der LDCs und der Schwellenländer, immer auch eine Diskussion im Kontext der Entwicklungspolitik darstellt und damit eng verflochten ist. Während in den 1950er Jahren monetäre Entwicklungshilfen oftmals diplomatischer Natur sind und stark von Interessenkonflikten geprägt waren, finden sich in den 1960er Jahren neben bilateralen besonders auch multilaterale Abkommen und Geldflüsse mit Entwicklungsbezug. Entwicklung wurde über wirtschaftliches Wachstum, Industrialisierungsprozesse und die Schaffung von Infrastruktur definiert. Der 1969 erschienene Pearson-Bericht der Weltbank,[61] der als Bestandsaufnahme der damaligen Entwicklungspolitik gilt, manifestiert jedoch, dass sich prekäre Zustände hinsichtlich Ungleichheit, Gesundheit und Hygiene – also das tägliche Leben der Menschen in den Gebieten, in denen man Fortschritt zu forcieren versuchte, betreffend – nicht verbessert haben. Technischer formuliert, blieben erwartete *Trickle-Down-Effekte* aus. Die Lehren dieser Form der Entwicklungspolitik zeigten sich auf multilateraler Ebene in einem verstärkten Fokus auf die Deckung der Grundbedürfnisse seitens Organisationen wie der UNO, ILO oder der WHO[62] sowie generell hin zu einem Menschenrecht-basierten Ansatz der Entwicklungspolitik.[63]

In der Form der Geldvergabe an Entwicklungsländer ist noch vor dem ersten Ölpreisschock 1973 eine Änderung erkennbar. Private Banken und

59 Vgl. Senny, Fatal Debts or the Illusion of African Independence.
60 Vgl. Nyikal, Neo-Colonialism in Africa.
61 Vgl. Pearson, Bestandsaufnahme der Kommission für Internationale Entwicklung.
62 Vgl. Büschel, Geschichte der Entwicklungspolitik.
63 Vgl. UN, Human Development Report 2000, 19–23.

Finanzinstitute aus Europa und den USA, später auch aus den erdölfördernden arabischen Ländern, begannen vermehrt aktiv Kredite an Länder des globalen Südens zu vergeben. Ohne hier detailliert auf Ländergruppen der Kreditnehmer einzugehen, lässt sich im Zeitraum dieser Periode, die bis zur Schuldenkrise der Entwicklungsländer in den frühen 1980er-Jahren hineinreicht, im Mittel eine deutliche Zunahme der Kreditaufnahme über die globalen Kapitalmärkte, insbesondere Finanzierung über Bankkredite seitens der Staaten, um das bis zu 23-fache feststellen.[64] Zu großen Teilen handelt es sich bei diesen Krediten um mittel- bis langfristige, syndizierte Euromarkt-Kredite. Des Weiteren enthielten viele dieser Obligationen zunehmend sogenannte *Roll-Over-Mechanismen*, variable Verzinsungsformen, die sich an die aktuellen Weltmarktzinsen anpassen.[65]

Gründe für diese strukturellen Veränderungen im Entwicklungsdiskurs sind nach Reichmann in der Entwicklung und Ausweitung des globalen Finanz- und Kapitalmarktes, im zunehmenden Welthandel zwischen Norden und Süden, in einer zuvor doch relativ prosperierenden Wirtschaftswachstumsphase der Entwicklungs- sowie der Schwellenländer, die allmählich als vollkommen kreditwürdig angesehen wurden, zu finden. Die vielfach diskutierte These des „Recycling der Petrodollars" wird von Reichmann eher in Bezug auf den zweiten Ölpreisschock schlagend, in dem er das Engagement der Geschäftsbanken als widersprüchlich darstellen kann.[66] In kritischer Betrachtung gehen Raffer und Singer einen Schritt weiter und bezeichnen die damaligen Praktiken mitunter als Hauptgrund für die „Schuldenfalle der Entwicklungsländer":

> One of its sources is the way the big financial oil surpluses were recycled through the commercial banks as debt-creating loan, after the big rises in oil prices in 1973 and again in 1979 [...]. Nobody gave much thought to the unsustainable nature of plugging balances of payment deficits through the progressive piling up of debt service obligations [...]. It is time that the problems were recognized as a joint responsibility, not that of the debtor countries alone.[67]

Der rasante Schuldenaufbau in den 1970er-Jahren und seine aufkommenden Grenzen mit Beginn der 1980er-Jahre läuten eine Phase ein, die in der Geschichte der Entwicklungspolitik und speziell hinsichtlich der Schuldensituation als *verlorene Dekade* bezeichnet wird. Das Kapital, das in die Länder mit erhofften hohen

64 Vgl. Reichmann, Die Verschuldung der Dritten Welt, 39.

65 Vgl. ebd. 24–43.

66 Vgl. ebd. 49–68.

67 Raffer/Singer, The Economic North-South Divide, 15.

Wachstumschancen ohne große Rücksicht auf Verteilungswirkungen investiert wurde, führte nicht zu einem nachhaltigen und spürbaren Wirtschaftswachstum, sondern zu einer Situation, die sich für die Entwicklungsländer gegenteilig äußerte. Reichmann weist mit einem genaueren Blick auf Handels- und Leistungsbilanzen der Schuldnerländer einen negativen Ressourcentransfer aus den Entwicklungsländern nach. Weiters ist zu sehen, dass auch getrennte Nettokapitaltransfers wie zum Beispiel die Entwicklungshilfe aus Ländern des globalen Nordens beinahe ausschließlich zur Bedienung der Schuldenlast, also für Tilgungen von Zinsen und Gebühren, verwendet wurde. „Ab 1983, mit dem Einsetzen der Sanierungsprogramme und -zwänge ist man endgültig und sozusagen planmäßig in eine Phase ‚negativen Ressourcentransfers' eingetreten."[68]

Der Verfall von Rohstoffpreisen, ausgenommen Erdöl, der die ohnehin stark auf Rohstoffexport ausgerichteten Entwicklungsländer traf, und ein deutlicher globaler Anstieg der realen Zinsen, der sich durch die variablen Zins-Kredite besonders stark auf Staatsbudgets in Form von erhöhten Zinsforderungen durchschlug, führten zu einer allgemein schwierigen weltwirtschaftlichen Situation und konkret zu einer wahrhaften Krise der mittlerweile hochverschuldeten Entwicklungsländer.[69] Neben den endgültigen Auslösern dieser Krise wird auch den Entwicklungsländern selbst vorgeworfen, „Mittel nicht produktiv eingesetzt zu haben, Investitionen nicht effizient gewählt zu haben, Exportwirtschaft nicht ausreichend forciert zu haben oder einen verschwenderischen Stil der Staatsführung betrieben zu haben"[70]. Milde ausgedrückt ist das Problem jedoch nicht einfach auf die Länder des globalen Südens in der Schuldzuweisung abzuwälzen, denn: „Ganz allgemein fehlt es vielen Kommentatoren an Verständnis für die strukturellen Besonderheiten von Entwicklungsländern und der Stabilität ihrer Ökonomien vom Geschehen im Norden."[71]

Nachdem zuerst Mexiko 1982 deklarierte, die Schuldenlast nicht mehr tragen zu können, wurde dies auch allgemein in anderen Ländern eindeutig und absehbar. Dies hatte, wie zu erwarten, einen starken Rückgang an syndizierten Euromarkt Krediten zu Folge, die einst zu dieser Situation geführt hatten. Jedoch ist ein beträchtlicher Anteil der Schulden zu dieser Zeit auch multilateralen Organisationen wie dem IWF und der Weltbank geschuldet. Raffer und Singer sehen nicht nur ein mangelndes Verständnis, sondern kritisieren Unwissen und Trägheit in der Adaption der Fakten, um nicht von Vorsatz zu sprechen, hinsichtlich

68 Reichmann, Die Verschuldung der Dritten Welt, 217.

69 Vgl. Raffer/Singer, The Economic North-South Divide, 160.

70 Reichmann, Die Verschuldung der Dritten Welt, 245.

71 Ebd. 246.

der Mittelvergaben durch multilaterale Organisation, konkreter: falsche Einschätzungen der Tragbarkeit der Schulden für Entwicklungsländer sowie Kredite an berüchtigte Staatsführer und Eliten (siehe dazu *odiose Schulden*).[72]

Die Maßnahmen der multilateralen Organisationen IWF und Weltbank zur Zeit der ersten großen Schuldenkrise der global-südlichen Staaten, wie auch der Beginn dieser Krise beruhen auf der stark kritisierten Annahme einer *Illiquiditäts-Theorie*. Prinzipiell ist diese These eng mit einem vermeintlich juristischen Staatsverständnis verbunden. Für Staaten bestehe aufgrund ihrer institutionellen, juristischen Beschaffenheit immer nur eine kurzfristige Zahlungsschwierigkeit. Es handelt sich also um eine Illiquidität der Mittel, aber um keinen akuten, generellen Mangel an finanziellen Möglichkeiten. Beispielsweise ist es im extremsten Fall theoretisch möglich, einen Steuersatz von 100 % zu wählen, eine Enteignung der Bevölkerung zu veranlassen, und so die Schulden zu begleichen. In der Praxis steht dem jedoch sozialer und politischer Druck bzw. die Möglichkeit der Migration gegenüber. Diese These verlor, begleitet von politischen Misserfolgen, als Erkenntnis aus durchgeführten politischen Praktiken an Bedeutung. Als Resultat zeigte sich die Herausbildung weiterer Finanzwerkzeuge zur Umstrukturierung.[73] Dennoch dauerten progressive Weiterentwicklungen im Hinblick auf die Tragfähigkeit von Schuldenständen und Überlegungen einer wahrhaftigen Schuldenreduktion bis in die späten 1990er Jahre und befinden sich noch immer im Wandel.

Überblicksartig wurden neue Ansichten im globalen Schuldenmanagement beeinflusst durch einschlägige Erkenntnisse aus den Human Development Reports der 1970er, 1980er und 1990er Jahre sowie durch zahlreiche akademische Publikationen aus diversen Disziplinen. Als unerlässlich zu sehen ist in diesem Kontext ebenso die Arbeit zahlreicher NGOs oder Vereinigungen wie der Jubilee 2000 Bewegung, die sowohl öffentlichen und politischen Druck aufbauten als auch in Form von empirischen Studien die negativen Auswirkungen der Schuldenlast auf die Entwicklung, vor allem auf die Bevölkerung eines Landes und konkrete Lebenssituationen, sichtbar machten. Im Kontext dieser Initiativen wurde vor allem die *Tragbarkeit* der Verschuldung der Entwicklungsländer in den Mittelpunkt gestellt. Nach teilweise erfolgten Schuldenschnitten im Rahmen dieser Initiativen erkannten auch die multilateralen Organisationen zwar zurückhaltend, aber dennoch offiziell, dass von einer Reduktion der Schuldenlast sowohl Kreditgeber als auch Debitoren profitieren. Obwohl bezüglich der

72 Vgl. Raffer/Singer, The Economic North-South Divide, 161–174.
73 Vgl. Ebd. 166–170.

Wichtigkeit und angesichts des zunächst aufkeimenden Erfolgs vermeintliche Einigkeit herrschte, gibt es Kritik an der Nachhaltigkeit und vor allem an der Zukunft der Schuldendebatte und der damit einhergehenden Entwicklungspolitik.[74]

6 Eine Frage der Tragbarkeit

Mit den HIPC-Initiativen rückte die Frage der *Tragbarkeit* und der Nachhaltigkeit des Staatsschuldenniveaus von Ländern des globalen Südens in die Mitte des Diskurses. Eine Einschätzung dieser bleibt in den Händen der multilateralen Organisationen, die auch weiterhin die größten Gläubiger bleiben.

> The results of the HIPC-Initiatives based on rules established by creditors prove what is known: creditors must not decide in their own cause [...]. The IMF's Executive Board would determine sustainability, and the ‚adequacy' of debtors' economic policies. Determining sustainability, the IMF would automatically determine the amount of debt reduction.[75]

Die HIPC-Initiativen sowie auch die SDGs sind keine bindenden internationalen Rechtsvorschriften, sondern freiwillige Übereinkommen. Zu hoch gegriffene und in der Realität nicht getroffene Wachstumsprognosen des IWF wie auch der Weltbank, die genaue Definition der Schulden sowie schleppende Implementierung und das generelle Auswahlverfahren der Länder, die für eine derartige HIPC-Initiative in Frage kommen, schmälern den Optimismus in Bezug auf eine endgültige Lösung in der Schuldenfrage und ihre Auswirkungen auf die Volkswirtschaften der Entwicklungsländer.[76] Es ist ein stärkeres und vor allem ernsthaftes Engagement der multilateralen Organisationen gefordert, denn so war es kritisch absehbar, dass die „HIPC-Initiative[n] einerseits zu wenige Länder umfass[en] und die Höhe der Entschuldung für ein Erreichen der MDGs nicht ausreichend ist."[77]

Seit dem Jahr 2015 ist nicht mehr die Erfüllung der MDGs, sondern vielmehr der SDGs bis 2030 im Fokus internationaler Entwicklungspolitik und Entwicklungszusammenarbeit. Argumentationen, die sich in zitierten Arbeiten zum Thema Verschuldung und Abhängigkeiten auf MDGs bezogen haben, sind jedoch per Definition der Resolution noch immer anwendbar, da es sich bei den SDGs nicht nur um eine Erweiterung der vorherigen Ziele, sondern vielmehr

74 Vgl. Küblböck, HIPC and Beyond.
75 Raffer, Sovereign Debt, 446.
76 Vgl. Raffer, Debt Management for Development, 199–220.
77 Küblböck, HIPC and Beyond, 17.

um eine nachhaltigere Ausrichtung dieser handelt. „They seek to build on the Millennium Development Goals and complete what they did not achieve.“[78] Die Ausrichtung und die Motivation der auf 17 Ziele erweiterten Agenda zeigt, dass besonders auch die Länder des globalen Nordens sich selbst stärker in die Realisierung der Ziele einzubringen haben, beispielsweise hinsichtlich der Erfüllung ökologischer oder geschlechterspezifischer Zielsetzungen. Ein gemeinsames Erbringen der Ziele und nicht mehr nur eine reine Förderungsbeziehung werden angestrebt. Auch hinsichtlich der Erfüllung der Ziele ist eine weltweit geänderte Haltung und Vision vordergründig. Zentrales Element ist die Kombination der Ziele in ihrer Umsetzung zu nachhaltiger Entwicklung, und dies in möglichst selbstständiger und selbstbestimmter Form.[79]

Aus diesen Grundhaltungen, die der Motivation und dem Leitbild der SDGs zu entnehmen sind, betrachten wir die wichtige und in vielen Bereichen zur nachhaltigen Entwicklung beitragende, einflussreiche Rolle staatlicher Verschuldung sowohl für periphere Länder als auch für Länder des globalen Nordens als unzureichend repräsentiert. Zunächst werden Staatsschulden ausschließlich in den Punkten 17.4 sowie 62 – und dies im Kontext einer „Revitalisierung der globalen Zusammenarbeit für nachhaltige Entwicklung“ – genannt. Die folgenden Passagen, in denen die Worte *Schulden* genannt werden, beziehen sich zum einen auf die *Addis Abeba Action Agenda*, zum anderen wird hinsichtlich der Entwicklungsländer von „debt relief, debt restructuring and sound debt management“ – in derselben kritikfreien und ambivalenten Terminologie des IWF und der Weltbank wie in Bezug auf die HICP-Initiative – verwiesen. Vielmehr erlaubt die Formulierung die Vermutung, dass für die angesprochene, wissenschaftlich nicht triviale Frage der *Tragbarkeit* der Staatsverschuldung in Entwicklungsökonomien, bereits ein institutionell definiertes Maß existiert. „We will support the maintenance of debt sustainability of those countries that have received debt relief and achieved sustainable debt levels.“[80] Besonders in Erinnerung an die vorherigen Kapitel wird klar, dass dies nicht ausreichend ist, um nachhaltige Lösungen zu generieren. Denn selbst der Umgang im Sinne der HIPC-Initiative, der als radikales Umdenken im Schuldenmanagement deklariert wurde, ist in den Worten Raffer und Singers „too little too slowly“.[81]

In der *Addis Abeba Action Agenda*,[82] die durch Punkt 62 der SDGs eingebunden und somit zum integralen Bestandteil wird, findet man unter anderem

78 UN, The 2030 Agenda for Sustainable Development, Preambel.
79 Vgl. UN, The 2030 Agenda for Sustainable Development.
80 UN, The 2030 Agenda for Sustainable Development, 34.
81 Raffer/Singer, The Economic North-South Divide, 175.
82 UN, Adis Ababa Action Agenda, Absatz 97.

ebenso kritiklos und unprogressiv in Bezug auf die Vorgeschichte der Schulden- und Abhängigkeitsthematik folgende Position: „We recognize the applicable requirements of the IMF debt limits policy and/or the World Bank's non-concessional borrowing policy." Zur Verteidigung muss gesagt werden, dass sowohl IWF als auch Weltbank in ihren jüngeren Publikationen durchaus einen größeren Fokus auf die Frage der Tragbarkeit von Schulden gelegt haben. Der Hauptkritikpunkt, dass die multilateralen Organisationen jedoch sowohl Kreditoren als auch Verwalter ohne international rechtliche Schuldnergesetze sind und in Entwicklungsländern Missstände, begleitet durch enormen Schuldendruck, herrschen, bleiben jedoch bestehen.

Den SDGs liegt eine Motivation zugrunde, die als Handlungsgrundlage sowie moralische Zielsetzung für alle Länder und deren Bevölkerung erstrebenswert ist. „These are universal goals and targets which involve the entire world, developed and developing countries alike"[83]. In einem Programm, das sich als ein nachhaltiger Referenzrahmen für globale Politik sieht, ist auffallend, dass im Kontext von Staatsschulden der Fokus auf den Beziehungen zu den Entwicklungsländern liegt. Es findet sich Konsens darüber, dass ein hoher Schuldenlevel die potentielle Anfälligkeit der Entwicklungs- und Schwellenländer im Falle einer ökonomischen Krise drastisch erhöht. Zugleich drängt sich die Vermutung auf, dass nicht wahrgenommen wird, dass diese Erkenntnis auch auf hochgradig industrialisierte Volkswirtschaften zutrifft bzw. dass eben diese eine ausufernde Krise durch Verschuldung hervorrufen können. Denn über den gemeinsamen Finanzmarkt, auf dem Länder des globalen Südens zunehmend selbstständig agieren, übertragen und verlagern sich ökonomische Krisen relativ rapide. Eurodad[84] hat empirisch gezeigt, dass die Rezession 2006–2009 besonders deutliche Effekte auf die Bevölkerung der Länder des globalen Südens hatte. In diesem Sinne widerspricht eine Missachtung der Lage des Staatschuldenlevels im globalen Norden, respektive Europa und den USA, sowohl dem Ziel der Nachhaltigkeit als auch dem Anspruch der industrialisierten Länder, sich ebenso zur entwicklungspolitischen Grundlinie der SDGs zu bekennen. Wird der staatliche Schuldendiskurs wieder nur im Kontext der Länder des globalen Südens geführt, reproduziert dies erneut ein Nord-Süd-Gefälle. Als Folge der gezeigten Abhängigkeitsverhältnisse hinsichtlich finanzieller und politischer Nord-Süd Beziehungen scheinen die Staatsschulden als *eingepreiste Machtverhältnisse* interpretierbar.

83 UN, The 2030 Agenda for Sustainable Development, Absatz 5.

84 Vgl. Stichelmans, Why a UN Sovereign Debt Restructuring Framework is Key.

7 Bisherige Ansätze: von Entschuldung und Strukturanpassungsprogrammen

In diesem Kapitel soll zunächst noch einmal kurz auf die HIPC-Initiative und deren Limitationen eingegangen werden. Sodann sind die (nachteiligen) Effekte von Strukturanpassungsprogrammen auf Länder des globalen Südens zu beleuchten, um letztlich zu einer anthropologischen Analyse anhand eines kurzen Beispiels zu gelangen.

Hierbei ist zu wiederholen, dass in Ergänzung zu den bereits in Kolonialzeiten etablierten Ausbeutungsmechanismen und damit einhergehenden Verschuldungsprozessen die externen Schulden vieler Länder des globalen Südens in den 1970er und 1980er Jahren unter dem Zutun global agierender Finanzinstitutionen regelrecht explodierten. Das betraf in besonderem Maße die „external debts", die sich nach Mustapha und Prizzon über drei Ansatzpunkte definieren lassen: „It can be defined as foreign currency debt; as debt owed to non-residents or debt issued in foreign countries and under the jurisdiction of a foreign court."[85] Diese Art der Verschuldung war im Lichte einer maßgeblich von der Ölkrise ausgelösten globalen Rezession, einer Überbewertung der Rückzahlungsfähigkeit der Schuldnerstaaten und eines zum Nachteil der Schuldner gestalteten Zins- und Wechselkurssystem umso belastender für die ohnehin fiskalisch angeschlagenen, gerade erst in die „Unabhängigkeit" entlassenen Staaten. Schon in den 1960er Jahren gab es im Rahmen des Pariser Klubs, eines inoffiziellen Zusammenschlusses von Gläubiger- und Schuldnerstaaten zu Zwecken der Umschuldung und des Schuldenerlasses, erste verhaltene Überlegungen, gewisse Länder zu entschulden bzw. Schulden bestimmter Länder umstrukturieren zu wollen. Versuche wie der Brady-Plan zeitigten äußerst bescheidene Erfolge, andere Mechanismen, die im Rahmen der G7-Gipfel in Toronto, Trinidad und London entworfen wurden, brauchten zu lange oder waren zu wenig breit angelegt, um tiefer greifende Schuldenschnitte bewirken zu können. Nicht eher als mit den „Neapel-Bedingungen" im Jahr 1994 konnten zwei Drittel der bestehenden öffentlichen Schulden gestrichen werden. Verhandlungen über Schuldenerleichterungen mit multilateralen Gläubigern, wie dem IWF und der Weltbank, blieben jedoch weiterhin ein Tabuthema.[86] Erst die ab 1996 von James Wolverson in seiner Funktion als damaliger Weltbank-Präsident initiierte HIPC-Initiative

85 Mustapha/Prizzon, Debt Sustainability and Debt Management in Developing Countries, iv.

86 Vgl. Raffer, Grundzüge der Entwicklungsökonomie: Verschuldung der Entwicklungsländer.

(ab 2005 erweitert um die *Multilateral Debt Relief* Initiative) wagte es zu versuchen, multilaterale Gläubiger ins Boot zu holen und von der Wichtigkeit partieller Schuldenerleichterungen zu überzeugen.[87] In Retrospektive waren diese Maßnahmen unter Anbetracht der bereits katastrophalen Situation in diversen Schuldnerstaaten (sei es in Bezug auf das Gesundheits- und Sozialsystem oder auf die staatliche Liquidität) längst überfällig. Gleichwohl lässt sich nicht verbergen, dass die Vorgaben und Kriterien für eine (partielle) Schuldenbefreiung seitens multilateraler Gläubigerparteien stark von neoliberalen und eurozentrischen Vorstellungen geprägt waren und nach wie vor sind. Zudem sehen wir bei näherer Betrachtung der Verschuldungssituation in denjenigen Ländern, die innerhalb des HIPC-Prozesses bereits den „completion point" und damit (partielle) Entschuldung bzw. Umstrukturierung von Schulden erreicht haben, dass die Finanzierung der SDGs nach wie vor stark gefährdet und die Initiative weit davon entfernt ist, die eigentlichen Ziele zu erreichen.[88] *Debt sustainability* und *Tragfähigkeit* sind im Zuge dessen zwar als Schlagwörter in den Fokus der Diskussionen gerückt und wurden auch in verschiedene *Frameworks* eingewoben, es werden aber kaum ernsthafte Fragen nach den Gründen und Auslösern einer „nicht nachhaltigen Verschuldung" gestellt. Vielmehr vertritt die Weltbank oder der IWF nach wie vor in weiten Teilen die Meinung, dass der Kapitalismus und konkreter: die richtige Kanalisation von Investitionen allen über *Trickle-Down-Effekte* Wohlstand bringen werde. Das ist im Lichte einer systematischen Leugnung rezenter Entwicklungen nicht nur naiv, sondern auch empirisch längst nicht mehr haltbar, wie viele Ökonom*innen, aber auch ökonomische Anthropolog*innen eindrucksvoll gezeigt haben.[89] Wenn es im Monterrey Consensus heißt, dass „exploring innovative mechanisms to comprehensively address debt problems of developing countries, including middle-income countries and countries with economies in transition"[90] unterstützt werden sollen, so muss das unserer Ansicht nach auch bedeuten, offen für tiefgreifend systemkritische Ansätze zu bleiben.

Ein besonders umstrittenes Moment einer neoliberal-hegemonialen „Verschuldungs- und Ungleichheitsökonomie" stellen Strukturanpassungsprogramme (SAP; im Englischen *Structural Adjustment Program*) dar, die im

87 Vgl. auch IMF, Die Logik der Schuldenerleichterung für die ärmsten Länder.

88 Vgl. Mustapha/Prizzon, Debt Sustainability and Debt Management in Developing Countries, 3 ff.

89 Vgl. Piketty, Das Kapital im 21. Jahrhundert; vgl. Carrier, Handbook of Economic Anthropology.

90 UN, Financing for Development, § 51.

Zusammenhang mit 1) der Vergabe von Krediten und 2) mit den Bedingungen für den Erhalt von Schuldenschnitten im Rahmen der HIPC-Initiative von multilateralen Institutionen wie Weltbank und IWF den jeweiligen Schuldnerstaaten vorgeschrieben werden. Dabei stehen die SAPs selbst ganz im Geiste des Washington Consensus[91] und repräsentieren eine Ideologie, die sich dem Ausbau des neoliberalen Marktfundamentalismus (mitsamt der Triade Liberalisierung, Deregulierung und Privatisierung) verschrieben hat.[92] Strukturanpassungsmaßnahmen greifen über ihr bindendes Mandat in die Souveränität von Staaten ein und verpflichten diese unter Androhung von Sanktionierungsmaßnahmen, den durch die SAPs verschriebenen Zielsetzungen zu entsprechen, also die Strukturen ihrer Ökonomien (nach „westlichem" Vorbild) langfristig zu verändern.[93] Im Detail bedeutet das, dass sämtliche entwicklungs-, schulden- und sozialpolitische Entscheidungen, die ein Staat (unter Überwachung durch den IWF und die Weltbank) trifft, den wachstumskonformen und marktorientierten makroökonomischen Vorgaben des IWF bzw. der Weltbank nicht zuwiderlaufen dürfen. Zwar gesteht der IWF ein, dass staatlicher Rückzug kurzfristig die Lage verschlechtern könne, „in the long run" sei aber die Öffnung der Märkte notwendig und unvermeidlich.[94]

Seit 2002 treten SAPs zusammen mit *Poverty Reduction Strategy Papers* (PRSP) auf, die nun nicht mehr von der *Enhanced Structural Adjustment Facility*, sondern von der *Poverty Reduction and Growth Facility* ausgegeben werden. Im Endeffekt hat sich an der Intention und dem grundsätzlichen Design der Programme nichts geändert, sie treten nun schlicht unter dem Deckmantel der Armutsbekämpfung auf und versuchen sich durch die Betonung der Finanzierung von Gleichheit und Nachhaltigkeit von ihrem früheren Image reinzuwaschen.[95] So betont auch Arrighi, dass die Schuldenpolitik des IWF letztlich dafür angelegt war und trotz blumiger Rhetorik noch immer ist, die Hegemonie und Finanzstärke der USA – durch die über eine ungerechte Zinsausgestaltung bewerkstelligte Kanalisierung von Mitteln aus ärmeren Ländern zurück in die Zentren des globalen Kapitals – abzusichern.[96]

---

91 Vgl. Williamson, What Washington Means by Policy Reform.

92 Vgl. Fritsche, Stabilisierungs- und Strukturanpassungsprogramme des Internationalen Währungsfonds in den 90er Jahren.

93 Vgl. Arrighi, The world economy and the Cold War, 1970–1985.

94 Vgl. Kalinowski, Der Internationale Währungsfonds in Südkorea.

95 Vgl. EURODAD, Financing the Sustainable Development Goals; IMF, Factsheet. The IMF and the Sustainable Development Goals.

96 Vgl. Arrighi, The World Economy and the Cold War, 1970–1985.

Davon schreiben auch die Anthropolog*innen Pfeiffer und Chapman und thematisieren an konkreten Beispielen lokale Auswirkungen von Strukturanpassungsprogrammen. So zeigen sie, dass in etlichen afrikanischen Ländern SAPs langfristig nicht zu einer Verbesserung, sondern zu einer Verschlechterung der Situation geführt haben.[97] Vor allem der öffentliche Gesundheitssektor und die daran gekoppelten staatlichen Sozialleistungen würden in den meisten Fällen drastisch zurückgefahren werden, mit katastrophalen Auswirkungen auf die betroffenen Menschen vor Ort.[98]

Am Beispiel Madagaskars sehen wir pointiert, wie Verschuldung, Gewalt und Zersetzung prä-kolonialer ökonomischer und sozialer Strukturen als zentrale Momente der Ausdehnung kapitalistisch-imperialer Herrschaft ineinandergreifen. Als die Bevölkerung von Madagaskar kurz nach der Invasion durch die Franzosen im Jahr 1895 mit einer (zynisch bezeichneten) „educational tax" schwer besteuert wurde und in regelmäßigen Abständen damit verbundene Rebellionen niedergeschlagen werden mussten, war Verschuldung für die Kolonialherren ein probates Mittel, Gewalt subtiler als über kämpfende Soldaten auszuüben, vor allem aber Madagaskar langfristig in die Rolle eines verschuldeten *cash crop*-Produzenten zu drängen. Darüber hinaus wurde die Unabhängigkeit Madagaskars, ähnlich wie in Haiti, durch die Verpflichtung zu einem dementsprechenden Kompensationsdienst teuer erkauft, dann aber dieser vonseiten der lokalen Eliten tributär auf die agrarisch produzierende Landbevölkerung abgewälzt.[99] Ob im Zuge dessen vonseiten politischer und ökonomischer Entscheidungsträger*innen jemals reflektiert wurde, welche Auswirkungen dadurch für eine durchschnittliche Reisbäuerin entstehen, ist schwer zu sagen, zumindest scheinen sie bis dato kein (moralisches) Problem damit gehabt zu haben, den (wiewohl nur partiellen) Erlass madagassischer Schulden an Strukturanpassungsprogramme zu koppeln.

Wir brauchen nur in das Argentinien bzw. das Mexiko der 1980er Jahre, in das Griechenland der 2010er Jahre blicken, um anhand der Lebensrealitäten von Menschen begreifen zu können, was es für Länder der ökonomischen Peripherie bedeuten muss, bei mächtigen, in ihrem eigenen Interesse handelnden Gläubigerparteien verschuldet zu sein, aber kein Anrecht auf ein faires und transparentes Schlichtungs-/Insolvenzverfahren zu haben.[100]

---

97 Vgl. Pfeiffer/Chapman, Anthropological Perspectives on Structural Adjustment and Public Health.

98 Vgl. Arrighi, The African Crisis.

99 Vgl. Graeber, Debt, 5 f., 50 f.

100 Vgl. Raffer, Souvereign Debt.

Wir haben bisher zu zeigen versucht, dass staatliche Ver- und Entschuldungsprozesse nicht nur von makroökonomischen Entwicklungen geprägt werden, sondern auch in zutiefst diffuse Machtverhältnisse eingelassen sind. Insofern wir der Überzeugung sind, dass die Finanzierung und Umsetzung der SDGs mit der Frage nach dem Charakter und Ausmaß von Staatsverschuldung zusammenhängt und nicht separat von dieser gedacht werden kann, halten wir dementsprechend ambitionierte, entwicklungspolitisch wertvolle Vorschläge für unabdingbar. So möchten wir (trotz der Komplexität des Themas) diese Arbeit mit einem genuinen Lösungsvorschlag im Umgang mit Staatsschulden vor dem Hintergrund der SDGs schließen.

8 Lösungsvorschlag

Ein sowohl in der akademischen Literatur als auch bei NGOs und Bewegungen wie der im Kontext von Schuldnern der Entwicklungsländer namhaften Jubilee 2000 Bewegung anerkannter Vorschlag, ist ein staatliches Insolvenzverfahren, nach Vorbild eines *Chapter 9* der US-Verfassung auch bekannt unter dem Namen „*Raffer-Proposal*“[101].

Die großen wirtschaftlichen Schwierigkeiten und Ineffizienzen, die in und durch die Schuldenkrisen der Entwicklungsländer entstanden sind, erklären sich unter Ablehnung der *Illiquiditäts-Theorie* aus einer klassischen, ökonomischen Perspektive einfach. Unter anderem beziehen sich Raffer und Singer auf einen der einflussreichsten Mitbegründer der ökonomischen Disziplin, Adam Smith. Dieser erkannte die fehlende Möglichkeit staatlicher Insolvenz als potentielle Quelle für Ineffizienz. „The reason is simple: private debtors can go bankrupt, official debtors are denied this relief by the North. This shows that the lack of international insolvency is a market imperfection.“[102]

Staatliche oder souveräne Insolvenz ist somit keine neue, utopische Idee. Im Laufe der Geschichte, wie bereits ausführlicher gezeigt, kam es immer wieder zu Zahlungsschwierigkeiten und daraus folgenden Maßnahmen, um die Regierung und das fortwährende Funktionieren des Staates zu sichern. Zendejas zeigt, dass „*souvereign defaults*“ im 18. und 19. Jahrhundert im Sinne von Konkursen zu sehen sind und geschichtlich Schuldenkürzungen und Ausfälle eher die Regel als die Ausnahme war. Weiter wird gezeigt, dass eine Illiquiditätstheorie, wie sie im geschichtlichen Teil diskutiert wurde und sich in der politischen Praxis

101 Vgl. Raffer, International Debts.

102 Raffer/Singer, The Economic North-South Divide, 167.

multilateraler Organisationen widerspiegelt, speziell im 18. und 19. Jahrhundert, in erfolgreich überwundenen Schuldenkrisen, nicht verfolgt wurde.[103]

Ohne bisher wirkliche Verbesserungen oder Lösungen hervorzubringen, hat das Schuldenmanagement die Entwicklungspolitik und die Nord-Süd-Beziehungen der letzten Jahrzehnte maßgeblich geprägt. Im Zuge von Strukturanpassungsprogrammen wurden staatliche Souveränität und Selbstbestimmung massiv in Frage gestellt und Abhängigkeitsbeziehungen nicht abgebaut, sondern unter Umständen sogar intensiviert. Ein rechtlicher, internationaler Rahmen staatlicher Insolvenz am Beispiel des *Chapter 9* der amerikanischen Verfassung ist somit ein Vorschlag, dem aktuellen und auch zukünftigen Schuldenmanagement einen effizienten Mechanismus zugrunde zu legen. Vergleichbar mit rechtlichen Insolvenzverfahren von Unternehmen oder Privatpersonen, die einen bedeutenden Teil der Wirtschaftsstrukturen in allen modernen kapitalistischen Gesellschaften bilden, hat eine derartig klare Rechtsstruktur sowohl Vorteile im Sinne des Gläubigerschutzes, und viel bedeutender noch, im Sinne des Schuldnerschutzes. Raffer sieht staatliche Selbstbestimmung, vor allem aber das Recht auf die Möglichkeit, einen Grad an Verschuldung in einer Form abzubauen, die nicht der menschlichen Würde widerspricht, in letzter Konsequenz in den Menschenrechten vertreten.[104]

Dieser Vorschlag sieht ebenso die Gründung einer Institution, eines Schiedsgerichts für staatliche Schuldenangelegenheiten, vor. Dieses soll objektive, faire und vor allem transparente Entscheidungen hervorbringen. Zentrales Argument hierbei ist das Recht schuldenbelasteter Länder, ihre Lage sowie ihre Möglichkeiten und Umstände darzulegen („Right to be heard"). Gleichzeitig soll dieser Prozess aber auch den Gläubigern ein realistisches Bild über die Bedingungen ihrer Kredite bzw. der Wahrscheinlichkeit ihrer Erbringbarkeit bieten. Ein geregeltes Verfahren führt zu einer schnelleren und effizienteren Ausführung der notwendigen Maßnahmen und kann dadurch weitere Schäden eindämmen. Im Gegenteil dazu ist nach aktuellem Stand bei einigen Ländern der HIPC-Initiativen bis dato der ausgehandelte Schuldenschnitt noch nicht erfolgt bzw. erzielte nicht die kalkulierten sozioökonomischen Resultate. Die im Laufe dieser Arbeit oftmals gestellte Frage der Tragfähigkeit der Schulden bzw. die Schuldenlast bekommt im Vorschlag von Raffer eine Definition, die im Einklang mit den Entwicklungszielen der UN steht.

103 Vgl. Zendejas,The Sources and Challenges of Public Debt Markets.
104 Vgl. Raffer, Debts, Human Rights, and the Rule of Law, 5 f.

Das Ziel des internationalen Insolvenzverfahrens ist es, den Schuldenstand derartig zu vermindern bzw. Rückzahlungen so anzupassen, dass die Erfüllung der MDGs (sinn- und zeitgemäß auch der SDGs) gewährleistet werden kann. Werden die SDGs als eine Form eines Mindestmaßes entwicklungspolitischer Zielsetzung, auf das sich die internationale Staatengemeinschaft geeinigt hat, definiert, so kann nachhaltiger Umgang mit staatlicher Verschuldung nur dann erfolgen, wenn die Umsetzung dieser Agenda auch für hochverschuldete Entwicklungsländer möglich ist. Die Möglichkeit der Erfüllung der SDGs kann somit als aussagekräftige Schranke zur Beantwortung der Tragfähigkeit von souveräner Verschuldung gesehen werden. Zusätzlich ist ein gesetzlich definierter Rahmen im Umgang mit staatlicher Verschuldung nicht nur für Länder des globalen Südens, sondern auch des globalen Nordens von Bedeutung.

Der *Sovereign Debt Restructuring Mechanism* (SDRM) des IWF ist oberflächlich betrachtet ein Entgegenkommen in einen Insolvenzmechanismus, ändert jedoch nach Raffer nichts an den Abhängigkeitsverhältnissen von den multilateralen Organisationen bzw. beinhaltet nicht die notwendige Transparenz, Unabhängigkeit und einen korrekten Gläubigerschutz, sondern bestärkt den IWF noch zunehmend in seinen aktuellen Kompetenzen und dem daraus resultierenden Schuldenmanagement.[105]

In den Finanzinstitutionen hat eine gewisse Form des Umdenkens hinsichtlich Schuldenpolitik stattgefunden, dieses gleicht jedoch nur sehr schwerfälligen und langsamen Schritten. Es braucht ein faires und effizientes Schuldenmanagement, das einer radikalen Umstrukturierung bzw. einer neuen rechtlichen Instanz unterworfen wird. Der Zustand vieler hochverschuldeter Länder des globalen Südens kann immer noch als Schuldenkrise bezeichnet werden, und auch für die Ökonomien des globalen Nordens ist es von Bedeutung, die Risiken ihrer hohen Verschuldung für sich selbst als auch für Länder des globalen Südens durch die Deklaration einer internationalen Schuldenregelung einzudämmen.[106]

Um nachhaltige Entwicklung zu gewährleisten, müssen zuerst gegenwärtige Probleme gelöst werden. In abhängigkeits- und entwicklungspolitischer Sichtweise spielt der momentane Umgang mit Entwicklungsländern und ihrer fiskalischen Situation daher, wie dieser Beitrag gezeigt hat, eine Hauptrolle. Um sich nachhaltig aus Abhängigkeitsverhältnissen zu lösen und eigenständig entwickeln zu können, ist eine Änderung in der Schuldenpolitik unumgänglich; in den Worten von Raffer:

---

105 Vgl. Raffer, Debt Management for Development, 42–47.

106 Vgl. Bohoslavsky/Raffer, Sovereign Debt Crises.

> The future of debtor countries, their role in international politics and thus global governance will depend on whether this present form of indenture can be abolished or whether creditors will continue being judge and jury in their own cause. If the Rule of Law and respect for human rights could eventually be introduced in creditor–debtor relations – as my Chapter 9 insolvency model would – DCs would become re-enabled to influence international issues, defend their interests, and exert some countervailing power against the North.[107]

9 Schlussfolgerung

Wir haben in dieser Arbeit kursorisch versucht, die Implikationen und Lesarten von Staatsverschuldung im Kontext von Überlegungen zur Umsetzung der SDGs aufzuzeigen. Dabei ging es uns zum einen um eine verschiedenen ökonomischen Theorien folgende Darstellung von Verschuldung, zum anderen aber auch um eine anthropologische, bisweilen historische Analyse und Kritik des Konzeptes der *Schuld*. Wir haben gesehen, dass vergangene und gegenwärtige Verschuldungsprozesse der Länder des globalen Südens nicht ohne einen Bezug zur Kolonialgeschichte verstanden werden können und dieser wiederum Fragen nach bestehenden Machtverhältnissen aufwirft. Zudem haben wir uns unterschiedlichen Bedeutungs- und Analysepunkten von Staatsverschuldung im Rahmen gängiger Entwicklungsdiskurse angenähert. Diese reichen von Auswirkungen auf die wirtschaftliche Leistungsfähigkeit eines Staates bis hin zu einem Verständnis von Schuld als etwas moralisch Gebotenem, das unter allen Umständen zu begleichen sei. Wir haben gesehen, dass die HIPC-Initiativen sowie die Jubilee-Bewegung erste zaghafte Ansätze zur Minderung des Elends der verschuldeten Staaten des globalen Südens darstellen, wiewohl diese kritisch in Bezug auf ihre Gestaltung und ihre *outcomes* zu betrachten sind.

Wir sind uns einig, dass ein progressiver Umgang mit Staatsschulden sowie die Einführung eines internationalen Insolvenzrechts für Staaten von zentraler Bedeutung für das Erreichen bzw. Nicht-Erreichen der SDGs sein wird, unter anderem deshalb, weil Staaten dafür nicht nur finanzielle Mittel, sondern schlicht Souveränität brauchen werden. Es geht für Schuldnerländer des globalen Südens also um nicht weniger als um die Möglichkeit, ihr Schicksal selbst in die Hand nehmen, und so, wie Raffer schreibt, ein politisches Gegengewicht zum hegemonialen Norden aufbauen zu können. Wenn Adam Smith schon vor über 200 Jahren schreibt, dass „ein ehrlicher, offener und ausdrücklicher Bankrott immer die für den Schuldner am wenigsten entehrende und für den Gläubiger

107 Raffer, Sovereign Debt, 449.

am wenigsten nachteilige Maßnahme"[108] ist, dann halten wir das für ein durchaus brauchbares Argument. Ob im Kontext des globalen Kredit-Schuld-Systems das für die SDGs so prägende „no one is left behind"[109] letztlich mehr als eine Worthülse sein wird, wird sich erst zeigen.

Literatur

Arrighi, Giovanni, The African Crisis: World Systemic and Regional Aspects, in: New Left Review 15 (2015), 5–36.

Arrighi, Giovanni, The World Economy and the Cold War, 1970–1985, in: Leffler, Melvyn P./Westad, Odd Arne (Hg.), The Cambridge History of the Cold War, Vol. 3, Cambridge 2010, 23–44.

Barro, Robert J., Are Government Bonds Net Wealth? In: Journal of Political Economy 82 (1974) 6, 1095–1117.

Beck, Johannes, Lateinamerika: Schuldenkrise und Stabilisierung. Universität Köln, Lehrveranstaltungsunterlage 1999: www.uni-koeln.de/phil-fak/fs-rwl/infos/examen/pdf/Lateinamerika.pdf (17.03.2020).

Beck, Hanno/Prinz, Aloys, Staatsverschuldung: Ursachen – Folgen – Auswege (Vol. 2742), München 2011.

Ben-Shahar, Omri/Gulati, Mitu, Partially Odious Debts? In: Law and Contemporary Problems 70 (2007) 47, 47–81.

Büschel, Hubertus, Geschichte der Entwicklungspolitik, Lernunterlage 2010: https://docupedia.de/zg/Geschichte_der_Entwicklungspolitik (17.03.2020).

Carrier, James G., A Handbook of Economic Anthropology, Cheltenham/Northampton ²2012.

Chu, Julie Y., Cosmologies of Credit: Transnational Mobility and the Politics of Destination in China. Durham 2010.

CIA, The World Factbook, Haiti, 2017: https://www.cia.gov/library/publications/the-world-factbook/geos/ha.html (17.03.2020).

Collier, Paul/Hoeffler, Anke, On the Incidence of Civil War in Africa, in: Journal of Conflict Resolution 46 (2002) 1, 13–28.

EURODAD (European Network on Debt and Development), Financing the Sustainable Development Goals. Lessons from Government Spending on the MDGs, 2015: https://eurodad.org/Entries/view/1546383/2015/04/16/

108 Smith, Untersuchung über das Wesen und Ursachen des Reichtums der Völker, 882.
109 HLPF, President's Summary of 2017, 2.

Financing-the-Sustainable-Development-Goals-Lessons-from-Government-Spending-on-the-MDGs.pdf (17.03.2020).

Finley, Moses, Politics in the Ancient World, Cambridge 1983.

Fritsche, Ulrich, Stabilisierungs- und Strukturanpassungsprogramme des Internationalen Währungsfonds in den 90er Jahren: Hintergründe, Konzeptionen und Kritik, Berlin 2004.

Graeber, David, Debt. The First 5000 Years, New York 2011.

Hart, Keith, Money in an Unequal World. Keith Hart and his Memory Bank, New York 2001.

HLPF, President's Summary of 2017 High-level Political Forum on Sustainable Development, UN 2017: https://sustainabledevelopment.un.org/content/documents/16673HLPF_2017_Presidents_summary.pdf (17.03.2020).

Howse, Robert, The Concept of Odious Debt in Public International Law, UNCTAD, 2017: https://unctad.org/en/docs/osgdp20074_en.pdf (17.03.2020).

Iliffe, John, The Emergence of African Capitalism, Minneapolis 1983.

Iliffe, John, Geschichte Afrikas, München 2003.

IMF, Die Logik der Schuldenerleichterung für ärmere Länder. Diskussionsunterlage, 2000: https://www.imf.org/external/np/exr/ib/2000/deu/092300g.htm (17.03.2020).

IMF, Factsheet. The IMF and the Sustainable Development Goals, 2016: https://www.imf.org/en/About/Factsheets/Sheets/2016/08/01/16/46/Sustainable-Development-Goals (17.03.2020).

Kalinowski, Thomas, Der Internationale Währungsfonds in Südkorea. Strukturanpassung und Reformen seit der Asienkrise, Hamburg 2005.

Keynes, John M, General Theory of Employment, Money and Interest, London 1965 [11936].

Keynes, John M., How to Pay for the War, a Radical Plan for the Chancellor of the Exchequer, London 1940.

Klein, Lawrence Robert, The Keynesian Revolution, London 1950.

Krugman, Paul, Financing vs. Forgiving a Debt Overhang, in: Journal of Development Economics 29 (1988) 3, 253–268.

Küblböck, Karin, HIPC and Beyond: Entschuldungsinitiativen und -vorschläge auf dem Prüfstand (ÖFSE Working Paper 7), Wien 2005: https://www.oefse.at/fileadmin/content/Downloads/Publikationen/Workingpaper/WP7_HIPC.pdf (17.03.2020).

Kumar, Manmohan S./Woo, Jaejoon, Public Debt and Growth. IMF Working Paper, 2010.

Lowrey, Kathleen B., Salamanca and the City: Culture Credits, Nature Credits, and the Modern Moral Economy of Indigenous Bolivia, in: J. R. Anthropological Institute 12 (2006) 2, 275–292.

Ludington, Sarah/Gulati, Mitu/Brophy, Alfred, Applied Legal History: Demystifying the Doctrine of Odious Debts, in: Theoretical Inquiries in Law 11 (2010), 247–281.

Marx, Karl, Kredit und fiktives Kapital, in: ders., Das Kapitel (Marx-Engels-Werke III), Berlin 1983, 413–428.

Mauss, Marcel, Die Gabe. Form und Funktion des Austauschs in archaischen Gesellschaften, Frankfurt am Main 1990 [[1]1925].

Mustapha, Shakira/Prizzon, Annalisa, Debt Sustainability and Debt Management in Developing Countries. Overseas Development Institute, 2015.

Nugent, David, From Devil Pacts to Drug Deals: Commerce, Unnatural Accumulation, and Moral Community in „Modern" Peru, in: American Ethnologist 23 (1996) 2, 258–290.

Nyikal, Harold, Neo-Colonialism In Africa: The Economic Crisis In Africa And The Propagation Of The Status Quo By The World Bank/IMF And WTO, Stanford 2005: web.stanford.edu/class/e297a/Neo-Colonialism in Africa.pdf (17.03.2020).

OECD, Debt and Macroeconomic Stability. OECD Economics Departement Policy Notes, 2012.

Pearson, Lester B., Der Pearson-Bericht. Bestandsaufnahme der Kommission für Internationale Entwicklung, Wien 1969.

Peebles, Gustav, The Anthropology of Credit and Debt, in: Annual Review Anthropology 39 (2010), 225–240.

Pfeiffer, James/Chapman, Rachel, Anthropological Perspectives on Structural Adjustment and Public Health, in: Annual Review Anthropology 39 (2010), 149–165.

Piketty, Thomas, Das Kapital im 21. Jahrhundert, München 2014.

Pomeranz, Kenneth, The Great Divergence: China, Europe, and the Making of the Modern World Economy, Princeton 2000.

Raffer, Kunibert, International Debts: A Crisis for Whom? In: Singer, Hans W./ Sharma, S. (Hg.), Economic Development and World Debt, London 1989, 51–62.

Raffer, Kunibert, Risks of Lending and Liability of Lenders, in: Ethics & International Affairs 21 (2007) 1, 85–106.

Raffer, Kunibert, Grundzüge der Entwicklungspolitik: Die Verschuldung der Entwicklungsländer (Vorlesungsmitschrift), Wien 2007: https://www.univie.ac.at/int-entwicklung/alt/de/services/skripte/gz_der_entwicklungspolitik.pdf (17.03.2020).

Raffer, Kunibert, Der Süden in der Schuldenfalle: ein Vorschlag zur Lösung der Überschuldung, in: Journal für Entwicklungspolitik XXV (2009) 4, 101–104.

Raffer, Kunibert, Debt Management for Development, Cheltenham 2010.

Raffer, Kunnibert, Sovereign Debt, in: O'Hara, Phillip (Hg.), International Encyclopedia of Public Policy, Perth 2011, 440–452.

Raffer, Kunnibert, Debts, Human Rights, and the Rule of Law: Advocating a Fair and Efficient Sovereign Insolvency, in: Guzman, Martin/Ocampo, José Antonio/Stiglitz, Joseph E. (Hg.), Too Little, Too Late-The Quest to Resolve Sovereign Debt Crises, Columbia 2016, 253–269.

Raffer, Kunibert/Singer, Hans W., The Economic North-South Divide: Six Decades of Unequal Development, Cheltenham/Northampton 2002.

Reichmann, Wilhelm, Die Verschuldung der dritten Welt 1970–1983: Entwicklung und Ursachen der Krise in den Finanzbeziehungen zwischen Norden und Süden, Frankfurt am Main u. a. 1988.

Reinhart, Carmen M./Rogoff, Kenneth S., Growth in a Time of Debt, in: American Economic Review 100 (2010) 2, 573–578.

Sachs, Jeffrey D., Conditionality, Debt Relief, and the Developing Country Debt Crisis, in: ders. (Hg.), Developing Country Debt and Economic Performance, Vol. 1: The International Financial System, Chicago 1989, 255–296.

Seiser, Gertraud/Thalhammer, Martin, Von der Produktion zum Austausch: Begriffe und Konzepte der Ökonomischen Anthropologie begreifen, in: Seiser, Gertraud (Hg.), Ökonomische Anthropologie: Einführung und Fallbeispiele, Wien 2017, 56–85.

Senny, Diogène, Fatal Debts or the Illusion of African Independence (Schiller-Institute): http://newparadigm.schillerinstitute.com/media/diogenesenny-dettes-fatales-ou-le-leurre-des-independances-africaines/ (17.03.2020).

Smith, Adam, Untersuchung über das Wesen und Ursachen des Reichtums der Völker, Tübingen 2012 [[1]1776].

Sonenscher, Michael, Before the Deluge: Public Debt, Inequality, and the Intellectual Origins of the French Revolution, Princeton 2007.

Stichelmans, Tiago, Why a United Nations Sovereign Debt Restructuring Framework is Key to Implementing the Post-2015 Sustainable Development Agenda, Eurodad 2015.

Truitt, Allison, Hot Loans and Cold Cash in Saigon, in: Truitt, Allison/Senders, Stefan (Hg.), Money: Ethnographic Encounters, Oxford 2007, 57–67.

UN, Human Development Report 2000: Human Rights and Human Development, New York 2000.

UN, Financing for Development, Monterrey Consensus, 2003.

UN, Addis Abeba Action Agenda, Addis Abeba 2015.

UN, The 2030 Agenda for Sustainable Development, 2015.

Weber, Max, Wirtschaft und Gesellschaft, Frankfurt am Main 2005.

Wagschal, Uwe, Staatsverschuldung. Ursachen im internationalen Vergleich, Opladen 1996

Wallerstein, Immanuel, The French Revolution as World-Historical Event, in: Social Research 56 (1989) 1, 33–52.

Weltbank, International Debt Statistics 2017, Washington 2017.

Wolf, Eric, Die Völker ohne Geschichte. Europa und die andere Welt seit 1400, Frankfurt am Main 1986.

Zendejas, Juan H. Flores, The Sources and Challenges of Public Debt Markets: Blessing or Curse? In: Regards croisés sur l'économie 2 (2015), 52–66.

Hollande Promises to Pay ‚Moral Debt' to Former Colony Haiti, in: The Guardian (13.05.2015): https://www.theguardian.com/world/2015/may/13/hollande-haiti-visit-france-former-colony (17.03.2020).

Juan Luis Gutiérrez Cordero

Analyse der Versorgungskette und Optimierungspotentiale im Import von fair gehandelten Textilien aus Guatemala nach Österreich

Abstract: The purpose of this article is to gain insight into the exports of Guatemalan fair trade textiles and to prove whether the import of Guatemalan textiles by the Austrian companies „Guatestoffe - textile handicrafts from Guatemala" and „EZA Fairer Handel GmbH" fulfil the requirements for a Fair Trade Supply Chain. After giving an overview over the economy and importance of the Guatemalan textile industries, the article goes into more detail by describing the supply chains of both companies and compares them. In conclusion, there is a description of the areas of improvement for future imports of textiles from Guatemala into Austria.

Keywords: Guatemala, supply chains, import of textiles, fair trade, Maya culture

1 Einleitung

Textilien aus Guatemala sind weltweit wegen ihrer Einzigartigkeit (Muster und Farben) anerkannt. In den letzten Jahren hat sich ihre Popularität weltweit verbreitet. Es gibt eine große Nachfrage insbesondere in den USA, Kanada und Europa. Da die österreichischen KundInnen vor allem an den Farben und der hohen Qualität der Stoffe Gefallen finden, sind die Importe nach Österreich in den letzten Jahren stark gestiegen.[1] Um den Kundenbedarf an Textilien aus Guatemala zu befriedigen, entsteht eine Versorgungskette zwischen den ProduzentInnen der Textilien in Guatemala und den EndkundInnen in Österreich. Der Autor möchte diese Versorgungskette von guatemaltekischen Textilien exemplarisch anhand von zwei österreichischen Unternehmen („EZA Fairer Handel GmbH" und „Guatestoffe – textiles Handwerk aus Guatemala") untersuchen. Es wird diskutiert, ob diese Unternehmen strukturell den Charakteristiken und Kriterien einer „Fair Trade Supply Chain"[2] entsprechen. Zielsetzung des Autors ist es, die Versorgungskette von guatemaltekischen Textilien von

---

1 Vgl. Wirtschaftskammer Österreich, Länderprofil Guatemala.
2 Engl. „*supply chain*" bedeutet Versorgungs- bzw. Lieferkette.

den ProduzentInnen bis zu den EndkundInnen in Österreich zu analysieren. Konkreter wurde die Planung und Umsetzung der Versorgungsketten anhand der zwei wichtigsten Importeure in Österreich von guatemaltekischen Textilien untersucht, Optimierungspotentiale identifiziert und überprüft, ob diese Versorgungsketten die Kriterien einer „Fair Trade Supply Chain" erfüllen.

Für die Erhebung der Daten zu den Versorgungsketten der Fallbeispiele wurden qualitative Interviews mit VertreterInnen von Unternehmen geführt, die Textilien aus Guatemala importieren. Gläser und Laudel beschreiben das Experteninterview als empirische Untersuchung, die das Ziel hat, eine sozialwissenschaftliche Erklärung zu einer Forschungsfrage zu finden.[3] Insbesondere die Beschreibung nach Gläser und Laudel bestärkte mich, Experteninterviews als bevorzugte Methode der Datenerhebung zu wählen. Dies liegt insofern nahe, als Menschen befragt wurden, die eine hohe Expertise zum Thema guatemaltekische Textilien und Import von guatemaltekischen Textilien nach Österreich haben und dieses Thema sowohl theoretisch als auch praktisch behandeln.

Die Experteninterviews waren mittels eines von mir erstellten Leitfadens teilstrukturiert. Interviews zum Thema „Versorgungskette" wurden mit folgenden ExpertInnen durchgeführt: Myriam Wedler (Geschäftsführerin von „Guatestoffe – textiles Handwerk aus Guatemala") und Gerhard Wimmer (Chef der Abteilung Einkauf, Handwerk der „EZA Fairer Handel GmbH"). Bei den Interviews wurden die Planung und Umsetzung des Warenflusses von Textilien zwischen Österreich und Guatemala untersucht. Die Auswertung erfolgte durch qualitative Induktion, dabei werden aus besonderen Aussagen, die aus der Literatur und den Interviews herausgearbeitet wurden, allgemeine Aussagen über die Versorgungsketten abgeleitet, die intersubjektiv überprüfbar sind.[4]

Im ersten und zweiten Teil dieses Beitrags werden die theoretischen Grundlagen erörtert. Hierbei handelt es sich hauptsächlich um Begriffsabgrenzungen, Definitionen und theoretische Grundlagen zum Supply Chain Management und dem Konzept Fair Trade[5] Supply Chain. Im dritten Teil erfolgen nach einem kurzen Einblick in die wirtschaftlichen Rahmenbedingungen Guatemalas

3 Vgl. Gläser/Laudel, Experteninterviews, 13.

4 Vgl. Reichertz, Abduktion, Deduktion und Induktion in der qualitativen Forschung, 280.

5 Im vorliegenden Artikel bezieht sich die Schreibweise „Fair Trade" (Fairer Handel) auf die Definition von Witkowski, Fair trade marketing; die Schreibweise „FAIRTRADE" bezieht sich auf die Zertifizierung von FLO CERT. Zur Definition von „Fair Trade" vgl. Kapitel 2.2.

eine Betrachtung der guatemaltekischen Textilexporte und die Stellung dieser Exporte im Außenhandel Guatemalas.

Die Beschreibung der Textilherstellung in Guatemala dient dem notwendigen Grundverständnis dieser Industrie und der nachfolgenden Ausführungen. Im vierten Teil mit dem Titel „Fallbeispiele des Supply Chain Managements von guatemaltekischen Textilien nach Österreich" fließen die Erkenntnisse aus den qualitativen Experteninterviews ein. Hier werden die Versorgungsketten verglichen, die Konsolidierungs- und/oder Bündelungsmöglichkeiten des Imports von guatemaltekischen Textilien nach Österreich aufgezeigt und Zukunftsperspektiven diskutiert.

2 Grundlagen des Supply Chain Managements (SCM)

Es ist eine allgemeine und fast schon selbstverständliche Tatsache, dass Unternehmen Beziehungen zu anderen Unternehmen aufbauen, um Waren oder Leistungen zu produzieren, weil sie Ressourcen, Geld oder Leistungen von diesen anderen Unternehmen brauchen.

John Mentzer u. a. definieren die Supply Chain als eine Lieferkette: „A supply chain is defined as a set of three or more entities (organizations or individuals) directly involved in the upstream and downstream flows of products, services, finances, and/or information from a source to a customer."[6] Für Chopra und Meindl besteht eine Supply Chain aus verschiedenen Elementen, die das Ziel haben, die Bedürfnisse der KundInnen zu erfüllen: „A supply chain consists of all parties involved, directly or indirectly, in fulfilling a customer request. The supply chain not only includes the manufacturer and suppliers, but also transporters, warehouses, retailers, and customers themselves."[7]

Die Koordination und Optimierung des Material-, Geld- und Informationsflusses über den gesamten Wertschöpfungsprozess zwischen Unternehmen bis zu den EndkundInnen wird in der Literatur als *Supply Chain Management* definiert.[8] Diese Optimierung hat als Ziel, alle Prozesse zeit- und kostenoptimal zu gestalten. Um dieses Ziel zu erreichen, legen Huber und Laverentz drei Punkte fest, die im Zielkatalog jedes Supply Chain Management vorhanden sein müssen:

6 Mentzer u. a., Defining supply chain management, 1.
7 Chopra/Meindl, Supply Chain Management, 12.
8 Vgl. Huber/Laverentz, Logistik, 146.

- Verbesserung der logistischen Qualität,
- Verringerung der Kosten bei vorgegebenem Qualitätsniveau,
- Verbesserung der Entwicklungsfähigkeit.[9]

Die Verbesserung der Entwicklungsfähigkeit ist laut Huber und Laverentz die wichtigste Voraussetzung, um die beiden ersten Ziele erreichen zu können, denn nur so kann eine Versorgungskette in einer dynamischen Umgebung langlebig werden. Eine erfolgreiche Versorgungskette muss sich mit der Zeit um weitere Komponenten erweitern lassen, und zwar nicht nur um wirtschaftliche oder logistische, sondern auch um ökologische und soziale Komponenten, damit sie eine nachhaltige Wirkung haben kann.

2.1 Fair Trade Supply Chain

Die Geschichte von Bestrebungen nach einer gerechten Entlohnung und gerechten Arbeitsbedingungen in den Ländern des Südens hat seine Wurzeln in den USA, wo im Jahr 1958 der erste Laden mit fair gehandelter Ware eröffnet wurde. Im Jahr 1973 importierte die niederländische Stiftung „S.O.S. Wereldhandel" den weltweit ersten fair produzierten Kaffee aus Guatemala. 1988 startete die Siegelinitiative Max Havelaar in Holland.[10] Eigene FAIRTRADE-Unternehmen begannen Vertriebsstrukturen schrittweise zu professionalisieren. Während diese Unternehmen sich mit spezialisierten Geschäftsmodellen in der FAIRTRADE-Nische knapp behaupten können, sorgen die Großverteiler mit dem FAIRTRADE-Label für das große Wachstum weltweit. In Österreich wurde die „EZA Fairer Handel GmbH" im Jahr 1975 in Salzburg gegründet.

Seit vielen Jahren entwickeln sich bisher eher lose vernetzte nationale FAIRTRADE-Akteure zu internationalen Systemen, um sich im Markt behaupten zu können. Dies gilt für FAIRTRADE-Unternehmen und die Weltladenbewegung, aber insbesondere für das Label-System von FAIRTRADE International. Zeitgleich wird nachhaltige Beschaffung für große Marken zum wichtigen Thema. Viele internationale Konzerne sehen in FAIRTRADE-Beziehungen eine Chance, ihr Image zu verbessern. In Ergänzung zu den neuen Vertriebskanälen bei österreichischen Marktpartnern, wie der REWE-Konzern oder Spar, kommt die international ausgerichtete Zusammenarbeit von FAIRTRADE mit globalen Konzernen dazu.

9 Vgl. ebd. 147.

10 Vgl. Jorio, 25 Jahre Max Havelaar in der Schweiz.

Die Charta „Prinzipien des Fairen Handels“, herausgegeben 2009 von der *World Fair Trade Organization* und den *Fairtrade Labelling Organizations International* definiert FAIRTRADE folgendermaßen: „Fairer Handel ist eine Handelspartnerschaft, die auf Dialog, Transparenz und Respekt beruht und nach mehr Gerechtigkeit im internationalen Handel strebt. Durch bessere Handelsbedingungen und die Sicherung sozialer Rechte für benachteiligte ProduzentInnen und ArbeiterInnen – insbesondere in den Ländern des Südens – leistet der Faire Handel einen Beitrag zu nachhaltiger Entwicklung. Faire Handels-Organisationen engagieren sich – gemeinsam mit VerbraucherInnen – für die Unterstützung der ProduzentInnen, die Bewusstseinsbildung und die Kampagnenarbeit zur Veränderung der Regeln und der Praxis des konventionellen Welthandels.“[11]

Nach Terrence Witkowski ist Fair Trade (fairer Handel) „a philosophy that supports the marketing and sales of products at greater than the free trade prices“[12]. Witkowski definiert die *Fair Trade Supply Chain* durch zwei horizontale Elemente auf einer Versorgungskette, die auf dem Prinzip des fairen Handels basieren:[13]

- ProduzentInnen (*producer organizations*): kleine Handwerksinitiativen, Kooperativen von Bauern und Bäuerinnen, HandwerkerInnen und Kleinbauernfamilien. Genossenschaften, Dorfgemeinschaften oder Dorfgruppen. Alle diese Kleinorganisationen müssen vertraglich ihren Mitgliedern die Einhaltung von folgenden Punkten sichern:
  - o Verbot von Zwangsarbeit,
  - o Verbot von illegaler Kinderarbeit,
  - o Maßnahmen zum Schutz des Regenwaldes,
  - o kontinuierliche Durchführung ökologischer Fortbildungsprogramme,
  - o gezielte Förderung von Frauen,
  - o Abfallvermeidung und umweltgerechte Entsorgung,
  - o gezielte Förderung von Bioanbau durch Prämien,
  - o kein Einsatz von genverändertem Pflanzenmaterial oder Substanzen.
- Fair Trade ImporteurInnen (*fair trade importers and wholesalers*): Unternehmen, die direkt von den ProduzentInnen Waren, Obst oder Textilien beziehen. Die Fair Trade Federation hat mehr als 150 kanadische und US-amerikanische zertifizierte Unternehmen, die als Fair-Trade Importeure gelten. In Österreich ist seit 1975 die „EZA Fairer Handel GmbH“ der Pionier im fairen Handel. Die ProduzentInnen in den Ländern des Südens (Afrika, Asien und Lateinamerika)

---

11 Eine Grundsatz-Charta für den Fairen Handel, Deutschland.

12 Witkowski, Fair Trade Marketing, 22.

13 Vgl. ebd. 22–34.

erhalten von Fair Trade ImporteurInnen faire Preise für die Waren und Produkte, unabhängig von den Weltmarktpreisen. So können die ProduzentInnen und Kooperativen eigenverantwortlich wirtschaften, die Menschen in den Entwicklungsländern können ihre Existenz weitgehend sichern und soziale Mindeststandards in punkto Gesundheit und Bildung erreichen.

2.2 Unterschiede zwischen Fair Trade Supply Chain und konventioneller Supply Chain

Wie vorhin beschrieben ist eine Versorgungskette (*Supply Chain*) die Zusammenarbeit zwischen Unternehmen in einer Lieferkette, um die Bedürfnisse von KundInnen befriedigen zu können. In einer konventionellen Versorgungskette berücksichtigt die Lieferkette ein Unternehmen, dessen Zulieferer, die Zulieferer der Zulieferer etc. sowie dessen Kunden, die Kunden der Kunden etc. Hier liegt der erste Unterschied zwischen der *Fair Trade Supply Chain* und der konventionellen Versorgungskette eines Unternehmens. Eine *Fair Trade Supply Chain* besteht aus vier wichtige Elementen:

ProduzentInnen → Fair Trade ImporteurInnen → Fair Trade HändlerInnen → KundInnen[14]

Im Unterschied zur konventionellen Versorgungskette hat die *Fair Trade Supply Chain* wenige ZwischenhändlerInnen, der Verkauf und Informationsfluss geschieht direkt zwischen ProduzentInnen und ImporteurIn. Economies of Scale sind durch die Arbeit in Genossenschaften möglich. Fair Trade ImporteurInnen versichern eine schnelle Bezahlung der ProduzentInnen und – wenn immer möglich – leisten sie eine Vorfinanzierung. Ein besonders wichtiger Faktor für die EndkonsumentInnen und die ProduzentInnen ist der Preis. Die KonsumentInnen zahlen mehr als bei gewöhnlichen Marken mit dem Wissen, dass die ProduzentInnen einen fairen Lohn für Ihre Arbeit bekommen.

Der wichtigste Unterschied zwischen einer *Fair Trade Supply Chain* und einer konventionellen Versorgungskette ist die Zertifizierung der Produkte, HändlerInnen und ProduzentInnen, die Voraussetzung für FAIRTRADE ist. Das FAIRTRADE-Gütesiegel ist ein unabhängiges Zertifizierungszeichen, das auf Produkten angebracht wird, um KonsumentInnen zu garantieren, dass benachteiligten ProduzentInnen in den Ländern des Südens eine bessere Behandlung zuteilwird. Damit ein Produkt zertifiziert werden kann, müssen die von Fairtrade Labelling Organizations International festgelegten Richtlinien eingehalten

14 Vgl. Rachbauer, Warenflusskontrolle in der Fairtrade Kaffee Supply Chain, 34.

werden. Im Folgenden werden die wichtigsten Standards des FAIRTRADE-Labels in Österreich kurz zusammengefasst:[15]

- Faire Preise, um von der Arbeit nachhaltig leben zu können. FAIRTRADE-Mindestpreise sind als Sicherheitsnetz zu verstehen und sollen die durchschnittlichen Produktionskosten für eine nachhaltige Produktion decken.
- FAIRTRADE-Prämie für Soziales, Infrastruktur und Bildung. Zusätzlich erhalten die ProduzentInnenorganisationen von den zertifizierten HändlerInnen eine FAIRTRADE-Prämie, die für gemeinnützige Projekte oder auch Investitionen in die Produktion verwendet werden kann.
- Umweltschonende, nachhaltige Anbaumethoden bis hin zu Bioanbau. KleinbauerInnen-Kooperativen und Plantagen müssen vorgeschriebene FAIRTRADE-Umweltstandards einhalten.
- Bessere Bedingungen für ArbeiterInnen auf Plantagen, Blumenfarmen oder in Teegärten. Die FAIRTRADE-Standards sorgen für soziale Rechte und Sicherheit am Arbeitsplatz der Beschäftigten.

Im Jahr 2004 wurde die unabhängige Zertifizierungsstelle FLO CERT ins Leben gerufen. Ziel von FLO CERT ist es, die Einhaltung der FAIRTRADE-Standards bei den ProduzentInnenorganisationen in den sogenannten Entwicklungsländern zu überprüfen und unabhängige Zertifizierungen bei allen VertragspartnerInnen durchzuführen. Auch österreichische LizenzpartnerInnen sind hier eingeschlossen.[16] Die nächste Stufe ist die Zertifizierung der Unternehmen, die FAIRTRADE- Rohwaren handeln und veredeln. Diese Unternehmen müssen sich von der unabhängigen FLO CERT zertifizieren lassen. Dies gilt bis zu jenem Punkt in der Supply Chain, bis die Produkte für die EndkonsumentInnen unter einer Marke fertig verpackt sind. Der letzte Schritt ist die Zertifizierung von FAIRTRADE-Produkten.

Alle Unternehmen, die das FAIRTRADE-Gütesiegel und/oder das FAIRTRADE-Programmsiegel für Kakao, Zucker und Baumwolle auf ihren Produkten verwenden möchten, müssen einen Lizenzvertrag mit FAIRTRADE Österreich abschließen. Das FAIRTRADE-Gütesiegel und das FAIRTRADE-Programmsiegel für Kakao und Zucker gibt es für eine breite Palette an Lebensmittelprodukten und für ausgewählte Produkte im Non-Food-Bereich. Alle Unternehmen in der FAIRTRADE-Versorgungskette müssen aus FAIRTRADE-zertifizierten Quellen zukaufen.[17]

15 Vgl. Fairtrade Österreich, Fairtrade-Standards.
16 Vgl. ebd.
17 Vgl. ebd.

FLO CERT schreibt den TeilnehmerInnen an der Versorgungskette, die Lebensmitteln produzieren, vor, dass alle zertifizierten FAIRTRADE-Produkte in jedem Transaktionsschritt physisch rückverfolgbar sein müssen. Das Aufzeichnungssystem muss in der Lage sein, FAIRTRADE-Produkte separat zu erfassen und Mengen zu aggregieren. FAIRTRADE-zertifizierte Produkte müssen getrennt von konventionellen Produkten transportiert, gelagert und verarbeitet werden. Diese Trennung kann räumlich oder zeitlich erfolgen. Auch die Verarbeitungsanlagen müssen vor dem Produktionsprozess, in dem FAIRTRADE-Produkte verwendet werden, größtenteils sauber (also ohne Rückstände anderer Produkte) sein.[18]

3 Guatemaltekische Textilien – ein Überblick

3.1. Guatemala: Bedeutung und Export von Textilien

Das mittelamerikanische Land Guatemala war das Zentrum der Maya-Kultur. Ein Erbe dieser antiken Hochkultur Lateinamerikas ist die Weberei und die traditionelle Textilherstellung, die durch die indigene Bevölkerung noch am Leben gehalten wird. Dieser Industriezweig hat in den letzten Jahren an Wichtigkeit gewonnen, sodass die Textilproduktion ein wichtiger Industriesektor des Landes geworden ist. Als größte Volkswirtschaft Zentralamerikas mit einem Bruttoinlandsprodukt von 75,7 Mrd. Euro[19] im Jahr 2017 weist Guatemala ein stabiles makroökonomisches Wachstum auf.

Einer der wichtigsten Absatzmärkte für traditionelle guatemaltekische Textilien ist Österreich. Im Jahr 2017 wurden laut Zahlen der Wirtschaftskammer Österreichs 6 Mio. Euro aus Guatemala importiert. Davon stellen neben Kaffee, Tee, Kakao und daraus produzierte Waren (28,4 %), Getränken 19,3 %, Gemüsen und Früchten (17,3 %) Bekleidung und Bekleidungszubehör (14,4 %) die größten Produktsparten.

3.2 Kultur und Textilien

Die Textilindustrie in Guatemala ist der älteste Industriezweig des Landes. Sie spielte und spielt eine Schlüsselrolle in der wirtschaftlichen Entwicklung bzw. beim Wirtschaftswachstum. Die Mayas, Hochkultur Guatemalas, von denen die in der vorliegenden Arbeit präsentierten Textilien stammen, leben seit Jahrhunderten im Hochland von rund 900–3000 Meter über dem Meeresspiegel. Außer

18 Vgl. Fridell, Fair Trade Coffee, 55.

19 Vgl. im Folgenden Wirtschaftskammer Österreich, Länderprofil Guatemala.

in Guatemala und Bolivien gibt es sonst in keinem lateinamerikanischen Land einen indigenen Bevölkerungsanteil von mehr als 50 %. Die Tradition der Weberei ist bei den Mayas tief mit ihrer Geschichte verbunden. Ixchel, die Mondgöttin der Mayas, war für die Webkunst zuständig. In einer der drei noch vorhandenen Maya-Bilderhandschriften, dem *Codice Tro-Cortesiano*, wird Ixchel webend im Profil gezeigt. Sie kniet vor einem Baum, ein Ende ihres Hüftband-Webgeräts ist am Baum befestigt, das andere um ihre Hüften gebunden. Mit der linken Hand führt sie eine Webnadel zwischen den gespannten Kettfäden ein. Sie trägt einen Rock und einen Huipil, eine Bluse, die nach wie vor von den Frauen im Hochland Guatemalas getragen wird.[20] Auf die gleiche Weise wie die Göttin Ixchel haben die Maya-Frauen vor 2000 Jahren gewebt und weben sie heute noch. Das meistgenutzte Material zum Weben war Baumwolle. Von 2000 v. Chr. bis 800 n. Chr. lebten die Mayas im Norden von Guatemala. Als die Spanier Guatemala eroberten, waren die Nachfahren der Mayas in den Süden Guatemalas emigriert. Die Tradition der Weberei blieb erhalten.

Nach der Eroberung der Spanier kam es zu einer Erweiterung der Textilproduktion in Guatemala. Neue tierische und pflanzliche Materialien (Wolle, Seide), Geräte und Werkzeuge (Trittbrett-Stuhl, Spinnrad), Techniken der Stofferzeugung (Stricken, Häkeln) und Verarbeitung wie das Zuschneiden der Stoffe und auch neue Kleidungsstücke (z. B. Hosen, Jacken etc.) wurden verwendet. Die Bevölkerung der Mayas wurde aus Streusiedlungen in Dörfern zusammengefasst. Die Spanier zwangen die Nachfahren der Mayas, Kleider mit nur einem bestimmten Muster zu tragen, um ihre Angehörigkeit zu erkennen. Bestimmte Muster und Farben, die dafür entwickelt wurden, sind noch heute in allen Dörfern Guatemalas zu finden.

3.3 Produktion

Seit vorspanischer Zeit werden in Guatemala Fasern aus Baumwoll-Pflanzen u. a. der Gattung *Gossypium hirsutum* zu Stoffen verarbeitet.[21] Einige Baumwollarten können nicht industriell versponnen werden. Diese werden für zeremonielle Kleidungsstücke verwendet. Im Gegensatz zu den Alpenländern gab es in Guatemala keine Wolltiere. Schafe wurden erst von den Spaniern eingeführt und verbreiteten sich hauptsächlich im Hochland Guatemalas. Dort, wo Wolle zum Broschieren und Besticken benutzt wurde, wurde diese ab den 1970er-Jahren durch Kunstfasern, Rayon und Acryl ersetzt. Heute kaufen die Indigenen die

20 Vgl. Deuss, Indian Costumes from Guatemala, 9.

21 Vgl. Miller, The Other Side of Yesterday, 16.

industriell produzierten Kunstfasern auf den Märkten ein. Nach wie vor ist die Baumwolle der meistbenutzte Stoff in guatemaltekischen Textilien.

4 Fallbeispiele des Supply Chain Managements von guatemaltekischen Textilien nach Österreich

4.1 EZA Fairer Handel GmbH

Die „EZA Fairer Handel GmbH", Österreichs größte Importorganisation für fairen Handel, arbeitet seit 1990 mit verschiedenen Kooperativen und Handwerksvereinigungen im Hochland Guatemalas zusammen. Laut dem Geschäftsbericht der „EZA Fairer Handel GmbH" vom Jahr 2017 erzielte der Bereich Fair Fashion (Textilien, Handwerk, Taschen, Hängematten etc.) mehr als 2 Mio. Euro Umsatz: Bekleidungstextilien, Schmuck, Taschen und Hängematten, die aus Afrika und hauptsächlich aus Südamerika importiert werden, umfassten 2,4 Mio. Euro und bildeten damit 14,3 % des Gesamtsortiments.[22] Viele der Produkte des Fair Fashion Portfolio der „EZA Fairer Handel GmbH" stammen aus Guatemala und werden von ProjektpartnerInnen in Guatemala eigens für den europäischen Markt hergestellt. Diese Artikel sind Hängematten, Jonglierbälle, Taschen und Accessoires.

Laut Gerhard Wimmer, Referent für den Einkauf von Handwerk bei der „EZA Fairer Handel GmbH", werden jährlich ca. 50.000 USD (ca. 45.000 Euro/Einkaufswert FOB[23]) aus Guatemala importiert. Zwei Mal im Jahr werden Bestellungen bei den ProjektpartnerInnen (die Kooperativen „Pop Atziak" und „Aj Quen") getätigt.[24] „Pop Atziak" ist eine Kooperative mit 175 eingetragen Handwerk-Familien in Totonicapán (250 km von Guatemala City entfernt), die im Jahr 1988 gegründet wurde. Hauptziel der Kooperative ist es, die 44 Mitglieder sowie, falls genügend Aufträge vorliegen, weitere 130 HandwerkerInnen bei der Vermarktung von traditionellen, handgewebten Baumwolltextilien zu unterstützen. Gleichzeitig werden Ausbildungskurse und Gemeinschaftsprojekte (z. B. Wiederaufforstungen) durchgeführt. „Pop Atziak" bedeutet in der Quiché-Sprache „gewebte Geschichte"[25]. Die Kooperative „Aj Quen" wurde 1989 von VertreterInnen mehrerer organisierter Handwerksgruppen in Sololá (150 km von Guatemala City entfernt) gegründet. Damit gilt die Organisation als die älteste Handwerksvereinigung Guatemalas. „Aj

22 Vgl. EZA Fairer Handel GmbH, Geschäftsbericht 2016/2017, 24.
23 FOB (Free on board) Incoterm.
24 Vgl. Experteninterview mit Gerhard Wimmer.
25 Vgl. EZA Fairer Handel GmbH, Pop Atziak.

Quen“ bezeichnet sich als Einrichtung zur Förderung einer selbstbestimmten Entwicklung. Neben den klassischen Aufgaben einer Vermarktungsorganisation des fairen Handels, wie der Vermarktung, Exportabwicklung, Produktentwicklung und technischen Beratung der ProduzentInnen, sind Schulungen und Fortbildungen in den Bereichen Gender, Bürger- und Frauenrechte, Demokratisierung, Friedensarbeit etc. integraler Teil der geleisteten Arbeit.

Etwaige Gewinne werden in die Organisation reinvestiert (z. B. Infrastruktur, Arbeitskapital, Schulungen, Sozialprojekte) bzw. zur Förderung und Unterstützung der ProduzentInnen verwendet (Mikrokreditfonds etc.). Das Wort „Aj Quen“ bedeutet in der indigenen Maya-Sprache namens Cakchiquel „El Tejedor“ (Der Weber).[26] Beide Kooperativen sind Mitglieder der World Fair Trade Organisation und werden regelmäßig von den VertreterInnen der „EZA Fairer Handel GmbH“ besucht, um die Qualität, aber auch um die Einhaltung der Fair Tade-Voraussetzungen zu kontrollieren. Die Textilien, die die „EZA Fairer Handel GmbH“ aus Guatemala importiert, haben kein FAIRTRADE-Label, d. h. sie erfüllen nicht die wichtigen Voraussetzungen der internationalen FLO CERT-Zertifizierung. Die „EZA Fairer Handel GmbH“ garantiert aber, dass die Produkte als fair gehandelt gekauft werden, weil sie mit allen bestehenden EZA-Partnerorganisationen eine Kooperationsvereinbarung (Memorandum of Understanding) abgeschlossen hat. Darin verpflichten sich alle EZA-PartnerInnen durch ihr Tun und Handeln, marginalisierte ProduzentInnen zu unterstützen, langfristige Handelspartnerschaften einzugehen und zu pflegen und ihr Handeln an den zehn WFTO (World Fair Trade Organization)-Prinzipien auszurichten. Diese zehn Prinzipien sind der Schutz der Umwelt und Natur, Gewährleistung von guten Arbeitsbedingungen, Verpflichtung zur Nicht-Diskriminierung, Geschlechtergerechtigkeit und Vereinigungsfreiheit, Transparenz und Verantwortlichkeit, Verbot von Kinderarbeit, Förderung von Bildung und Zahlung von fairen Preisen.[27]

Die Textilien aus Totonicapán und Sololá werden in den Kooperativen eingepackt und mit dem LKW nach Guatemala City transportiert. Dort werden sie gebündelt und mit dem LKW zum Hafen Sto. Tomás de Castilla in Izabal (Atlantikküste) transportiert. Der Transport der Textilien erfolgt zusammen mit fair gehandelten Glasprodukten aus Guatemala. Zwei Container[28] werden jährlich nach Hamburg bewegt und von dort mit dem Zug nach Salzburg befördert.

26 Vgl. Aj Quen, Guatemala.
27 Vgl. EZA Fairer Handel GmbH, Geschäftsbericht 2016/2017, 24.
28 FCL (Full Container Load), 40 Fuß lang.

Von Salzburg werden die Waren nach Köstendorf mittels LKW weiter transportiert. Die Textilien werden anschließend ebenfalls per LKW[29] weiter zu den ca. 100 Weltläden österreichweit expediert. Die Spedition „Hellmann Worldwide Logistics" in Salzburg kümmert sich um den Transport der Ware von Hochland nach Guatemala City und den beladenen Containern von Guatemala nach Österreich.[30]

4.1.1 Entsprechung Fair Trade Supply Chain

Laut der Definition von Witkowski entspricht die Lieferkette der „EZA Fairer Handel GmbH" den Kriterien einer Fair Trade Supply Chain, da ihre ProduzentInnen in den zwei kleinen Kooperativen „Pop Atziak" und „Aj Quen" in Guatemala alle sozialen Aspekte von fairem Handel in ihrer Arbeit und Organisation erfüllen. Sie exportieren Waren von höchster Qualität direkt nach Österreich über einen fairen Importeur („EZA Fairer Handel GmbH"). Die Ware wird dann direkt in den Weltläden (Fair Handel Trader) an die KundInnen gebracht.

4.1.2 Problemfelder

Laut Gerhard Wimmer, Verantwortlicher für den Einkauf von Handwerk aus Guatemala, gibt es in der Supply Chain nur Probleme in der Produktion der Textilien in Guatemala selbst: Da nur wenige Designs mit alten Mustern vorhanden sind und daher keine neuen Textilprodukte angeboten werden können, sättigt sich der Markt rasch. Des Weiteren ist es sehr schwierig, Bio-Baumwolle in Guatemala zu kaufen. In Guatemala gibt es keine Tradition von biologischen Produkten, daher sind verbotene Chemikalien in den Farbstoffen vorhanden, die von den WeberInnen verwendet werden. Der Preis der Waren ist (im Vergleich zu normalen Waren in den Märkten) relativ hoch. Dies hat zur Folge, dass die Kooperativen versuchen, die billigere Baumwolle für die Produktion der Textilien zu kaufen. Der Anteil der guatemaltekischen Textilien, gemessen an der importierten Gesamtmenge des Unternehmens, war vor 15 Jahren größer. Der Rückgang des Importes guatemaltekischer Stoffe wird durch die von „Fairer Handel GmbH" eigens kreierte Bekleidungslinie (Anukoo Fair Fashion) begründet, die Textilien vorwiegend aus Afrika, Asien, Bolivien und Peru beziehen. Neben diesem reduzierenden Faktor ging auch die Bedeutung von Hängematten

29 Die „EZA-Fairer Handel GmbH" hat einen eigenen Fuhrpark.

30 Vgl. Experteninterview mit Gerhard Wimmer.

aus Guatemala – einst eines der exklusivsten Produkte im Sortiment – aufgrund der hohen Preise verloren.[31]

4.2 Guatestoffe – textiles Handwerk aus Guatemala

„Guatestoffe – textiles Handwerk aus Guatemala“ in Wien ist das erste Geschäft in Österreich und eines der wenigen in Europa, das nur Textilien und Handwerk aus Guatemala in seinem Produktsortiment verkauft. Dieses Produktsortiment wird seit der Eröffnung des Geschäftes im Jahr 2006 unter den Gesichtspunkten eines fairen und nachhaltigen Handels eingekauft. Der Einkauf findet bei Kooperativen im guatemaltekischen Hochland statt, welches berühmt ist für seine lebendige Textilgeschichte. Fünf Kooperativen in San Juan La Laguna in der Region Sololá (Lema, ASOAC, Ixoquic, Asquemaj und CICOPA) und drei Familien (Lopez, Pérez und Julián) aus der Stadt San Marcos sind die Produzenten der Ware, die das Unternehmen „Guatestoffe – textiles Handwerk aus Guatemala“ importiert.[32] Ca. zehn unterschiedliche Produkte werden vom Unternehmen importiert: Stoffe, Decken, Hängematten, Schals, Portemonnaies, kleine und große Taschen, Stofftiere, Kinderbekleidung und Handwerk (Schnitzereien). Der Gesamtwert der Importe variiert vom Jahr zu Jahr, weil die Bestellungen nach Guatemala je nach Bedarf der Kundschaft gemacht werden. Wenn das Lagersortiment eines Produktes niedrig ist, wird zeitgerecht bestellt. Laut Informationen von Myriam Wedler, Geschäftsführerin von „Guatestoffe – textiles Handwerk aus Guatemala“ werden pro Jahr Bestellungen im Wert von ca. 25.000 Euro/Einkaufswert FOB gemacht. Das gesamte Produktsortiment des Geschäftes stammt aus Guatemala. „Guatestoffe – textiles Handwerk aus Guatemala“ arbeitet hauptsächlich mit fünf Kooperativen in San Juan La Laguna, einem kleinen Dorf in Sololá (150 km von Guatemala City entfernt), zusammen. Die Kooperativen Lema, ASOAC, Ixoquic, Asquemaj und CICOPA liefern 80 % der Produkte, die aus Guatemala importiert werden. Kleinere Produkte wie die Schnitzereien werden von Familien in San Marcos (300 km nördlich von Guatemala City entfernt) gekauft.[33] Die Produkte, die „Guatestoffe – textiles Handwerk aus Guatemala“ importiert, sind wie die Textilien der „EZA Fairer Handel GmbH“ nicht FAIRTRADE-zertifiziert. Myriam Wedler kann versichern, dass die Produkte aus fair gehandelten Quellen kommen, weil sie persönlich die Kooperativen und ihre Mitglieder kennt. Alle Stoffe und Waren werden von den

31 Vgl. ebd.
32 Vgl. Experteninterview mit Myriam Wedler.
33 Vgl. ebd.

Geschäftsführer*innen von „Guatestoffe – textiles Handwerk aus Guatemala" unter den Gesichtspunkten eines fairen und nachhaltigen Handels eingekauft.[34] Myriam Wedler betont, wie wichtig die Qualität der natürlichen Prozesse der Textilien ist, die der höchsten Qualität entspricht: „Nach alten Konventionen werden die Stoffe in aufwendigen Prozessen ohne Zeitdruck, abseits von Lieferterminen und Vertragszwängen mit den Essenzen von verschiedensten Früchten und Blättern gefärbt. Auch Hölzer, Samen oder Gewürze werden in den umliegenden Berglandschaften gesammelt und in auserlesenen Arbeitsschritten gereinigt, veredelt und auf offenem Feuer eingekocht, um später die Baumwolle darin zu färben. Generationsübergreifende Tätigkeitsbereiche, die das Miteinander stärken und die Dorfgemeinschaft als solche definieren, eine würdevolle, selbstbestimmte Arbeit von vielen, ein gemeinsames Projekt, organisiert und basisdemokratisch geleitet von den Frauen San Juans."[35] Für die Zukunft kann sich Myriam Wedler die Zertifizierung der Textilien als FAIRTRADE vorstellen. Zurzeit ist die Zertifizierung wegen Mangels an Bedarf seitens der KundInnen nicht aktuell.

Die Waren aus Sololá und San Marcos werden nach Österreich entweder als Air Cargo (Flugzeug, viermal im Jahr) oder im Container (Schiff, einmal im Jahr) transportiert. Es hängt davon ab, welche Produkte in welcher Quantität gebraucht werden. Der Gesamttransport wird von Panalpina in Österreich organisiert. Hierbei ist die Tochtergesellschaft Cropa Panalpina für die Organisation in Guatemala zuständig. Die Waren werden in der Filiale von Cropa Panalpina in Sololá gebündelt und von dort mittels LKW entweder nach Guatemala City (für den Transport mit dem Flugzeug mittels Iberia via Madrid) oder nach Sto. Tomás de Castilla in Izabal (für den Transport mittels Schiff) befördert. In Sto. Tomás de Castilla werden die Waren in einen 20-Fuß Container (FCL) verladen. Dieser Container wird nach Bremerhaven (Deutschland) geschifft. Von dort aus werden die Waren direkt in die Geschäftsstelle im 7. Wiener Gemeindebezirk geliefert. Wenn die Ware via Flugzeug exportiert wird, wird sie als Air Cargo nach Österreich via Madrid befördert. Vier Mal im Jahr werden auf dieser Weise zwischen 300 und 500 kg importiert.

4.2.1 Entsprechung Fair Trade Supply Chain

Laut der Definition von Terrence Witkowski entspricht die Lieferkette von „Guatestoffe – textiles Handwerk aus Guatemala" den Kriterien einer Fair Trade

34 Vgl. ebd.
35 Ebd.

Supply Chain: fünf Kooperativen und drei Familien in Guatemala, die die sozialen Aspekte von fairem Handel in ihrer Arbeit und Organisation erfüllen, exportieren Waren von höchster Qualität mit entsprechenden Löhnen direkt nach Österreich über einen fairen Importeur („Guatestoffe – textiles Handwerk aus Guatemala"), der gleichzeitig der Fair Trade Händler ist. Auch wenn die Lieferanten nicht die FAIRTRADE-Voraussetzungen erfüllen, sind die Bio-Aspekte der Färbung der Stoffe ein wichtiges Element in dieser Wertschöpfungskette.

4.2.2 Problemfelder

Für Myriam Wedler liegen die potentiellen und realen Konfliktfelder hauptsächlich in der Produktion vor Ort, einige wenige im Transport. Es gibt keine Möglichkeit für die ProduzentInnen, Bio-Baumwolle zu kaufen, und „Guatestoffe – textiles Handwerk aus Guatemala" hat keinen Einfluss darauf, woher die Kooperativen ihre Baumwolle geliefert bekommen. Im Transport fehlen ab und zu Unterlagen, die nachgereicht werden müssen, wenn die Ware als Cargo via Madrid verschickt wird. Ähnlich wie Gerhard Wimmer betont Myriam Wedler die hohen Kosten unterschiedlicher Produkte wie Hängematten. Auf die Frage, warum zurzeit keine FAIRTRADE-Zertifizierung in Frage kommt, antwortet sie, dass diese Zertifizierung eine Erhöhung der Preise verursachen würde. Eine FAIRTRADE-Zertifizierung würde aber ihrer Meinung nach das Kaufverhalten der KundInnen wenig verändern, denn sie legen in ihrem Geschäft Wert auf Qualität und persönliche Beratung. Hinter jedem Stoff steht eine Person oder eine Familie, die sie persönlich kennt.[36] Die regelmäßigen Besuche der Geschäftsführung von „Guatestoffe – textiles Handwerk aus Guatemala" bei den ProduzentInnen in Guatemala und das Testen der Ware – unter anderem auf Farbechtheit, Belastung etc. – garantieren eine sehr hohe Qualität.

4.3 Vergleich der Versorgungsketten

Beide Unternehmen beziehen Produkte aus Kooperativen im Hochland Guatemalas. Während die „EZA Fairer Handel GmbH" Bestellungen im Wert von ca. 45.000 Euro jährlich tätigt, beträgt der Einkaufswert der durch „Guatestoffe – textiles Handwerk aus Guatemala" bezogenen Waren ca. 25.000 Euro jährlich. Die von „EZA Fairer Handel GmbH" bezogenen Waren können in die folgenden vier Produktgruppen unterteilt werden: Hängematten, Jonglierbälle, Taschen und Accessoires. Obwohl das Gesamtvolumen der durch „Guatestoffe – textiles

36 Vgl. ebd.

Handwerk aus Guatemala" importierten Waren kleiner ist, ist die Produktpalette diverser. Hier können zehn unterschiedliche Produktgruppen ausgemacht werden: Stoffe, Decken, Schals, Portemonnaies, Stofftiere, Kunsthandwerk, Kinderbekleidung, Hängematten, Jonglierbälle, Taschen und Accessoires.

„Guatestoffe – textiles Handwerk aus Guatemala" und „EZA Fairer Handel GmbH", importieren Textilien aus den Departamentos[37] von San Marcos und Sololá nach dem Prinzip des „Fairen Handels"; trotzdem sind die Voraussetzungen für das FAIRTRADE-Label für Textilien aus Guatemala nicht gegeben, denn beide Unternehmen haben keinen Einfluss auf die LieferantInnen der Baumwolle ihrer ProduzentInnen. Für eine FAIRTRADE-Zertifizierung müssen alle Unternehmen in der FAIRTRADE-Supply Chain in allen Stufen aus FAIRTRADE-zertifizierten Quellen zukaufen. Hier stellt sich die Frage, ob in einem Sektor wie Textilien diese Zertifizierung gewinnbringend wäre. Myriam Wedler und Gerhard Wimmer betonen, dass der Preis von Produkten wie Hängematten in den letzten Jahren gestiegen ist, wodurch die Verkaufszahlen gesunken sind. Eine Zertifizierung für Textilien aus Guatemala würde für die Unternehmen mehr Kosten bedeuten. Als logische Konsequenz müssten die Verkaufspreise für die EndkundInnen angehoben werden. Demzufolge würden höhere Preise laut Myriam Wedler den Absatz reduzieren.

Transparenz und Rückverfolgbarkeit, ein weiterer (Marketing-)Vorteil der Zertifizierung von FAIRTRADE-Produkten und FAIRTRADE-Supply Chains für Lebensmittel wie Kaffee, Kakao oder Zucker, wären für Myriam Wedler für Textilien nicht zielführend, da eine solche Zertifizierung ein hohes Maß an Organisation und daher steigende Kosten bei gleichem oder sogar niedrigerem Absatz aufgrund höherer Verkaufspreise bedeuten würde. Sie bevorzugt als Verkaufsstrategie eine persönliche Beratung ihrer Klientel.

Im Fall der „EZA Fairer Handel GmbH" erfüllt zwar die Modelinie „Anukoo Fair Fashion" die FAIRTRADE-Supply Chain-Voraussetzungen, jedoch bezieht das Unternehmen für diese Modelinie ihre Textilien nicht aus Guatemala.

4.4 Optimierungspotenziale

Ziel der Versorgungsketten von „EZA Fairer Handel GmbH" und „Guatestoffe – textiles Handwerk aus Guatemala" ist es, einen reibungslosen Lieferablauf zwischen Guatemala und Österreich zu gewährleisten. Zwar garantieren beide Versorgungsketten den Lieferablauf aus Guatemalas Hochland nach Wien bzw. Salzburg, jedoch gibt es Optimierungspotenziale, die erwähnenswert sind:

37 Guatemaltekische Regionen.

- Eine der wichtigsten Optimierungsmöglichkeiten für die Qualität der Textilien wäre die Verwendung von biologischer und/oder fair gehandelter Baumwolle.
- Eine weitere Optimierungsmöglichkeit ist die Verbesserung des Informationsflusses zwischen den Kooperativen in Guatemala und den Unternehmen in Österreich. Beide Unternehmen machen regelmäßige Besuche in Guatemala, um die Qualität und die Einhaltung der sozialen Kriterien von fairem Handel zu garantieren. „Guatestoffe – textiles Handwerk aus Guatemala“ bestellt ihre Waren je nach Bedarf. Die „EZA Fairer Handel GmbH“ bestellt die gleichen Mengen regelmäßig, d. h. es gibt keinen direkten, integrierten Datenaustausch über den Bedarf der Unternehmen in Österreich und den Kooperativen in Guatemala. Der Informationsaustausch entlang der Wertschöpfungskette sollte ein wesentliches Element des *Supply Chain Managements* darstellen. Eine Optimierung beider Versorgungsketten kann nur gelingen, wenn Daten über Bestände, Kosten, Durchlaufzeiten, Kapazitäten und Qualität etc. ausgetauscht werden. Wenn die Unternehmen in Österreich nur zwei bis vier Mal im Jahr bestellen, sind die Lagerbestände bei beiden Unternehmen hoch. Eine integrierte Businessmanagementlösung in Form von Software oder Advanced-Planning and Scheduling Systemen (wie z. B. Microsoft Dynamics NAV) für die Unternehmen in Österreich und PartnerInnen in Guatemala würde helfen, den Warenfluss in der Versorgungskette zu beschleunigen. Die Synchronisation der gesamten Versorgungskette dank integrierten Echtzeitdaten in einem offenen, standardisierten Format könnte gemeinsam genutzt werden. Aufgrund der Einfachheit der technologischen Möglichkeiten der Kooperativen und Familien in Guatemala und die hohen Kosten ist diese Option schwer zu realisieren.
- Das größte Potenzial zur Verbesserung beider Versorgungsketten würde die Nutzung von Synergieeffekten durch Konsolidierung anbieten.[38] Im Vorlauf gibt es die Möglichkeit, die Produkte aus dem Hochland nach Guatemala City zu bündeln. Hier können die Transportkosten durch Economies of Scale gesenkt werden. Dafür müssten die Produktionsaktivitäten in Sololá konsolidiert, die Waren gemeinsam nach Guatemala City transportiert und die Transportmittel besser ausgelastet werden. Die ProduzentInnen in Guatemala könnten eine gemeinsame Spedition nützen und eventuell von einem gemeinsamen Lager in Guatemala City profitieren.

38 Vgl. Fridell, Fair Trade Coffee, 277–279.

- Die letzte Optimierungsmöglichkeit für die Versorgungskette von Textilien aus Guatemala wäre die Transparenz der Lieferkette für die Kunden. „EZA Fairer Handel GmbH“ und „Guatestoffe – textiles Handwerk aus Guatemala“ könnten (mangels einer FAIRTRADE-Zertifizierung) dem Endkunden Informationen zur Struktur der Zulieferkette, den Produktionsländern und den Produktionsstätten und Familien oder Kooperativen geben. Auf den Etiketten der Kleider könnten die Informationen in Form eines QR-Codes vorhanden sein. Beide Unternehmen könnten weitreichende Informationen zu den Arbeits- und Sozialstandards in der eigenen Zulieferkette zur Verfügung stellen und eine Liste der Zulieferbetriebe auch online einsehbar machen (Verlinkung QR-Code).

5 Konklusion

Das FAIRTRADE-System trägt weltweit zur Stärkung von wirtschaftlicher Unabhängigkeit und Selbstbestimmung von vielen Kleinbauern und -bäuerinnen sowie ArbeiterInnen in Kooperativen bei. Die Produzentenorganisationen profitierten von geschätzten Direkteinnahmen in der Höhe von 39,4 Millionen USD.[39] Viele Menschen profitieren vom fairen Handel, und zwar durch faire Preise, um von der Arbeit nachhaltig leben zu können. Darüber hinaus erhalten sie eine FAIRTRADE-Prämie. Diese dient den Kooperativen dazu, Investitionen in dringend notwendige Bildungs-, Gesundheits- oder Umweltprojekte zu tätigen. Auch wenn die guatemaltekischen Textilien von „EZA Fairer Handel GmbH“ und „Guatestoffe – textiles Handwerk aus Guatemala“ nicht die FAIRTRADE-Zertifizierung aufweisen, arbeiten beide Organisationen mit den ProduzentInnen in Guatemala unter den FAIRTRADE-Prämissen: soziale Gerechtigkeit, gerechte Löhne für die ProduzentInnen, nachhaltige Produktion und hohe Qualitätsstandards durch regelmäßige Besuche vor Ort.

Das höchste Kostensparpotenzial in der Versorgungskette von guatemaltekischen Textilien nach Österreich bildet die Kooperation und Bündelung des Transportes der textilen Waren aus dem Hochland Guatemalas nach Österreich. Eine Verbindung zwischen EndkundInnen in Österreich und ProduzentInnen in Guatemala in Form von mehr Informationen über das Produkt und seine ProduzentInnen könnte z. B. mittels eines QR-Codes in den Labels hergestellt werden. Diese QR-Codes würden die EndkundInnen mit der Homepage der ProduzentInnen bzw. den Unternehmen des fairen Handels verlinken, die ihre

39 Vgl. Fairtrade Österreich, Jahresbericht 2016, 1.

Kooperativen präsentieren. So könnte die Transparenz durch einfache Mittel kundennah verbessert werden.

Literatur

Aj Quen, Guatemala: https://www.ajquen.com (18.03.2020).

Arndt, Holger, Supply Chain Management. Optimierung logistischer Prozesse, Wiesbaden 2005.

Bretzke, Wolf-Rüdiger/Barkawi, Karim, Nachhaltige Logistik. Antworten auf eine globale Herausforderung, Heidelberg 2013.

Chopra, Sunil/Meindl, Peter, Supply Chain Management. Strategy, Planning and Operation, Essex 2013.

Deuss, Krystyna, Indian Costumes from Guatemala, Twickenham 1981.

Eine Grundsatz-Charta für den Fairen Handel, Deutschland: http://www.forum-fairer-handel.de/fileadmin/user_upload/dateien/grundsatzpapiere_des_fh/charta_der_prinzipien_des_fh_deutsch_uebersetzung_2009.pdf (18.03.2020).

EZA Fairer Handel GmbH, Geschäftsbericht 2016/2017, Köstendorf bei Salzburg 2018.

EZA Fairer Handel GmbH, Pop Atziak, Salzburg 2017: https://www.eza.cc/popatziak (18.03.2020).

Fairtrade Österreich, Fairtrade-Standards. Die Spielregeln des fairen Handels, Wien 2017: https://www.fairtrade.at/was-ist-fairtrade/fairtrade-standards.html (18.03.2020).

Fairtrade Österreich, Jahresbericht 2016, Wien 2017.

Forum Fairer Handel, Eine Grundsatz-Charta für den Fairen Handel, Deutschland: http://www.forum-fairer-handel.de/fileadmin/user_upload/dateien/grundsatzpapiere_des_fh/charta_der_prinzipien_des_fh_deutsch_uebersetzung_2009.pdf (18.03.2020).

Fridell, Gavin, Fair Trade Coffee: The Prospects and Pitfalls of Market-driven Social Justice, Toronto u. a. 2007.

Gläser, Jochen/Laudel, Grit, Experteninterviews und qualitative Inhaltsanalyse als Instrumente rekonstruierender Untersuchungen, Wiesbaden 2009.

Huber, Andreas/Laverentz, Klaus, Logistik, München 2012.

Jorio, Luigi, 25 Jahre Max Havelaar in der Schweiz. Wir wollen jeder einzelnen Kaffeebohne ein Gesicht geben (30.05.2017): https://www.swissinfo.ch/ger/wirtschaft/25-jahre-max-havelaar-in-der-schweiz_-wir-wollen-jedereinzelnen-kaffeebohne-ein-gesicht-geben/43216864 (18.03.2020).

Mentzer, John T. u. a., Defining Supply Chain Management, in: Journal of Business Logistics 22 (2001) 2, 1–25.

Miller, Carol, The Other Side of Yesterday: The China Maya Connection, Bloomington 2000.

Rachbauer, Thomas, Warenflusskontrolle in der Fairtrade Kaffee Supply Chain (Schriftenreihe des Instituts für Transportwirtschaft und Logistik – Supply Chain Management 3/2007), Wien 2007.

Reichertz, Jo, Abduktion, Deduktion und Induktion in der qualitativen Forschung, in: Flick, Uwe/von Kardorff, Ernst/Steinke, Ines (Hg.), Qualitative Forschung. Ein Handbuch, Hamburg 2000, 276–286.

Schulte, Christoph, Logistik. Wege zur Optimierung der Supply Chain, München 2012.

Vahrenkamp, Richard/Kotzab, Herbert, Logistik Management und Strategien, München 2012.

Wedler, Myriam, Geschäftsführerin, „Guatestoffe – textiles Handwerk aus Guatemala“, Experteninterview via E-Mail am 04.01.2015.

Wimmer, Gerhard, Chef der Abteilung Einkauf Handwerk „EZA Fairer Handel GmbH“, Experteninterview via E-Mail am 02.12.2014.

Wirtschaftskammer Österreich, Länderprofil Guatemala, Wien 2017: https://wko.at/statistik/laenderprofile/lp-guatemala.pdf (18.03.2020).

Witkowski, Terrence, Fair Trade Marketing. An Alternative System for Globalization and Development, in: Journal of Marketing Business and Theory 13 (2005) 4, 22–33.

Finn Steinmann

ESG-Investments: Trasformismo oder ein Riss in der globalen Finanzhegemonie? Eine Akteursanalyse in Fragmenten

Abstract: Environmental Social Governance (ESG) Investing is a form of money management that achieves a profit while also taking ethical criteria into consideration, especially those relating to the environment and to social and business structures. Against the background of an increasing interest in this type of financial investment, this article examines the extent to which ESG investing offers possibilities for combating the dynamics of global finance. For its analytical basis the article draws on Neo-Gramscianism, and in particular the concept of „trasformismo", that is, the negotiation of the balance of power between hegemonic and subordinate groups. It examines the historical context and specific stakeholders who have shaped ESG investing in the USA and in Germany. The article comes to the conclusion that ESG investing is only adopted as a strategy if it is profitable for the investors; that said, investors' consideration of ESG ideas can bring them to a more critical awareness.

Keywords: Environmental Social Governance Investment, corporate social responsibility, Neo-Gramscianism, trasformismo, finance market

1 Einführung

Unternehmen nehmen in zunehmendem Maße eine prägende Rolle in unserer Gesellschaft ein. Besonders durch Schübe von Privatisierungen werden weite Teile des gesellschaftlichen Lebens in immer größeren Teilen privatwirtschaftlich organisiert. Die dadurch begünstigte Finanzialisierung treibt dieses Wachstum voran und erweckt besonders seit der Finanzkrise 2007 den Anschein, dass die Privat- und speziell die Finanzwirtschaft zu einer, wenn nicht sogar *der* treibenden Kraft hinter politischen Entscheidungen und gesellschaftlichen Dynamiken geworden ist. Während die Welt sich immer größeren Problemen wie wachsender Ungleichheit, Klimaerwärmung und Ressourcenknappheit gegenübersieht, wird die Privatwirtschaft deutlich stärker in die Verantwortung genommen. Eine Einbindung in die „Sustainable Development Goals", in Entwicklungszusammenarbeit in Programmen wie dem „Marschallplan mit Afrika" und ein sich vergrößernder Trend der unternehmerischen Verantwortung sind

Indizien hierfür. „Green Economy" ist ein durch die Politik in weiten Bereichen beworbenes Bild.

Auch in der Finanzindustrie hat sich der Begriff der „Verantwortung" breitgemacht. Das Anlageprodukt des verantwortungsvollen Investments ist zu einem boomenden Finanzmarktprodukt geworden, und entsprechende Börsenindices, wie der *Dow Jones Sustainability Index* erfreuen sich größter Beliebtheit. Der Markt für verantwortungsvolle Anlageprodukte hat sich von 2002 bis 2005 verdoppelt[1] und ist wesentlich besser durch die Finanzkrise gekommen als traditionelle Anlagen. In Anbetracht dieses Wachstums und auch bei der Lektüre einschlägiger Finanzzeitungen oder Werbungen von Unternehmen ist es ein leichtes, in Optimismus zu verfallen, dass sich die Privatwirtschaft selbst regulieren und Lösungen für viele globale Probleme finden wird – oder zumindest zu vergessen, dass sie ein Teil der Probleme sind oder diese verursachen.

Der verhältnismäßig junge Trend von verantwortungsvollen bzw. ESG-Investitionen regt zu besonderem Optimismus an. Das Anlegen von Geld, das gleichzeitig Profite erwirtschaftet und die Welt verbessert, klingt verlockend. Gleichzeitig lässt sich aus kritischer Perspektive fragen, ob sich in diesem offenbar widersprüchlichen Verhalten eine weitere Verlängerung des Kapitalismus oder vielleicht ein schleichender Übergang zu einem neuen Weltsystem verbirgt.

2 ESG-Investments: Verortung, Abgrenzung und Relevanz

ESG Investing ist eine aus dem Englischen in die deutsche Sprache übernommene Formulierung. ESG steht für *Environmental, Social, (corporate) Governance.* Damit sind die Felder Umwelt, Soziales und Unternehmensstruktur gemeint, welche sich als sogenannte „nichtfinanzielle" Faktoren in der Analyse von Unternehmen sowohl in der Praxis als auch in den Wirtschaftswissenschaften durchgesetzt haben.[2] Diese drei Dimensionen umreißen die Aspekte, in denen ein Unternehmen mit seiner Umgebung interagiert. Sie sind insofern relevant, als dass sie den Blick auf ein Unternehmen weg von seinen finanziellen Daten, wie Profit oder Umsatz, hin zu gesamtgesellschaftlichen Einflussfaktoren lenkt. Mit ESG-Investments sind Investitionen gemeint, welche unter Berücksichtigung nichtfinanzieller Faktoren geschehen. Über dieses rudimentäre Verständnis hinaus bedarf es jedoch einiger grundsätzlicher Abgrenzungen und Erläuterungen, um den Begriff gesamtgesellschaftlich zu verorten. Denn sowohl in der Praxis wie auch in der Wissenschaft ist die exakte Definition sowie die

1 Vgl. Rachocka, Socially Responsible Investment in Europe, 21.
2 Vgl. Friede, ESG and Financial Performance, 210.

Abgrenzung zu Formulierungen wie „Sozial verantwortlichen Investitionen", „ökologischen Investitionen" oder „ethischen Investitionen" nicht klar.[3]

Grundsätzlich meinen diese Begriffe Investitionen, die „mit Hilfe des finanziellen Kapitals, das Unternehmen benötigen, diese in ihrem Handeln zu beeinflussen, Wandel anstoßen und sie verantwortungsbewusst [...] machen"[4]. Um diesen Mechanismus herum existiert ein Bündel an möglichen Ansätzen, die durch Wissenschaft und Praxis permanent erweitert werden. Grob lässt sich das „verantwortungsvolle Investieren" in drei Praktiken unterteilen:[5] (1) Das Untersuchen bzw. „screening" von Unternehmen im Hinblick auf die gesamtgesellschaftlichen Funktionen über die finanziellen Bilanzen hinaus, die nichtfinanziellen oder ESG-Faktoren und das entsprechende Investment oder Divestment unter dessen Einfluss. (2) Eine weitere, „advocacy" genannte Praxis ist das gezielte Investieren in Unternehmen, um diese in gesamtgesellschaftlichen Belangen zu einem rücksichtsvolleren und weniger schädlichen Verhalten zu bewegen. (3) Das Spektrum komplettiert das risikoreiche Bereitstellen von Geldern für Unternehmen und Privatpersonen in prekären Situationen, die jedoch einen positiven Einfluss auf strukturschwache Regionen oder Gesellschaftsteile haben. In Abhängigkeit davon, welche Art von Investor mit welchem inhaltlichen Fokus welche Praxis in welchem regionalen Kontext tätigt, wird hier von unterschiedlichen Akteuren und verschiedenen Varianten der Formulierung „Verantwortungsvolles Investment" gesprochen.[6] Diese Ungenauigkeit in der Definition ist ein erstes Indiz für Machtkämpfe um den Mechanismus und die differierenden Wahrnehmungen unterschiedlicher kultureller und gesellschaftlicher Kontexte.

Für die Auseinandersetzung in dieser Arbeit verwende ich den Begriff „ESG-Investing". Damit meine ich das Anlegen von Geld durch institutionelle Investoren[7] in Unternehmen unter Berücksichtigung nichtfinanzieller Faktoren. Dabei ist irrelevant, ob es sich um die Praxis des „screenings" oder der „advocacy" handelt. Abgrenzend hierzu untersuche ich nicht das Investieren in Individuen in prekären Situationen. Auch das Verhalten von Privatpersonen oder

---

3 Vgl. Hiß, Globale Finanzmärkte und nachhaltiges Investieren, 651.

4 Ebd.

5 Vgl. Schueth, Socially Responsible Investing in the United States, 190 f.

6 Vgl. Rachocka, Socially Responsible Investment in Europe, 15.

7 Laut Wikipedia versteht man unter „institutionellen Investoren" Anleger, deren Kapitalanlagen so umfangreich sind, dass dieser kaufmännisch organisiert werden muss. Klassische Beispiele hierfür sind Banken, Versicherungen, Pensionskassen, Fonds oder Kapitalanlagegesellschaften.

kleinen Anlegern als Investoren ist nicht Gegenstand meiner Arbeit. Für die Untersuchung des Potenzials für eine erkennbare strukturelle Veränderung der Finanzwirtschaft sind große Geldströme relevant, weshalb ich an dieser Stelle nicht-marktrelevante Akteure ausgrenze. Institutionelle Investoren hingegen halten global viele Unternehmensanteile und verfügen so über viel Einfluss auf die Unternehmen und über einen entsprechend großen Hebel mit ihrem Verhalten.[8]

ESG-Investing ist über die letzten Jahre ein fester, stetig wachsender Bestandteil des Finanzmarktes geworden. Dabei widerspricht die Orientierung auf gutes Verhalten in sozialen und ökologischen Belangen durch Unternehmen eigentlich der Logik der Profitmaximierung von InvestorInnen.[9] Was interessiert es die InvestorIn, ob die ArbeiterInnen einen Hungerlohn bekommen oder Ressourcen aus Krisenregionen bei der Produktion verwendet werden, solange die eigene Rendite stimmt? So das provokante Gegenbild. Untersuchungen, inwieweit diese zunehmende Betonung von Verantwortung ein Indiz für eine Änderung struktureller Mechanismen des Finanzmarktes und in diesem Zusammenhang der Produktionsweise ist, sollen in dieser Arbeit im Vordergrund stehen.

Die Bewegung des ESG-Investings ist mehrfach mit der Etablierung von „Corporate Social Responsibility" (CSR), also der unternehmerischen Verantwortung, verknüpft. Zum einen kann argumentiert werden, dass ESG-Investing CSR für Privatpersonen und InvestorenInnen ist,[10] also eine Möglichkeit, das eigene Kapital sozial verantwortlich arbeiten zu lassen. Zum anderen ist die verantwortungsvolle Geldanlage, die auf einen verantwortungsbewussten Wandel der Geschäftspraxis des Investmentobjektes, also der Unternehmen, abzielt, in einer Wirkungskette mit CSR verbunden. Aus ESG-Investing entsteht Druck hin zu einer zunehmenden CSR Adaption durch Unternehmen. Die Untersuchungen und Diskussionen, die rund um verantwortungsvolle Diskussionen geschehen, weisen also Parallelen zur CSR Diskussion auf. Das reicht von den positiven Effekten bis zur Kritik des „Greenwashings" von eigentlich schädlichen Praktiken.

Den Aspekt, den ich gezielt an dieser Stelle nicht in seiner Vollständigkeit abbilde, ist die Frage, was „Verantwortung" an dieser Stelle konkret bedeutet. Mir ist bewusst, dass in der Untersuchung dieser Fragestellung eine relevante Perspektive für das Transformationspotenzial von ESG-Investing liegt. Auch ist

---

8 Vgl. Hiß, Globale Finanzmärkte und nachhaltiges Investieren, 654.
9 Vgl. ebd. 655.
10 Vgl. Rachocka, Socially Responsible Investment in Europe, 15.

diese Frage ein gerechtfertigter Punkt der Kritik. Jedoch sehe ich mich aufgrund des limitierten Umfangs dieser Arbeit nicht in der Lage an dieser Stelle eine vollständige kulturelle, soziologische und gerade im Hinblick auf neokolonialistische Einflüsse relevante Untersuchung durchzuführen. Als Untersuchungsobjekt dieser Arbeit wähle ich die historische Entwicklung von ESG-Investing in den USA und in Deutschland. Dabei ist mein Hauptkriterium für die Identifizierung transformativer bzw. gegenhegemonialer Bestrebungen die Absicht, die bestehenden Umstände zu verändern. Es geht mir bei dieser Arbeit darum, ein kritisches Fragment zu einer jungen Diskussion beizusteuern.

3 Theoretischer Überbau

Die Auseinandersetzung mit ESG-Investitionen erfordert ein hohes Maß an kritischer Auseinandersetzung mit dem theoretischen Ansatz. Die Annahme von sozialen, ökologischen oder sogar kulturellen Aufgaben durch institutionelle Investoren berührt eine Vielzahl an Disziplinen und ist in sich ein transdisziplinäres Phänomen. Dieser Umstand verlangt nach einer transdisziplinären Auseinandersetzung. Jedoch fand die bisherige wissenschaftliche Bearbeitung hauptsächlich aus wirtschaftswissenschaftlicher Perspektive statt.

3.1 Vermittlung zwischen den Wissenschaften

Die Dominanz der wirtschaftswissenschaftlichen Sicht bei den Untersuchungen des Themas stellt eine Herausforderung dar. Der dominante wirtschaftswissenschaftliche Diskurs um ESG-Investitionen setzt gewisse Grundannahmen voraus, die für andere Disziplinen nicht haltbar sind. Hier sind speziell ein positivistisches Erkenntnisbild sowie konstante Annahmen über Bestandteile des Konzeptes wie die Aufgabe von Unternehmen und Investoren und normativen Implikationen und der Notwendigkeit eines Wirtschaftswachstums anzuführen. Diese Grundannahmen sind in der Wirtschaftswissenschaft historisch gewachsen und haben in ihrem Kontext und ihren Modellen einen Anspruch auf Korrektheit. Für eine Berührung mit anderen Disziplinen, wie in der transdisziplinären Betrachtung geplant, sind diese Grundannahmen jedoch nicht hilfreich und teilweise sogar hinderlich.

Dennoch stellt die durch die Wirtschaftswissenschaften geleistete Arbeit und Auseinandersetzung mit dem Thema einen wichtigen Bestandteil der gegenwärtigen Realität der verantwortungsvollen Investitionen dar und muss in einer transdisziplinären Betrachtung Berücksichtigung finden. Die Akteure auf dem Finanzmarkt prägen die wirtschaftswissenschaftlichen Grundannahmen und werden wiederum durch diese geprägt. Sie spielen also für die Dynamik rund um ESG-Investitionen eine wichtige Rolle. Durch eine Auseinandersetzung mit dem Themenfeld aus der Perspektive der „Internationalen Politischen Ökonomie“ (IPE) trage ich dieser Dominanz der Wirtschaftswissenschaften Rechnung. Die Betrachtung der Umstände und Einflussfaktoren jenseits von Wirtschaftlichkeitsberechnungen und quantitativen Studien möchte ich an dieser Stelle vorantreiben, um eine transdisziplinäre Auseinandersetzung mit verantwortungsvollen Investitionen zu vereinfachen. Die IPE kann hier Einflussbereiche anderer Disziplinen aufzeigen und einen Beitrag zur Vermittlung zwischen den Wissenschaften leisten.

3.2 Neogramscianismus

Im Feld der IPE gibt es zahlreiche Konzepte und Ansätze, die sich auf unterschiedliche Weise mit der Gesellschaftsstruktur und seinen Prozessen auseinandersetzen. Für die Untersuchung von ESG-Investitionen erscheint es mir sinnvoll, eine Betrachtungsweise zu wählen, welche Trennlinien und Reizthemen mit dem Thema teilt. Außerdem muss sie eine Perspektive liefern, welche eine Annäherung an die Realität versucht. Der Neogramscianismus ist vor diesem Hintergrund in meinen Augen die geeignete Perspektive innerhalb der IPE, um sich dem Thema zu nähern.

Der Neogramscianismus beschäftigt sich, in Gramscis Tradition, im Kern mit Hegemonie und den Dynamiken, welche diese umspielen. Robert W. Cox hat in den 1990er Jahren die Thesen aus Gramscis Gefängnisheften[11] reflektiert, aktualisiert und um eine internationale Ebene erweitert.[12] Als Reaktion auf den Neorealismus formulierte Cox die Notwendigkeit einer neuen kritischen Theorie, welche Handeln stets innerhalb eines – vor allem historischen – Handlungsrahmens betrachtet.[13] Hier sieht er die Qualität von Gramscis Überlegungen zur Gesellschaftsstruktur mit speziellem Bezug auf das Hegemoniekonzept.

Cox adaptiert dies für die internationale Ebene entlang von vier Kernschritten: Er erweitert den Begriff des historischen Blocks bei Gramsci auf historische Strukturen, die international wirken können. Darüber hinaus adaptiert er den integralen Staat Gramscis; hier spricht er von Staat-Zivilgesellschafts-Komplexen, in denen Hegemonien wirken, die aber nicht Landesgrenzen entsprechen

---

11 Vgl. Cox, Weltordnung und Hegemonie, 69.

12 Vgl. Opratko, Neogramscianische Perspektiven in der IPÖ, 16 f.

13 Vgl. Cox, Soziale Kräfte, Staaten und Weltordnungen jenseits einer Theorie Internationaler Beziehungen, 53 f.

müssen. Drittens betont er, dass auch auf globaler Ebene die Herstellung von ethisch-politischer Führung und die Reproduktion bestehender Verhältnisse der wesentliche Aspekt von Hegemonie ist. Zudem unterstreicht er den kritischen Anspruch des Neogramscianismus, dessen Ziel es ist, historische Handlungsrahmen nachzuvollziehen, vor allem um Lehren für gegenwärtige Gesellschaftsverhältnisse zu ziehen.[14]

Ein Konzept Gramscis, das Cox aufgreift, ist das des Trasformismo. Diesen verknüpft Cox noch eng mit dem der passiven Revolution. Diese liegt laut Cox vor, wenn sich keine stabile Hegemonie bilden kann und die Machtverhältnisse somit permanent zwischen hegemonialen und subalternen Gruppen ausgehandelt werden müssen.[15] Ein Trasformismo beschreibt nach ihm eine Strategie der Domestizierung subalterner Ideen durch die herrschende Gruppe.[16] Mit der Zeit wurde dieses Grundkonzept überarbeitet und im Sinne Gramscis, der Hegemonie stets als organisch begriff, ausdifferenziert. Die „Passive Revolution" und der Trasformismo beschreiben demnach vielmehr unterschiedliche Dynamiken struktureller Veränderungen.[17] „Passive Revolution" beschreibt einen von oben gesteuerten Prozess ohne die Einbindung subalterner Akteure, während der Trasformismo eine bewusste Strategie der hegemonialen Gruppen beschreibt, der die Inhalte subalterner Akteure aufgreift, um die Aktivität derselben zu unterbinden.[18]

Die Grundannahmen des Neogramscianismus wurden von Cox auch an anderen Stellen von unterschiedlichen ForscherInnen weiterentwickelt. Eine dieser Weiterentwicklungen, welche vornehmlich von Stephan Gill geprägt wurde, ist die Betrachtung einer internationalen Managerklasse als Bestandteil einer globalen Finanzhegemonie. Die Annahme einer entsprechenden Hegemonie als herrschende Klasse ergibt vor allem vor dem Hintergrund der Finanzkrisen nach 2007 und den seither von Sachzwängen und Schuldenabbau getriebenen politischen Maßnahmen Sinn. Auch die Prozesse der globalen Finanzialisierung und Privatisierung[19] liefern Hinweise darauf, dass die USA als letzte nationalstaatliche globale Hegemonie[20] durch eine nichtstaatliche globale Finanzhegemonie abgelöst wurde.

---

14 Vgl. Opratko, Neogramscianische Perspektiven in der IPÖ, 17 f.
15 Vgl. Cox, Weltordnung und Hegemonie, 75.
16 Vgl. ebd. 76.
17 Vgl. Paterson, Trasformismo at the World Trade Organization, 47.
18 Vgl. Horn, „Aufgesogen" in den neoliberalen Konsensus?, 211.
19 Vgl. Dünhaupt, Financialization and the Crises of Capitalism, 19.
20 Vgl. Cox, Weltordnung und Hegemonie, 82.

Vor diesem Hintergrund halte ich den Neogramscianismus für eine geeignete Perspektive, um ESG-Investitionen daraufhin zu untersuchen, ob sie die gegebenen Machtverhältnisse verändern, und in welchem Maße dies geschieht. Der Neogramscianismus kann einen strukturellen kritischen Blick auf die wirtschaftswissenschaftlichen Untersuchungen zu ESG-Investing liefern, der an dieser Stelle vonnöten ist.

3.3 Forschungsfrage

Vor dem bis hierhin geschilderten Kontext erklärt sich die Notwendigkeit und die Planstelle der Forschungsfrage. Sind ESG-Investitionen ein Zeichen für eine grundsätzliche Änderung am internationalen Finanzmarkt und somit in der gegenwärtigen Produktionsweise? Oder handelt es sich dabei um einen Mechanismus, der gegenhegemoniale Kräfte beruhigen soll? Im Folgenden möchte ich untersuchen, ob aus dem grundsätzlich widersprüchlichen Ansatz, bei Investitionen soziale und ökologische Aspekte zu berücksichtigen, in der heutigen Praxis ein Mechanismus entstanden ist, der einen Wandel der internationalen Finanzmärkte, also der globalen Finanzhegemonie, herbeiführen kann. Oder ob die subalterne Idee von gesamtgesellschaftlich positiv wirkenden Unternehmen in der Realität längst in die Hegemonie integriert wurde und nunmehr die gegebenen Verhältnisse reproduziert, während die gegenhegemonialen Kräfte beruhigt in das „Kissen“[21] sinken; also ein Trasformismo vorliegt.

3.4 Forschungssetup

Im Rahmen dieser Forschungsarbeit ist eine detaillierte Auseinandersetzung mit Kontexten, Akteuren und der Landschaft eines globalen gesellschaftlichen Kontextes und der damit verknüpften Suche nach einer globalen historischen Struktur nicht möglich. Nach einem anfänglichen Versuch war dies die erste von zwei Erkenntnissen. Die zweite war, dass die Entwicklung von Diskussionen und der Umgang mit ESG-Investing stark von legislativen und kulturellen Grenzen geprägt ist.

Es muss also trotz der Existenz einer globalen Finanzhegemonie gesehen werden, dass Bewusstseinsbildung sowie die Formierung normativer Handlungsmuster noch immer in wesentlichen Teilen auf nationaler Ebene oder zumindest in geografisch und kulturell begrenzten Räumen geschieht. Hier entsteht ein Spannungsfeld zwischen der globalen Hegemonie und unterschiedlichen lokalen

---

21 Vgl. Cox, Gramsci, Hegemony and International Relations, 173.

subalternen Bewegungen, welches eine wissenschaftliche Auseinandersetzung mit der Frage nach dem „Zustand" einer potenziellen Transformation komplex und umfangreich macht.

Um im Rahmen dieser Arbeit eine Aussage zum Transformationspotenzial von ESG-Investitionen treffen zu können, lege ich im Folgenden mein Augenmerk auf die Ursprünge der „modernen" Bewegung für verantwortungsvolle Investitionen, welche ich als eindeutig subaltern klassifizieren kann. Hierbei unterscheide ich die Entwicklung der Bewegungen in den USA und in Deutschland. Indem ich die beiden Bewegungen aus unterschiedlichen gesellschaftlichen Kontexten untersuche und deren Durchsetzungsvermögen im historischen und gegenwärtigen Kontext auf nationaler sowie globaler Ebene beleuchte, versuche ich eine Antwort auf die Themenfrage zu finden; ob es sich bei ESG-Investments um einen Trasformismo handelt.

Konkret analysiere ich im Folgenden den historischen Kontext und die Akteure, welche ESG-Investing in den USA und in Deutschland geprägt haben, um im gramscianischen Sinne einen historischen Block auszumachen, der die globale Finanzhegemonie brechen könnten. Dies geschieht unter Berücksichtigung der Rollen und Interessen der Akteure in Abhängigkeit von der Funktionsfähigkeit der globalen Wirtschaftsstruktur. Im Anschluss betrachte ich, inwiefern die nationalen Bewegungen Einzug in Gesetze, Richtlinien und die Unternehmenspraxis auf globaler Ebene gefunden haben, um den Erfolg und Arbeitsstand der Bewegungen beurteilen zu können. Hierbei handelt es sich um eine Suche nach historischen Strukturen entlang zentraler Fragmente.

3.5 Forschung

Der Kern neogramscianischer Forschung ist das Nachvollziehen historischer Prozesse und Handlungsrahmen, um Aussagen über heutige Strukturen zu treffen.[22] Diesem Ansatz folgend ist es wichtig, die Anfänge des ESG-Investings aufzuzeigen. Diese sind in den Vereinigten Staaten zu verorten. Die nationalen Diskussionen sind jedoch spezifischen Dynamiken unterworfen, sodass die Untersuchung der subalternen Bewegung um ESG-Investitionen in den USA alleine kein ausreichendes Bild liefert, um über unterschiedliche Dynamiken zu reflektieren. Aus diesem Grund untersuche ich in diesem Umfang ein weiteres Land. Deutschland bietet sich in diesem Fall an, da es ausreichend in den Finanzmarkt integriert ist, und gleichzeitig ESG-Investitionen ausreichend irrelevant

22 Vgl. Cox, Weltordnung und Hegemonie, 78.

sind,[23] um von vornherein eine andere Dynamik zu vermuten. Im Folgenden analysiere ich die historischen Kontexte und Akteure,[24] welche die jeweiligen Entwicklungen ESG-Investing betreffend in Deutschland und den USA geprägt haben. Anschließend überprüfe ich, inwieweit die subalternen Bewegungen in den entsprechenden nationalen Kontexten Einfluss auf die hegemonialen Strukturen haben, die sich global bei ESG-Investing durchgesetzt haben.

4 Fallbeispiele für ESG-Investitionen

An dieser Stelle sei betont, dass ich mich in diesem Kontext mit der „modernen" Bewegung um verantwortungsvolle Investitionen beschäftige. Überlegungen und Handlungsempfehlungen zum ethischen Umgang mit Geld gehen historisch deutlich weiter zurück. Sie finden sich sowohl an Stellen im Koran, in ursprünglichen Handelsempfehlungen im Judentum sowie später bei den Methodisten und Quäkern.[25] Diese ursprünglichen Überlegungen wirken aufgrund des prägenden Charakters für ihre Glaubensrichtungen in Aspekten bis heute vor. Die Untersuchung ihres Einflusses auf die moderne Bewegung ist jedoch nicht Bestandteil dieser Arbeit.

4.1 ESG-Investitionen in den Vereinigten Staaten

Der Ursprung des „modernen" ESG-Investings ist in den 1960er Jahren in den USA zu verorten. Dabei ist an dieser Stelle noch einmal zu betonen, dass es sich hierbei um die beabsichtige Verhaltensänderung von Unternehmen handelte.[26] Vorheriges, oftmals religiös motiviertes, ethisches Investment bezog sich auf das Nicht-Investieren in „sündige" Geschäftsbereiche wie Glücksspiel oder Tabakhandel. Dieses herkömmliche ethische Investieren war in den USA durch Methodisten und Quäker verhältnismäßig weit verbreitet. Ein Bewusstsein für Verantwortung bei Kapitalanlagen existierte in den Vereinigten Staaten also bereits grundsätzlich.

Vor diesem Hintergrund stelle ich im Folgenden nun Ereignisse und Diskussionen vor, um einen Kontext zu bilden; sowie das Auftreten möglicher gegenhegemonialer Akteure aufzuzeigen. Meine Analyse bezieht sich in den USA auf das Maß mit dem diese Akteure ihre subalterne Linie beibehalten und

23 Vgl. Preu, German Socially Responsible Investment, 866.
24 Vgl. Kannankulam, Die Europäische Integration als materielle Verdichtung von Kräfteverhältnissen, 36 f.
25 Vgl. Schueth, Socially Responsible Investing in the United States, 189.
26 Vgl. Hiß, Globale Finanzmärkte und nachhaltiges Investieren, 656.

inwiefern sie Einfluss auf die gängige Investitionspraxis hatten. Dabei betrachte ich die Akteure entlang der drei für Investitionen relevante Spektren; Angebotsseite, Nachfrageseite und Mittler. Diese wirtschaftswissenschaftliche Einteilung soll der Betrachtung eine Grundstruktur geben und in prozessrelevantes Bild gewährleisten.

Die von der Bürgerrechtsbewegung und den Protesten gegen den Vietnamkrieg geprägten USA bilden den Kontext für den Ursprung des modernen verantwortungsvollen Investments. Die Boykottaufrufe Martin Luther Kings werden oft als Wegbereiter für diese Entwicklung angeführt. Direkt geht die moderne Bewegung verantwortungsvoller Investitionen in diesem Klima auf Studentenbewegungen zurück. Diese forderten unter anderem, dass ihre Universitäten das Kapital aus den Studiengebühren nicht in Unternehmen investierten, die am Vietnamkrieg Geld verdienten.[27] Aus diesem Umfeld entstanden die ersten Anbieter von ESG-Investitionen in Form erster Fonds. Der „Pax World Fund" war 1971 der erste dieser Art. In diese Nische folgten bald weitere Anbieter. Allerdings hatten die Anbieter vom ersten Tag an mit großer Skepsis auf der Nachfrageseite zu kämpfen. Verantwortungsvolle Investitionen waren nicht so profitversprechend und zogen wenige Anleger an.

Im Verlauf der 1970er Jahre bis hin in die 1980er Jahre bekam ESG-Investing einen Aufmerksamkeitsschub. Zum einen wuchs das Misstrauen gegenüber Unternehmen durch Skandale, wie das Buch *Unsafe at any speed* von Ralph Nader aufzeigte, welches der Qualität der Autos von General Motors ein niederschmetterndes Zeugnis ausstellte. Zum anderen wurde auf breiter Ebene zum Boykott des südafrikanischen Apartheid-Regimes aufgerufen. Eine Welle von Divestments in südafrikanische Unternehmen und das Festhalten von ethischen Grundprinzipien für US-amerikanische Unternehmen in den Sullivan Prinzipien verdeutlichten erstmals für die Öffentlichkeit sichtbar das positive transformative Potenzial, welches ethisches Investieren haben konnte.[28] In diesem Umfeld wurden weitere nachhaltige Fonds gegründet. Außerdem wurde das „Forum for Sustainable and Responsible Investing" (US SIF) etabliert, welches zum Austausch über ESG-Investing diente. Die Grundproblematik, dass die Aufmerksamkeit der breiten Masse und das Interesse der Anleger aufgrund fehlenden Vertrauens in das Abwerfen von Profiten fehlten, blieb bestehen.

Durch die verschiedenen menschengemachten Umweltkatastrophen gegen Ende der 1980er Jahre, wie die Kernschmelze von Chernobyl oder die

27 Vgl. ebd.

28 Vgl. Sparkes, Socially Responsible Investment, 52.

Ölverschmutzungen durch die Exxon Valdez, kam es zu einem weiteren Aufmerksamkeitsschub und zur Vernetzung der ESG-Investing Akteure. Mit der Gründung der NGO „CERES“ sowie der ersten „Conference on Sustainable and Responsible Investing“ etablierte der Trend in den USA Strukturen, die bis heute bestehen. Darüber hinaus wurde der Vorbehalt gegen die unprofitablen ESG-Investments auch durch wirtschaftswissenschaftliche Analysen zunehmend aufgeweicht. Entsprechende Studien wurden mit exponentiell wachsenden Zahlen seit den 1990er Jahren durchgeführt.[29] ESG-Investing wurde allmählich als stabile, risikoarme und langfristige Anlagemöglichkeit gesehen. Dieses Bild hat sich bis heute gehalten und noch verstärkt.[30]

Die NGO „CERES“ und das US SIF prägen seit ihren Gründungen mit zunehmender Professionalität die Informationsgestaltung rund um ESG-Investing für die Öffentlichkeit. Angetrieben durch das Ende des Kalten Krieges und die darauffolgende Globalisierung wuchs im Rahmen der Finanzialisierung der für die USA zugängliche Finanzmarkt deutlich an. Parallel wurde das Thema der ESG-Faktoren in den USA von institutionellen Investoren zunehmend aufgegriffen. Dies geschieht in der Regel durch eigene, unternehmensinterne ESG-Screenings. Eine genauere Untersuchung dieser Entwicklung kann ich aufgrund seiner Vielschichtigkeit an dieser Stelle nicht durchführen. Die Tatsache, dass das ESG-Screening in der Regel als Teil der Geschäftsstrategie und damit intransparent etabliert wurde, ist jedoch an dieser Stelle festzuhalten.

Bemerkenswert ist, dass das Volumen von ESG-Investitionen in den USA von rund 800 Milliarden US-Dollar im Jahr 1995 auf rund 2,8 Billionen US-Dollar im Jahr 2007 stetig angestiegen ist.[31] Dieser wachsenden Nachfrage stand mittlerweile ein breites Angebot gegenüber. In dieser Zeit etablierten sich in den USA die ersten großen Börsenindexe mit ESG Fokus. Herauszustellen ist hier der 1999 gegründete *Dow Jones Sustainability Index* als einer der einflussreichsten seiner Art. Diese Marktentwicklung benötigte eine Infrastruktur zur Beurteilung von ESG-Faktoren. Während die Berichterstattung von Seiten der Unternehmen zunächst noch weitestgehend unstrukturiert erfolgte, etablierte CERES in Zusammenarbeit mit dem Umweltprogramm der Vereinten Nationen (UNEP) im Jahr 1997 die „Global Reporting Initiative“. Sie entwickelte weltweit Standards für Unternehmen, wie sie ihre nichtfinanziellen Informationen veröffentlichen sollten.

29 Vgl. Friede, ESG and Financial Performance, 211.
30 Vgl. ebd. 217.
31 Vgl. US SIF Foundation, 2016 Trends Report Highlights, 1.

In den Finanzkrisen nach 2007 erwiesen sich Fonds mit einem besonderen ESG-Fokus als krisenbeständiger als klassische Anlageprodukte.[32] Dieser Umstand brachte der ESG-Finanzbranche in den USA einen drastischen Wachstumsschub. Von rund 3 Billionen US-Dollar 2010 verdreifachte sich sein Volumen innerhalb von sechs Jahren auf rund 8,7 Billionen US-Dollar 2016.[33] Der US-amerikanische ESG-Finanzmarkt ist mit Abstand weltweit der größte. Hier feierte das ESG-Investing besonders seit den 1990er Jahren einen regelrechten Boom. Das liegt auch daran, dass Geld in den USA grundsätzlich am Kapitalmarkt angelegt wird. Die größten institutionellen Investoren sind Versicherungen und Pensionsfonds, welche ein Interesse daran haben, ihr Geld langfristig und risikoarm anzulegen. Bei diesen Akteuren gehört ESG-Screening zum Tagesgeschäft. Seit der Finanzkrise sehen zunehmend auch klassische Investmentfonds Vorteile zur Risikovermeidung in ESG-Screenings.

Diese Entwicklung ist strukturell im Interesse der Pioniere des ESG-Investings in den USA. Eine dieser Pionier*innen ist die Gründerin von CERES, Joan Bavaria. Sie bediente sich von Anfang an gezielt unternehmerischer Mechanismen, um soziale und ökologische Ziele zu erreichen. Bavaria war parallel zu ihrem Gründungsengagement bei CERES die Managerin des Fonds *Trillium Asset Management*. Sie war also, wie auch die Gründer des *Pax World Fund*, hauptsächlich Investorin. *Trillium* und der *Pax World Fund* existieren immer noch, weil sie bis heute wirtschaftlich arbeiten.

4.2 ESG-Investitionen in Deutschland

Deutschland teilt einige Strömungen des grundsätzlichen historischen Kontextes der letzten Jahrzehnte mit denen in den USA. So sind die Friedens- und besonders die Grünen-Bewegung der Ursprung von verantwortungsvollen Investitionen in Deutschland, allerdings erst in den 1970er Jahren. 1974 wurde in Bochum mit der GLS Gemeinschaftsbank das erste deutsche ethische Geldinstitut gegründet, und damit entstand der erste verantwortungsvolle Investor.[34] Der Gründung ging ein Jahrzehnt von Selbstorganisation der gemeinnützigen Teilhaber voraus, bis sie in die GLS (Gemeinschaft für Leihen und Schenken) mündete.[35] Der erste deutsche Fonds mit ESG-Investing Fokus wurde 1989 von der Bank für Gemeinwirtschaft aufgesetzt, der „BfG ökorent“[36].

32 Vgl. Hiß, Globale Finanzmärkte und nachhaltiges Investieren, 661.
33 Vgl. US SIF Foundation, 2016 Trends Report Highlights, 1.
34 Vgl. Preu, German Socially Responsible Investment, 874.
35 Vgl. Schneeweiss, GLS Bank: Successfully Sustainable, 108.
36 Vgl. Preu, German Socially Responsible Investment, 874.

Diese zeitlich spätere Entwicklung von ESG-Investmentakteuren hängt mit der Rolle des Finanzmarktes und insbesondere des Sparens und der Altersvorsorge in Deutschland im Unterschied zu den USA zusammen. In den USA ist ein Großteil des Sparvolumens privatwirtschaftlich organisiert und wird dort über den Finanzmarkt gehandelt. Im damaligen West- und auch in Ostdeutschland war das Anlegen in Aktien sowohl durch Privatanleger als auch durch institutionelle Akteure nicht verbreitet. Ein Hauptgrund dafür ist die grundsätzlich andere Gesellschaftsstruktur, speziell in Bezug auf die Altersvorsorge. Die staatliche Altersvorsorge war und wird in der Bundesrepublik Deutschland in einem geschlossenen System umverteilt.[37] Auch betriebliche Formen der Altersvorsorge wurden nicht über Fonds am Finanzmarkt verwaltet. Damit hat der deutsche Finanzmarkt wesentlich weniger institutionelle Investoren als beispielsweise die USA. Speziell Pensionsfonds waren und sind aber ein Hauptträger von ESG-Investing. Ähnliche Indizien für einen geringeren Grad der Finanzmarktintegration liefern auch staatliche Versicherungen oder gesetzliche Regulierungen, die ESG-Investing nicht als eindeutig dem Anleger zugutekommend ausweisen.[38] Darüber hinaus herrscht in Deutschland eine grundsätzlich risikoadverse Haltung, welche sich in einem Misstrauen gegenüber dem Kauf von Unternehmensanteilen niederschlägt.[39]

In Deutschland war das verantwortungsvolle Investieren keine logische Konsequenz für Einflussnahme auf Unternehmen, geschweige denn eine gegenhegemoniale Bewegung. Die bereits angesprochenen späteren und vereinzelten Vorstöße in diese Richtung waren ein Ausdruck davon, wie gering das Interesse an dem Thema war. Mit Ausnahme von kirchlichen Fonds gab es in Deutschland lange keine größeren Akteure im ESG-Investing. 2010, als in den USA das ESG-Investing Marktvolumen 3 Billionen US-Dollar überschritt, betrug es in Deutschland ein Volumen von 13 Milliarden Euro,[40] was 0,8 % des Gesamtvolumens des nationalen Finanzmarktes entsprach.

Aufgrund des bereits angesprochenen historischen Kontextes aus Globalisierung und Finanzialisierung sowie der zunehmenden Verbreitung von ESG-Investing ausgehend von den USA setzten sich auch deutsche Akteure zunehmend mit dem Thema auseinander. Neben der Gründung einzelner ESG-Fonds sowie Beratungs- und Ratingagenturen ist in diesem Zusammenhang der Frankfurt-Hohenheimer Leitfaden relevant. Die Frage danach, wie man mit „gutem

37 Vgl. ebd. 877.
38 Vgl. ebd. 880.
39 Vgl. ebd. 884.
40 Vgl. ebd. 874.

Gewissen" Geld anlegen könne, wurde 1992 an eine akademische Projektgruppe gestellt, die sich aus einem multidisziplinären Team um den Sozialethiker Johannes Hoffmann bildete.[41] Diese machte sich zum Ziel, allgemeingültige Kriterien für Unternehmen zu erarbeiten, die ein ökologisch-ethisches Rating ermöglichen würden, da eine vergleichbare Arbeit bisher noch nicht vorlag. 1997 veröffentlichte die Projektgruppe mit dem „Frankfurt-Hohenheimer Leitfaden" einen über 800 Kriterien umfassenden Katalog für verantwortungsvolles Unternehmertum mit dem Ziel der Nutzung für die Durchführung von Ratings.[42] Im deutschsprachigen Raum beziehen sich seitdem viele ESG-Screenings und Nachhaltigkeitsratings auf diesen Leitfaden, der sich um die drei Hauptstränge Kulturverträglichkeit, Sozialverträglichkeit und Naturverträglichkeit aufbaut.[43] Teil der 800 Kriterien sind auch 10 „Gebote", die ein Unternehmen einhalten sollte. Diese reichen vom Gebot, dass man körperliche Unversehrtheit in allen Handlungskontexten schützen muss, über die Vorgabe, dass niemandem Freiheit oder Chancen entzogen werden dürfe, bis hin zur Aufforderung, Gesetze und Versprechen einzuhalten.[44]

Der Akteur mit dem größten Einfluss am Markt, welcher sich den Frankfurt-Hohenheimer Leitfaden auf die Fahnen geschrieben hat, ist die deutsche Rating-Agentur mit Nachhaltigkeitsfokus „oekom research AG".[45] Die Agentur wurde ursprünglich 1993 gegründet und leistete seitdem im deutschen ESG-Investing Pionierarbeit. Neben der späteren Zusammenarbeit mit Teilen des Teams des „Frankfurt-Hohenheimer Leitfadens" war die Agentur auch bei der Gründung des Forums für nachhaltige Geldanlagen und dem Verein zur Förderung von Ethik und Nachhaltigkeit bei der Geldanlage beteiligt. Diese Vereine prägen bis heute die Etablierungsdynamik von ESG-Investing in Deutschland.

Auch politisch wurde das Wachstum von ESG-Investing in Deutschland strukturell von verschiedenen Seiten gefördert. Beispielsweise wurden 2001 in Deutschland Pensionsfonds zugelassen,[46] auch wenn sie sich bisher nicht in breiter Maße durchgesetzt haben. Darüber hinaus kamen begünstigende Impulse von der Ebene der Europäischen Union. Diese hat im Rahmen ihrer Strategie für CSR eine Berichtspflicht für börsennotierte Unternehmen über nichtfinanzielle

41 Vgl. Döpfner, Zur Entstehung und Entwicklung der Projektgruppe „ethisch-ökologisches Rating", 9.

42 Vgl. Hoffmann, Frankfurt-Hohenheimer Leitfaden, 1.

43 Vgl. ebd. 3.

44 Vgl. ebd. 7 f.

45 Vgl. Hiß, Globale Finanzmärkte und nachhaltiges Investieren, 662.

46 Vgl. ebd. 664.

Aktionen beschlossen, welche 2017 in Deutschland verabschiedet wurde.[47] Diese vereinfacht die Verfügbarkeit von ESG-Informationen und begünstigt mögliches Investieren danach.

Die Entwicklung des ESG-Investings in Deutschland geht internationalen Akteuren allerdings scheinbar nicht schnell genug.[48] So veröffentlichten die „Principles for Responsible Investing" (PRI) und die UNEP gemeinsam 2016 eine „Germany Roadmap" zu treuhänderischen Pflichten im 21. Jahrhundert mit Politikempfehlungen für eine Vereinfachung der Etablierung von ESG-Investitionen.[49] Der Nachhaltigkeitsrat, der die Bundesregierung in Nachhaltigkeitsbelangen berät, hat für den neuen „Hub for Sustainable Sustainable Finance", der die Etablierung von ESG-Investing vorantreiben soll, einen Vertreter der PRI mit ins Boot geholt, nicht aber aus den nationalen Netzwerken.[50]

4.3 Einfluss auf die globale Praxis

Wie dargestellt, sind die größten Akteure im ESG-Investing institutionelle Investoren. Sie machen einen Großteil des Volumens des globalen Finanzmarktes aus und investieren oftmals global. Entsprechend haben sich auf dieser Ebene prägende Strukturen für das ESG-Investing gebildet. Wie in den vorangegangenen Abschnitten bereits angesprochen, haben sich auch die Vereinten Nationen mit verantwortungsvollen Investitionen beschäftigt. Diese Beschäftigung hat parallel zu einer größeren Aufmerksamkeit für CSR auf globaler Ebene durch den „UN Global Compact" stattgefunden. Konkret haben die Vereinten Nationen 2005 die PRI ins Leben gerufen. Den sechs darin aufgeführten Prinzipien zur Förderung von ESG-Investing können sich Investoren verpflichten, was international als ein Bekenntnis zu ESG-Investing anerkannt ist. Diese Prinzipien beinhalten ein Bekenntnis zur Berücksichtigung von ESG-Faktoren in der Investitionsentscheidung und das Achten auf die Faktoren durch die Unternehmen.[51] Problematisch ist dabei, dass die Art und Weise des ESG-Investings nicht ausdifferenziert wird. Die Investoren agieren also nach eigenem Ermessen, und der Anteil der Investoren, die sich ihr verantwortungsvolles Investieren durch externe Prüfer bestätigen lassen, ist gering.[52] Von diesen Prüfern oder Ratingagenturen gibt es

47 Vgl. Bundestag, CSR-Richtlinie-Umsetzungsgesetz, 1.
48 Vgl. Hiß, Globale Finanzmärkte und nachhaltiges Investieren, 658.
49 Vgl. Heath, Fiduciary Duty in the 21st Century – Germany Roadmap, 7.
50 Website des Rates für nachhaltige Entwicklung: https://www.nachhaltigkeitsrat.de/projekte/hub-for-sustainable-finance-h4sf/ (07.01.2018).
51 Vgl. PRI, Prinzipien für Verantwortliches Investieren, 4.
52 Vgl. Hiß, Globale Finanzmärkte und nachhaltiges Investieren, 660.

weltweit rund 60, deren Hintergrund und Grad der Genauigkeit nicht immer klar ist.[53] Ein Großteil des ESG-Investings geschieht also im Hinblick auf Art und Absicht schwer oder gar nicht nachvollziehbar.

Diese globalen Strukturen sind als Reaktion auf die boomende Entwicklung in den USA entstanden. Das Cox Zitat: „eine Welthegemonie ist […] in ihren Anfängen die nach außen gerichtete Expansion einer internen (nationalen), durch eine herrschende soziale Klasse geschaffene Hegemonie“[54], drängt sich an dieser Stelle auf. Dabei sind die Strukturen so beschaffen, dass sie ESG-Investing in seiner Ausbreitung fördern und nicht hinterfragen. Die rasante Entwicklung ist weitestgehend ohne kritische Reflexion entstanden. Ferner ist es problematisch, was alles unter den Begriff des ESG-Investings oder des nachhaltigen Investments fällt. In wissenschaftlichen Arbeiten wird mittlerweile zwischen „core“ ESG-Investing, welches auf Verhaltensänderung der Unternehmen abzielt, und „broad“ ESG-Investing, welches ESG-Faktoren mit heranzieht, unterschieden.[55] Der Core Anteil ist dabei stets signifikant kleiner. 2005 wurden über zehnmal so viel ESG-Investitionen „broad“ statt „core“ getätigt.[56] Eine entsprechende Unterteilung findet in der Praxis bzw. in der Berichterstattung über diese in der Regel nicht statt.

Vor dem Hintergrund, dass ESG-Investing nur dann geschieht, wenn es auch eine Rendite abwirft,[57] ist fraglich, ob eine Orientierung an einer Expansion des Mechanismus tatsächlich etwas an der gesamtgesellschaftlichen Situation verbessern kann. Hier sind Handlungsempfehlungen von internationaler Stelle an Deutschland kritisch zu hinterfragen. Im Gegenzug sind aber auch Akteure, denen daran gelegen ist, mit ESG-Investing positive Verhaltensänderungen herbeizuführen, wie es scheinbar bei *oekom research* der Fall ist, differenziert zu betrachten.

5 Fazit

ESG-Investing findet nur statt, wenn es für die Investoren profitabel ist. Dieser Umstand ist der Status Quo. Und dieser scheint auch in dieser Art und Weise von der Politik gewollt. Denn über gezielte Förderungen oder Verpflichtungen ließe sich ein entsprechender Mechanismus durchaus zu einem Umverteilungs- oder

53 Vgl. ebd. 663.
54 Cox, Weltordnung und Hegemonie, 82.
55 Vgl. Rachocka, Socially Responsible Investment in Europe, 21.
56 Vgl. ebd.
57 Vgl. Preu, German Socially Responsible Investment, 870.

zumindest Erziehungsinstrument umbauen.[58] Dementsprechend handelt es sich bei ESG-Investing in der untersuchten Form um einen Trasformismo. Durch die Adressierung von Nachhaltigkeitsthemen durch Investoren wird eine Aktivität durch die internationale Finanzhegemonie suggeriert. Diese findet allerdings mit schwer bis gar nicht nachvollziehbaren Mechanismen hinter wohlklingenden Begriffen statt. Eine kritische Hinterfragung findet so von möglicher subalterner Stelle nicht oder nicht dringlich genug statt.

Das transformative Potenzial von ESG-Investing ist aber nicht grundsätzlich verloren. Durch die Auseinandersetzung mit ESG-Themen werden Investoren zu einer Reflexion und Positionierung gezwungen. Auch wenn diese Auseinandersetzung keine direkten Pflichten diktiert, so kann sie doch gewisse Anreize schaffen und allmähliche Bewusstseinsänderungen auslösen.[59] ESG-Investing ist grundsätzlich ein Mechanismus zur Sensibilisierung von Unternehmen für gesamtgesellschaftliche Themen. Es verstärkt CSR und fördert damit strukturell die Vermeidung harter Brüche. Unternehmen nehmen Themen aus der Bevölkerung auf, da es sich für sie auch aufgrund von ESG Investings lohnt. ESG-Investing selbst hat durch seine Bindung an einen Profit nicht direkt gegenhegemoniale Kraft. Fraglich ist jedoch, ob die fortlaufende gesamtgesellschaftliche Reflexion der Unternehmen durch CSR auf längere Sicht nicht den Akkumulationszwang des Kapitals aufhebt. Damit würde auch ESG-Investing zu diesem Prozess beitragen. Bisher stellt verantwortungsvolles Invertieren im Optimalfall eine Glättung des Finanzmarktes dar und ist keine „Speerspitze" einer gegenhegemonialen Bewegung. Es besteht jedoch ein gewisses Potenzial für einen Beitrag zu einer „Passiven Revolution".

Grundsätzlich problematisch an ESG-Investing bleibt allerdings immer die Tatsache, dass Geld das Teilnahmekriterium für diese Art an Aktivismus ist.[60] Hierin sieht man, dass der Weg einer „Passiven Revolution" die einzige transformative Möglichkeit für ESG-Investing ist. Ob man diesen Ansatz nun als eine lebensverlängernde Maßnahme des Kapitalismus oder als Brückentechnologie zu einem neuen Weltsystem sehen möchte, hängt zu diesem Zeitpunkt von den persönlichen Überzeugungen ab.

---

58 Vgl. ebd. 898.

59 Vgl. Hiß, Globale Finanzmärkte und nachhaltiges Investieren, 662.

60 Vgl. ebd. 666.

Literatur

Bieling, Hans-Jürgen/Deppe, Frank, Neo-Gramscianismus in der internationalen politischen Ökonomie, in: Trend online 6 (1999): http://www.trend.infopartisan.net/trd0699/t020699.html (18.03.2020).

Bieling, Hans-Jürgen/Deppe, Frank/Tidow, Stefan, Soziale Kräfte und Hegemoniale Strukturen in der Internationalen Politischen Ökonomie, in: Cox, Robert W. (Hg.), Weltordnung und Hegemonie. Grundlagen der „Internationalen Politischen Ökonomie" (Studie 11), Marburg 1998, 7–27.

Cox, Robert W., Gramsci, Hegemony and International Relations. An Essay in Method, in: Millenium: Journal of International Studies 12 (1983) 2, 162–175.

Cox, Robert W., Weltordnung und Hegemonie. Grundlagen der „Internationalen Politischen Ökonomie" (Studie 11), Marburg 1998.

Cox, Robert W., Soziale Kräfte, Staaten und Weltordnungen jenseits einer Theorie Internationaler Beziehungen, in: Opratko, Benjaming/Prausmüller, Oliver (Hg.), Gramsci global – Neogramscianische Perspektiven in der Internationalen politischen Ökonomie, Hamburg 2011, 39–86.

Döpfner, Claudia/Hoffmann, Johannes, Zur Entstehung und Entwicklung der Projektgruppe „ethisch-ökologisches Rating", in: oekom resaearch AG (Hg.), Ethisch-ökologisches Rating. Der Frankfurter-Hohenheimer Leitfaden und seine Umsetzung durch das Corporate Sustainability Rating, Frankfurt am Main 2009, 7–17.

Dünhaupt, Petra, Financialization and the Crises of Capitalism (Working Paper 67/2016), Berlin 2016.

Friede, Gunnar/Busch, Timo u. a., ESG and Financial Performance: Aggregated Evidence from more than 2000 Empirical Studies, in: Journal of Sustainable Finance & Investment 5 (2015) 4, 210–227.

Heath, Alyssa/Neunmeyer, Dustin/Martindale, Will, Fiduciary Duty in the 21st Century - Germany Roadmap, Boston 2016.

Hiß, Stefanie, Globale Finanzmärkte und nachhaltiges Investieren, in: Groß, Matthias (Hg.), Handbuch Umweltsoziologie, Wiesbaden 2011, 651–667.

Hoffmann, Johannes u. a., Frankfurt-Hohenheimer Leitfaden, Frankfurt 2000.

Horn, Laura, „Aufgesogen" in den neoliberalen Konsensus? Trasformismo und Corporate Social Responsibility in der Europäischen Union, in: Opratko, Benjaming/Prausmüller, Oliver (Hg.), Gramsci global – Neogramscianische Perspektiven in der Internationalen politischen Ökonomie. Hamburg 2011, 207–223.

Kannankulam, John/Georgi, Fabian, Die Europäische Integration als materielle Verdichtung von Kräfteverhältnissen. Hegemonieprojekte im Kampf um das „Staatsprojekt Europa" (Arbeitspapier 30), Marburg 2012.

Rat für nachhaltige Entwicklung: https://www.nachhaltigkeitsrat.de/projekte/hub-for-sustainable-finance-h4sf/ (07.01.2018).

Opratko, Benjamin/Prausmüller, Oliver, Neogramscianische Perspektiven in der IPÖ: Eine Einführung, in: Opratko, Benjamin/Prausmüller, Oliver (Hg.), Gramsci global – Neogramscianische Perspektiven in der Internationalen politischen Ökonomie, Hamburg 2011, 11–38.

Paterson, William, Trasformismo at the World Trade Organization, in: McNally, Mark/Schwarzmantel, John (Hg.), Gramsci and Global Politics: Hegemony and Resistance, London 2009, 42–57.

Preu, Friederike/Richardson, Benjamn J., German Socially Responsible Investment: Barriers and Opportunities, in: German Law Journal 12 (2011) 3, 865–900.

PRI (Principles for Responsible Investment), Prinzipien für Verantwortliches Investieren. Eine Investoreninitiative in Partnerschaft mit der UNEP Finance Initiative und dem UN Global Compact: https://www.unpri.org/download?ac=6296 (19.03.2020).

Rachocka, Joanna, Socially Responsible Investment in Europe, in: Kopycinska, Danuta (Hg.), Economic Choices Made in the Polish Economy in Globalization, Stettin 2007, 15–25.

Schneeweiss, Eva, GLS Bank: Sucessfully Sustainable, in: Spitzeck, Heiko u. a. (Hg.), Banking with Integrity – The Winners of the Financial Crisis? New York 2012, 107–114.

Schueth, Steve, Socially Responsible Investing in the United States, in: Journal of Business Ethics 43 (2003) 3, 189–194.

Sparkes, Russel, Socially Responsible Investment: A Global Revolution, Chichester 2002.

US SIF Foundation, 2016 Trends Report Highlights. Responsible and Impact Investing Trends, Boston 2017.

Winter, Jens, Dimensionen einer hegemonialen Konstellation. Eckpunkte einer akteursorientierten kritisch-hegemonietheoretischen Forschungsperspektive, in: Opratko, Benjaming/Prausmüller, Oliver (Hg.), Gramsci global – Neogramscianische Perspektiven in der Internationalen politischen Ökonomie, Hamburg 2011, 145–162.

Andreas Novy

Illusionen grenzenloser Globalisierung

Abstract: Economic globalization and the acceleration of life, and indeed ecological and political crises, are leading many people to the conclusion that „business as usual" is no longer possible. The hostile stance that pits „globalisers" against „nationalists" in public debate is too limited in scope, however, since up to now nations remain the primary place of democratic participation. What is much more critical is the question as to what form globalisation takes. Whereas countries with a high quality of life have too large an ecological footprint, poorer countries have an ecological footprint matching the limited resources of the planet. But the challenge is to ensure a good life for all by reconciling a high quality of life with ecological compatibility. The first step on the path to socio-ecological transformation could consist of improving the foundational economy, social security and local supplies.

Keywords: globalization, socio-ecological transformation, Karl Polanyi, democracy, good life for all

Wir leben in interessanten Zeiten. In den reichen Ländern verbreitet sich das Bewusstsein, dass die Zukunft keinesfalls zwangsläufig besser wird. Die Verhältnisse sind im Umbruch, was für diejenigen, die weltweit lange Zeit zu den GewinnerInnen gezählt haben – das heißt wir alle – unangenehm werden könnte. Bleibt die hierarchische Weltordnung, die Wohl und Wehe so ungleich verteilt, in dieser Form bestehen, könnte dies dramatische Konsequenzen für uns haben. Was tun?

Auf jeden Fall steht einiges auf dem Spiel. Aus diesem Grund teilen immer mehr Menschen die Einschätzung, dass „Weiter so wie bisher" nicht möglich ist. Doch was ist damit gemeint? Die OrganisatorInnen dieser Entwicklungstagung beschreiben ein komplexes Ineinanderspielen vielfältiger Krisen. Krieg, Flucht und Wetterkapriolen sind die wahrnehmbaren Symptome globaler Unordnung, Nachrichten aus fernen Gegenden sind die bedrohliche Hintergrundmusik, die daran erinnert, dass die eigene, als selbstverständlich angesehene Lebensweise gefährdet sein könnte.

1 Sozialökologische Transformation

Es geht, so die Einsicht, nicht bloß um die eine oder andere Korrektur, sondern um grundlegende Fragen über unseren Platz in der Welt und wie in Zukunft gearbeitet und gelebt wird. Mit dem Konzept der sozialökologischen Transformation wird ein anstehender Wandel beschrieben, der in seinen Dimensionen dem Übergang von Gemeinschaften der Jäger und Sammler hin zu Agrargesellschaften oder dem Übergang von der Agrar- zur Industriegesellschaft ähnelt. Der Sozioökonom Karl Polanyi beschrieb die industrielle Revolution des 19. Jahrhunderts als Metamorphose, vergleichbar dem Formwandel von einer Raupe zum Schmetterling. Landflucht und die erzwungene Massenauswanderung aus Europa waren damals Nebenprodukte der Durchsetzung einer Marktgesellschaft und des Aufstiegs Westeuropas zum Zentrum der Weltwirtschaft. Radikale Verbesserungen der Lebensbedingungen gingen einher mit Massenelend und kultureller Entwurzelung. Modernisierung und Ausweitung der Marktwirtschaft führen zwar insgesamt zu materiellen Verbesserungen, nicht aber automatisch dazu, sich in dieser neuen Welt auch zuhause zu fühlen. Die Folge sind Gegenbewegungen, beispielsweise in Form des Widerstands der Weber gegen mechanische Webstühle, als Schutzzölle für Bauern oder durch die Einführung von Arbeitsgesetzen.

All dies begleitet die kapitalistische Modernisierung bis heute. Der Globale Süden ist – trotz aller Erfolge der MDGs – weiter geprägt vom Elend der Kleinbauern, dem Widerstand in asiatischen Fabriken sowie der erzwungenen Flucht. Viele Solidaritätsbewegungen stärken Menschen im Globalen Süden: Von Gewerkschaften in China bis zum Kampf der Kleinbauern um ihr Saatgut. Polanyi erinnert daran, dass dieser Widerstand nicht emanzipatorisch sein muss. Widerstand *kann* zu emanzipatorischen Veränderungen führen, wie den Wohlfahrtsstaat der Nachkriegszeit, oder reaktionäre Bewegungen hervorrufen, wie den Faschismus der 1930er Jahre. So ist auch der aktuell zunehmende Nationalismus als eine derartige Schutzbewegung zu verstehen, was Kari Polanyi, 94-jährige Tochter von Karl Polanyi, sehr klar analysierte. Gegenbewegungen zur neoliberalen Globalisierung werden stärker. Das ist ein Faktum. Umkämpft ist nur die Art des Widerstands. Er kann nämlich sowohl eine reaktionäre, rückwärtsgewandte und anti-aufklärerische Form annehmen oder potentiell emanzipatorische Veränderungen anstoßen.

Um die aktuellen Probleme zu verstehen, braucht es die historische Analyse. Die Metamorphose des 19. Jahrhunderts basierte auf neuen Institutionen wie dem verallgemeinerten Arbeitsmarkt oder dem Goldstandard, aber auch auf ökologischen Umwälzungen: Die neue Produktionsweise war von Anfang an fossil. Produktivitätsgewinne basierten wesentlich auf dem Zugriff auf nicht erneuerbare Energieträger – ein Umstand, dem lange zu wenig Bedeutung beigemessen wurde.

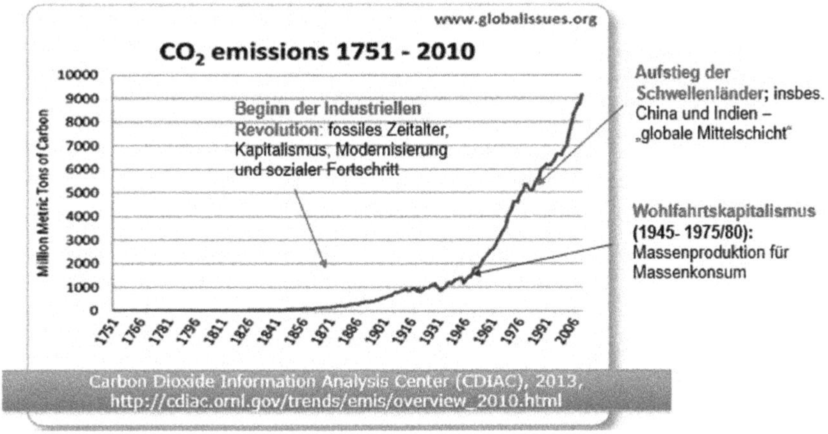

Abbildung 1: Große Beschleunigung

Durch die kapitalistische Modernisierung kam es zu einer großen Beschleunigung, wie sie beispielhaft in Abbildung 1 dargestellt wird. Fast alles – vom CO_2-Ausstoß bis zur Lebenserwartung; vom Artensterben bis zum Rückgang der Kindersterblichkeit – unterliegt dem Imperativ von „mehr und schneller." Abbildung 1 zeigt anhand der CO_2-Emissionen, wie radikal sich die letzten 200 Jahre von der vorangegangenen Menschheitsgeschichte unterscheiden. Der offensichtliche soziale Fortschritt wäre ohne die expansiven Dynamiken kapitalistischer Modernisierung nicht möglich gewesen.

Zwei Momente heizten den Prozess im 20. Jahrhundert weiter an: Erstens ermöglichte der in den reichen Ländern eingeführte Wohlfahrtsstaat Massenkonsum – Auto für alle, Waschmaschine für alle. Ein zivilisatorischer Fortschritt mit hohen ökologischen Kosten. Das gleiche gilt für den Aufstieg der Schwellenländer in den letzten 30 Jahren, denn die globale Mittelschicht entwickelt keinen neuen, sondern imitiert den ressourcenfressenden westlichen Lebensstil.

Eine der Ursachen der Beschleunigungs- und Wachstumsdynamik verortet die Nachhaltigkeitsforschung im fossilen Energiesystem, das durch verbilligte Transportmittel und industrielle Produktivitätssteigerungen eine Weltwirtschaft schuf und Massenkonsum, wenn auch sehr ungleich, verallgemeinerte – bei rund sieben Milliarden Menschen gibt es heute weltweit ebenso viele Handys. Es ist weitgehend Konsens, dass das Festhalten an dieser expansiven Dynamik und dem damit verbundenen Raubbau desaströse Folgen hat. So gerät nicht nur das Klima aus der Balance, sondern die planetarischen Grenzen werden in vielerlei

Aspekten überschritten – bei Artenvielfalt, Stickstoffzyklus und Landnutzungssystemen.

Heute gewinnt deshalb die ökologische Frage in der akademischen Diskussion, nicht aber in der politischen Debatte an Bedeutung. Dabei setzen die einen stärker auf Strategien der Grünen Wirtschaft – verbunden mit der Hoffnung, dass substanzielle technologische Änderungen reichen werden (Stichwort: Ökoeffizienz). Nun schon 40 Jahre Umweltpolitik im Sinne von Effizienzsteigerungen haben allerdings die Dynamik der „großen Beschleunigung" nicht bremsen können. Dies stärkt die Argumente für weitergehende Veränderungen in unserem Mobilitäts- und Konsumverhalten, sodass die Abkehr von einer auf fossilen Energieträgern beruhenden Produktionsweise als eine neue große Transformation verstanden werden müsste.

2 Globalisierer gegen Nationalisten

In der öffentlichen Debatte sind Klima- und Umweltpolitik aber immer noch zweitrangig. Presse, liberale Öffentlichkeit, Universitäten und soziale Medien werden nicht müde, eine andere epochale Auseinandersetzung in den Vordergrund zu rücken: gebildete Elite gegen abgehängte Masse, Globalisierer gegen Nationalisten. An die Stelle des vermeintlich überwundenen Links-Rechts-Gegensatzes ist ein Kulturkampf getreten, in dem Weltoffenheit und Heimatverbundenheit aufeinanderprallen. Die jeweils anderen gelten als borniert und provinziell bzw. als abgehoben und unverantwortlich. Noch 2015 hätte kaum ein seriöser Staatschef öffentlich in Frage stellen können, dass „wir", d. h. alle Menschen, eine gemeinsame, eine globale Verantwortung teilen. So beschlossen die Staatschefs im September 2015 die nachhaltigen Entwicklungsziele (SDGs) und bejubelten bei der Weltklimakonferenz im Dezember 2015 ihr Verantwortungsbewusstsein angesichts einer unkontrollierbar werdenden Klimakrise.

Wenig später wird im mächtigsten Land der Welt ein Mann Präsident, der die Etikette bricht und selbstbewusst festhält, worum es ihm geht: „America first". In der Tat bricht Donald Trump mit der in der liberalen Öffentlichkeit als selbstverständlich angesehenen Einschätzung, dass Globalisierung und europäische Integration sowohl unvermeidlich als auch grundsätzlich begrüßenswert seien. Besonders besorgniserregend erscheint, dass Trump nicht gewann, *obwohl*, sondern *weil* er mit einer Vielzahl von vermeintlichen Gewissheiten des beginnenden 21. Jahrhunderts brach: „Wir nehmen uns, was uns gehört – und wenn nötig, holen wir es uns auch" – gutes Leben für wenige: Seien es Ressourcen oder Eigentumsrechte, sei es durch Marktmacht, militärische Stärke oder Überwachung. Donald Trump, Marine Le Pen, Geert Wilders, Victor Orban – sie

Abbildung 2: Die inszenierte Auseinandersetzung

stehen für einen neuen Typus von PolitikerInnen; FührerInnen, die offen nationalistisch sind und globale Zusammenarbeit nur dann akzeptieren, wenn sie und ihr Land davon profitieren. Sie zeigen, wie falsch die Annahme war, mehr wirtschaftliche Globalisierung und mehr internationale politische Zusammenarbeit gingen Hand in Hand. Vermehrt dominiert heute ein Diskurs, der wieder selbstbewusst die Interessen der eigenen Nation ins Zentrum stellt. Nicht hilfreich ist angesichts dieser Entwicklungen moralische Empörung. Gefragt ist eine realistische Einschätzung.

Beginnen wir mit einer Unterscheidung verschiedener Formen der Globalisierung. Vereinfacht gesprochen geht es um vier Aspekte: erstens die Globalisierung des Handels, d. h. von Waren und Dienstleistungen; zweitens die Globalisierung von Geld und Finanz; drittens die Globalisierung der Arbeitsmärkte und viertens die Globalisierung der Entscheidungsfindung, d. h. Formen globaler Kooperation bis hin zu einer globalen Demokratie.

Nichts wäre irreführender, als Trump als Anti-Globalisierer zu bezeichnen. Vielmehr radikalisiert er Globalisierung, und zwar in genau derjenigen Form, die für Polanyi und viele andere das größte Destruktionspotential hat, nämlich globale, entgrenzte Finanzmärkte, die demokratische Gestaltungsspielräume einschränken. Zwei Beispiele, die im jüngsten UNCTAD-Report 2017 zitiert werden: Das Vermögen der fünf größten Banken in Frankreich und im Vereinigten Königreich war über dreimal höher als das jeweilige Volkseinkommen. Und die Summe der externen Verbindlichkeiten und Forderungen im UK belief sich vor der Finanzkrise 2008 auf das 13-fache des BIP. Dieser aufgeblähte Finanzsektor überlebte die Finanzkrise durch massive staatliche Subventionen, um heute über den Besitz an Staatsanleihen erneut massiv Einfluss auf die Wirtschaftspolitik zu nehmen. Dabei ist bekannt, wie sehr dieser Sektor zu pro-zyklischem und krisenverstärkendem Verhalten tendiert, wie mittlerweile selbst der Währungsfonds eingesteht. Trotzdem ist Trump hier Hyperglobalisierer und will die Finanzbranche wieder deregulieren, was kurzfristig Steuervermeidung fördert und langfristig destabilisierend wirkt.

Zweitens: Die Globalisierung des Handels, dies lehrt die Geschichte, ermöglicht substanzielle Wohlfahrtsgewinne und tendiert gleichzeitig zu Machtkonzentrationen. Die Fusion von Bayer und Monsanto ist ein Beispiel transnationaler Macht. Erneut aus dem UNCTAD-Report zitierend: 10 % der global an Börsen notierten Unternehmen erzielten 80 % der Gewinne; die Firmenchefs großer Unternehmen erhielten in den letzten zehn Jahren als Gehaltsbestandteil insgesamt sagenhafte 3.900 Milliarden Dollar. Umgekehrt zeigt die Zurückhaltung bei der Liberalisierung des Agrarsektors und der Rüstungsindustrie, dass gelegentlich Staatsräson selbst über neoliberale Ideologie siegt. Auf diesem Felde ist Trump eindeutig ein Wirtschaftsnationalist, der bewusste Standortpolitik betreibt; jedoch Freihandel dort fördert, wo es US-Firmen nutzt.

Drittens gewinnt in einer Welt globaler Kommunikation und sinkender Transportkosten die Migration als Strategie, die individuelle Wohlfahrt zu erhöhen, an Bedeutung. Auffallend ist, dass gerade die VerfechterInnen einer freien Marktwirtschaft äußerst zurückhaltend sind, ja zumeist entschieden ablehnend reagieren, wenn es um globale Arbeitsmärkte geht. Während der Handel mit Luft, Wasser und Boden erlaubt sein soll, wird den Wohlfahrtsgewinnen, die durch globale Arbeitsmärkte erzielbar wären, ein Riegel vorgeschoben. Schlimmer noch: Die Schutzfunktion des Staates wird erneut verstärkt als polizeiliche und militärische Sicherheit verstanden. Geschützt wird vor zu viel Zuwanderung, potentielle Konkurrenz am Arbeitsmarkt und Quelle kultureller Verunsicherung. Sozialer Schutz, wie er durch ein funktionierendes Sozialsystem für alle Hilfsbedürftigen gewährt wird, aber auch ein völkerrechtlich abgesichertes Asylrecht, erscheint zweitrangig. Dies ist ein Feld, auf dem Trump als Protektionist genau bei denen punktet, die bei seiner von Milliardären gemachten Politik ansonsten nur verlieren.

Viertens: Globale Zusammenarbeit wird von Trump ebenso kritisch beäugt, wie manche Neoliberale in Großbritannien, Ungarn und Polen gegen vertiefte europäische Integration optieren. Die Strategie, eine globale Marktwirtschaft zu schaffen, die mit weltweiter kultureller und politischer Kooperation einhergeht, ist in einer tiefen Krise. Bilaterale, opportunistische Zusammenarbeit tritt an die Stelle internationaler Verträge. Nationaler Politik gelten „Weltbühne" und „Brüssel" als Entschuldigung für das eigene Versagen vor Ort. Doch gleichzeitig wachsen das Unbehagen und der Widerstand. In diesem Sinne hatte Karl Polanyi Recht: Hyperglobalisierung ruft Gegenkräfte auf den Plan, Deglobalisierung geschieht, aktuell im Wesentlichen durch Abschottung der nationalen Arbeitsmärkte und willkürlichen Protektionismus.

Statt Globalisierung in all ihren Formen mit Weltoffenheit zu verwechseln, gälte es, von Rechtspopulisten und Neoliberalen zu lernen und mit Globalisierung und Deglobalisierung selektiv umzugehen. Wie schon auf der Zweiten Entwicklungstagung hier in Graz 2003 diskutiert wurde, ist Globalisierung kein Schicksal, sondern wird politisch hergestellt oder eben ausgehöhlt. Trump tut beides erratisch, autoritär und exkludierend. Wünschenswert wäre, die Art der Globalisierung zum Gegenstand öffentlicher Debatte und demokratischer Entscheidung zu machen. So könnten Vor- und Nachteile bestimmter Globalisierungsschritte abgewogen und die Potentiale für globale, nationale und lokale Veränderungsstrategien ausgelotet werden.

Es braucht also eine Revision des vereinfachten Raumbildes, wonach global als offen und gut, lokal und national als borniert und schlecht gelten. Die grenzenlose Globalisierung von Geld, Finanz, Waren und Dienstleistungen heizt den Standortnationalismus an, der wiederum wesentlich verantwortlich ist für die Schwierigkeiten der Weltgemeinschaft, die globalen Herausforderungen wie Frieden, Klimapolitik und Migration konstruktiv anzugehen. Selbst so erfreuliche Ereignisse wie der Beschluss der SDGs und des Pariser Klimaabkommens verbleiben angesichts des ökonomischen Konkurrenzdenkens und geopolitischen Machtdenkens zahnlos. Es ist Zeit, sich von der Idee zu verabschieden, globale Probleme vorrangig durch globale Kooperation, europäische Probleme durch intensivere europäische Zentralisierung in „Brüssel" zu lösen. Nation und Nationalismus gingen und gehen nicht immer Hand in Hand. In der Romantik des 19. Jahrhunderts stand Nationalismus oftmals für den Ausbruch aus feudalen Verhältnissen, so wie er bei Gandhi und vielen anderen im Globalen Süden für den Widerstand gegen koloniale und imperiale Herrschaft genutzt wurde. Bis heute bleibt die Nation der Ort, an dem die lebendigste und wirksamste Form demokratischer Teilhabe stattfindet. Daher ist der Widerstand gegen den Abbau von Gewaltentrennung, Sozialstaat und Oppositionsrechten in Brasilien und Polen so stark. Und deshalb streben nicht nur in Katalonien Regionen immer noch danach, zu Nationen zu werden – zu Recht? Zu Unrecht? Katalonien ist

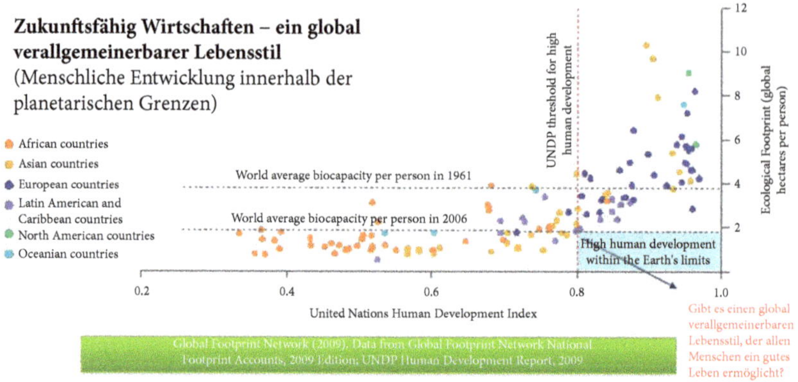

Abbildung 3: Wohlbefinden und ökologischer Fußabdruck

Teil eines Zentralstaats, der oftmals wenig Sensibilität gegenüber regionalen Institutionen und Kulturen hat, die EU-Institutionen sind nur sehr indirekt demokratisch legitimiert, doch Österreich ist eine demokratische Republik. Weiterhin sind Nationen die wirkmächtigsten Territorien für demokratische und soziale Gestaltung. So wünschenswert die Überwindung der europäischen Kleinstaaterei wäre, so weit entfernt sind wir von europäischer Solidarität und Demokratie. Schlimmer noch: Während Formen der finanziellen Umverteilung in weite Ferne rücken, wird die Kooperation zum Schutz der Festung Europa und deren militärische Absicherung an der Außengrenze der EU Realität. So verkümmert mehr europäische Zusammenarbeit zu neuem Mauerbau, einer rückwärtsgewandten Variante von Anti-Globalisierung. Der in den Medien so beliebte Antagonismus von Globalisierern und Nationalisten verschleiert also die reale Entwicklung. Was ist demnach das „tatsächliche" Konfliktfeld?

3 Gutes Leben „für einige" oder „für alle"?

Abbildung 3 zeigt, dass es heute im Wesentlichen zwei Typen von Ländern gibt: diejenigen, die reich sind, eine hohe Lebensqualität haben, aber gleichzeitig einen überdurchschnittlichen, nicht-verallgemeinerbaren ökologischen Fußabdruck – das sind insbesondere der Westen und viele ölexportierende Staaten. Ulrich Brand und Markus Wissen nennen diese Lebensweise „imperial", weil sie auf der Ausbeutung anderer Menschen und Erdteile beruht.

Die andere Staatengruppe sind die der Armen. Sie haben eine deutlich niedrigere Lebensqualität, jedoch ist ihr Ressourcenverbrauch mit den planetarischen

Grenzen vereinbar – das sind vor allem Afrika und Südasien. Die Herausforderung bestünde darin, den Raum rechts-unten zu füllen, dort, wo heute kein einziges Land zu finden ist: Hohe Lebensqualität innerhalb der planetarischen Grenzen; kurzum eine Zivilisation mit hoher Lebensqualität, die nicht auf Kosten anderer lebt.

Der aktuelle Transformationsprozess birgt gefährlichen Sprengstoff für sich zuspitzende Verteilungskämpfe und geopolitische Konflikte, bietet aber auch Chancen. Der reiche Westen kann nämlich auf zwei Arten reagieren: Er kann abblocken und den Status Quo verteidigen, oder er kann Schritte setzen, Lebensqualität neu zu definieren und systemische Innovationen in den Bereichen Mobilität, Energie und Ernährung einleiten. Er kann ein gutes Leben entweder für einige oder für möglichst alle anstreben.

Es können alle Energien verwendet werden, den Status Quo der Wohlstandsverteilung innerhalb und zwischen den Ländern mit Klauen und Zähnen zu verteidigen. Das hieße, dass eine Verteidigungshaltung im reichen Westen mit den steigenden Ansprüchen der Aufsteiger der Weltwirtschaft kollidiert. Das ist das aktuell zu beobachtende Szenario. Es gibt im Globalen Norden und Süden eine Renaissance neoliberaler Politik, die von autoritären bzw. illiberalen Regimen umgesetzt wird – von Brasilien und der Türkei bis zu Japan. In manchen Ländern – insbesondere in Asien – sind Formen eines offen autoritären Kapitalismus wirtschaftlich erfolgreich. Eine besonders besorgniserregende Folge dieses neoliberalen Wirtschaftsnationalismus sind weltweite Aufrüstung, eine lukrative

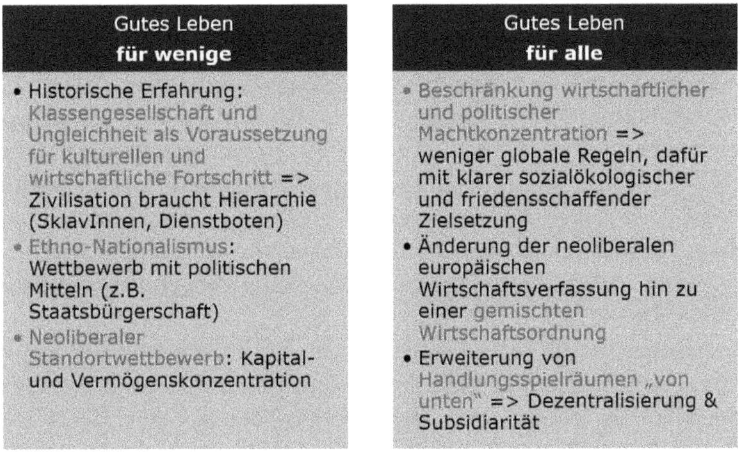

Abbildung 4: Gutes Leben für einige/wenige oder alle

Grenzsicherungs- und Überwachungsindustrie und vermehrte militärische Konflikte in rohstoffreichen Gegenden.

4 Handlungsspielräume „von unten" erweitern

Die Heftigkeit des aktuellen Rückschlags, die drohende Rückkehr zu einer Dienstbotengesellschaft des 19. Jahrhunderts erlaubt aber kein Sektierertum und keinen Dogmatismus. In Brasilien scheiterte der Versuch eines sanften Reformismus, der erstmals auch den 6,5 Millionen Dienstbotinnen echte Teilhabe ermöglichte. In Europa spalten sich Nationen, entsteht eine Dienstbotengesellschaft aufbauend auf der Sorgearbeit von Migrantinnen und vertieft sich die Kluft zwischen Nord- und Südeuropa. Vereinfacht können diese Entwicklungen als Strategien für ein „gutes Leben für einige" bezeichnet werden. Kein erfreuliches Zukunftsszenario.

Sprechen wir mit Kollegen und Freundinnen in der Türkei, Ungarn oder Brasilien, dann ist klar, dass es breite Bündnisse für Demokratie und Freiheit braucht. Liberale konstatieren zum Beispiel in Ungarn eine illiberale Demokratie, sind besorgt über den autoritären Umgang mit Minderheiten und sehen ihre Skepsis gegenüber der Mehrheitsdemokratie bestätigt. Doch es reicht nicht, auf Gewaltentrennung, freie Justiz und Medien zu setzen. Es ist die steigende Ungleichheit und die durch den Abbau des Sozialstaats hervorgerufene soziale Verunsicherung, die den Nährboden liefert für die Akzeptanz immer radikalerer Ausgrenzungs- und Notverordnungsmaßnahmen. Es stimmt, dass aktuell Demokratie als Mehrheitsherrschaft immer illiberaler und unsozialer wird; der politische Horizont wird enger. Trotzdem muss selbst dann an der Demokratie als bester der schlechten Regierungsformen festgehalten werden, wenn Regierungschefs beginnen, am Klimawandel zu zweifeln und Menschenrechte auszuhebeln.

Eine gelungene Transformation wird es nämlich nur mit den Menschen gemeinsam geben. Es geht um – so der Titel des diesjährigen Weltentwicklungsberichts – „Human Development for everyone". Vermutlich sind die Strategien, politische Mehrheiten für Solidarität und Nachhaltigkeit zu gewinnen in den Ländern des Globalen Südens einfacher, da gerade die Armen Strategien „für alle" begrüßen. Ich möchte mich nun der entscheidenden, gleichzeitig aber auch sehr schwierigen Frage zuwenden, wie bei uns in den reichen Ländern Europas Mehrheiten für die Umgestaltung des aktuellen nicht-nachhaltigen Systems gewonnen werden können. Das ist anspruchsvoll, weil es in dieser Situation offensichtlich als attraktiv erscheint, autoritäre und ausgrenzende Maßnahmen in Kauf zu nehmen, um den eigenen Lebensstil zu sichern. Demokratische Mehrheiten sind nicht automatisch für solidarische nachhaltige Entwicklung.

Dem Szenario einer Festung der Reichen steht das Fernziel einer Zivilisation gegenüber, die nicht auf Kosten anderer lebt. Die konkrete Utopie eines „guten Lebens für alle" bietet keine kurzfristigen Lösungen, wohl aber Orientierung in einer komplexen Situation. Ein zu schmiedendes Bündnis muss im Sinne globaler Verantwortung die größere Agenda der ökologischen Nachhaltigkeit im Auge behalten und bei uns den exzessiven Ressourcenverbrauch einschränken, auch wenn dies aufs Erste nicht populär ist. Gleichzeitig jedoch müssen die Vorzüge von Freiräumen für persönliche und wirtschaftliche Entfaltung ebenso verteidigt werden wie Kollektivverträge und möglichst kostenlose Bildungs- und Gesundheitsversorgung.

All dies ist also vorrangig eine Hausaufgabe, ganz im Sinne der nachhaltigen Entwicklungsziele. Zur Hausaufgabe gehört die demokratische Aufgabe, Globalisierung so selektiv zu beschränken, dass Handlungsspielräume von unten ausgeweitet werden. Es braucht mehr Möglichkeiten, das eigene Lebensumfeld zu gestalten. Doch muss das Plädoyer für mehr Demokratie von einem realistischen Menschen- und Gesellschaftsbild ausgehen. So sind die allermeisten Menschen im Globalen Norden in Bezug auf Ressourcennutzung global betrachtet Nutznießer, denn selbst bei stagnierenden Löhnen ist es ihnen mit Hilfe von Billigprodukten und auf Kredit weiterhin möglich, ein materiell gutes Leben zu führen. Doch auch im Globalen Norden gibt es Schattenseiten der imperialen Lebensweise, die sich aus Ausgrenzung, zunehmender Ungleichheit, Autoritarismus und fortgesetzter Statuskonkurrenz ergeben.

Daher ist es für das Ausloten von Handlungsräumen notwendig, Frigga Haugs Überlegungen zu „Frauen: Opfer oder Täter" weiterzudenken. In den 1980er Jahren insistierte Haug, dass Frauen nicht bloß Opfer sind, sondern an ihrer eigenen Unterdrückung mitwirken. Gleichermaßen sind die Menschen des Globalen Nordens nicht nur privilegierte Täter, sondern eben auch Opfer einer Wirtschafts- und Sozialordnung, die Konkurrenz und Ausgrenzung begünstigt. Ich bin Opfer und Täter. Diese Überlegungen müssen auf die westliche Lebensweise übertragen werden. Menschen sind oftmals zum Pendeln mit dem Auto gezwungen, wollen sie ihr Leben nicht auf den Kopf stellen; der Einkauf im Diskonter erlaubt keinen Blick hinter den Schleier billiger Preise, hin zu den Produktionsbedingungen von Kleidern und IT-Geräten.

Die Einsicht in die Täter-Opfer-Dialektik hat weitreichende Konsequenzen für entwicklungspolitische Bildungsarbeit und Bemühungen, Nachhaltigkeit in Österreich systemisch zu verankern. Die Täter-Opfer-Dialektik ist getragen von derselben Empathie mit den in sich zerrissenen, widersprüchlichen Charakteren, die Didier Eribon in *Rückkehr nach Reims* beschrieben hat. Bei Eribon sind es die ex-kommunistischen ArbeiterInnen, die nun Front National wählen.

Doch gleiches gilt für die Mittelschicht, die mit allen Mitteln versucht, auf Gewohntes nicht verzichten zu müssen – sei dies in der Verteidigung des Gymnasiums oder der Auto-Mobilität. In einem zunehmend aufgeheizten gesellschaftlichen Klima stoßen Zugeständnisse an das Gemeinwohl, sei dies in der Klimapolitik oder bei sozialpolitischen Umverteilungsmaßnahmen, auf immer mehr Ablehnung. Die Attraktivität solidarischen Handelns wird systematisch untergraben – durch die Privatisierung der Altersvorsorge und eine verschärfte Konkurrenz um Statusvorteile. Dann scheint es, als sei den Menschen das Hemd näher als der Rock.

Was bräuchte es, damit mehr Menschen in Österreich ernsthafte Maßnahmen zur Umsetzung der nachhaltigen Entwicklungsziele im Bereich Klima und Verteilung unterstützen? Wichtig wäre der Schutz vor einer grenzenlos und damit unkontrollierbar erscheinenden Globalisierung, die Stärkung einer Alltagsökonomie, die Daseinsvorsorge und Nahversorgung sicherstellt und soziale Sicherheit gewährleistet. Menschen erwarten sich von der Politik Schutz; zu Recht, denn dies ist Aufgabe aller Gemeinwesen. Dabei kommt dem Staat eine zentrale Rolle zu, wobei die Lösung nicht in „mehr Staat“ oder mehr Bürokratie besteht. Vielmehr geht es um einen handlungsfähigen, kreativen Staat, der wirtschaftlich Mächtigen Grenzen setzen kann. Politische Demokratie – das ist die Lehre aus Wirtschaftskrise und Faschismus in den 1930er Jahren – basiert auf sozialer Demokratie, auf gleichen zivilen, demokratischen und sozialen Teilhabechancen. Die Starken brauchen keine Demokratie. Sie setzen ihren Willen mit und ohne Regeln durch. Freiheit für alle jedoch ist ohne Regeln, Grenzen und Ordnung nicht möglich. Doch was, wo und wie begrenzt wird, muss demokratisch verhandelt werden. Das gilt insbesondere für Geld und Waren, aber auch die individuelle Migration. Für Grenzen und deren Öffnung braucht es demokratische Mehrheiten – um diese gilt es zu kämpfen. Und es ist politisch zu verhandeln, warum, für was und wen und mit welchen Zielen Grenzen geöffnet oder geschlossen werden. Letztlich ist aber auch zu akzeptieren, wenn die Vorteile von globalen Finanzmärkten, aber auch von Migration mehrheitlich nicht geteilt werden.

Zentrale staatliche Aufgabe ist die Beschränkung der Marktmacht globaler Konzerne und der Super-Reichen, die ihre ökonomische Macht zu ihrem politischen Vorteil einsetzen. Ihnen unbeschränkte Freiheiten zu lassen, hat nichts mit Weltoffenheit zu tun. Vielmehr braucht es für ein *gutes Leben für alle* beides: Eigenständigkeit und Weltoffenheit, so etwas wie einen heimatverbundenen Kosmopolitismus. Dies bedeutet, mehr internationale Zusammenarbeit, gute nationale Wirtschafts- und Sozialpolitik und kreative städtische Lösungen für nachhaltige Mobilität und Energieversorgung nicht gegeneinander auszuspielen.

Die Stärkung der Alltagsökonomie, von Daseinsvorsorge und Nahversorgung vor Ort und der Ausbau einer sozialökologischen Infrastruktur, die ein gutes Leben für alle ohne allzu viel Konsum leichter macht, kann nur ohne globale Finanzmärkte florieren. Hier kann von Entwicklungsstrategien des *self reliance* aus den 1970er Jahren gelernt werden, wiewohl ihre Schwächen kritisch evaluiert werden müssen. Kleinräumige Wirtschaftskreisläufe sind angesichts ökologischer Zuspitzungen krisensicherer. Daher fordern globale Bewegungen eine neue Handelspolitik und erweiterte Handlungsspielräume auf lokaler, regionaler und nationaler Ebene, um angepasste Lösungen umzusetzen. Via Campesina, das Netzwerk der Kleinbäuerinnen und Kleinbauern, setzt auf regionale biologische Landwirtschaft, mit der am wirksamsten Hunger vermieden und eine weniger ölabhängige Landwirtschaft geschaffen werden kann.

Es geht also immer um eine doppelte Transformation: Kleine Veränderungsschritte, wo immer diese möglich sind, aber gleichzeitig ein großer Horizont, der über die systemischen und realpolitischen Zwänge hinausblickt. Es gilt, die Alltagssorgen der im globalen Maßstab materiell überdurchschnittlich gut gestellten, aber in ihrem Lebensumfeld zunehmend verunsicherten Menschen ernst zu nehmen. Es braucht Empathie für die konkreten Alltagsprobleme der Menschen – in der Schule, am Arbeitsplatz und bei der Wohnungssuche. Jede demokratisch organisierte Transformation muss um die Herzen und Hirne der Menschen kämpfen: Gibt es Möglichkeiten, Arbeit und soziale Sicherheit zu gewährleisten? Können Essen, Mobilität, Wohnen usw. anders, ökologischer, regionaler und gemeinschaftlicher organisiert werden? Können lokale Netzwerke genutzt werden, krisensicherer zu werden – energieunabhängig, mit einem eigenen Reparaturgewerbe und erschwinglichen öffentlichen Verkehrsmitteln? Derartige Experimente bei gleichzeitig gewährleisteter sozialer Sicherheit wären äußerst wertvolle Beiträge hin zu einer nachhaltigen und solidarischen Gesellschaft. Darauf sollten wir unsere Energien lenken.

Thessa Khan

Frauen an der Front: Warum nachhaltige Entwicklung auf Geschlechtergerechtigkeit angewiesen ist

Abstract: A gender-equitable model of development calls for a fundamental change to the structures of business and society, together with a radical redistribution of power. Such a transformation is urgently needed: after all, it is women who keep daily life running, and ensure that families and society go on functioning, especially in times of crisis. Yet there are still many women affected by poverty, discrimination and sexual violence. Genuine changes are only possible if women can exercise control over their own lives and can make the necessary decisions themselves. At the same time, encouragement of local women's movements is needed. Without an autonomous feminist movement that demands change there will be no progressive politics to oppose violence against women.

Keywords: gender justice, sustainable development, women's liberation movement, development policy, climate change

Ich bin sehr dankbar für die Möglichkeit, mit Ihnen über die Beziehung von Gender, Gerechtigkeit und nachhaltige Entwicklung zu sprechen. Heute werde ich erörtern, dass ein geschlechtergerechtes Modell von Entwicklung eine radikale Umverteilung von Macht und die Transformation von Strukturen und Voraussetzungen, auf welche unsere Wirtschaft und unsere Gesellschaften momentan bauen, erfordert. Zur Verdeutlichung: Meine Perspektive ist sowohl von meiner gegenwärtigen Arbeit als Rechtsanwältin für Angelegenheiten des Klimawandels als auch von meiner vorherigen Arbeit im Auftrag von Frauenbewegungen in Asien und dem pazifischen Raum – vor allem für das Asien- und Pazifik-Forum für Frauenrecht und Entwicklung – beeinflusst.

Ich beginne damit, die Definition von nachhaltiger Entwicklung zu erläutern, um die Parameter meiner Ausführungen zu verdeutlichen. Wie der Terminus im Mainstream-Entwicklungsdiskurs verwendet wird, ist nachhaltige Entwicklung eine Entwicklung, die nicht nur unseren materiellen Lebensstandard erhöht, sondern auch mit unseren planetarischen Grenzen kompatibel ist und die Möglichkeit zukünftiger Generationen, einen ähnlichen Lebensstandard zu realisieren, nicht gefährdet. Erfreulicherweise haben Regierungen kürzlich eine angemessene inhaltliche Definition verabschiedet, wie sie in der *Agenda für Nachhaltige Entwicklung 2030* dargelegt ist. Um aus den einleitenden Abschnitten zu zitieren: nachhaltige Entwicklung beinhaltet eine „Welt von universalem Respekt der Menschenrechte und der Menschenwürde, Rechtstaatlichkeit, Gerechtigkeit, Gleichheit, Antidiskriminierung […]. Eine einfach gerechte, tolerante, offene und sozial inklusive Welt, in der die Nöte der am stärksten Gefährdeten gesehen werden." Dies verdeutlicht, dass „nachhaltige Entwicklung" eine ökonomische, ökologische und soziale Dimension beinhaltet.

2017 haben sich die Gender Ungleichheit und Verletzungen der Rechte von Frauen in allen drei Dimensionen gezeigt – sowohl in Krisenzeiten als auch im normalen Alltag. Das ist das Ergebnis einer Diskriminierung und Ungleichheit, die Frauen in fast jedem Bereich des öffentlichen und privaten Lebens – inklusive der Ungleichheit in Bildung, Fortbildung, in Bezug auf den Zugang zu finanziellen Ressourcen und Rohstoffen, die Einkommensverteilung und Gender-Stereotype – erfahren, die die Wahlmöglichkeiten von Frauen zu Hause, am Arbeitsplatz und in der Öffentlichkeit entschieden begrenzen.

Ich möchte mit der Stellung von Frauen in Krisenzeiten beginnen, unter der Voraussetzung eines andauernden Krisenzustands, in dem wir jetzt zu leben scheinen. Die Klimakrise – nämlich eine Welt von global steigenden Temperaturen und einer konsequenten Verschlechterung der Ökosysteme – beeinflusst Frauen und Mädchen besonders hart. Das hängt damit zusammen, dass Frauen einen unverhältnismäßigen großen Teil in den armen Ländern weltweit formen; und dass Frauen in ländlichen Gegenden in Entwicklungsländern wirklich auf lokale Rohstoffe angewiesen sind. Der Grund dafür ist entweder, weil sie einen signifikanten Teil der lokalen landwirtschaftlichen Arbeitskräfte darstellen, oder wegen ihrer Verantwortung, Wasser, Nahrung und Energie für das Kochen und Heizen für ihre Familien und Gemeinschaften zu sichern. Die Konsequenzen des Klimawandels, Dürre und unsichere Niederschläge miteinbezogen, erschweren es, diese Ressourcen zu sichern. Die Kombination von Umweltzerstörung, der limitierten Auswahlmöglichkeit und dem begrenzten Zugang zu alternativen Wirtschaftsgütern verschlimmern den Schaden, den sie erfahren.

Die Antworten auf den Klimawandel sind auch nicht risikofrei. Das erneute Interesse an sogenannten umweltfreundlichen Energieprojekten wie Dämmen von Wasserkraftwerken, ist innerhalb der neuen Welle von Entwicklungsprojekten zu verorten, die mit signifikanten ökologischen und sozialen Komplikationen einhergehen. Während die Verfolgung eines jeden, der sich gegen derartige Projekte auflehnt, global ansteigt, sind Frauen, die sich für den Umweltschutz einsetzen, besonders gefährdet. So wurde dem UN-Menschenrechtsrat berichtet, dass weibliche Umweltschützerinnen oftmals besonders bösartigen Schikanen und Beleidigungen – Vergewaltigung, sexueller Belästigung und Stigmatisierung inkludierend – ausgesetzt sind.[1]

Die schwindenden Ressourcen und die Umweltzerstörung sind einer der größten Triebkräfte für Kriege und Konflikte; im gleichen Maß, wie sich die Konfliktraten erhöhen, nehmen auch genderspezifische Menschenrechtsverletzungen zu. Konflikte machen Frauen äußerst verwundbar für Armut und den Verlust ihrer Existenzgrundlage; und sie bewirken eine höhere Rate von sexueller Gewalt als gewöhnlich. In Zeiten des Konflikts steigt vor allem auch die Müttersterblichkeitsrate, weil die essentielle gesundheitliche Versorgung wegfällt.

Finanzielle Krisen, sowohl die Krise von 2008 als auch steigende Staatsschulden, die europäische Länder gleichermaßen wie südliche Länder betroffen haben, forcieren die Geschlechterungleichheit noch tiefgreifender. Sparmaßnahmen, die oft im Rahmen von solchen Krisen aufkommen, treffen Frauen in verschiedener Hinsicht. Zum Beispiel führen Kürzungen der öffentlichen Ausgaben zur Reduktion der Verfügbarkeit wesentlicher öffentlicher Dienstleistungen und der Garantie sozialen Schutzes, auf welche Frauen mehr angewiesen sind als Männer. Zweitens sind Frauen gefordert, diese Versorgungslücken, die sich ergeben, wenn Leistungen reduziert werden, zu füllen. Der unabhängige Experte der Vereinten Nationen für Auslandsschulden und Menschenrechte berichtete, dass die unbezahlten Pflegearbeiten von Frauen es zwar Gemeinschaften ermöglichen, die Schuldenkrise gut zu überstehen, zugleich aber ihre Ausgrenzung und Abhängigkeit fördern.

Dies zeigt ein sehr trostloses Bild, aber ich befürchte, dass sich die Erfahrung eines hohen Levels an sozialer und ökonomischer Ungleichheit für Frauen nicht auf Ausnahmesituationen oder besondere Umstände beschränkt, sondern zum Alltag gehört. Zu Beginn ist festzuhalten, dass Frauen durchschnittlich zweieinhalb Mal mehr an Haus- und Pflegearbeit verrichten als Männer. Das ist eine Belastung, die sie nicht nur davon abhält, die Menschenrechte voll und ganz für sich in Anspruch zu nehmen – inklusive des Rechts, einer Anstellung nachzugehen und andere Formen der ökonomischen und sozialen Partizipation auszuüben –, sondern auch eine Arbeit, auf die unsere Wirtschaft baut und vertraut, der wir aber nicht einmal einen Wert zuweisen. Das geht mit der groben Abwertung der Arbeit von Frauen in allen anderen Kontexten einher – in jedem Land der Welt verdienen Frauen weniger als Männer für die Arbeit des gleichen Wertes.

---

1 Vgl. Barcia, Women Human Rights Defenders; Forst, UN Special Rapporteur on the Situation of Human Rights Defenders.

In zahlreichen Entwicklungsländern ist diese Ausbeutung der Frauenarbeit vom Handel und Investitionsabkommen beeinflusst, die eine Schlüsselfunktion in ökonomischen Entwicklungsstrategien in Ländern des Nordens, inklusive Europa, einnehmen. Zum Beispiel ist die Europäische Union der festen Überzeugung, dass die Idee des freien Handels zu einer Ausbreitung von menschenwürdigen Arbeitsbedingungen in exportorientierten Industrien im globalen Süden führt. Und heute wissen wir, dass Jobs für Frauen in Entwicklungsländern im Bereich des arbeitsintensiven Exportsektors mit niedriger Entlohnung anzusiedeln sind. In der Textilindustrie zum Beispiel ist die Erwartung, dass Löhne erhöht werden, sobald sich die Produktivität steigert, von der Einsicht verdrängt worden, dass der Wettbewerbsvorteil, auf den sich Unternehmen verlassen, von einer niedrigen Bezahlung, der Prekarisierung und Informalisierung von Arbeiterinnen und auch der Unterdrückung von Gewerkschaften und Arbeitsplatzorganisation abhängt. Dies findet trotz der kritischen Rolle der Gewerkschaften, die sich vor allem für Frauen und ihre Arbeitsrechte einsetzen, sie schützen und die geschlechterspezifische Ungleichheit in Bezug auf Entlohnung verringern, statt.

Kleine und mittelständische Unternehmen, die von Frauen geführt werden, sind eine der wichtigsten Arbeitgeber für Frauen in Entwicklungsländern. Allerdings sind sie mit besonderen Einschränkungen in Bezug auf den Wettbewerb mit billig importierten Gütern konfrontiert, die durch eine Liberalisierung der Handelspolitik ermöglicht und gefördert werden. Grund dafür sind die strukturellen Barrieren, mit denen Frauen in Bezug auf den Zugang zu Krediten, technischen und kaufmännischen Ausbildungen, Marktinformation und Unternehmensnetzwerke als auch in Bezug auf die Belastung durch die doppelte Last der bezahlten und unbezahlten Hausarbeit konfrontiert sind. So bestätigte der Generaldirektor der WTO 2016, dass der internationale Handel multinationale Unternehmen gegenüber Klein- und Mittelunternehmen bevorzugt.

Hiermit wird deutlich, dass das dominante ökonomische Modell Frauen und Mädchen nicht nur übersieht; sondern auf ihrer Benachteiligung beruht. Wie bereits erwähnt, verlassen sich Unternehmen, die an globalen Wertschöpfungsketten teilnehmen, auf die Wertminderung der Arbeit von Frauen als einer Ressource des Wettbewerbsvorteils; und die Rationalisierung von sozialen Sicherheitsnetzwerken und wichtigen öffentlichen Dienstleistungen, wie sie vom Neoliberalismus verteidigt werden, wird durch die Verfügbarkeit der unbezahlten Arbeit von Frauen ermöglicht, um die Lücken in der Versorgung zu füllen. Darüber hinaus bringt die Art und Weise, wie die Wirtschaft verstanden wird, eine Geringschätzung unbezahlter Arbeit von Frauen in höchstem Maße mit sich, sowohl im Haushalt als auch in Familienunternehmen. Arbeit, die als

„Frauenarbeit“ bezeichnet wird, wird kein ökonomischer Wert beigemessen, sogar wenn ohne diese Arbeit die Wirtschaft und vor allem unsere Gesellschaften nicht funktionieren könnten.

Die Frage lautet also: Wie sieht ein Modell einer nachhaltigen Entwicklung aus, welches diese starke Ungleichheit berücksichtigt?

Wir wissen, dass Regierungen im Zuge der Nachhaltigen Entwicklungsziele den Genderaspekt und zahlreiche weitere Ziele von anderen Teilen der Agenda, die damit in Verbindung stehen, als eigenständige Ziele vereinbart haben. Das bedeutet einen Fortschritt und wurde tatsächlich von Frauenbewegungen aus der ganzen Welt hart erkämpft. Aber der Mainstream-Entwicklungsdiskurs ist weit von dem entfernt, was eine Zukunft verlangt, in der Frauen und Mädchen nicht an systematischer Benachteiligung und Diskriminierung leiden. Der neue Fokus auf eine entpolitisierte Vorstellung der wirtschaftlichen Emanzipation von Frauen ist ein klassisches Beispiel dafür. Statt sich für das dringend gebotene politische Projekt einzusetzen, die Unterdrückung von Frauen zu überwinden, haben Entwicklungsorganisationen und Akteur*innen die Idee entwickelt, dass Frauen ihre Umstände verändern können, indem sie eine unternehmerische Erstausstattung erhalten, etwa einige Hühner oder eine Friseurausbildung. Bei diesem Ansatz liegt nur ein äußerst geringer Fokus auf der „Kraft“ der Befähigung und Ermächtigung, obwohl die Geschlechtergleichstellung mit der Umverteilung von Macht beginnen muss. Das Mindeste, das wir tun müssen, besteht darin, unser Verständnis von „Empowerment“ zu erneuern, was die Stärkung der Fähigkeit von Frauen meint, echte Vollmacht und Kontrolle über ihr eigenes Leben sowie über die Bedingungen der ihnen vorgegebenen sozialen und ökonomischen Strukturen auszuüben.

Das mag nicht so radikal aussehen, wie es klingt: Als erster Schritt kann das einfach bedeuten, Frauen die Kontrolle über die Entscheidungen zu überlassen, die ihr Leben prägen; ihnen zu erlauben, die Probleme und Lösungen zu definieren. Dies erscheint viel unspektakulärer als das Recht, an Menschenrechtsdiskursen teilzunehmen, und wurde von Regierungen in zahlreichen internationalen Vereinbarungen und Konventionen der letzten Jahrzehnte vereinbart. In öffentlichen und privaten Entscheidungen wird dies jedoch mit Blick auf Wirtschaft, Entwicklung, Umwelt- und Sozialpolitik regelmäßig ignoriert. Aber wenn Frauen für diese Entscheidungen die Verantwortung übertragen wird, können die Ergebnisse tatsächlich transformativ sein. Vermehrte Aufmerksamkeit findet dies im Sektor der erneuerbaren Energie, wo Frauen führend darin sind, einen Zugang zu dezentraler Energieversorgung zu schaffen, der ihre und die Bedürfnisse ihrer Gemeinschaft betrifft. Weil Frauen oft für das Kochen, das Heizen und andere energieintensive Aktivitäten im Haushalt verantwortlich sind, befinden sie sich in der idealen Position, um Angelegenheiten rund um den Zugang zu Energie zu verstehen und Lösungen dafür zu entwerfen.

Während es wichtig ist, individuelle Frauen in Entscheidungsprozesse miteinzubeziehen, ist es vielleicht noch wichtiger, die Prioritäten von lokalen Frauenbewegungen zu unterstützen; weil soziale Bewegungen und Mobilisation das sind, was letztlich Veränderung herbeiführt. Dies wurde von einer bahnbrechenden Studie bestätigt, die im Jahr 2012 durchgeführt wurde und die Regierungspolitik mit Bezug auf die Gewalt gegen Frauen über eine Zeitspanne von 30 Jahren in 70 verschiedenen Ländern untersuchte.[2] Diese Studie ergab: Die wichtigsten Faktoren, um eine progressive und effektive Politik in Bezug auf die Gewalt gegen Frauen führen zu können, waren nicht die Anzahl von Frauen im Parlament oder der Wohlstand eines Landes. Es geht vielmehr darum, ob es eine autonome feministische Bewegung gibt, die Veränderung einfordert und Regierungen dafür verantwortlich macht.

Das, was ich beschrieben habe, sind nur Prozesse und keine stichhaltige Politik, die notwendig sein wird, um die Normen, Institutionen und Praktiken, die Gender-Ungleichheit vertiefen und uns alle davon abhalten, uns in Richtung einer nachhaltigen Entwicklung zu bewegen, zu verändern. Das ist vielleicht ein Thema für eine andere Diskussion. Aber ich hoffe, es wurde deutlich, dass es ein dringend erforderlicher erster Schritt ist, sicherzustellen, dass Frauen in jeder Auseinandersetzung, in jeder politischen Diskussion und in jeder Entscheidung, die uns zu einem nachhaltigeren Entwicklungsmodell führt, eine gleichberechtigte Stimme haben.

Literatur

Barcia, Immaculada, Women Human Rights Defenders Confronting Extractive Industries. An Overview of Critical Risks and Human Rights Obligations (Hg. AWID: Association for Women's Rights in Development, 2017): https://www.awid.org/sites/default/files/atoms/files/whrds-confronting_extractive_industries_report-eng.pdf (21.03.2020).

Htun, Mala/Weldon, S. Laurel, The Civic Origins of Progressive Policy Change: Combating Violence against Women in Global Perspective, in: American Political Science Review 106 (2013) 3, 548–569: http://ncdsv.org/images/APSR_CivicOriginsProgressivePolicyChangeCombatingVAWinGlobalPerspective-1975-2005_8-2012.pdf (21.03.2020).

2 Vgl. Htun/Weldon, The Civic Origins of Progressive Policy Change.

Forst, Michael, UN Special Rapporteur on the Situation of Human Rights Defenders, They Spoke Truth to Power and Were Murdered in Cold Blood (01.02.2016): https://www.frontlinedefenders.org/en/resource-publication/they-spoke-truth-power-and-were-murdered-cold-blood (21.03.2020).

Übersetzung aus dem Englischen: Sophia Kremser

Donna Andrews

Reflexion der sozial-ökologischen Transformationsforschung: Eine Betrachtung kritischer Fragen[1]

Abstract: Social-ecological transformation is a self-critical process affecting the way in which research into this transformation is carried out. It must focus on concepts of global democracy and global justice, and not concentrate purely on economic growth and consumption. Such research must ask complex questions of itself so that it does not fall prey to the temptation to come up with quick and easy answers; this requires it to connect with social movements as well. And it must critically examine the extent to which research into social-ecological transformation should be undertaken within a scientific framework that is dictated by Western systems of knowledge. To that extent, the research faces a profound transformation process of its own.

Keywords: South Africa, social-ecological transformation, sustainable development, hegemonial knowledge

Bücher haben ihr Schicksal[2]
Ideen haben Macht
Samen keimen
Bewusstsein kommt von Reflexion und Widerstand
Länder verbinden oder trennen sich
Politische Ideen entstehen durch Bewegungen[3]
Ozeane heilen und nähren
Wälder schützen und bewahren unsere Geheimnisse
Nahrung ist Leben
Frauen und Natursind die Quelle.

In den letzten Jahren wurde das Verständnis, was sozial-ökologische Transformation bedeutet – insbesondere ihre Substanz und Natur – zum Fokus von

1 Dieser Beitrag wurde erstmals als Eröffnungsrede bei der Österreichischen Entwicklungskonferenz an der Karl-Franzens Universität in Graz, am 19.11.2017 vorgetragen. Ich bedanke mich sehr herzlich bei Julia Gunether für die Einladung, zum Thema der Transformationsforschung zu sprechen.

2 Mies, Patriarchy and Accumulation, vii.

3 Federici, Revolution, ix.

politischen Entscheidungsträgern, Akademikerinnen, Entwicklungsfachleuten, Aktivistinnen und weltweiten Bewegungen, die sich mit Umweltfragen beschäftigen. Antworten auf den Ruf wie *Sozial-ökologische Transformation Jetzt!* treiben zweifelsohne die Überlegungen an, eine gemeinsame Grundlage zu finden. Allerdings unterstreichen die Nuancen und in vielen Fällen die Strategien und die Politikvorschläge in Richtung einer solchen Transformation die großen Differenzen in der Analyse. Diese Differenzen stammen höchstwahrscheinlich von unterschiedlichen Einschätzungen, welche Faktoren sozial-ökologische Ungerechtigkeiten und im Speziellen ihre strukturellen Wurzeln hervorrufen.

Dieses Kapitel veranschaulicht einige der kritischen Komponenten, welche die Forschung für sozial-ökologische Transformation berücksichtigen muss. Ich behaupte, dass die Erforschung dieser Komponenten sowohl vom Standpunkt der Theoriegenese als auch für die Förderung ländlicher Frauenbewegungen in Südafrika notwendig ist. Darüber hinaus beleuchte ich einige kritische Fragen, die in diesen Forschungszweig eingebettet werden sollten. Insbesondere fordere ich uns heraus, unsere Positionen der Macht, von denen aus wir uns mit der Forschung der sozial-ökologischen Transformation beschäftigen, zu verorten.

Der erste Teil dieses Beitrags argumentiert, dass die Forschung der sozial-ökologischen Bedürfnisse in erster Linie Konzepte der Weltdemokratie und Weltgerechtigkeit im Fokus haben muss. Im zweiten Teil wird veranschaulicht, was die „Kosten" der lösungsorientierten Forschung sind, und ich befrage die Perspektive dieses Forschungstyps. Der dritte Abschnitt konzentriert sich darauf, die Notwendigkeit von Forschung, Positionalität und ideologische Orientierung zu berücksichtigen. Der Schlussteil erinnert uns daran, dass die Forschung zu sozial-ökologischer Transformation kein Ersatz für kollektiven, menschenzentrierten, demokratischen Widerstand, die Organisation und die Fragen von Gemeinschaften sein kann, die die Hauptlast der sozial-ökologischen Destruktion tragen.

Als Aktivistin und Forscherin aus Afrika, die sich mit Frauen aus dem ländlichen Raum und Frauen der Arbeiterklasse beschäftigt, konzentriere ich mich in dieser Arbeit darauf zu untersuchen, warum und wie sozial-ökologische Ungerechtigkeit die Last der Gemeinschaften der ländlichen schwarzen, indigenen, bäuerlichen und Arbeiterklasse und im Speziellen Frauen aus dem globalen Süden unverhältnismäßig verteilt. Innerhalb dieses Kontextes befasse ich mich damit, was die Forschung für sozial-ökologische Transformation bedeutet.[4] Der

4 Die Absicht hier besteht nicht darin, konzeptionell außer Acht zu lassen, wie sozial-ökologische Transformation innerhalb staatlicher und akademischer Diskurse verwendet wird, sondern vielmehr neu zu betonen, wie sie einen Teil des politischen

Ausgangspunkt dieser Forschungen ist eine anti-patriarchale, anti-neoliberale und anti-kapitalistische Perspektive. Ich behaupte, dass Fragen und Forschungen zu einer radikalen Transformation nicht außerhalb der Kritik an Ungleichheit, Ausbeutung, Rassismus, Sexismus, Homophobie und Xenophobie stehen können. Wenn dem so ist, werden revolutionäre Impulse und das marginale Potential sozial-ökologischer Transformation eingeschränkt.

1 Weltdemokratie und Weltgerechtigkeit: Forschungskonzepte sozial-ökologischer Transformation

Vandana Shiva argumentiert, dass dann, „wenn das Selbst im Kriegszustand mit Natur und Gesellschaft wahrgenommen wird, anstatt ein Teil der Natur und Gesellschaft zu sein, Entfremdung und Gewalt ‚normal' werden. Frieden und Genesung unseres ökologischen Selbst verlangen, dass wir uns selbst wieder in das Netz des Lebens und das Netz der sozialen Beziehungen einbetten." Das signalisiert die Konsequenz unserer Trennung von der Natur und voneinander und die Notwendigkeit von Reziprozität als ein Integral unseres kollektiven und individuellen Wohlergehens, und das erachte ich auch als einen hilfreichen Leitfaden für die Erforschung der sozial-ökologischen Transformation.

Im Mittelpunkt der sozial-ökologischen Transformation steht eine Forschung, die danach trachtet, Weltdemokratie und Weltgerechtigkeit herzustellen, während sie die inhärenten Herausforderungen des Wiederaufbaus einer neuen Beziehung zur Natur in dieser gegenwärtigen Zeit berücksichtigt.[5] Shiva betont zehn Prinzipien der Weltdemokratie, welche folgendes beinhalten: Vernetzung der Arten und ihr intrinsischer Wert, Verteidigung und Verbreitung der Artenvielfalt, Schutz und Wiedergewinnung von Gemeingütern, Schutz aller Ökosysteme und das Recht auf Grundversorgung und Lebensunterhalt für alle, Lokalisierung, Einheit, Würde, Friede und Mitgefühl für alle Lebensformen.[6] Weltdemokratie bezieht sich somit auf einen stärkenden und relationalen Prozess zwischen Menschen und der Welt, die sie bewohnen, und allen Arten. In seinem Zentrum ist er auf die Transformation sozialer Beziehungen angewiesen, um allen Formen der Ausbeutung und Extraktion ein Ende zu bereiten.

Der gegenwärtige Modus von Produktion und Leben lenkt die Gesellschaft allerdings in Richtung ökonomisches Wachstum und „Effizienz". Dieser Prozess

---

Widerstands in Bezug auf die dominante Perspektive auf Extraktivismus und Neo-Extraktivismus darstellt.

5 Vgl. Shiva, Earth Democracy.

6 Für einen kurzen Überblick der zehn Prinzipien vgl. Brownhill, Earth Democracy, 96–99.

ist auf die Ausbeutung aller Arten angewiesen, und diese Lebensweise basiert auf endloser Produktion, Konsum und Verschwendung, die aus der Destruktion und Ausbeutung von Mensch und Natur resultieren. In der besonderen Phase des Kapitalismus und Neoliberalismus wurden wir Zeugen einer beispiellosen Kommodifizierung der Natur, die Bevölkerungen, Gemeinschaften und Ländern gegeneinander aufbrachte.

Die Abwendung von diesem dominanten Paradigma sowie dem Krieg gegen die Natur muss von einer Neukonfiguration der Ressourcen, einer neuen Weltethik und der Imagination einer anderen Gesellschaft begleitet werden. Sie verlangt neue Arbeitskonzepte, die die Natur, Frauen und soziale Reproduktion als Ecksteine der Gesellschaft wertschätzen und berücksichtigen. Nnimmo Bassey spricht von einer Ressourcendemokratie. Für ihn hängt dieses Konzept „an der Anerkennung, dass ein natürlicher ‚Rohstoff' grundsätzlich der Natur gehört und in zweiter Hinsicht den Gemeinschaften der Arten und Bevölkerungen, die im Gebiet leben oder das Gebiet traditionsgemäß besaßen, in dem ‚Ressourcen' wie Wälder, Flüsse oder Weideländer existieren"[7]. Im Besonderen bedeutet Ressourcendemokratie, „sich wieder auf die Erde zu beziehen und sich wieder mit ihr zu verbinden – unserer Quelle des Lebens – und sie als ein lebendiges Wesen mit eigenen Rechten zu respektieren und nicht nur als eine ‚Ressource', die es auszubeuten gilt"[8].

Andere wissenschaftliche Aktivistinnen und Intellektuelle bieten Konzepte und ideologische Ansätze an, die in den meisten Fällen von existierenden Erfahrungen des Lebens mit der Natur stammen. Viele dieser Konzeptionen beabsichtigen, alternative Beziehungen mit der Natur zum Ausdruck zu bringen. Sie beleuchten Beispiele in der Gesellschaft, die beabsichtigen, die hierarchische und ausbeutende Beziehung zwischen Menschen und so auch binäre Beziehungen zwischen Menschen und nicht menschlichen Wesen aufzulösen. Folglich ist es ein Reklamieren und ein neues Vergegenwärtigen unserer selbst als Teil der Natur, bei dem wir weder über ihr stehen noch sie dominieren. Eher als um einen „Zurück zur Natur"-Ansatz geht es hier um eine sozial-ökologische Transformation und um Weltdemokratie. Sie richtet sich auf ein sozial-ökologisches Selbst und eine neue Gesellschaft aus, die danach strebt, uns als tiefgehend miteinander verbunden und voneinander abhängig zu begreifen.

7 Bassey, Re-Source, 6.
8 Ebd.

2 Grundlagenarbeit, historische Ausgrabungen, Übersetzungen und die Kunst der Wahrnehmung: Offenlegung der Komplexität

Die Forschungen von Gabeba Baderoon, Carolyn Merchant und Anna Tsing sind Beispiele für Ansätze, die darauf abzielen, die Komplexität des erneuten Vernetzens wieder zu vereinen, zu verstehen und in den Vordergrund zu stellen. Die Poetin und Akademikerin Gabeba Baderoon spricht davon, Grundlagenarbeit – kritisches Denken und reflektierende Forschungsarbeit – durchzuführen. Sie berichtet davon, unfruchtbares Land zum Leben zu erwecken, als Ausdruck dessen, wer und wie wir in dieser Welt sein wollen. Das ist das Land der Enteigneten, der Enterbten, der Kolonisierten [...]. Es ist das Land der Vergangenheit, Gegenwart und Zukunft. Es ist das Land, in dem Konflikte und Gewalt ausgetragen und Blut vergossen wurde. Aber es ist auch die Landschaft des Widerstands, der Resilienz, des sich Wehrens, des Wiederaufbaus und der Re-Imagination. Baderoon erklärt, wie es als junges Mädchen ihr Beitrag zum Familiengarten im Flachland in Kapstadt war, die Kartoffelschalen und den Bioabfall zum Kompost zu bringen. Der Boden war sandig. Aber dadurch, dass diese Grundlagenarbeit über 46 Jahre gemacht wurde, gibt es heute einen blühenden Garten. Baderoon erinnert uns dennoch daran, dass dies ein Garten ist, der weit älter als 46 Jahre ist. Tatsächlich dauerte es über 146 Jahre, ihn wiederherzustellen, weil es während der Zeit der Niederländischen Ostindien-Kompanie annektiertes Land war und dann während der Apartheid unter das Gruppen-Gebiete-Gesetz fiel. Baderoons Arbeit zeigt, wie Grundlagenarbeit und Gerüstbau sozial-ökologische Transformation sind. Transformativ, weil das nicht über Nacht passiert und auf Generationserfahrungen basiert. Sie ist transformativ, weil sie nicht linear, sondern relational ist. Von Bedeutung ist es, dass sozial-ökologische Transformation durch das „Tun“ – langsame, reflexive und nicht-präskriptive Arbeit – geschieht.

Ein umfassendes Verständnis sozial-ökologischer Transformation ist auf Forschung angewiesen, die einen historischen Ansatz wählt. Baderoons Artikulation der Grundlagenarbeit erinnert an Carolyn Merchants bedeutende Arbeit über ökologische Revolutionen. Im Besonderen nehme ich auf Merchants These Bezug, dass „die Welt, in welcher viele Amerikaner und Amerikanerinnen heute leben, das Vermächtnis von vier Jahrhunderten der Transformation von Leben und Land ist“[9]. Obwohl Merchant eine längere historische Periode als Baderoon verfolgt und einen anderen Kontinent behandelt, behandeln ihre

9 Merchant, Ecological Revolutions, xiii.

Forschungsansätze sowohl die Vergangenheit als auch die Gegenwart. Merchants Forschung betont, dass Menschen „eine zunehmend fragile Welt beherrschen, indem sie eine Natur bewältigen, der wir zum großen Teil entfremdet sind. Als eine ‚Bevölkerung des Überflusses' produzieren wir eine Fülle an Waren und Dienstleistungen auf Kosten unserer Umwelt, der Dritten Welt, und der Arbeiterklasse"[10]. Dieses Zitat von Merchant unterstreicht, wie Baderoons Gartenarbeit in Südafrika als Akt der sozial-ökologischen Transformation als Antwort (bewusst oder nicht) auf das imperialistische Projekt des Nordens fungiert. Sowohl Baderoons als auch Merchants Arbeit ist für eine Forschung bekannt, die die Verbindung knüpft, wie sowohl Menschen als auch die Natur sich im Laufe der Zeit verändern und sich gegenseitig transformieren.

Merchants Ansatz, sozial-ökologische Transformation zu erforschen, hilft zu verstehen, wie und warum die dominante westliche Lebensweise hegemonial wurde. Auch wird dadurch gezeigt, wie sich diese Weltsicht im Laufe der Zeit entwickelte und konstruiert wurde, aber nicht fixiert und unbeweglich ist. Merchants Werk fordert uns auf, die erste Transformation zu berücksichtigen, vor allem die koloniale ökologische Revolution, und die zweite Transformation, die kapitalistische ökologische Revolution. Von besonderer Bedeutung ist, dass ein historischer politisch theoretischer Ansatz dabei hilft zu versichern, dass Forschungen der sozial-ökologischen Transformation vermitteln, dass die gegenwärtige westliche Lebensweise damals in Europa selbst umstritten war und Widerstand erfuhr, wie dies heute in Bezug auf die Bevölkerungen Lateinamerikas und Afrikas der Fall ist.

Tsings Forschungen nehmen uns auf eine expansive transatlantische Entdeckungsreise mit. Der Komplexität von Matsutake-Pilzen folgend, lenkt Tsing unsere Aufmerksamkeit auf die facettenreichen Dimensionen von allem, was Matsutaken betrifft. Sie entführt uns in die tiefen Wälder von Oregon, die zahlreichen Gemeinschaften, Sprachen, Nahrungsmittel, Düfte, Geschmäcker, Netze von Orten und Zugehörigkeit, Konflikte von neuen und alten Welten, und lädt uns ein, neue Vorstellungen des Austauschs, der Freiheit und des Seins zu entdecken und zu kreieren. Sie ist auf der Suche nach „nicht-kapitalistischen Elementen, auf die der Kapitalismus angewiesen ist"[11]. Durch das Verstehen verschiedener Zusammenstellungen, die Betonung der Übersetzungen, Interpretationen und Darstellungen unter Akteuren, und indem unser Bewusstsein auf die „Kunst der Wahrnehmung" gelenkt wird, macht uns Tsing deutlich bewusst,

10 Ebd.

11 Tsing, The Mushroom at the End of the World, 66.

dass Beziehungen zwischen den Arten notwendig für die Reproduktion sind.[12] Ihre Arbeit betont und berücksichtigt erneut „die Reproduktion von Spezies durch Spezies“[13], erweitert somit unsere Forschungen der sozial-ökologischen Transformation und vertieft unser Verständnis des Vernetzens und „Wiedervernetzens und Verbindens und Wiederverbindens.

In diesem Sinn schließt Tsings Pionierleistung über Matsutake an jene von Merchant an, die schreibt, dass „Bewusstsein die Gesamtheit an Gedanken, Gefühlen, Eindrücken, die Kenntnis der eigenen Handlungen und des Willens“ ist. „Das Symbol und das Bild der Natur einer Gesellschaft drückt ihr kollektives Bewusstsein aus. Sie tauchen in der Mythologie, der Kosmologie, der Wissenschaft, der Religion usw. auf [...], werden von den herrschenden Eliten verwendet, während Rituale, Feste, Lieder und Mythen Hinweise zum Bewusstsein der gewöhnlichen Bevölkerung enthalten“[14]. Aufgrund des genauen Hinhörens Tsings und der Suche nach dem Gewöhnlichen und somit den unsichtbaren Leuten agieren „die Möglichkeiten des Lebens in kapitalistischen Ruinen“ als ein Blitzlicht für sozial-ökologische Transformation.

Gegenwärtig müssen wir nicht weit außerhalb nach Beispielen und gelebten Erfahrungen sozial-ökologischer Alternativen und Widerstand und Kämpfen gegen die dominante Ausbeutung der „modernen“ Natur-Gesellschaft Beziehungen suchen. Der Amadiba Krisenausschuss in Xolobeni, KwaZulu Natal (Südafrika), leistet schon seit 2007 Widerstand sowohl gegen den Bergbau als auch gegen den Bau einer Bundesstraße; Mikae Jäger-Sammler leisten in Madagaskar Widerstand gegen Abholzung seit 2000; Chipko-Frauenbewegungen bekämpfen multinationale Rodungsfirmen in Indien; die Union der Landarbeiter von Xapuri sowie Völker der Vereinigung des Regenwalds im Amazonasgebiet im Widerstand gegen die Abholzung sind einige Beispiele. Außerdem müssen wir nicht erneut mit Konzepten und Forschungen ansetzen. Ökofeministinnen haben seit mittlerweile Jahrzehnten Beispiele und Forschungen mit Blick auf Lebensgrundlagen vorgestellt.[15] Diese Forschungen wurden allerdings marginalisiert.[16]

Die jüngsten Debatten zeugen von umfangreichen Diskussionen und wichtigen Forschungen in Bezug auf das indigene Konzept von Buen Vivir, Ubuntu Prinzipien der Suffizienz, Nahrungsmittelsouveränität, Solidarwirtschaft,

---

12 Vgl. ebd. 142.

13 Ebd. 139.

14 Merchant, Ecological Revolutions, 19.

15 Vgl. Mies, Patriarchy and Accumulation on a World Scale; Shiva, Earth Democracy usw.

16 Vgl. Federici, Revolution at Point Zero; Donna Haraway; Merchant; Huws; Dalla Costa.

Wachstumsdrosselung, Deglobalisierung Rechte der Mutter Erde und jüngst Ressourcendemokratie.[17] Ebenfalls gibt es zahlreiche Beispiele für weltweiten Widerstand, der nicht nur von der Möglichkeit einer anderen Welt ausgeht, sondern auf der Notwendigkeit einer anderen Welt beharrt.[18]

Sozial-ökologische Transformationsforschung unterstützt die Bildung einer Weltethik. Eine solche Ethik trachtet danach, die menschlichen Bedürfnisse unter Kontrolle zu halten. Sie nimmt alle „wilden" Angelegenheiten wahr und versucht sie zu kultivieren, wie Joel Kovel und David Johns anmerken, und ermutigt uns, die Besessenheit des Menschen und seiner Kontrolle über die Natur aufzugeben.[19]

3 Problematisierung der lösungsorientierten Forschung

Oftmals allerdings tendiert die dominante Mainstream-Forschung in Bezug auf sozial-ökologische Fragen zu einer Kontrolle über die Natur und ist lösungsorientiert, anstatt systematische Alternativen anzubieten. In vielen Fällen räumt die Diskussion über nachhaltige Entwicklung wirtschaftlichen Überlegungen den Vorrang ein, sodass sie soziale und umweltbezogene Überlegungen überschatten. Es gibt Forschungsinstitute, die Elemente für technologische Lösungen sowie Einheitslösungen entwickeln, die zum Technizismus tendieren und auf schnelle Lösungen abzielen. Internationale politische Entscheidungsträger und Entwicklungsfachleute treiben diese Agenden voran. Häufiger scheint die Forschung sich mit Innovation und Technologie auseinander zu setzen. Insbesondere fokussiert sie sich darauf, wie limitierte Rohstoffe ersetzt und erneuert werden können. Diese Sorge verdeutlicht sich mit Blick auf die Erforschung von Klimawandel, Artenvielfalt, Müll, Nahrungsmittelsicherheit, Rohstoffkonflikte, Dürre usw. Hier wird die Forschung meistens von Akademikern und Wissenschaftlerinnen mit großem staatlichem und sozialen Rückhalt koordiniert. Leider folgt ein Großteil davon der Agenda einer grünen Wirtschaft und nimmt daher die kritischen Fragen des limitierten Wachstums, des Produktivismus, Extraktivismus, der Ausbeutung der Arbeiterinnen und Arbeiter und des Anthropozentrismus nicht in Angriff.

---

17 Zu Buen Vivir vgl. Lang/Mokrani (Hg.), Beyond Development; zur Logik der Suffizienz vgl. Princen, The Logic of Sufficiency; zur Ressourcendemokratie vgl. Bassey, Re-Source Democracy.

18 Vgl. Ökosozialistische Erklärung von Belem.

19 Vgl. Johns/Kovel/Löwy, Has Ecosocialism Passed, 120–128.

Die Erforschung der sozial-ökologischen Transformation muss die kritischen Fragen des „endlosen" Wachstums, der natürlichen Grenzen der Natur und der destruktiven und gewaltsamen sozialen Beziehungen in der Gesellschaft behandeln. Diese einschlägigen Forschungsfragen werden nicht in Laboratorien mit Hypothesen, Fallbeispielen und Datensätzen entwickelt. Es gilt sich dem zu verwehren, Begriffe wie „Objektivität" und „Wissenschaft" als die „Wahrheit" anzunehmen. Lösungsorientierte Forschung in Bezug auf Innovation und Technologie ist selten „objektiv", insofern sie von politischen Richtlinien geleitet wird, die offensichtlich in politische, wirtschaftliche, soziale und kulturelle Machtbeziehungen eingebettet sind.

Die Forschungen auf diesem Gebiet fordern uns dazu auf, das Stellen komplexer Fragen in Angriff zu nehmen, anstatt den Fokus darauf zu legen, schnelle und „richtige" Antworten zu finden. Implizit fordert das zusammenhängende, interdisziplinäre und disziplinübergreifende Ansätze für die Erforschung der sozial-ökologischen Transformation. Wir müssen auf die Geistes- und Humanwissenschaften zurückgreifen, um kritische Fragen und Räume, die in der Regel eindimensional sind, zu eröffnen. Die Forschung von Baderoon, Merchant und Tsing ist exemplarisch für transdisziplinäre Ansätze.

Es obliegt uns, den akademischen Forschungsraum so zu eröffnen, dass tatsächlich eine Zusammenarbeit zwischen Gesellschaften, Akademikerinnen, Intellektuellen, aktivistischen Wissenschaftlern, Fachleuten, Kreativen, Künstlerinnen, Regierungsbeauftragten und denjenigen, die direkt von sozial-ökologischen Ungerechtigkeiten betroffen sind, stattfindet. Sozial-ökologische Transformation ist auf fundierte und gut verwurzelte Forschung angewiesen, um ernsthaft verschiedene Wege aufzuzeigen, um mit der Natur und miteinander im Einklang zu sein. Das wird einen Effekt und eine Bedeutung haben. Die Wissenschaftler und Forscherinnen der Systemischen Gruppe merken an, dass „Alternativen nicht im Vakuum entstehen. Sie entstehen in den Auseinandersetzungen sozialer Bewegungen, in ihren konkreten Erfahrungen, Initiativen, Erfolgen, Misserfolgen und in ihrem Wiederaufleben. Sie entstehen in einem Prozess der Analyse, Praxis und Vorschläge, die sich in der Realität bewähren"[20].

Zu denken, die sozial-ökologische Forschungsagenda müsste ausschließlich in den Strukturen der Sozial- oder Naturwissenschaften geführt werden, bedeutet, die Kritik vor unserer eigenen Haustür oder die Unzulänglichkeiten unserer Disziplinen nicht ernst zu nehmen. Wenn die sozial-ökologische Forschung von gesellschaftlichen Realitäten entwurzelt oder getrennt wird, hat sie eine limitierte

20 Solón, Systemic Alternatives, 9 (Einleitung).

Zugkraft, und wir müssen ihre Relevanz hinterfragen. Wenn Politik- und Lobby-Forschung über und für „andere" sind, verstärkt das gerade die Machtverhältnisse, die wir zu unterbinden versuchen. Jegliche Forschung, die „Othering" betreibt, kann und wird, ungeachtet ihrer guten Intentionen, nicht transformativ sein. In ihrer Quintessenz wird sie zur Antithese eines emanzipatorischen und befreienden Vorhabens.

Es ist wichtig, die neoliberale Färbung der höheren Akademien und insbesondere die schwindende akademische Freiheit und Forschungsfreiheit im Zuge von sowohl staatlichen als auch Unternehmenseinflüssen offenzulegen.[21] Zunehmend werden die Forschungsagenden von den Nöten und Bedürfnissen der transnationalen Unternehmen und Rechtsregierungen definiert. Diese stark geförderten Leitlinien, die Druck zur Förderung von output- und lösungsorientierten Forschungsagenden ausüben, sind vielfach vertreten. Akademische Einrichtungen und Forschungsinstitute, die von Unternehmen errichtet wurden, die Ausrichtung der Investitionen auf die Universität und anderes mehr machen deutlich, wie das akademische System allmählich vom unternehmerischem Einfluss eingehüllt wird. Die öffentlichen Mittel für die Forschung sind dramatisch geschrumpft, was für die Forschenden im Allgemeinen (den Förderungsmitteln zufolge) zu verminderten Förderungen und Stipendien in Bezug auf kritische Studien führt. Suzuki beschreibt wie folgt:

> Wir sind Teil eines riesigen Netzwerkes von miteinander verbundenen Arten, was aus der Biosphäre, dem Luftraum, dem Wasser und dem Land, wo alles Leben existiert, besteht. Unser Zuhause besteht aus einer sehr dünnen Schicht, und wenn wir nicht sehen, dass wir gänzlich in die natürliche Welt eingebettet sind und auf die Natur angewiesen sind, nicht auf die Technologie, auf die Wirtschaft, nicht auf die Wissenschaft [...] für unser Wohlbefinden und Überleben, wenn wir das nicht sehen, dann werden unsere Prioritäten weiterhin von menschlichen Konstrukten wie nationale Grenzen, Wirtschaft, Unternehmen und Märkten geleitet werden. Das sind alles von Menschen entwickelte Dinge; sie sollten unsere Lebensweise nicht dominieren.[22]

Diese Erinnerung von Suzuki ist wichtig, weil sie unterstreicht, dass die ökologische Krise uns direkt konfrontiert und uns deutlich zeigt, dass sich Forschungen, wenn sie sich nicht innerhalb von Widerstand, Auseinandersetzungen, Reflexivität und Solidarität verorten, auf wenig Resonanz und Auseinandersetzung außerhalb von peer-review-Fachzeitschriften stoßen und hinter dem

---

21 Vgl. Lewis, Neo-liberalism.

22 Suzuki, David, Interview bei der Konferenz der Vereinten Nationen über Nachhaltige Entwicklung (13.–22.06.2012 in Rio, auch „Rio+20"), zitiert nach: Longo/Clausen/Clark, The Tragedy of the Commodity, XII.

zurückbleiben, was jene, die sich an der Basis engagieren, durch ihren Einsatz an Theorie generieren. Das dominante westliche und hegemoniale Wissenssystem, welches oftmals von akademischen Kreisen aufoktroyiert und als „wissenschaftlich" verkündet wird, kann „Erkenntnisse" weder erfassen noch ihnen einen Raum geben, in denen die übliche Wissenschaft keine Expertise nachweisen kann. Hier liegt das Problem. „Allwissend" zu sein, beinhaltet Macht – materielle, intellektuelle, soziale und politische Macht. „Gute", „notwendige" und „nützliche" Forschung sind keine Synonyme. Wir sollten uns das erneut verdeutlichen. Wir brauchen eine Forschung, die risikobereit ist, eine Offenheit gegenüber Widersprüchen bewirkt, unstrukturiert ist und Wissen mit offenem Ausgang produziert.

Wir müssen zur Kenntnis nehmen, dass radikale Diskurse und die Sprache des Widerstands schnell verdrängt werden. Die Instrumente des Widerstands, widersprüchliche Narrative und Alternativen werden verflacht und von einem allgegenwärtigen akademischen Jargon geheiligt und oftmals ins Gegenteil verkehrt und für ungültig erklärt, wenn sie nicht mit den Wissensformen und den Wahrheiten übereinstimmen, die unsere Forschungsfelder bestätigen. Schnell wird die Forschung zu einer Abschwächung, Adaption, Streitsache usw., und wir sind gewarnt, realistisch und pragmatisch zu sein. Qualitative werden zu Gunsten von quantitativen Methoden verdrängt, als würden Zahlen und Maßstäbe eine mystische Wahrheit enthalten. Die Stimmen von Betroffenen werden marginalisiert, und die Experten und Expertinnen werden auf das Podest gehoben. Das trifft ebenfalls auf die quantitative Methodologie zu, bei der Forscher und Forscherinnen in einem schmerzhaften Ausmaß über die Positionalität dieser Methodologie sprechen. Der Versuch zu rechtfertigen, warum sie über ein spezifisches Problem sprechen, das sei noch einmal gesagt, lenkt vom Fokus der Forschung ab. Und so forschen und sprechen wir zu Gunsten anderer. Das ist eine Sache der Macht, und wenn wir das nicht im Griff haben und Rechenschaft darüber ablegen, können wir die einschlägigen Stimmen und Alternativen von Bewegungen leichtfertig auslöschen.

4 Positionalität, Methodologie und Zugänglichkeit: Einige Gedanken zu unserer Forschung

Selbstkritisch in Bezug auf unsere Methodologien und Machtpositionen zu sein, die wir beim Betreiben von Forschung einnehmen, verlangt, dass wir Fragen stellen, die über das Operative und Funktionale hinausgehen. Wir müssen uns den Problemen der Positionalität, der Methodologie und des Zugangs widmen. Wir müssen uns selbst fragen, was das politische Ziel unserer Forschung ist.

Zuerst müssen wir aus der Perspektive der Positionalität den Blickwinkel bestimmen, von dem aus die Forschung betrieben wird. Hier können wir zumindest drei Möglichkeiten identifizieren. Erstens, ob die Forschung der sozial-ökologischen Transformation von vorgefertigten, ihr auferlegten Rahmenbedingungen aus durchgeführt wird, die im Norden entwickelt und konstruiert wurden. Beispiele dafür sind Fälle, in denen der „Westen" den „Globalen Süden" studiert, indem Rahmenbedingungen und kontextuell unangemessene Lösungen aufoktroyiert werden. Zu untersuchen, ob ein bestimmtes nachhaltiges Entwicklungsziel umgesetzt wird, ist ein solches Beispiel. Wir sind uns dessen bewusst, dass Konzepte des Wachstums und der Entwicklung selbst erneut evaluiert werden mit einem speziellen Fokus, diese historischen extern auferlegten Konzepte zu hinterfragen, die gegenwärtig tiefgreifend mit dem Staatsapparat der meisten Regierungen des Südens verwoben sind. Eine Illustration davon ist die Entwicklung der Müllentsorgung in Südafrika, eine andere ist der Nationale Entwicklungsplan. Im ersten Stadium fokussierte sich der Entwicklungsplan auf vorgegebene Kategorien, die vielmehr bestimmte ideologische Positionen in Bezug auf die Gesellschaft, die Wirtschaft und die Umwelt offenlegten, anstatt beispielsweise Arbeiter und Arbeiterinnen heranzuziehen und mit ihnen zu arbeiten, um Alternativen zu entwickeln. Dieser Blick von oben herab führt oftmals zum Anstieg einer autokratischen Entwicklung der Politik, die einfältig und fehlgeleitet ist, die für gewöhnlich in einer Universalmethode für die zu behandelnden Aspekte resultiert.

Die zweite Möglichkeit ist, die Forschung an der Seite jener durchzuführen, die direkt davon betroffen sind. Wenn die Betroffenen Teil der Forschung und der Problemdefinition sind, ist es wahrscheinlicher, dass die Forschung ganzheitlicher angelegt ist. Derartige Forschungsarbeiten benötigen oftmals mehr Zeit und Offenheit. In einer solchen Forschung ist das Schweigen oft genauso wichtig. Die Erfahrung, dass Hierarchien von Macht überall existieren, macht es notwendig, darauf aufmerksam zu sein, diese nicht zu bekräftigen. Es ist wesentlich, seinen eigenen Annahmen und der eigenen Ausbildung gegenüber achtsam zu sein.

Die dritte Möglichkeit besteht darin, dass die Forschung sich bemüht, die Komplexität der sozial-ökologischen Transformation zur Geltung zu bringen. Sie muss vererbten Annahmen gegenüber wachsam sein. Dadurch wird es ihr möglich zu prüfen, ob die politischen Anforderungen, Formen der Auseinandersetzung und die Organisation sozial-ökologische Ungleichheiten vermehren und aufrechterhalten oder sie aufheben. In manchen Fällen kann das eine Forschung sein, die sich aktiv darum bemüht zu beleuchten, wie die Gemeinschaftsgüter gegen Eingriffe verteidigt werden. Oder eine Forschung, die untersucht, wie Eingriffe Gemeinschaften und sorgsamere sozial-ökologische Beziehungen geschwächt haben. Oder die, im Rückgriff auf bestehende Probleme, jene während des Prozesses getroffenen Entscheidungen reflektiert, die gerechtere soziale Beziehungen potentiell gefährden. Oder die im Rückgriff auf politische Debatten zum Beispiel Abfallmanagement, Konservierung, Wasserwirtschaft, Energieversorgung, Lebensmittelmanagement, Landrechte, Fischerrechte, Schürfrechte und dergleichen evaluieren, bis zu welchem Ausmaß sozial-ökologische Probleme marginalisiert oder als irrelevant für die vorherrschende politische Debatte erachtet werden. Dadurch kann die Forschung uns bewusst machen, wie fragmentierte Politik funktioniert und wie uns die Formulierung von Politik in geistigen Bunkern von der sozial-ökologischen Transformation entfernt.

In Abhängigkeit von einem Zweck – manchmal dient ein Prozess einem bestimmten Ziel – ist es wichtig, dass Forschung mit Bezug auf sozial-ökologische Probleme der Beschreibung von verschiedenen ideologischen Perspektiven auf die sozial-ökologische Transformation ein besonderes Augenmerk verleiht. Die unterschiedlichen Denkschulen weisen verschiedene Diagnosen, Unterstützer, Initiatorinnen und spezifische Prozesse in Richtung Transformation auf.

Wir müssen verstehen, wie ideologische Positionen die Forschung davon abhalten, an Dynamik zu gewinnen. Am Anfang dieses Beitrags hielt ich fest, dass sozial-ökologische Ungerechtigkeit Frauen des globalen Südens unverhältnismäßig betrifft. Feministische Theorien stellen eine weitere Perspektive dar, von der aus wir unsere Forschung betreiben. Wie bringen wir im Zuge unserer Forschungen sowohl die spezielle Ausbeutung von Frauen aus ländlichen Gebieten des globalen Südens voran als auch ihre gemeinsame Erfahrung des Extraktivismus mit der Natur? Wie bewegen wir uns über cartesianische Binärprogramme hinaus und führen eine Neukonzipierung von Leben und Arbeit durch – indem wir uns von einer industrialisierten, formalisierten, regulierten, extrahierten, bekriegten, kommodifizierten, entfremdeten Konzeption hin zu einer unausgebeuteten, respektierten, wertgeschätzten und sichtbaren begeben? Das sind die kritischen Fragen unserer Forschung.

Zweitens, aus einer methodologischen Perspektive, müssen wir verstehen, wie die Forschungen durchgeführt werden. Alle Methoden haben Einschränkungen, und ein ganzheitlicher Ansatz ist es wohl, verschiedene Methoden einzusetzen. Während ein quantitativer Ansatz, der verallgemeinerbare Statistiken bietet, nützlich ist, reicht er allein nicht aus. Oftmals ist diese Forschungsmethode mit einem Top-down-Ansatz verbunden. Beispielsweise weist die Durchführung einer Studie, die ohne einen Bottom-up-Ansatz Indikatoren definiert, eine größere Wahrscheinlichkeit auf, vorgegebene Agenden zu untermauern. Vielmehr sollten die Indikatoren von denjenigen, die an der Forschung teilnehmen, generiert werden, indem sie teilnehmende Methoden und Werkzeuge wie etwa partizipative Aktionsforschung und Fokusgruppen usw. verwenden. Die Ermittlung dessen, was im Rahmen der Zusammenarbeit erfasst und berücksichtigt werden soll, ist notwendig. Eine Veranschaulichung dieses Ansatzes ist die Forschung über die Entwicklung einer Aquakulturanlage. Während Forscher und Forscherinnen möglicherweise daran interessiert sind zu wissen, wie viele Menschen dafür bezahlt werden und wie hoch der lokale Lohnsatz ist usw., wollen Menschen aus der Gemeinschaft möglicherweise wissen, wie das ihren Zugang zu Wasser, die Möglichkeit, auf ihrem Land zu arbeiten, und ihre Ruhezeiten usw. beeinflusst. Quantitative Arbeit sollte von intensiver qualitativer Arbeit begleitet werden, indem traditionelle Methoden wie Forschungsgruppen, aber auch kreativere Formen wie kollektive Erinnerungsarbeit, Problemtheater, „Speak Outs", Zeicheneinheiten usw. eingesetzt werden.

Drittens, von einer Zugangsperspektive aus sollen wir verstehen, wie sich Forschungsergebnisse verbreiten. Weil die meisten Forschungen in Journalen veröffentlicht werden, müssen wir uns fragen, wer von diesen Veröffentlichungen profitiert und wie diese erstellt wurden. Wir müssen ein Augenmerk auf die Sprache und den Tonfall legen, in denen unsere Forschungsergebnisse geschrieben sind, und auch darauf, mit wem wir uns im Gespräch befinden. Während Journale wichtig sind, um theoretische Abgrenzungen zu forcieren, sollten wir uns davor hüten, sie als ein Instrument der Exklusion zu verstehen. Wir müssen den Dialog und Debatten fördern. Auch müssen wir in Zusammenarbeit mit anderen schreiben und wahrnehmen, ob betroffene Gemeinschaften durch sie marginalisiert werden, oder verhindert wird, dass jene in die Veröffentlichungen miteinbezogen werden. Alternative Kommunikationsmittel und Wege, Forschung zu kommunizieren, wie die Verwendung von Bildromanen, sozialen Medien, Theater und Dokumentationen – beispielhaft hierfür sind „The Shore Break", „Bitter Harvest", „Miners Shot Down"– sollten in Betracht gezogen werden.

Als Forscher und Forscherinnen müssen wir konstant für Feedback untereinander sorgen, mit den Gemeinschaften, mit denen wir zusammenarbeiten und der größeren Community der wissenschaftlichen Aktivisten und Aktivistinnen, um die Intentionen unserer Arbeit zu erforschen. Oftmals können wir in einer engen, wenn auch wichtigen Debatte, mit sehr wenigen steckenbleiben, auf Kosten eines breiteren Prozesses, der uns die Fragen besser verstehen lässt, mit denen wir uns auseinandersetzen. Unsere Methode und unser Ansatz sind gleichermaßen der Inhalt, sowie es auch der Inhalt ist, der versucht, die Politik, Gedanken und politische Prozesse zu beeinflussen.

5 Gemeinsam auf dem Weg in Richtung sozial-ökologischer Forschung für Transformation

Ich ende, wie ich angefangen habe, mit einem kurzen Gedicht. Das Gedicht wurde von einem Anwalt, der sich für Frieden einsetzt und Forscher an der „WoMin feminist school on extractives" in Afrika (Ghana) ist, im Jahr 2017 verfasst. Auf vielfältige Weise verdeutlicht es, dass wir den Aufbau einer Bewegung, Reflexion und politische Auseinandersetzungen nicht durch Forschung zu sozial-ökologischer Transformation ersetzen können. Das Gedicht kann allerdings ein Licht auf die Widersprüche der Politik und Auseinandersetzungen werfen, die Annahmen und Implikationen unserer Gedanken und der getätigten Aufrufe offenlegen und Prozesse und Wege in Richtung einer sozial-ökologisch gerechten Gesellschaft aufzeigen. Es obliegt uns Wissenschaftlern und aktivistischen Forscherinnen, Reflexivität zu üben.

> Wir gehen neben dir, wenn du deine Ballone der Freiheit steigen lässt,
> wir gehen neben dir, wenn du deine Welt organisierst und veränderst,
> wir gehen neben dir, wenn du mit zahlreichen Unterdrückungen konfrontiert bist,
> wir gehen neben dir, wenn du Alternativen schaffst und ergreifst,
> in deinem Haus, in Organisationen und dem Raum, in den du gehst,
> wir gehen neben dir, wenn du die Welt malst und zeichnest, wie sie dir gefällt,
> wir können nicht an deiner Stelle gehen, noch sollen wir das versuchen,
> wir können nicht vorgeben, in deinen Schuhen zu gehen,
> aber wir können daran arbeiten, dein Umfeld zu verstehen,
> wir können neben dir kämpfen, um ein neues Ich zu entwerfen und mitzugestalten,
> eine neue Gesellschaft und einen neuen Ort, den wir Heimat nennen.

Literatur

Bassey, Nnimmo, Re-Source Democracy (Health of Mother Earth Foundation), 2014.

Brownhill, Leigh, Earth Democracy and Ecosocialism. What's in a Name? In: Capitalism, Nature, Socialism 21 (2010) 1, 96–99.

Federici, Silvia, Revolution at Point Zero. Housework, Reproduction, and Feminist Struggle, Oakland/Brooklyn 2012.

Johns, David/Kovel, Joel/Löwy, Michael, Has Ecosocialism Passed on the Tough Questions? In: Capitalism, Nature, Socialism 14 (2003) 2, 120–128.

Lang, Miriam/Mokrani, Dunia (Hg.), Beyond Development: Alternative Visions from Latin America, Amsterdam 2013.

Lewis, Desiree, Neo-liberalism. The Humanities and Feminist Intellectuals in South Africa (JAIS presentation, März 2016): https://www.researchgate.net/publication/317634280_Neoliberalism_the_humanities_and_feminist_intellectuals_in_South_Africa (23.03.2020).

Longo, Stefano B./Clausen,Rebecca/Clark, Bret, The Tragedy of the Commodity. Oceans, Fisheries, and Aquaculture, New Brunswick/New Jersey/London 2015.

Merchant, Carolyn, Ecological Revolutions: Nature, Gender, and Science in New England, Chapel Hill 1989.

Mies, Maria, Patriarchy and Accumulation on a World Scale: Women in the International Division of Labour, London 1998.

Ökosozialistische Erklärung von Bélem (20.12.2008): https://www.oekologische-plattform.de/2008/12/die-oekosozialistische-erklaerung-von-belem/ (22.03.2020).

Princen, Thomas, The Logic of Sufficiency, Cambridge 2005.

Shiva, Vandana, Earth Democracy. Justice, Sustainability, and Peace, Cambridge/London 2005.

Solón, Pablo (Zusammenstellung), Systemic Alternatives, La Paz 2017: https://systemicalternatives.files.wordpress.com/2017/03/sa-final-ingles-pdf2.pdf (26.03.2020).

Übersetzung aus dem Englischen: Sophia Kremser

Preisträger*innen des „C3-Award für herausragende Vorwissenschaftliche Arbeiten“ (Verleihung am 28.05.2019 in Wien)

Gabriele Slezak

C3-Award: Jugendliche forschen zu Entwicklung

Abstract: Since 2016 the C3 Centre for International Development (Vienna) has been awarding a prize for pre-university papers and degree dissertations that specifically focus on international development and global networking. An academic panel, whose members represent the disciplines of development research, migration research, gender studies, education sciences, religious education, global learning, economics and critical educational work, supports this project. This article describes how school students learn to deal with questions of development research and thereby acquire new perspectives and skills. Of particular importance is the critical examination of colonial history, the attribution of stereotypes, and the different concepts of „development" and power relationships within politics and the economy.

Keywords: development studies, global studies, colonialism, postcolonial studies, global citizenship education

1 Einleitung

2015 fährt ein Schüler aus Vorarlberg mit seiner Familie auf Urlaub nach Ghana. Im Rahmen dieses Aufenthalts wird er auf überproportional große Mengen an Hühnerfleisch, das auf den Märkten angeboten wird, aufmerksam. Das Produkt ist billig und besteht überwiegend aus importierten Abfällen von Fleischindustrie und Massentierhaltung. Als Jeremias Brändle im Unterricht von den negativen Auswirkungen subventionierter EU-Agrarexporte auf westafrikanische Länder erfährt, beginnt er sich für die Ursache zu interessieren. Es sind vor allem die Fragen, unter welchen Bedingungen es zu diesen Handelsverträgen kommen konnte, und welche Faktoren dazu führten, dass die heimische Geflügelproduktion Ghanas binnen weniger Jahre auf einen minimalen Anteil von 10 % des Geflügelmarktes zurückging, die ihn beschäftigen. In den darauffolgenden Monaten entwickelt er aus diesen Fragen ein Thema für seine Vorwissenschaftliche Arbeit (VWA), die seit dem Schuljahr 2015/16 verpflichtender Bestandteil der Matura an Allgemein- und Berufsbildenden Höheren Schulen (AHS und BHS) in Österreich ist. Unterstützung erhält er von seinem betreuenden Lehrer in der Eingrenzung des Themas und in der systematischen Recherche. Daraus wird ein über ein Jahr dauernder Prozess der Wissensaneignung.

Während 2016 die Verhandlungen zu TTIP großen Widerstand von Expert*innen und Zivilgesellschaft erfahren, liest Jeremias Brändle Analysen der EU Handelspolitik, beschäftigt sich mit den Auswirkungen von Handelsabkommen und -verträgen auf ausgewählte afrikanische Staaten und erarbeitet sich so im Rahmen seiner VWA ein Wissen über Machtverhältnisse in Internationalen Handelsbeziehungen. Im Zuge dessen entwickelt er einen kritischen Blick auf strukturelle, historisch gewachsene Ungleichheiten in globalen Wirtschaftsbeziehungen. Er gewinnt Einblick in die Verflechtung von Handels- und Entwicklungspolitik in der EU und in die Interessen unterschiedlicher Akteur*innen am Beispiel der EU Handelspolitik mit Ghana. Je tiefer der Einblick, umso mehr beginnt er den Wachstumsimperativ von Entwicklung und kapitalistische Produktionsverhältnisse zu hinterfragen und lernt dabei auch zu verstehen, wie und warum er selbst Teil jener diskriminierenden Strukturen ist. Als Jeremias Brändle im April 2017 seine Maturaarbeit für den C3-Award einreicht, wird seine Arbeit prämiert.[1]

2 Lernfeld Globale Beziehungen und koloniale Verstrickungen

Was sich hier ereignete, ist ein wichtiger Lernprozess in einem vom Lernenden selbst bestimmten global gefassten Lernfeld, das ihm das Verfassen seiner Maturaarbeit ermöglicht. Über das Interesse beginnt er sich mit der Frage auseinanderzusetzen, wie ein derart ungerechtes Abkommen überhaupt geschlossen werden konnte. Der kreative und schöpferische Prozess für die VWA fand in einer Recherche entlang entscheidender Fragestellungen statt: Wer sind die Akteure dieser Handelspolitik? Welche Positionen und Forderungen haben sie? Welche Ungerechtigkeiten können festgestellt werden? Und welche Wirkung hat diese auf die unterschiedlichen Akteure? Was geht dieser Politik historisch voraus? Wie organisiert sich Widerstand?

Dieses Beispiel aus dem Schulkontext zeigt, wie mit Hilfe kritischer Fragen eine anfängliche Einschätzung eines im Globalen Süden wahrgenommenen Defizits durch selbständiges Recherchieren, Reflektieren und Verstehen schrittweise revidiert wird. Das Ergebnis dieses Prozesses ist vielfältig: der Lernende nimmt unterschiedliche Bedürfnisse und Ausgangslagen in den Blick und sieht sich mit einem realpolitischen Phänomen, das von Machtansprüchen und dem Streben nach Wettbewerbsvorteilen bestimmt ist, konfrontiert. Ghana ist nicht länger ein passives Objekt ohne Handlungsmacht, vielmehr rücken die Frage

1 Vgl. Brändle, Auswirkungen des Internationalen Agrarhandels.

nach der Repräsentation seiner Forderungen und seine Verhandlungsposition auf dem Parkett internationaler Beziehungen in den Vordergrund. Eine wichtige Erkenntnis für den Schüler ist, dass eine Problemstellung, die anfangs als leicht zu erfassen erschien, sich als komplexes Zusammenspiel unterschiedlicher Faktoren herausstellt und in einen Kontext eingebettet ist, der von historisch gewachsener Ungleichheit bestimmt wird. Es wird nun kurz auf ausgewählte Techniken des wissenschaftlichen Arbeitens der Entwicklungsforschung eingegangen, die für die kritische Auseinandersetzung des Schülers mit der Thematik besonders wertvoll waren.

2.1 Lernen aus der Geschichte

Die Beschäftigung mit strukturellen Herrschaftsverhältnissen in internationalen Handelsbeziehungen verlangt ihm eine Berücksichtigung ihrer langen Vorgeschichte ab. Neokoloniale Strategien wie ausbeuterische Produktionsweisen oder die ungleiche Verteilung von Marktvorteilen, Arbeitskräften und Rohstoffen sind nicht nur ein Phänomen aktueller internationaler Wirtschaftsbeziehungen, sondern lassen sich aus dem europäischen Kolonialismus ableiten. Um die bestimmenden Asymmetrien in Nord-Süd-Beziehungen zu erfassen, hilft es, koloniale Praktiken, die ein rassistisches Muster der Unterscheidung entwickelt und systematisch gesellschaftlichen Konzepten mit ungleicher Verteilung von Rechten eingeschrieben haben, aufzuspüren. Es gilt zu verstehen, dass es sich nicht um einen „Raum von Gleichen" handelt,[2] sondern dass dieser von kolonialen Herrschaftsverhältnissen und imperialen Lebensweisen durchzogen ist.[3] Er stellt fest, dass bei der Analyse von einschränkenden Handelsverträgen mit afrikanischen Staaten die Themen globale Produktionsverhältnisse, Konsum und Handel nicht ausgeblendet werden können und der Wachstumsimperativ in Frage gestellt werden muss.[4]

2.2 Reflektieren von Zuschreibungen

Ein weiterer Punkt ist der Umgang mit Stereotypen und kulturellen Zuschreibungen. Brändle geht in seiner Analyse beispielsweise von der Konstruktion eines „afrikanischen Marktes" als Bauernmarkt mit überwiegend lokalen Produkten aus. Diese muss er im Laufe seiner Arbeit hinterfragen und dekonstruieren, sie entspricht nicht der Realität. Er lernt durch diese Übung einen kritischen

---

2 Vgl. Danielzik, Wer mit Zweitens anfängt, D10.
3 Vgl. Brand/Wissen, Imperiale Lebensweise.
4 Vgl. Danielzik, Überlegenheitsdenken, 30.

Umgang mit Eigenschaften, die kulturell oder ethnisch konstruiert sein können und dazu dienen, eine Gesellschaft als „anders" zu beschreiben. Eine entscheidende Erfahrung in diesem Reflexionsprozess ist, festzustellen, wie mächtig diese Stereotypen wirken – nämlich umso stärker, je weniger sie bewusst sind – und wie diese Festschreibungen in weiterer Folge zur Erklärung bestimmter Verhaltensweisen herangezogen werden. Diese Auseinandersetzung führt ihn auch zur grundsätzlichen Infragestellung der eigenen Lebenswelt im Verhältnis zur Welt. Er wird sich einen Schritt mehr seiner eigenen Perspektive als privilegierter junger Mensch bewusst.[5]

2.3 Kritische Auseinandersetzung mit Entwicklungskonzepten

Eine Herausforderung in diesem Lernprozess ist der Umgang mit dem fest im europäischen Denken verankerten Entwicklungsbegriff, der gleichgesetzt wird mit ökonomischem Wachstum. Es gilt die Annahme zu verwerfen, dass der Westen als Modell der stufenweisen Entwicklung herangezogen werden kann.[6] Lernende sollen nie nur den Globalen Süden, sondern in gleicher Weise auch den Globalen Norden im Blick haben und erkennen, dass die Folgen von Kolonialismus und imperialer Herrschaft nicht rückgängig gemacht werden können.

In seiner Arbeit fühlt Brändle dem Diskurs von Fortschritt und wirtschaftlicher Globalisierung, von der gerade im Westen eine Elite enorm profitiert, die aber zugleich neue Armut und neue Abhängigkeiten in den Industriestaaten selbst schafft, auf den Zahn. Er hinterfragt kritisch die Darstellung von bedrohlich wirkenden Migrationsbewegungen aus dem Globalen Süden und stellt die Frage in den Raum, ob nicht auch die Auswirkungen von Agrarsubventionen der EU in Ghana im Zusammenhang mit Migration berücksichtigt werden müssten.[7]

2.4 Medien- und Informationskompetenz – Autor*innenschaft und Wissensproduktion?

Im Zuge der Recherche kommt dem Aufbau von kritischer Medienkompetenz ein besonderer Stellenwert zu. Es gilt Interessenlagen, Machtstrukturen, ökonomische Verhältnisse und soziale Dynamiken zu verstehen und entsprechend bewusst mit Medien umzugehen im Sinne von Rezipieren, Analysieren und Gestalten von Inhalten. Dies betrifft auch Themen wie Autor*innen- und

5 Vgl. Castro Varela/Heinemann, Globale Bildungsbewegung, 19.
6 Vgl. ebd. 18.
7 Vgl. Wintersteiner, Global Citizenship Education, 21.

Herausgeber*innenschaft oder Wissensasymmetrien entlang historisch gewachsener Nord-Süd-Beziehungen. Kritische Medienkompetenz bedeutet auch zu reflektieren und zu untersuchen, wer für wen spricht.[8] Castro Varela spricht von einem „Verlernen", bei dem kritisch hinterfragt werden soll, ob hier paternalistische und rassistische Handlungen im Spiel sind.[9] Brändle setzt das durch eine kritische Auswahl und Analyse seiner Quellen um; er hinterfragt, welche Interessen und Stimmen hinter den Autor*innen und Herausgeber*innen stehen und achtet auf unterschiedliche Perspektiven.

3 Vorwissenschaftliches Arbeiten im C3

Das C3-Centrum für Internationale Entwicklung hat 2016 als entwicklungspolitische Bildungseinrichtung in Österreich begonnen, Jugendliche bei ihrer Auseinandersetzung mit Entwicklungsfragen im globalen Kontext systematisch zu unterstützen. Das Angebot richtet sich an Schüler*innen ab der 11. Schulstufe, die im Zuge ihrer Abschlüsse erste (vor-)wissenschaftliche Arbeiten verfassen. Es umfasst kostenlose Lesekarten, Medienauswahl, Arbeitsplätze, Beratung und Workshops zu Themenfindung, Informationsbewertung und Recherche, partizipative Veranstaltungen für Schulklassen sowie eine Preisausschreibung unter Einbeziehung eines wissenschaftlichen Beirats der Entwicklungsforschung. Das Projekt zeichnet sich vor allem durch die Verknüpfung verschiedener Komponenten aus: Informationsmaterial und Vorträge, Bibliotheksangebote und C3-Award ergänzen sich zu einem umfassenden Angebot für Schüler*innen und Lehrer*innen und unterscheiden das Projekt von vielen anderen Preisausschreiben und Angeboten im Bereich Vorwissenschaftliches Arbeiten in der Sekundarstufe II.

3.1 Erste Erfahrungen der Entwicklungsforschung im Schulsystem verankern

Anlass war die Einführung der Matura-NEU in Österreich, die verpflichtend VWA für AHS[10] oder Diplomarbeiten für BHS[11] verlangt und Jugendliche dazu herausfordert, erste wissenschaftliche Erfahrungen zu sammeln. Schüler*innen werden zum einen an Themen der Entwicklungsforschung (Umweltpolitik,

8 Vgl. Andreotti, (Towards) Decoloniality, 385.
9 Vgl. Castro Varela/Heinemann, Globale Bildungsbewegungen, 18.
10 Allgemein bildende höhere Schule.
11 Berufsbildende höhere Schule.

Klimawandel, Nachhaltigkeit, globaler Handel, Migration, Bildung, Gender, Entwicklungszusammenarbeit, globale Produktionsprozesse etc.) herangeführt; zum anderen werden sie durch ein strukturiertes Angebot bei der Recherche und kritischen Auseinandersetzung unterstützt. Das Projekt verschränkt die verschiedenen Angebote des C3 und baut inhaltlich auf der Expertise in machtkritischer Bildungsarbeit der fünf Organisationen – ÖFSE, Frauen*solidarität, BAOBAB, Mattersburger Kreis und Paulo Freire-Zentrum – auf. Es wird durch die Österreichische Entwicklungszusammenarbeit und die Dreikönigsaktion (Hilfswerk der Katholischen Jungschar) gefördert.

Die Zielgruppe ist heterogen. Das Projekt richtet sich an alle Schultypen der Sekundarstufe II in Österreich. Dazu zählen in zunehmendem Maße auch Berufsbildende Höhere Schulen mit unterschiedlichen fachlichen Schwerpunkten. Wie Klimaproteste zeigen, sind viele Schüler*innen bereits stark in der globalen Nachhaltigkeitsdebatte involviert. Um sich aber fundiert mit den aufgeworfenen Fragen im Zuge des wissenschaftlichen Arbeitens auseinandersetzen zu können, benötigen sie Informationskompetenz und einen methodischen Zugang. Viele bringen kein Vorwissen zu den Themen der Agenda für Nachhaltige Entwicklung 2030 mit. Für sie ist eine Heranführung an die Komplexität von globalen Themen wie Fairem Handel, globaler Rohstoffpolitik oder Migration wichtig. Seit 2019 gibt es eine Zusammenarbeit mit Initiativen wie dem Verein START-Wien und dem UniClub, um Jugendliche mit Migrationshintergrund zu erreichen, deren Perspektiven im Nachhaltigkeitsdiskurs aufgrund strukturell verursachter Ungleichheiten im Bildungssystem auch in der Sekundarstufe tendenziell unterrepräsentiert sind. Die Einbindung und Förderung dieser Schüler*innen erlaubt eine Öffnung der Debatte und erweitert den Blick, wie die weiter unten vorgestellte Arbeit von Erem Celebi bestätigt.

3.2 Bibliotheksangebote für Schüler*innen: Jugendliche forschen

Herzstück der Aktivitäten im Projekt bilden die Angebote der C3-Bibliothek für Entwicklungspolitik. Als Ort der Wissensaufbereitung und -vermittlung ist sie prädestiniert, mit Jugendlichen einen Raum für einen Austausch über sozial-ökologische Transformation und machtkritische Interventionen zu eröffnen. Die Erfahrungen der ersten Jahre zeigen, dass insbesondere die Verschränkung der Bibliotheksangebote mit interaktiven Veranstaltungen dazu beiträgt, eine Auseinandersetzung mit Fragen der Entwicklungsforschung im Schulkontext zu verankern. Gerade die Möglichkeit zum Austausch und zur Diskussion mit Expert*innen und Praktiker*innen im Rahmen einer Living library oder einer freien Radioarbeit sind besonders dazu geeignet, junge Menschen anzusprechen.

Darüber hinaus bietet der Dialog für alle Beteiligten eine Möglichkeit der Perspektivenerweiterung.

Die Nutzung der C3-Bibliothek durch Schüler*innen ist in den letzten Jahren merkbar gestiegen, und das individuelle Beratungsangebot für die VWA oder Diplomarbeitsprojekte wird gut angenommen. Den Schulungen für die Zielgruppe in Informationskompetenz kommt dabei eine besondere Rolle zu. Die Jugendlichen lernen, zentrale Kompetenzen des wissenschaftlichen Arbeitens anzuwenden wie etwa Literatur zu bewerten und kritisch mit Autor*innenschaft umzugehen. Diese Erfahrungen aus der bibliothekarischen Praxis unterstreichen die wichtige Rolle von Bibliotheken in der Umsetzung der Agenda 2030 und im Besonderen als Akteurinnen in der Verwaltung und Aufbereitung von Wissen zum SDG 4 „Hochwertige Bildung" in Österreich.

Daher wurde in den letzten Jahren ein eigenes Workshopkonzept für Schüler*innen entwickelt, das ins wissenschaftliche Arbeiten unter Berücksichtigung von Kolonialismus einführt und einen Raum für kritische Reflexion von Machtverhältnissen und epistemische Positionen eröffnet.[12] Die Schüler*innen werden an aktives Engagement in sozio-politischen Transformationsprozessen herangeführt und erlernen Techniken kritischer Medienkompetenz.

3.3 C3-Award: Preis für herausragende Vorwissenschaftliche Arbeiten/Diplomarbeiten

Ein Preis für Vorwissenschaftliche Arbeiten (AHS) und Diplomarbeiten (BHS), die einen thematischen Bezug zu Internationaler Entwicklung haben und globale Vernetzungen mit einem kritischen Zugang berücksichtigen, richtet sich an Schüler*innen österreichweit. Die insgesamt mehr als 450 Arbeiten, die in den letzten vier Jahren begutachtet wurden, wiesen eine große Themenvielfalt auf. Ein entwicklungspolitisches Interesse bei Schüler*innen ist eindeutig vorhanden. Viele der eingereichten Arbeiten zeugen von einem persönlichen Engagement von Jugendlichen, sich mit Themen der Entwicklungsforschung, Machtverhältnissen und globalen Zusammenhängen auseinanderzusetzen.[13] Für die Weiterentwicklung des VWA-Angebots der C3-Bibliothek, die Erstellung von Themensheets und die Konzeption von neuen Veranstaltungsformaten für Schüler*innen ist der Einblick in die Themensetzung, Recherchearbeit und Reflexion in den eingereichten Arbeiten besonders wichtig. Im Zuge der

---

12 Vgl. Slezak/Schmelzer, Political Engagement for Global Citizenship.

13 Die bisher ausgezeichneten Arbeiten sind auf der Website http://www.centrum3.at/aktuelles/vorwissenschaftliches-arbeiten-im-c3/c3-award/ abrufbar.

Preisverleihung findet ein inhaltlicher Dialog mit den Jugendlichen statt. Da die Preisausschreibung die Aufmerksamkeit auch auf die kritischen Stimmen von Jugendlichen lenken soll, kommen die Preisträger*innen in unterschiedlichen Formaten zu Wort. Der wissenschaftliche Beirat des Projekts besteht aus 14 Mitgliedern und ist in die Begutachtung der Arbeiten eingebunden. Das Gremium hat eine breite fachliche Ausrichtung und setzt sich aus Wissenschaftler*innen aus den Disziplinen der Entwicklungsforschung, Migrationsforschung, Politikwissenschaften, Gender Studies, Bildungswissenschaften, Religionspädagogik, Globales Lernen, Wirtschaftswissenschaften sowie Expert*innen aus der Praxis der kritischen Bildungsarbeit zusammen. Die Beurteilung erfolgt nach sechs Kriterien, die den globalen Bezug, die entwicklungspolitische Relevanz, den kritischen Zugang und die Informationskompetenz erfassen und damit das Alleinstellungsmerkmal dieses Preises unterstreichen.

Das Interesse der Schüler*innen an Themen der Entwicklungsforschung ist groß. Die zum C3-Award eingereichten VWAs (und Diplomarbeiten) weisen große Unterschiede hinsichtlich Recherchekompetenz und/oder Quellenkritik auf und bestätigen einen durchaus vorhandenen Bedarf an Unterstützung im Zugang zu entwicklungspolitischer Literatur und im Umgang mit der Literatur, sei sie gedruckt oder elektronisch. Die bisherigen Erfahrungen zeigen auch, dass das Angebot für Schüler*innen je nach Schultypen unterschiedlich umfangreich sein kann.

3.4 Vorwissenschaftliches Arbeiten an der Schnittstelle von Entwicklungsforschung und Global Citizenship Education

Das Projekt ist im Ansatz einer Global Citizenship Education verortet. Die Arbeiten beleuchten individuelle Zugänge von Schüler*innen zu ihrer eigenen Globalität und zu ihren Strategien, sich einem komplexen Problem oder Fragestellungen der Entwicklungsforschung anzunähern. Sie zeugen von der Eigeninitiative von Jugendlichen, die Möglichkeit, forschend zu lernen, für sich als Chance zu nützen sowie mithilfe einer kritischen Informations- und Medienkompetenz Reflexion als Lernprozess zu verstehen. Durch eine sorgfältig angeleitete Recherche sollen Schüler*innen realisieren, wie Vorurteile mit institutioneller Macht verknüpft sind. Im Projekt sind daher folgende Ebenen der Auseinandersetzung in globalen Kontexten von zentraler Bedeutung:

(a) Globale Zusammenhänge werden bei der Themenstellung berücksichtigt, wobei auch die eigene Lebensweise im Hinblick auf globale Prozesse reflektiert werden soll. Im Weiteren geht es auch um die Übung, die eigene Rolle im Forschungsprozess zu reflektieren. In unterschiedlichen Angeboten lernen Schüler*innen, globale Gerechtigkeit zu analysieren und Leerstellen auszumachen, an denen aus ihrer Perspektive etwas fehlt.[14]

(b) Heranführen an entwicklungspolitische Diskurse: Mit den verschiedenen Angeboten der C3-Bibliothek wird die Auseinandersetzung mit Fragen der Internationalen Entwicklung gefördert. Dabei geht es auch um einen historisch geleiteten und kritischen Zugang zu Nord-Süd-Beziehungen und das Kennenlernen einschlägiger Fachliteratur. Das bedeutet auch, Kolonialismus als historisches Herrschaftsverhältnis mit globalen Nachwirkungen zu thematisieren.[15]

(c) Dem Aufbau von Medienkompetenz kommt ein besonderer Stellenwert zu, im Zuge dessen die Jugendlichen das Recherchieren sowie die kritische Bewertung von Quellen und Daten lernen. Dies betrifft auch Themen wie Autor*innen- und Herausgeber*innenschaft oder Wissensasymmetrien entlang historisch gewachsener Nord-Süd-Beziehungen.[16]

(d) Zentral ist die kritische Analyse von Machtverhältnissen und struktureller Ungleichheit wie zum Beispiel Geschlechterverhältnissen. Themenfindung und -eingrenzung sind im Prozess der VWA/DA-Erstellung entscheidende Schritte. Wie das Beispiel von Jeremias Brändle zeigt, hat die sorgfältige Auswahl eines Beispiels für die Analyse und die thematische Eingrenzung des Themas ihn davor bewahrt, Pauschalannahmen über den gesamten afrikanischen Kontinent zu folgen. In den Workshops lernen Schüler*innen zielführende Fragestellung für die Themenbearbeitung zu formulieren. Unterstützung erhalten sie auch bei der Wahl der Methode der Datenerhebung und Analyse. Multiperspektivisch zu arbeiten und unterschiedliche Positionen differenziert zu betrachten bedeutet, schrittweise hegemoniale Annahmen zu „verlernen".[17]

(e) Gerade um Stereotypen kritisch aufzuspüren ist eine exakte Verwendung von Begriffen essenziell. Beispielsweise ist das geschlechtersensible Formulieren für viele Schüler*innen nicht Teil ihrer schulischen Praxis. Schrittweise gilt es zu lernen, rassistische Unterscheidungen zwischen „uns" und „den anderen" zu hinterfragen und das eigene Überlegenheitsgefühlt zu reflektieren, um sich bewusst zu werden, wie indifferent Stereotypen reproduziert werden.[18]

14 Vgl. Wintersteiner, Global Citizenship Education, 23.
15 Vgl. Danielzik, Wer mit Zweitens anfängt.
16 Vgl. Andreotti, Global Education and Social Change.
17 Vgl. Castro Varela/Heinemann, Globale Bildungsbewegung, 18.
18 Vgl. Arndt, Ersatzdiskurse, 18.

Zusammenfassend ist den fünf C3-Organisationen wichtig, dass im Rahmen der unterschiedlichen Angebote kritische Selbstbetrachtung und Selbstreflexion bezüglich der eigenen Annahmen und Konzepte geübt wird. Schüler*innen lernen einen bewussten Umgang mit Diskursen und Begriffen. Im Vordergrund steht dabei ein erstes Ausprobieren unterschiedlicher Techniken; es gilt, diese einmal kennengelernt und angewendet zu haben. Es ist notwendig, sich mit Herrschaftsverhältnissen entlang einer historischen Auseinandersetzung mit Kolonialismus, Privilegien, Rassismus und kritischer Selbstreflexion zu beschäftigen, um nicht historische und gegenwärtige Ungleichheitsverhältnisse zu verfestigen.[19] Die nachfolgenden drei Arbeiten, die 2019 mit dem C3-Award ausgezeichnet wurden, illustrieren das beispielhaft.

Literatur

Abdi, Ali A./Shultz, Lynette/Pillay, Thashika (Hg.), Decolonizing Global Citizenship Education, Rotterdam 2015.

Andreotti, Vanessa, (Towards) Decoloniality and Diversality in Global Citizenship Education, in: Globalisation, Societies and Education. 9 (2011) 3/4, 381–397.

Andreotti, Vanessa, Global Education and Social Change. The Imperative to Engage with Different Discourses, in: Hartmeyer, Helmuth/Wegimont, Liam (Hg.), Global Education in Europe Revisited. Strategies and Structures, Policy, Practice and Challenges (Erziehungswissenschaft und Weltgesellschaft, 9), Münster/New York 2016, 199–204.

Arndt, Susan, Ersatzdiskurse. Von Stamm und Rasse zu Ethnie, in: BER [Berliner Entwicklungspolitischer Ratschlag] (Hg.), Develop-mental Turn. Neue Beiträge zu einer rassismuskritischen entwicklungspolitischen Bildungs- und Projektarbeit, Berlin 2013, 18–21.

Brändle, Jeremias, Auswirkungen des internationalen Agrarhandels auf westafrikanische Märkte unter besonderer Berücksichtigung von Hühnerfleischexporten aus der EU nach Ghana und Kamerun (Vorwissenschaftliche Arbeit, BG/BRG Feldkirch), Feldkirch 2017.

Brand, Ulrich/Wissen, Markus, Imperiale Lebensweise. Zur Ausbeutung von Mensch und Natur in Zeiten des globalen Kapitalismus, München 2017.

Castro Varela, María do Mar/Heinemann, Alisha M. B., Globale Bildungsbewegungen – Wissensproduktionen verändern, in: ZEP [Zeitschrift für internationale Bildungsforschung und Entwicklungspädagogik] 39 (2016) 2, 17–22.

19 Abdi, Decolonizing GCE, 5.

Danielzik, Chandra Milena, Wer mit Zweitens anfängt. Bildung für nachhaltige Entwicklung kann Machtwissen tradieren, in: IZ3W [Informationszentrum 3. Welt] 329 (März/April 2012), Dossier, D8–10.

Danielzik, Chandra Milena, Überlegenheitsdenken fällt nicht vom Himmel. Postkoloniale Perspektiven auf Globales Lernen und Bildung für Nachhaltige Entwicklung, in: ZEP 36 (2013) 1, 26–33.

Mignolo, Walter D., The Darker Side Of Western Modernity. Global Futures, Decolonial Options, Durham/London 2011.

Santos, Boaventura de Sousa, Epistemologies of the South. Justice Against Epistemicide, New York/London 2016.

Slezak, Gabriele/Schmelzer Sarah, Political Engagement for Global Citizenship: Raising Research Interest among the next Generation through Citizen Science, in: Austrian Citizan Science Conference 2018, University of Salzburg, February 01–03, Salzburg 2018, 86–89.

Wintersteiner, Werner, Global Citizenship Education – eine pädagogische Antwort auf die „große Regression"? in: ZEP 42 (2019) 1, 21–25.

Lisa Winkler

Syrien – der Weg vom Arabischen Frühling in den Bürgerkrieg[1]

Abstract: When Bashar al-Asad came to power in Syria in 2000, in dynastic succession to his deceased father Hafis, he was regarded as an icon of progress, reform and democratization. However, it was not long before he was ruling with brutality – and rising unemployment, increasing poverty and corruption were further grounds for growing popular discontent. Here, as indeed throughout the Arab region, an outbreak of protest was long overdue. During the Arab Spring it was predominantly the younger strata of the population who, networking via social media, initially engaged in peaceful demonstrations which were nonetheless in some cases brutally crushed. Whereas in Egypt and Tunisia, and elsewhere, a change of government was brought about, Syria found itself involved in another civil war which continues right up to the present day. Numerous war crimes have been documented and the conflict has become confessionalized and internationalized. In the intervening time there have been not only ethnic but also local, regional and international conflicts on Syrian territory. These include the Turkish-Kurdish conflict as well as the proxy wars between the USA and Russia, and between Saudi Arabia and Iran, and the expansion of the Islamic State. A (peaceful) solution to the war has thus far proved impossible, partly because the causes of the outbreak of the revolution have not changed.

Keywords: Syria, Arab Spring, civil war, Bashar al-Asad, democracy

Vorwort

Als Kind wächst man heutzutage damit auf, dass die Erwachsenen monatlich zig Menschen im Mittelmeer ersaufen lassen.[2]

Die Flüchtlingsströme und das Massensterben im Mittelmeer – insbesondere im Jahr 2015 – weckten mein politisches Interesse am Nahen Osten, und die Thematik beschäftigte mich ebenso wie viele andere Europäer und Europäerinnen. Ich begann mich immer ausführlicher mit der dortigen (politischen) Situation auseinanderzusetzen, anfänglich hauptsächlich um auf Aussagen wie „Denen kann's ja nicht so schlecht gehen, wenn sie ein Handy haben" etwas erwidern

1 Vorwissenschaftliche Arbeit, Klasse 8 C, Gymnasium/Realgymnasium XIII (Wenzgasse 7, 1130 Wien), Betreuerin: Mag.[a] Monika Erckert, abgeschlossen im Februar 2019.

2 Birkmeier/Bauer, Theater der Jugend.

zu können. Nach über einem Jahr intensivster Recherche ist mir klar geworden, dass hinter den Begriffen „Nahostkonflikt", „Arabischer Frühling" und „Syrischer Bürgerkrieg" weitaus mehr steckt, als ich anfangs erwartet habe.

Wenn man dann – nachdem sich um einen herum die Bücher von Nahostexperten und -expertinnen stapeln – liest, dass der österreichische Innenminister Herbert Kickl zum Thema Abschiebungen nach Syrien meint: „Denn, wer sich ein bissl mit Syrien auseinandersetzt, weiß, dass es dort Gegenden gibt, die eigentlich vom Bürgerkrieg nicht richtig betroffen sind"[3] und behauptet, dass man in manchen Gegenden in Damaskus nicht einmal mitbekommen hat, dass Krieg herrscht, gibt es eigentlich nicht mehr viel zu sagen. Ja, es gibt Gebiete unter Kontrolle des Asad-Regimes, die derzeit nicht von Kampfhandlungen heimgesucht werden. Doch ist der Krieg unkalkulierbar und längst kein alleiniger Kampf zwischen Asad und Rebellen mehr, sondern ein Aufeinandertreffen unzähliger Milizen und Gruppierungen, die von unterschiedlichsten Staaten mit den unterschiedlichsten Interessen unterstützt werden. Weder hält man sich an vereinbarte Waffenstillstände und Pufferzonen, noch wird das allgemeine Kriegsrecht eingehalten. Orte, die heute noch als sicher gelten, werden morgen bombardiert. Und auch wenn dem nicht so sein sollte: Strom, Wasser und Gas sind knapp und in strengen Wintern kann auch dies den Tod bedeuten. Auch, dass Diktator Bashar al-Asad Oppositionelle zurückkommen und ihr Dasein fristen lässt, ist eine Utopie. Außerdem: „Wer in den vergangenen Monaten oder Jahren freiwillig zurückgegangen ist, hat nicht etwa Hoffnung geschöpft, sondern das Leben im Exil nicht länger ertragen."[4]

Hiermit möchte ich ein großes Danke an alle aussprechen, die sich tagtäglich engagieren und sich für eine Verbesserung der Lage starkmachen.

1 Einleitung

„Humanitär, politisch und militärisch gilt der Krieg als größte menschengemachte Katastrophe seit dem Zweiten Weltkrieg, als historisches Versagen unserer Zeit."[5] So beschreibt Nahostexpertin Kristin Helberg den Konflikt in Syrien. Und auch der UN-Sondervermittler für Syrien, Staffan de Mistura, stellte klar: „Niemand werde verschont bleiben von dem, was in Syrien geschieht."[6]

3 Berger/Brickner, Syrien-Abschiebungen, 3.
4 Helberg, Der Syrien-Krieg, 228 f.
5 Ebd. 8.
6 Leukefeld, Flächenbrand, 211.

Nach mehr als acht Jahren Gewalt und der schnellen Internationalisierung und Radikalisierung des einstigen Bürgerkrieges ist noch immer kein Ende in Sicht. Die Umstände, die zu Revolutionen im gesamten arabischen Raum führten (der sogenannte „Arabische Frühling"), wurden bis heute (großteils) nicht verbessert. Dazu zählt das Bestehen von Diktaturen ebenso wie Arbeitslosigkeit, daraus resultierende Armut, Korruption, Repression und Brutalität seitens der Machthaber. Vor allem die junge Bevölkerung, die sich über soziale Netzwerke vernetzte, nutzte im Jahr 2011 die Gunst der Stunde und kämpfte für eine Verbesserung ihrer Lebenssituation. Doch was unterscheidet die arabische Welt – und insbesondere Syrien – von anderen Teilen der Erde, in denen Proteste nicht eskalierten und ein brutales Ende nahmen? „Eines jedoch ist erwiesen: Wenn ein Staat erstmal einen Konflikt erlebt hat, sind seine Chancen, einen weiteren zu erleben, dramatisch hoch [...] Die arabische Welt ist keine Ausnahme von dieser Regel."[7] Deshalb ist es umso wichtiger, sich ausgiebig mit der Vorgeschichte zu befassen.

Diese vorwissenschaftliche Arbeit behandelt die politische, wirtschaftliche und soziale Entwicklung Syriens mit dem Fokus auf Präsidenten Hafis al-Asad und dessen Sohn und Nachfolger Bashar al-Asad. Hierbei ist anzumerken, dass *Asad* und *Assad* in beiden Schreibweisen legitim ist, wobei ich mich für erstere entschieden habe. Das darauffolgende Kapitel beschäftigt sich mit dem „Arabischen Frühling" und präzisiert die Unterschiede zwischen Syrien und anderen betroffenen Staaten. Das Hauptaugenmerk der Arbeit liegt schließlich auf dem Ausbruch der Proteste beziehungsweise des Bürgerkrieges in Syrien, der sich im Laufe der Jahre zu einem Weltkonflikt mit unzählig vielen Kriegsparteien entwickelt hat, deren Beweggründe im Abschluss erläutert und konkretisiert werden. Ich möchte anmerken, dass ich auf einige Konflikte nicht näher eingehen konnte, da diese den Umfang meiner vorwissenschaftlichen Arbeit gesprengt hätten. Dazu zählen unter anderem historische Disparitäten zwischen Syrien und dessen Nachbarstaaten Israel und Libanon.

Durch das internationale Eingreifen ins Kriegsgeschehen und die Flüchtlingsströme Richtung Europa sind auch wir indirekt vom Krieg betroffen und sollten an einer Lösung des Konflikts interessiert sein. „Syrien abzuschreiben können wir uns nicht leisten. Es lohnt sich deshalb, genauer hinzusehen – um sich eine eigene Meinung zu bilden, um die Syrer und die internationalen Zusammenhänge besser zu verstehen und um von unseren Politikern eine glaubwürdigere Nahostpolitik zu fordern."[8]

---

7 Gaub, Von Konflikterben und Kampfsüchtigen, 21.

8 Helberg, Der Syrien-Krieg, 13.

2 Syrien: politische und (sozio)ökonomische Hintergründe

Seit 2011 herrscht in Syrien ein Krieg, dessen Komplexität eine (friedliche) Lösung bisher unmöglich machte. Entscheidend ist, dass sehr viele Staaten beziehungsweise (religiöse) Gruppen aktiv oder passiv in das Kriegsgeschehen involviert sind und um unterschiedliche Interessen kämpfen, was bisher eine Einigung kaum realisierbar machte. Um die aktuellen Geschehnisse verstehen und richtig interpretieren zu können, ist es unumgänglich, sich auch mit der Vorgeschichte Syriens und des arabischen Raums zu befassen.

2.1 Geschichte Syriens bis zur Unabhängigkeit

Syriens Geschichte beginnt bereits um 10.000 v. Chr. und es ist damit eines der ältesten besiedelten Gebiete. Die heute bekannten Grenzen – Lage in Vorderasien mit direktem Zugang zum Mittelmeer, angrenzend an die Nachbarstaaten Irak, Israel, Jordanien, Libanon und Türkei – existieren jedoch erst seit Anfang des 20. Jahrhunderts.[9] Der Name an sich tauchte erstmals etwa 600 v. Chr. auf.[10]

Um 2000 bis 1500 v. Chr. „entstanden die ersten Reiche der Ägypter, Hethiter, Assyrer und Perser"[11]. Nach deren Niedergang regierten vorwiegend aramäische Könige das Gebiet, die im 6. Jahrhundert v. Chr. vom persischen Reich verdrängt wurden. Eine der ersten bedeutendsten Begegnungen Europas mit dem Nahen Osten und darauffolgender gegenseitiger Beeinflussung wurde durch Alexander den Großen herbeigeführt.[12]

Prägend für die Geschichte Syriens waren die Herrschaft der Römer, deren Einfluss um 100 v. Chr. stetig zunahm, und anschließend die Eingliederung in das Byzantinische Reich. Zu dieser Zeit war Syrien mehrheitlich christlich geprägt, und Klöster und Kirchen wurden erbaut.[13] Dies änderte sich 635 n. Chr. mit der muslimischen Eroberung von Damaskus, woraufhin „die schrittweise Islamisierung und Arabisierung des Landes"[14] begann. Prägend beim „Konfessionswechsel" waren auch die Kreuzzüge. „Die Brutalität der Kreuzzügler entsetzte die Menschen im Nahen Osten. Vermutlich gab es in Syrien mehr Christen als Muslime, aber die Kreuzfahrer töteten auch diese mit äußerster Brutalität."[15]

9 Vgl. SRF, Die Wurzeln des Syrien-Konflikts, ab Laufzeit 1:08.
10 Vgl. Lange, Syrien.
11 Mattes/Bender, Das Länder-Informations-Portal (a).
12 Vgl. ebd.
13 Vgl. ebd.
14 Lange, Syrien: Ein historischer Überblick.
15 Mattes/Bender, Das Länder-Informations-Portal (a).

1516 wurde der arabische Raum schließlich endgültig vom Osmanischen Reich eingenommen und in die drei Provinzen Damaskus, Aleppo und Tripoli aufgegliedert.[16] Davon profitierte insbesondere Aleppo als wichtige Handelsstadt durch seine Lage als Knotenpunkt auf einer der Seidenstraßen.[17]

Im Laufe des 19. Jahrhunderts intervenierten „europäische Mächte, die die Schwächung oder gar den Zerfall des [O]smanischen Reiches fürchteten"[18], immer mehr im Nahen Osten; westliche Reformen in Verwaltung, Heereswesen und bei der Gleichstellung von Islam und Christentum wurden durchgeführt, die Infrastruktur wurde ausgebaut, Landwirtschaft und Handel blühten auf.[19] In dieser Zeit kristallisierte sich der Wunsch nach einer säkularen arabischen Nation und einer eigenen arabischen Identität heraus, denn: „Die europäische Penetration wurde als Bedrohung empfunden, gegen die man sich zur Wehr setzen musste."[20]

Dieser arabisch-nationalistische Wunsch schien erstmals 1914 greifbar, als Russland, Großbritannien und Frankreich geschlossen Deutschland und damit das Osmanische Reich bekämpften. Doch als mit dem Ende des Ersten Weltkrieges das Osmanische Reich tatsächlich zerfiel und damit die Unabhängigkeit der arabischen Gebiete möglich wurde, stellte sich bald heraus, dass Frankreich und Großbritannien eigene Ziele verfolgt hatten und bereits 1916 im Sykes-Picot-Abkommen die Aufteilung des Nahen Ostens zu ihren Gunsten beschlossen hatten.[21]

1918 übernahm Faisal I. die Macht in Syrien und rief zwei Jahre später, am 08.03.1920, die unabhängige Monarchie Syrien mit ihm als König aus, die jedoch nur von kurzer Dauer war: Ein Monat später wurde die Aufteilung des Gebiets unter den zwei Großmächten durch den Einmarsch der französischen Truppen vollzogen und 1922 vom Völkerbund offiziell bestätigt.[22]

Zu den britischen Mandatsgebieten gehörten folglich Irak, Palästina und Jordanien, zu den französischen der Libanon und ein Großteil Syriens, welches in jener Zeit aus sechs Staaten bestand. Schon damals begann die Diskriminierung der Kurden und Kurdinnen, da diese – anders als die Alawiten und

16 Vgl. Lange, Syrien.
17 Vgl. Abdi, Eine kurze Zeitreise durch die lange Geschichte Syriens, ab Laufzeit 2:17.
18 Lange, Syrien.
19 Vgl. ebd.; vgl. Mattes/Bender, Das Länder-Informations-Portal (a).
20 Ebd.
21 Vgl. ebd.
22 Vgl. ebd.; Lange, Syrien; Wikipedia, Faisal I.

Drusen – keinen eigenen Staat erhielten.[23] Heute ist das syrische Gebiet in 14 Provinzen, die von Gouverneuren geleitet werden, eingeteilt.[24]

Frankreich agierte sehr gewalttätig, was sich besonders bei der Niederschlagung der „Großen Syrischen Revolution“ 1925 bis 1927 zeigte: 6.000 Menschen starben.[25] Einzigartig war das einheitliche Aufstehen unterschiedlichster gesellschaftlicher Gruppen gegen die Mandatsmacht mit der Parole: „Die Religion ist für Gott und das Vaterland für alle“.[26] Der folgende Aufruf verdeutlicht diesen Einheitsgedanken:

> [...] wir sind eine Syrische Arabische Nation. Der Kolonialismus [... hat das Volk] gespalten, die Prinzipien der Menschenrechte, die Symbole der Freiheit, die Gleichheit und Brüderlichkeit haben sie geeint. Ja, es gibt hier keine Drusen, Sunniten, Schiiten, Alawiten und Christen, es gibt nur Söhne einer Nation, eine Sprache, eine Tradition und ein Interesse.[27]

Dieses Phänomen spiegelte sich auch 2011 beim Ausbruch des syrischen Bürgerkrieges wider, als der Konflikt noch keine konfessionelle Ebene angenommen hatte und die syrische Bevölkerung mehr oder weniger einheitlich für politische Veränderungen kämpfte. Frankreich investierte vor allem ins Bankwesen und in die Infrastruktur anstatt in Landwirtschaft und Industrie und beutete Rohstoffe aus. 1942 gewährte Frankreich Syrien schließlich die Unabhängigkeit,[28] doch erst auf Druck von Großbritannien, den USA und der UN zogen am 15.04.1946 die letzten französischen Truppen ab, und die Syrische Republik wurde ausgerufen.[29] Diese war politisch sehr instabil, allein 1949 putschte das Militär dreimal.[30] 1955 kam es zu den ersten freien Wahlen,[31] bei denen Parteien aller gesellschaftlichen Kräfte (Syrische Kommunistische Partei, Muslimbruderschaft, Baath-Partei, Syrische Sozial-Nationalistische Partei und weitere) den Einzug ins Parlament erreichten.[32]

---

23 Vgl. SRF, Die Wurzeln des Syrien-Konflikts, ab Laufzeit 1:01.
24 Vgl. Mattes/Bender, Das Länder-Informations-Portal (a).
25 Vgl. ebd.
26 Ebd.
27 Ebd.
28 Vgl. ebd.
29 Vgl. Leukefeld, Flächenbrand, 56.
30 Vgl. Mattes/Bender, Das Länder-Informations-Portal (a).
31 Vgl. Wikipedia, Haschim Chalid al-Atassi.
32 Vgl. Mattes/Bender, Das Länder-Informations-Portal (a).

Im Laufe der folgenden Jahre erreichten besonders die Baath-Partei und der ihr angehörende Hafis al-Asad ein hohes Ausmaß an Macht. Diese historisch bedeutende Zeit wird im folgenden Kapitel präzisiert.

2.2 Syrien unter Hafis al-Asad

Wie erwähnt, war die „Partei der arabischen Wiedergeburt" - die Arabische Sozialistische Baath-Partei - die einzige, die sich in der Zeit nach ihrer Gründung im Jahr 1947 unter Michel Aflaq und Salah Bitar die Macht sichern und auch bis heute halten konnte.[33] Mit dem Slogan „Einheit, Freiheit und Sozialismus" verfolgte sie ein „säkulares, panarabisches, antiimperialistisches Programm"[34] und erreichte damit sowohl Intellektuelle als auch das Militär und die Landbevölkerung.[35]

1958 wurde ebenjener Wunsch nach einem panarabischen Staat mit Ägypten unter Gamal Abdel Nasser verwirklicht,[36] was den gekränkten syrischen Stolz aufgrund der einstigen Größe und der Gebietsverluste besänftigte. Doch bereits nach drei Jahren zerbrach die „Vereinigte Arabische Republik" durch einen Putsch der syrischen Armee am 27.09.1961, da Nasser alle Ministerien nach Kairo verlegt hatte, Kommunisten und Kommunistinnen und Muslimbrüder verfolgte und eine Einheitspartei zu gründen versuchte, während alle anderen verboten gewesen wären.[37]

Im instabilen Syrien putschte sich am 08.03.1963 die Baath-Partei an die Macht; Hafis al-Asad wurde Luftwaffenchef und später Verteidigungsminister.[38] 1970 putschte er sich an die Macht, ließ sich ein Jahr später durch eine Volksabstimmung als Präsident bestätigten[39] und führte die sogenannte „Korrekturbewegung" durch. Dies bedeutete eine ökonomische Öffnungspolitik, die Bezeichnung des Israelkonflikts als Territorialkonflikt anstatt eines „existentiellen" und die Gründung der *Nationalen Fortschrittsfront*, die eine Zusammenführung diverser Parteien unter Führung des Baath-Clans war.[40]

Seit 1945 ist Syrien Mitglied der Arabischen Liga und der UN und gehört der *Bewegung der Blockfreien Staaten* an. Trotzdem schlug sich Syrien bereits

---

33 Vgl. Mayer, Die Partei Syriens.
34 Lange, Syrien.
35 Vgl. ebd.
36 Vgl. Mattes/Bender, Das Länder-Informations-Portal (a).
37 Vgl. ebd.
38 Vgl. Mayer, Die Partei Syriens.
39 Vgl. Leukefeld, Flächenbrand, 56.
40 Vgl. Mattes/Bender, Das Länder-Informations-Portal (a).

im Kalten Krieg auf die Seite der Sowjetunion und pflegt seitdem enge Beziehungen mit den später bezeichneten BRICS-Staaten.[41] Dies ist einerseits auf die ähnlichen politischen (sozialistischen) Vorstellungen als auch auf die finanzielle Unterstützung durch die UdSSR und die wirtschaftliche Zusammenarbeit zurückzuführen.[42] 1980 unterzeichneten Syrien und die Sowjetunion einen Vertrag über Freundschaft und Zusammenarbeit.[43] Hafis al-Asad blieb bis zu seinem Tod im Jahr 2000 an der Macht, was sich auf die symbiotische Beziehung zwischen Armee und Baath-Partei und auf die brutale Unterdrückung der Opposition zurückführen lässt. Zu erwähnen ist das Massaker von Hama 1982 mit bis zu 30.000 Toten, die vorwiegend Mitglieder der Muslimbruderschaft und andere Oppositionelle waren.[44]

Des Weiteren waren alle Entscheidungsträger in Schlüsselpositionen Mitglieder des Asad-Clans oder langjährige Gefährten. „Bis hinunter auf die Ebene individueller Beziehungen reichte das feinmaschige System der Kontrolle".[45] Hafis selbst war Staatspräsident, Oberbefehlshaber der Armee und Chef der Exekutive – eine Gewaltenteilung war nicht vorhanden. Geheimdienste waren ein wichtiger Bestandteil, denn sie „waren die eigentlichen Machthaber in Syrien, natürlich in Verbindung mit dem Präsidentenpalast. Sie verbreiteten Angst und Schrecken, davon war niemand frei."[46] Um ihre Macht zu sichern, rief die Baath-Partei 1963 den Ausnahmezustand aus,[47] der die Verfassung oder einzelne Teile außer Kraft setzte, wodurch der Einsatz der Streitkräfte gerechtfertigt und die Gewaltenteilung aufgehoben wurde und gewisse Grundrechte wie Pressefreiheit eingeschränkt wurden.[48] Die Verfassung von 1973 erklärte die Baath-Partei zur „führenden Partei in Gesellschaft und Staat"[49]. Laut Artikel 117 kann der Präsident nur im Falle eines Hochverrates zur Verantwortung gezogen werden.[50]

Konfessionell betrachtet, vertrat Hafis al-Asad jedoch nur etwa ein Zehntel der syrischen Bevölkerung, denn er gehörte der Minderheit der Alawiten an. Diese sind eine Abspaltung der Schiiten, die von Sunniten als Ketzer abgestempelt

41 Vgl. Leukefeld, Flächenbrand, 56.
42 Vgl. ebd. 198 f.
43 Vgl. Mangott, Russland und der Bürgerkrieg in Syrien, 139.
44 Vgl. Wikipedia, Massaker von Hama.
45 Wimmen, Politischer Frühling in Damaskus.
46 Ebd.
47 Vgl. Mattes/Bender, Das Länder-Informations-Portal (a).
48 Vgl. Wikipedia, Ausnahmezustand.
49 Vgl. Bank/Becker, Syrien unter Bashar al-Asad; Lange, Syrien.
50 Vgl. El Husseini, Syriens neue Verfassung.

werden, da das Gesetz der Scharia von den Alawiten nicht anerkannt wird.[51] Über 70 Prozent der Syrer sind aber sunnitisch. Schlüsselpositionen waren also überwiegend von Alawiten besetzt, „wodurch es zu einer Situation gekommen ist, die eigentlich relativ selten eintritt, nämlich dass eine schiitische Minderheit über eine sunnitische Mehrheit die Macht hat".[52]

Außenpolitisch sind besonders die historischen Vorkommnisse und Beziehungen zum Libanon und zu Israel bedeutsam. Mit Beginn des ersten libanesischen Bürgerkrieges 1975 stationierte Syrien Soldaten im Libanon, zog diese allerdings nicht mehr ab, um sie, ebenso wie seinen Einfluss auf die Hisbollah, als mögliche Trumpfkarte in Verhandlungen mit Israel zu verwenden. Israel hielt den Libanon von 1982 bis 1985 besetzt, den Süden sogar bis ins Jahr 2000. Syrien zog seine Truppen erst nach Protestaktionen der Libanesen im Jahr 2005 ab.[53] Der Konflikt mit Israel hat seinen Ursprung im Sechstagekrieg und in den Angriffen der israelischen Regierung auf die syrische Front. 1967 besetzte Israel die Golanhöhen; 1973 verübten Syrien und Ägypten einen Überraschungsschlag mit dem Ziel, die Golanhöhen zurückzuerobern. Ein Jahr später entsandte die UNO eine Einheit der UNDOF zur Überwachung der Geschehnisse am besetzten Golan. 1995 starteten die ersten Friedensgespräche. Doch auch nach deren Weiterführung im Jahr 2000 wurde keine Lösung gefunden.[54] Bis heute befindet sich Syrien mit Israel im Kriegszustand.

2.3 Machtübernahme Bashar al-Asads

Mit den Worten „Der Vater aller Syrer hat uns verlassen"[55] wurde am 10.06.2000 der Tod Hafis al-Asads im Staatsfernsehen verkündet. Genau ein Monat später trat sein erst 34-jähriger Sohn Bashar al-Asad das Präsidentenamt an, nachdem er mit mehr als 97% der Stimmen und ohne Gegenkandidaten gewählt wurde.[56] Diese dynastische Machtübergabe war, abgesehen von den Monarchien, eine der ersten im arabischen Raum. Aufgrund seiner westlichen Erfahrungen – vor seiner Rückbeorderung nach Syrien hatte er in London ein Medizinstudium

51 Vgl. Martin, Alawiten/Suniten; Manfreda, The Difference between Alawites and Sunnis in Syria.
52 Abid, Die Religion ist für Gott, 15.
53 Vgl. Bank/Becker, Syrien unter Bashar al-Asad.
54 Vgl. Mattes/Bender, Das Länder-Informations-Portal (a).
55 Sawwan, Mit Hafis al-Assad kam die Angst.
56 Vgl. Wimmen, Politischer Frühling in Damaskus.

absolviert – galt er als Sinnbild für Veränderung, und seine Antrittsrede stärkte die Hoffnung auf Reformen und Demokratisierung.[57] So meinte er etwa:

> [...] We cannot apply the democracy of others on ourselves. Western democracy, for example, is the outcome of a long history that resulted in customs and traditions which distinguish the current culture of Western societies. [. . .] we have to have our democratic experience which is special to us, which stems from our history, culture, civilization, and which is a response to the needs of our society and the requirements of our reality. [...].[58]

Asad legte anfangs Prioritäten auf die Modernisierung der Wirtschaft, Verwaltung und Digitalisierung, es folgten umfassende Personalwechsel, erste Privatbanken (auch aus dem Ausland) wurden eröffnet, die lokale Computerindustrie wurde gefördert, und der Privatsektor durfte immer mehr Produkte importieren.[59] Ausländische Medien sprachen bereits von einem „Damaszener Frühling": In öffentlichen Foren wurde über Reformen diskutiert, Forderungen nach Demokratisierung und der Aufhebung des Ausnahmezustandes wurden laut.[60] Im Westen waren diese Veränderungen gern gesehen. Einen großen Einfluss auf das im Westen zunehmend positive Bild von der syrischen Regierung hatte auch Bashar al-Asads Frau, Asma al-Asad, die in London aufgewachsen war und deren westliche Ausbildung ein Hoffnungssymbol für Fortschritt war.[61]

Auch das syrische Volk war zu jener Zeit sehr angetan von der weltoffenen Politik. Ein markantes Beispiel für die (inszenierte) Weltoffenheit ist der Besuch des damaligen Papstes Johannes Paul II. am 04.05.2001 in dem sonst islamisch geprägten Land.[62] Doch diese westliche, aufgeschlossene Haltung hielt nicht lange an. Schon bald regierte Bashar al-Asad wie davor sein Vater mit Verhaftungswellen, Brutalität und Repression.[63] Asad-Biograph David Lesch versuchte diesen Wandel zu erklären: „Ich glaube, am Anfang wollte Bashar wirklich etwas verändern, aber dann wurde ihm klar, dass politische Freiheit zum Chaos führen und das Land destabilisieren kann. Und dass Chaos sogar das Ende seiner Herrschaft bedeuten könnte."[64]

---

57 Vgl. Mattes/Bender, Das Länder-Informations-Portal (a).

58 Inaugural Address by President Bashar al-Asad, Damaskus, 17.7.2000, in: Jaki, Kurzer Frühling in Damaskus, 124.

59 Vgl. Rottscheidt, Zwischen Moderne und Repression.

60 Vgl. Bank/Becker, Syrien unter Bashar al-Asad.

61 Vgl. Zinkant, Asma al-Assad, ab Laufzeit 0:32.

62 Vgl. SRF, Die Wurzeln des Syrien-Konflikts, ab Laufzeit 4:55.

63 Vgl. Bank/Becker, Syrien unter Bashar al-Asad.

64 Zinkant, Asma al-Assad, ab Laufzeit 17:05.

Reformen wie Internetzugang und Handys für die breite Bevölkerung (von unter 5 % im Jahr 2000 auf knapp 20 beziehungsweise 45 % im Jahr 2010[65]), Bankomaten und Privatisierung im Bildungsbereich setzte Asad zwar erfolgreich durch, doch politische Veränderungen blieben aus, und soziale Ungleichheiten verschärften sich. Besonders die irakischen Flüchtlingsströme 2003 aufgrund der Stationierung von US-Truppen im Irak setzten Syrien zu.[66] Doch da ein Frieden mit Israel ohne die Unterstützung der USA kaum möglich ist,[67] näherte sich Bashar al-Asad nach dem 11.09.2001 schließlich den US-Amerikanern an, indem er Tausende an Informationen über im Exil lebende Muslimbrüder weitergab. „Ironischerweise sind das jene Kräfte, die heute von den USA und anderen westlichen Staaten im Kampf gegen Assad unterstützt werden."[68]

Offiziell bekannte sich Asad zum Anti-Terrorkurs - unter anderem um die Beziehungen zu Europa nicht zu gefährden. Er gewährte jedoch gleichzeitig palästinensischen Terrorgruppen wie Hamas oder Dschihad Unterschlupf.[69] Syriens Außenpolitik unter Bashar war also teilweise widersprüchlich. Einerseits vertiefte er zum Beispiel die Beziehungen zum Iran, der sich im Irakkrieg klar auf schiitischer Seite positionierte, andererseits ermunterte er Sunniten, im Irak zu kämpfen. Gleichzeitig pflegte er gute Beziehungen zu pro-westlichen Golfstaaten, ebenso wie zu Russland und dem Iran.[70]

Das Jahr 2011 führte schließlich zu einem radikalen Bruch in der Geschichte Syriens - sowohl politisch und wirtschaftlich als auch bezüglich der Lebensumstände und der Zusammensetzung der Bevölkerung. Doch nicht nur in Syrien unter Bashar al-Asad, sondern im gesamten arabischen Raum läutete der „Arabische Frühling" ein neues Zeitalter ein.

3 Der Arabische Frühling

3.1 Definition

Unter dem anfänglich euphorisch besetzten Begriff „Arabischer Frühling" (angelehnt an den „Prager Frühling" von 1968) oder auch „Arabellion" versteht man die im Dezember 2010 beginnenden Proteste für Gerechtigkeit und

---

65 Vgl. Eglitis, Telekommunikation in Syrien; Javaher-Haghighi/Azad/Noshadi, Arabellion, 236.

66 Vgl. Leukefeld, Flächenbrand, 56 f.; Wieland, Syrien.

67 Vgl. Bank/Becker, Syrien unter Bashar al-Asad.

68 Kraitt, Das Scheitern des Damaszener Frühlings, 48.

69 Vgl. Erdmann, Baschar al-Assad.

70 Vgl. ebd. 52 f.

Freiheit und gegen Langzeitherrscher, Korruption und Unterdrückung im Mittleren Osten und Nordafrika. Träger und Trägerinnen waren vor allem junge Menschen, die gut ausgebildet und weniger religiös waren und kaum Perspektiven hatten. „Politische Repressalien, neoliberale Wirtschaftspolitik, chronische Armut, Arbeitslosigkeit und Perspektivlosigkeit sowie ein unkontrollierter Bevölkerungszuwachs brachte eine rebellische junge Generation hervor, die als Motor der Protestbewegung fungierte."[71]

Auch Gewerkschaften, Menschenrechtsaktivisten und -aktivistinnen, Islamisten wie Mitglieder der Muslimbruderschaft und al-Qaidas und Deserteure der Streitkräfte waren treibende Kräfte während der Aufstände.[72] Die Revolution wurde oftmals mit den osteuropäischen Umbrüchen von 1989 verglichen, lief jedoch weitaus blutiger ab.[73]

Das sozioökonomische Ungleichgewicht führte schon im 20. Jahrhundert zu Aufständen und Militärputschen, die manchmal erfolgreich verliefen, aber kaum derartige Ausmaße und Präsenz in den Medien erreichten. „Das Neue am ‚Arabische[n] Frühling' waren also eigentlich nur das Ausmaß und die Radikalität der Proteste."[74]

3.2 Ursachen und Auslöser

Mehrere Jahre nach den ersten Aufständen wird die Gewalteskalation (vor allem in Syrien) überwiegend auf konfessionelle Unterschiede und Konflikte zurückgeführt. Doch die Proteste hatten ihren Ursprung vor allem in wirtschaftlicher Aussichtslosigkeit, und ideologische Forderungen waren kaum zu hören.[75]

Arbeitslosigkeit und Perspektivlosigkeit waren zwei der bedeutendsten Ursachen für den Ausbruch der Proteste. Denn 40 % der Jugendlichen und jungen Erwachsenen im arabischen Raum, die 50–60 % der Gesamtbevölkerung darstellten, hatten keine Arbeit, obwohl sie eine gute Ausbildung abgeschlossen hatten. Diese extrem hohe Arbeitslosigkeit wurde schon in den Jahren vor Ausbruch des „Arabischen Frühlings" als „tickende Zeitbombe"[76] bezeichnet. Die Zunahme der Arbeitslosigkeit wurde vor allem durch den starken Bevölkerungszuwachs vorangetrieben: Die arabische Bevölkerung verdoppelte sich innerhalb von 1980

71 Javaher-Haghighi/Azad/Noshadi, Arebellion, 28.

72 Vgl. Mattes, Die arabischen Protestbewegungen.

73 Vgl. ebd.

74 Thyen, Ursachen und Hintergründe.

75 Vgl. Rabat, Die wirtschaftliche Dimension.

76 Vgl. Mattes, Die arabischen Protestbewegungen.

bis 2000 auf 275 Millionen.[77] Mit diesem Anstieg konnte das Wirtschaftswachstum nicht mithalten. In ihrem Bericht vom 15.01.2011 gab die Weltbank an, dass im Nahen Osten und in Nordafrika die höchste Jugendarbeitslosigkeit der Welt vorherrschte.[78] Die Weltfinanzkrise im Jahr 2008 erhöhte die Zahl der unter der Armutsgrenze lebenden Araber und Araberinnen. Globale Klimaveränderungen und Dürren führten weltweit zu einer Steigerung der Lebensmittelpreise – vor allem von Weizen und Brot, deren Preis sich auf dem Weltmarkt innerhalb eines Jahres verdoppelte[79] – und damit zu Hungersnöten.

Eine der schwerwiegendsten Ursachen war die Existenz langjähriger Diktaturen. In Tunesien war etwa Ben Ali für 24, Ali Abdullah Salih im Jemen für 33 und Husni Mubarak in Ägypten für 30 Jahre an der Macht.[80] Die Opposition spielte kaum eine Rolle, und die wenigen Wahlen, die stattfanden, waren unfrei und dienten hauptsächlich einer Verbesserung des Images der Regime gegenüber dem Westen.[81] Im weltweiten Vergleich war die politische Teilhabe im arabischen Raum sehr gering: Auf einer Skala von 0 bis 100 erhielt etwa Tunesien 11,4 Punkte, Syrien nur 5,7, wohingegen Deutschland 93,8 hatte (Stand 2009).[82] Bei der Machtsicherung der Diktatoren spielte das Militär eine wichtige Rolle, ebenso wie Geheimdienste bei der Kontrolle der Bevölkerung. Gesellschaftliche Probleme wurden überwiegend mit Gewalt gelöst, Oppositionelle wurden verfolgt, eingesperrt und gefoltert. In einigen Ländern wie zum Beispiel in Syrien, Libyen und Ägypten herrschte jahrzehntelanger Ausnahmezustand, und Menschenrechte wurden täglich verletzt.[83] Weitere Ursachen waren Vetternwirtschaft und daraus resultierende soziale Ungleichheiten.[84]

Dass die Missstände heftig brodelten, beweist allein der Umstand, dass der Selbstmord des 26-jährigen tunesischen Gemüsehändlers Muhammad Buazizi genügte, um im gesamten arabischen Raum Massen zu mobilisieren. Jener hatte sich aus purer Verzweiflung nach Abnahme seiner Ware und Waage durch die Polizei selbst verbrannt und erlag seinen Verletzungen nach einem Monat im Koma. Eine Videoaufnahme der Verbrennung wurde über den

77 Vgl. Javaher-Haghighi/Azad/Noshadi, Arebellion, 28.
78 Vgl. Mohajer, marhaleii nowin dar bidari-ye arab.
79 Vgl. Perthes, Der Aufstand, 24 f.
80 Vgl. ebd. 24 f.
81 Vgl. ebd. 17.
82 Vgl. Javaher-Haghighi/Azad/Noshadi, Arebellion, 235.
83 Vgl. Perthes, Der Aufstand, 14–24; Mattes, Die arabischen Protestbewegungen; Thyen, Ursachen und Hintergründe.
84 Vgl. Perthes, Der Aufstand, 14–24.

Nachrichtensender Al-Jazeera im gesamten arabischen Raum verbreitet, und Protestaktionen bekamen von allen Seiten Zulauf und Unterstützung. „Der Märtyrer Mohammed Bouazizi, geboren am 29.03.1984, gestorben am 04.01.2011",[85] wurde auf seinen Grabstein geschrieben. Eines ist gewiss: Er löste eine der größten Revolten im arabischen Raum aus.

3.3 Ablauf der Revolution

Warum die Selbstverbrennung eines Straßenverkäufers zu einer Revolution dieser Dimension führte, lässt sich unter anderem auf die länderübergreifende Medienlandschaft, das dadurch entstehende Zusammengehörigkeitsgefühl, die vielen Gemeinsamkeiten in Sprache, Kultur, Religion und Identität und die hohe Nutzung von sozialen Medien zurückführen.[86] Dass sich der arabische Raum als Einheit fühlte und die Situation in den einzelnen Länder ähnlich war, bestätigte unter anderem Bashar al-Asad in einem Interview mit dem *Wall Street Journal* Ende Januar 2011: „But I can talk about the region in general more than talking about Tunisia or Egypt because we are one region. We are not a copy of each other, but we have many things in common."[87] Und doch verliefen die Proteste in allen Staaten unterschiedlich aufgrund der verschiedenen politischen Systeme, deren Glaubwürdigkeit und ihrer historischen Erfahrungen, den Differenzen beim BIP und materiellen Ressourcen. Außerdem gingen die einzelnen Regierungen unterschiedlich mit den Konflikten um.[88] In Libyen zum Beispiel reagierte Muammar al-Qaddhafi mit sofortiger Gewalt, während die saudischen Machthaber die Proteste mit Geld und vielen kleinen Zugeständnissen bändigen konnten.

Laut Volker Perthes lässt sich die „Arabellion" nach Beginn der Proteste in fünf Schritten zusammenfassen,[89] wobei nicht jedes Land diese im gleichen Umfang und Maße durchlief:

(1) Die Machthaber leugnen die Gefahr, nach dem Motto „Bei uns doch nicht!";
(2) das Eingeständnis, dass es auch im eigenen Staat soziale und wirtschaftliche Probleme gibt, und sofortige Reformversprechen, Gehaltserhöhungen, finanzielle Direkthilfen und Subventionen;
(3) das Eingeständnis, dass Probleme politischen Ursprung haben;

85 Schmid, Ein rätselhafter Selbstmord.
86 Vgl. Javaher-Haghighi/Azad/Noshadi, Arebellion, 14.
87 The Wall Street Journal, Interview With Syrian President Bashar al-Assad.
88 Vgl. Javaher-Haghighi/Azad/Noshadi, Arebellion, 21 ff.; Perthes, Der Aufstand, 8–18.
89 Vgl. Perthes, Der Aufstand, 38–40.

(4) Suche nach politischen Gesprächen und politischen Reformversprechen, nachdem den Demonstranten und Demonstrantinnen auch mit Gewalt kein Einhalt mehr geboten werden kann;
(5) Bürgerkrieg, blutige Proteste, Bemühungen um Dialog.

Wie auf den folgenden Seiten ersichtlich wird, trifft dieses Schema auf die betroffenen Staaten zu.

3.4 Betroffene Staaten

Anhand von ausgewählten Beispielen soll nun der oben geschilderte „Standard-Ablauf" konkretisiert und präzisiert werden, um in späterer Folge die Unterschiede zu Syrien besser verdeutlichen zu können.

An kaum einem arabischen Land ging der „Arabische Frühling" spurlos vorüber. Ausnahmen sind die Vereinigten Arabischen Emirate und Katar, die Reformen schon vor potenziellem Protestbeginn durchsetzten.[90] In einigen Staaten kam es zu Protesten, diese hatten aber aufgrund anderer (innenpolitischer) Probleme nicht Priorität. Ein Beispiel ist der Irak und der dortige Abzug der US-Kampftruppen im Jahr 2010/2011 oder der Sudan, der mit der Abspaltung des Südsudans zu kämpfen hatte. Andere Regierungen hingegen mussten sich Aufständen stellen, konnten diese aber in Schach halten. Ein Beispiel hierfür ist Algerien, das nach der Aufhebung des Ausnahmezustandes und finanzieller Unterstützung für Arbeitslose die Lage beruhigte.[91]

Am meisten Veränderung brachte die Rebellion für Tunesien, Ägypten, Libyen und Syrien. Sie waren auch am präsentesten in der (westlichen) Berichterstattung vertreten. Der Vorreiter Tunesien ist das einzige Land, das nachhaltig von der Revolution profitieren konnte – für den gewaltfreien Prozess nach Befehlsverweigerung der Armee und darauffolgender Flucht des Diktators Ben Ali hat die tunesische Dialoggruppe 2015 sogar den Friedensnobelpreis erhalten.[92] Ihr gelang es, eine neue Verfassung, in der Freiheitsrechte und demokratische Prinzipien verankert sind, einzuführen und Anfang 2015 eine Regierung zu bilden. Damit wurde die Übergangsphase offiziell abgeschlossen.[93]

In Ägypten wurde der Rücktritt des dortigen Präsidenten Husni Mubaraks nach anhaltendem Druck der Demonstranten und Demonstrantinnen, die Unterstützung von der Muslimbruderschaft und der Armee erhielten, nach der

90 Vgl. ebd. 158–160.
91 Vgl. ebd. 137–158.
92 Vgl. ZEIT Online, Dialoggruppe in Tunesien erhält Nobelpreis.
93 Vgl. Gerlach, Der verpasste Frühling, 196–205; Perthes, Der Aufstand, 44–47.

sogenannten „Revolution des 25. Jänner" – ein 18-tägiger Aufstand auf dem Tahrir-Platz in Kairo – erreicht. Doch bereits im Sommer 2011 wurden aufgrund von autoritären Handlungen gegenüber der Bevölkerung und Verurteilungen von Kritikern und Kritikerinnen Forderungen nach einer erneuten Machtabgabe laut.[94] Die Wirtschaft brach zusammen, und die Kriminalität nahm zu.[95]

Der libysche (arabische) Frühling eskalierte hingegen nach wenigen Tagen. Libyen befand sich bereits zwei Wochen nach Protestbeginn in einem Bürgerkrieg, den Präsident Muammar al-Qaddhafi quasi selbst erklärt hatte. Der UN-Sicherheitsrat erließ in Folge die Resolution Nr. 1973, welche Mitgliedstaaten autorisierte, die Zivilbevölkerung in Libyen mit allen Mitteln zu verteidigen, und verhing eine Flugverbotszone. Offiziell war es nicht erlaubt, einen Regimewechsel herbeizuführen, nichtsdestotrotz unterstützten die USA die Rebellen per Luftwaffe. Am 20.10.2011 wurde Qaddhafi ermordet[96] – die Todesumstände sind bis heute nicht vollständig geklärt.

4 Syrien – der Weg in den Bürgerkrieg

4.1 Ursachen

Wie in den anderen betroffenen Staaten des „Arabischen Frühlings" waren auch in Syrien die Ursachen für den Ausbruch der Proteste vor allem wirtschaftlicher Natur.[97] Durch Reformen begann Bashar al-Asad in den 2000er-Jahren die Wirtschaft zu modernisieren. Das Wirtschaftssystem war wie die politische Einstellung ähnlich der russischen: eine sozialistische Planwirtschaft. Das BIP stieg zwischen 2000 und 2010 von 1203 USD auf 2877 USD, und die Staatsverschuldung schrumpfte beträchtlich von über 150 % auf 30 % des BIP, was auf die steigenden Exporte zurückzuführen ist.[98] Es bildete sich eine neue Mittelschicht, doch die unterschiedlich fortgeschrittene Modernisierung in Stadt und Land führte zu immer gravierenderen sozialen Unterschieden.[99] Der Alphabetisierungs- und Bildungsgrad war jedoch mit 74,4 % (90,6 % der Männer und 66,1 % der Frauen) im Vergleich zu anderen arabischen Ländern hoch.[100]

94 Vgl. Perthes, Der Aufstand, 61.
95 Vgl. Frankfurter Allgemeine, Rede an die Nation; Perthes Der Aufstand, 50–76.
96 Vgl. Gerlach, Der verpasste Frühling, 205–215; Perthes, Der Aufstand, 78–90.
97 Vgl. Thyen, Ursachen und Hintergründe.
98 Vgl. Wirtschaftskammer Österreich, Länderprofil Syrien.
99 Vgl. Cieschinger/Niesen/Salloum, Assad, IS, Rebellen.
100 Vgl. Mattes/Bender, Das Länder-Informations-Portal (b).

Auch Armut war vor allem am Land ein zentrales Problem der syrischen Bevölkerung. Aufgrund langanhaltender Trockenheit und Dürren im Euphrat-Tal in den Jahren zwischen 2000 und 2008[101] und daraus resultierender Ernteverluste und Wassermangel siedelten sich ganze Dörfer in den Gebieten rund um Großstädte wie Homs, Aleppo oder Damaskus an. Diese Vororte wuchsen rasant, die Arbeitslosigkeit stieg - kurz vor Beginn der Proteste galten 30 % als arm[102] - und staatliche Hilfe war nicht zu erwarten. Moscheen übernahmen diese Aufgabe, unterstützten Familien finanziell und eröffneten Religionsschulen. Dies spielte in späterer Folge eine wichtige Rolle beim Protestausbruch im Jahr 2011.[103]

Das Besondere an Syrien ist die konfessionelle und ethnische Vielfalt auf so engem Raum. Die Bevölkerung lässt sich in 15 ethnische und religiöse Gruppen unterteilen, wobei vor allem von den letzten zehn Jahren keine offiziellen Statistiken existieren und die folgenden Zahlen deshalb nur Annäherungswerte sind. Mehr als 80 % der Syrer und Syrerinnen sind arabisch, und neben den Kurden, die mit 10–12 % die größte Minderheit bilden, leben noch Turkmenen, Tscherkessen, Aramäer und Assyrer in Syrien.[104] Konfessionell setzt sich die syrische Bevölkerung aus Sunniten (72 %), Alawiten (12 %), Drusen (3 %), Christen (verschiedenste Konfessionen - 10 %), Schiiten, Ismailiten, Yeziden und Juden zusammen.[105] Gefährlich wird es, wenn in Konflikten Zugehörigkeiten gegeneinander ausgespielt und instrumentalisiert werden, wie das dann auch im „Arabischen Frühling“ und im daraus resultierenden Bürgerkrieg passierte.[106]

Politische Unzufriedenheit war vor allem auf die vorherrschende Vetternwirtschaft, Korruption und die totale Überwachung und Brutalität durch Geheimdienste zurückzuführen. Des Weiteren stand das syrische Regime im andauernd währenden Konflikt mit den im Norden lebenden Kurden und Nomaden, die teilweise unabhängig vom syrischen Regime agieren wollten.[107] „Doch trotz all dieser Probleme [...] herrschte keine direkte Not in Syrien. Es gab eine kostenlose Gesundheitsversorgung, [... d]ie überwiegende Mehrheit der Syrer konnte lesen und schreiben, niemand musste Hunger leiden. [...] 2010 war Syrien ein Land, das Fortschritte machte und schuldenfrei war.“[108]

---

101 Vgl. Rabat, Die wirtschaftliche Dimension der Arebellion.
102 Vgl. Said, Gesellschaftliche und sozioökonomische Entwicklung Syriens.
103 Vgl. Leukefeld, Flächtenbrand, 58–60.
104 Vgl. Said, Gesellschaftliche und sozioökonomische Entwicklung Syriens.
105 Vgl. ebd.; Mattes/Bender, Das Länder-Informations-Portal (b).
106 Vgl. Cieschinger/Niesen/Salloum, Assad, IS, Rebellen.
107 Vgl. Leukefeld, Flächenbrand, 58–61.
108 Ebd. 61.

Obwohl sich Syrien also wirtschaftlich auf einem Weg zur Besserung befand, brachten Graffitis einiger Jugendlichen aus Daraa, einer Stadt mit etwa 90.000 Einwohnern im Süden des Landes, das Fass zum Überlaufen und mobilisierten Tausende.

4.2 Die Kinder von Daraa

„Damals war ich einfach frustriert und gelangweilt. Ich habe Assad und seine Sicherheitskräfte gehasst. Ich wollte etwas unternehmen. Nie hätte ich gedacht, dass meine Graffiti[s] solche Folgen haben würde[n]",[109] erklärte Bashir Abazed, einer der fünf Jugendlichen, die für den Beginn der Proteste verantwortlich waren, in einem Interview mit der *Welt* im September 2013.

Am 16. Februar 2011 sprayten die 15-Jährigen „Nieder mit dem Präsidenten" und „Du bist dran, Doktor" an eine Hausmauer ihrer Schule.[110] Wegen dieser offenen Kritik an Bashar al-Asad wurde die Polizei verständigt, die Jugendlichen wurden abgeführt und über ein Monat lang Tag und Nacht verhört und gefoltert. Bashir sei oft nach den Muslimbrüdern gefragt worden, deren Mitgliedschaft per Todesstrafe verboten war,[111] seine Antwort blieb dieselbe: „[I]ch bin Muslim. Ich habe Brüder. Mehr weiß ich nicht über eure Muslimbrüder."[112]

Die Familien der Jugendlichen, die teilweise mehrere hundert Mitglieder zählten, gingen auf die Straße und forderten die Freilassung, was vom Chef der Sicherheitskräfte Atef Najeeb mit „Vergesst, dass ihr diese Kinder hattet. Geht nach Hause. Macht neue Kinder. Und wenn ihr das nicht hinkriegt, bringt uns eure Frauen und wir machen euch neue Kinder"[113] quittiert wurde. Immer mehr Menschen schlossen sich den Demonstrationen an, Sicherheitskräfte eröffneten das Feuer, mehrere Männer starben, und deren Beerdigung wurde zu einer erneuten Demonstration mit weiteren Toten.[114]

Als am 18.03.2011 der erste Tote zu beklagen war,[115] solidarisierten sich andere Städte mit Daraa, und auch Demonstranten und Demonstrantinnen begannen zu den Waffen zu greifen. Die Jugendlichen wurden freigelassen, doch der nun

109 Schlesier, Der Bürgerkrieg in Syrien begann mit diesem Jungen.
110 Vgl. Budeus-Budde, Erzählung aus Damaskus.
111 Vgl. Helberg, Die politischen Akteure des Aufstands, 15.
112 Schlesier, Der Bürgerkrieg in Syrien begann mit diesem Jungen.
113 Ebd.
114 Vgl. ebd.
115 Vgl. Mattes/Bender, Das Länder-Informations-Portal (a).

syrische (arabische) Frühling war nicht mehr aufzuhalten. Forderungen nach dem Sturz Bashar al-Asads wurden laut.

4.3 Beginnende Proteste

Anfängliche Träger der Revolution waren vor allem Verlierer der wirtschaftlichen Umbrüche, die in armen bäuerlichen Siedlungen rund um die großen Städte wohnten.[116] Wie erwähnt spielten hierbei Moscheen eine tragende Rolle, in denen die Proteste hauptsächlich organisiert wurden (wichtiger Treffpunkt war die Al-Omari-Moschee).[117] Auch die offiziell verbotene Muslimbruderschaft, die bereits in den 1980er-Jahren Putschversuche gegen die Baath-Partei verübte, engagierte sich stark bei Protestorganisationen. Wie in den anderen arabischen Staaten ging in Syrien vor allem die junge Bevölkerung mit großer Entschlossenheit auf die Straße.[118]

Innerhalb der ersten Monate bildeten sich drei Hauptströmungen an Regime-Gegnern und -Gegnerinnen heraus, die alle Komitees und Parteien hervorbrachten und sich für zwei Hauptziele einsetzten: die Aufhebung des seit 1963 geltenden Ausnahmezustandes[119] und die Zulassung unabhängiger Parteien. Beides ist seit April 2011 beziehungsweise Juli 2011 formal erfüllt. „Für die Opposition hatte dieser Gesetzesentwurf lediglich eine symbolische Bedeutung und kam viel zu spät."[120] Außerdem entließ Asad nach der Aufhebung des Notstandgesetzes ein noch härteres Antiterrorgesetz.[121]

Als erste Gruppe seien die Aktivsten und Aktivistinnen innerhalb Syriens erwähnt, die Proteste organisierten und leiteten. Sie gründeten hunderte lokale Komitees, die in einigen Gebieten die Aufgaben des Staates wie Beschaffung von Medikamenten, Nahrungsmittelversorgung und Müllabfuhr übernahmen. Zwei Basiskomitees – *Lokale Koordinationskomitees* und *Generalkommission der Syrischen Revolution* – mobilisierten die Bevölkerung für politische Forderungen nach Freiheit, Mitbestimmung und Gerechtigkeit. Auf der Webseite „Syrische Revolution 2011" riefen sie zu Freitagsprotesten mit einem wochenspezifischen Motto auf. Sie forderten „den Sturz des Regimes, eine Flugverbotszone, eine

---

116 Vgl. Rabat, Die wirtschaftliche Rebellion der Arabellion.
117 Vgl. Leukefeld, Flächenbrand, 18.
118 Vgl. Helberg, Die politischen Akteure des Aufstands, 16.
119 Vgl. Leukefeld, Flächenbrand, 21.
120 Javaher-Haghighi/Azad/Noshadi, Arabellion, 137.
121 Vgl. ZEIT Online, Syriens Regierung hebt Notstandsgesetze auf; Mattes/Bender, Das Länder-Informations-Portal (a).

Pufferzone, einen humanitären Korridor und schließlich das Eingreifen von UN und NATO wie in Libyen" [wo deren Eingreifen zum Tod des Diktators geführt hatte – Anm.].[122]

Eine weitere tragende Rolle spielten, wie bereits angedeutet, soziale Medien, über die sich Regime-Gegner und -Gegnerinnen austauschten, Proteste organisierten und das Ausland mit Dokumentationen auf sich aufmerksam machten. Das Internet stellte für viele einen politischen Freiraum dar. Vor allem junge Frauen, die öffentlich kaum die Möglichkeit hatten, sich politisch zu äußern, konnten sich so an den Diskussionen beteiligen.[123]

Zu den Aktivisten und Aktivistinnen zählen jedoch nicht nur die Menschen, die demonstrierten, sondern auch viele, die im Verborgenen unterstützten, wie Unternehmer und Unternehmerinnen, die Nahrungsmittel oder Geld für Familien in Not spendeten, oder Geschäftsleute, die Filmmaterial ins Ausland schmuggelten.[124] Dennoch fühlten sich die Aktivisten und Aktivistinnen von der Welt nicht wahrgenommen und alleingelassen, da außer vom Westen arrangierten Friedensgesprächen und dem Versuch, UN-Sicherheitsresolutionen gegen Asad zu erlassen, aktiv kaum etwas unternommen wurde, um den Konflikt zu beenden beziehungsweise Asad an seinem brutalen Vorgehen zu hindern.[125] Gegen Asad war auch die syrische Inlands- beziehungsweise Auslandsopposition aktiv, die aber miteinander nicht auskamen, zwei unterschiedliche Positionen vertraten und auf unterschiedliche Mitglieder bauten.[126]

Das *Nationale Koordinierungskomitee für demokratischen Wandel* war das Komitee der Inlandsopposition – säkular, links und arabisch-nationalistisch geprägt – und sprach sich offen gegen eine Intervention des Auslandes aus. Die Mitglieder forderten einen Waffenstillstand und ein sofortiges Gewaltende und darauf aufbauend einen friedlichen Machtübergang, wenn notwendig auch mit Verhandlungen mit Asad. Unterstützung bekam die innerpolitische Opposition vor allem von den BRICS-Staaten und von den *Blockfreien Staaten*; in westlichen Medien war sie kaum präsent.[127]

Weitaus mehr Aufmerksamkeit des Westens bekam der *Syrische Nationalrat* (am 23.08.2011 in Istanbul gegründet), der eine Vereinigung der im Ausland

---

122 Leukefeld, Flächenbrand, 22.
123 Vgl. Perthes, Der Aufstand, 27 f; Schirrmacher, Frauen unter der Scharia.
124 Vgl. Helberg, Die politischen Akteure des Aufstands, 18.
125 Vgl. ebd.
126 Vgl. ebd. 19 f.
127 Vgl. Leukefeld, Flächenbrand, 19.

lebenden Opposition war und den die Freunde Syriens[128] als „legitimen Vertreter des syrischen Volkes“[129] bezeichneten, was sich auf seine Mitglieder zurückführen ließ, die unter anderem Kurden, Kommunisten, Muslimbrüder und arabische Nationalisten allen Alters einschlossen. Dies verkomplizierte jedoch Einigungen und führte zu internen Konflikten. Ziel war ein Ende der Asad-Diktatur, und Verhandlungen mit ebenjenem galten als ausgeschlossen. Der *Syrische Nationalrat* (SNR) arbeitete mit der *Freien Syrischen Armee* (FSA),[130] die sich aus desertierten Soldaten und Offizieren zusammensetzte, zusammen. „Neben der medialen Unterstützung erhalten SNR und FSA von diesen Staaten [den Freunden Syriens – Anm.] Geld und logistische Hilfe.“[131]

Obwohl die Opposition keine einheitliche Führung hatte und unterschiedliche Ziele verfolgte, setzte sie Präsident Asad später unter Druck. Dieser hatte noch Ende Januar 2011 in einem Interview mit dem *Wall Street Journal* erklärt, dass die Ereignisse in Tunesien und Ägypten sehr wohl der Beginn einer neuen Ära im arabischen Raum seien – nur Syrien werde davon nicht betroffen sein.[132]

Als sich die Proteste immer weiter ausbreiteten und Armee und Geheimdienste brutal darauf reagierten, beschwichtigte Asad, dass es sich bei der Gewalt um Einsätze gegen bewaffnete Gruppen handle und sich nicht gegen friedliche Proteste richte. Er ordnete an, keine scharfe Munition zu verwenden, und erließ gleichzeitig Reformen: ein Demonstrationsrecht, ein Wahl- und Mediengesetz wurden erlassen, Kurden und Kurdinnen konnten syrische Pässe erlangen,[133] und am 21.04.2011 hob Asad den Ausnahmezustand per Dekret auf,[134] womit er den Forderungen der Demonstranten und Demonstrantinnen entgegenkam. „Die alte Verfassung aus dem Jahr 1973 wurde im Februar 2012 durch eine neue Verfassung ersetzt.“[135] Diese diente allerdings nur der Gewissenberuhigung der internationalen Gemeinschaft. Zwar wurde der Artikel 8, der die erwähnte „führende Rolle der Baath-Partei“ deklarierte, gestrichen, allerdings lag die Macht seit jeher in den Händen von Asad-Vater und -Sohn und nicht in denen

---

128 Ein Zusammenschluss von anfänglich 60 Staaten und Organisationen, unter anderem USA, Großbritannien, Frankreich, Deutschland, Türkei und Saudi-Arabien, gegründet im Februar 2012.

129 Helberg, Die politischen Akteure des Aufstands, Syrien, 21.

130 Im Juli 2011 gegründet.

131 Leukefeld, Vom Aufstand zum Krieg, 62.

132 Vgl. Perthes, Der Aufstand, 38.

133 Vgl. Leukefeld, Flächenbrand, 21.

134 Vgl. Die Presse, Syrien: Ausnahmezustand offiziell aufgehoben.

135 Mattes/Bender, Das Länder-Informations-Portal (a).

der Partei. Außerdem wurde die Scharia zur „Hauptquelle der Gesetzgebung“ erklärt, was einem laizistischen Staatsgefüge widerspricht.[136] „Für die Syrer aber, die unter dem Bombenhagel des Regimes leiden [...] kommen Assads Reformen zu spät. Ihnen geht es nicht mehr um die Reformierung des Regimes, sondern um seinen Sturz.“[137]

Im Rückblick ironisch erscheint demnach die am 31.01.2011 in einem Interview mit dem *Wall Street Journal* getätigte Aussage Asads über Reformen:

> If you did not see the need for reform before what happened in Egypt and in Tunisia, it is too late to do any reform. This is first. Second, if you do it just because of what happened in Tunisia and Egypt, then it is going to be a reaction, not an action; and as long as what you are doing is a reaction you are going to fail.[138]

Dass sich die Regime-Gegner und -Gegnerinnen von Asads Reformen, die zwar gesetzlich verankert, aber nicht exekutiert wurden, nicht aufhalten ließen, hatte der syrische Präsident im Prinzip also schon einige Monate davor selbst erkannt.

4.4 Gewalteinsatz

Nachdem die wenigen Verhandlungen, die zwischen Opposition und Regierung stattfanden, zu keiner Einigung führten,[139] setzte das Regime auf Repression. Panzer wurden zur Niederschlagung der Proteste eingesetzt,[140] die Gewalt als „Vorgehen gegen ausländische Verschwörer und islamistische Terroristen legitimiert“[141]. Außerdem: „Die syrischen Behörden haben die Demonstranten wiederholt beschuldigt, die Gewalt initiiert und Sicherheitskräfte angegriffen zu haben. Allerdings deuten alle von Human Rights Watch gesammelten Zeugenaussagen darauf hin, dass die Proteste in den meisten Fällen friedlich verliefen.“[142] Dem widersprach der oppositionelle Schriftsteller Louay Hussein: „Wir sind mitverantwortlich für die Militarisierung und für die Gewalt, die sich über das ganze Land ausbreitet [...].“ Es sei „nicht gelungen, den politischen Kampf friedlich zu halten, was er von Anfang an war.“[143]

---

136 Vgl. Die Presse, Syrien: Ausnahmezustand offiziell aufgehoben.

137 El Husseini, Syriens neue Verfassung.

138 The Wall Street Journal, Interview With Syrian President Bashar al-Assad.

139 Vgl. Leukefeld, Flächenbrand, 20.

140 Vgl. Süddeutsche.de, Chronologie der Ereignisse in Syrien.

141 Wieland, Syrien.

142 Human Rights Watch, Syrien: Verbrechen gegen die Menschlichkeit

143 Leukefeld, Vom Aufstand zum Krieg, 63.

Regelmäßig kam es zu Massendemonstrationen unter anderem in Homs, doch die Teilnehmer und Teilnehmerinnen spalteten sich auf: Ein Großteil griff nun zu den Waffen, aus mangelnder Hoffnung, die Situation würde sich noch friedlich lösen lassen. Auf ihre Seite stellten sich Deserteure der Armee.[144] Diese gründeten im Juli 2011 die *Freie Syrische Armee*, deren Ziele der Schutz der Zivilbevölkerung und der Sturz des Regimes waren. „Von politischer Lösung oder einem innersyrischen Dialog ist keine Rede, fortan werden alle Initiativen der politischen, gewaltfreien Opposition von der FSA abgelehnt.“[145] „Dies war der Beginn der Radikalisierung und Militarisierung de[r] Opposition, infolge derer sich der Konflikt zu einem Krieg mit internationalen Dimensionen entwickelte.“[146]

In Syrien waren es vergleichsweise wenig Soldaten, die sich den Protesten anschlossen, wohingegen in Ägypten und Tunesien die Armeen den Diktatoren einheitlich den Dienst verweigerten und offiziell die Forderungen der Bevölkerung vertraten.[147] Das ist ein sehr gewichtiger Unterschied und vermutlich einer der Gründe, warum das syrische Regime unter Bashar al-Asad die letzten Jahre nicht wie das tunesische, ägyptische oder libysche zerbrach und immer wieder die Kontrolle über die Proteste und die von Regime-Gegnern und -Gegnerinnen eingenommene Gebiete erlangte.[148]

Man darf nicht außer Acht lassen, dass Asad – abgesehen von der Armee und den Geheimdiensten, die dem Regime verpflichtet waren – auf ein breites Maß an Unterstützern und Unterstützerinnen vertrauen konnte: unter anderem die meisten der Profiteure seiner (Wirtschafts-)Politik und Mitglieder der Baath-Partei. Abgesehen davon konnte sich Asad auch auf einige religiöse Minderheiten – die Alawiten und die Christen, „die sich angesichts der laizistischen Grundhaltung des Regimes sicher fühlten“[149] – stützen.

Zu einer militärischen Wende führte schließlich die Einnahme der Festung des bewaffneten Widerstandes Baba Amrus, eines Viertels in Homs, am 03.02.2012. Nach wochenlangen Blockaden und Bombardements konnte sich das Regime durchsetzen. In den Wochen darauf fielen dem Regime auch andere Viertel in Idlib, Aleppo, Daraa, Deir al-Sor und aus dem Umland von Damaskus in die Hände. Die Opferzahl lag bei 70 bis 100 Toten pro Tag. Die damit

144 Vgl. Cieschinger/Niesen/Salloum, Assad, IS, Rebellen.

145 Leukefeld, Vom Aufstand zum Krieg, 61.

146 Mattes/Bender, Das Länder-Informations-Portal (a)

147 Vgl. Perthes, Der Aufstand, 45–56.

148 Vgl. ebd. 131.

149 Ebd. 126.

angebrochene Phase war geprägt von Terror, Folter, vielen Todesopfern und der Zerstörung ganzer Städte.[150] Der syrische Journalist und Autor Yassin Al Haj Saleh deklarierte im Jahr 2012: „[...] die syrische Revolution hat sich auch nach dreizehneinhalb Monaten nicht von einem friedlichen in einen bewaffneten Aufstand verwandelt. Es handelt sich stattdessen noch immer um friedliche Proteste, jedoch mit einem bewaffneten Element.“[151]

Die syrische Regierung zerbrach also nicht wie jene in Tunesien oder Ägypten an Massendemonstrationen und starker Desertion oder wie die libysche durch ausländische Intervention. Im Juni 2011 verurteilte schließlich die Arabische Liga die Gewalt, die Präsident Asad gegen Demonstranten walten ließ[152] und reagierte im November 2011 mit einer Suspendierung der Mitgliedschaft.[153] 2012 verwendete Bashar al-Asad erstmals das Wort „Krieg“.[154] Dieser dauert noch immer an, jedoch unter anderen Umständen und mit anderen Kriegsparteien als am Beginn. Im Folgenden werde ich analysieren, weshalb man heute von einem Weltkonflikt spricht, welche Staaten und Gruppierungen (in)direkt involviert sind und welche Ereignisse den Verlauf prägten.

5 Ein Weltkonflikt – Stellvertreterkrieg und Interessenkonflikt

An dieser Stelle müsste man den Titel dieser vorwissenschaftlichen Arbeit ändern, denn ein alleiniger „Bürgerkrieg“ ist der syrische Krieg nicht mehr. Ausländische Interventionen steuern inzwischen das Geschehen weitaus mehr als die wenigen noch anhaltenden Proteste der Bevölkerung. Die anfängliche Konfliktsituation zwischen dem syrischen Regime unter Bashar al-Asad und der syrischen Protestbewegung mündete unter anderem in einem Stellvertreterkrieg zwischen Russland und USA, in der Gründung eines neuen, terroristischen „Staates“, in einen neuen Austragungsort des türkisch-kurdischen Konflikts und in einem konfessionellen Krieg zwischen Sunniten und Schiiten, befeuert von den Golfstaaten. Der UN-Sondergesandte für Syrien Staffan de Mistura begründete seine Überforderung den Konflikt zu lösen mit den Worten: „Ich habe noch nie so viele Akteure mit so vielen unterschiedlichen Zielen wie in diesem Konflikt gesehen.“[155] Die Konfliktlinien haben sich beträchtlich verschoben. „Im

---

150 Vgl. Saleh, Vom friedlichen Protest zum bewaffneten Aufstand?
151 Ebd. 72.
152 Vgl. Süddeutsche.de, Chronologie der Ereignisse in Syrien.
153 Vgl. Mattes, Die arabischen Protestbewegungen.
154 Vgl. Helberg, Die politischen Akteure des Aufstands, 11.
155 Böhme, Konflikt in Syrien.

Zentrum des ursprünglichen Konflikts steht der Kampf zwischen dem Regime und dessen Gegnern."[156] „[Dennoch:] Der Konflikt zwischen Assad-Regime und syrischer Opposition wird zunehmend vom sunnitisch-schiitischen Gegensatz überlagert, der regionale Dimensionen hat."[157]

Inzwischen formierten die Rebellengruppen meist größere Koalitionen mit unterschiedlichsten Milizen – zu den schlagkräftigsten zählte die *Armee der Eroberung*, die im März 2015 ins Leben gerufen wurde.[158] In den ersten Jahren des Krieges wurden besonders kleine, säkulare Milizen wie die FSA unterstützt. Im Laufe der Internationalisierung und Radikalisierung des Krieges gewannen jedoch immer mehr dschihadistische und salafistische Gruppen, die Demokratie ablehnen und deren Gesetzgebung auf der Scharia beruht, an Bedeutung.[159]

2014 wurde zu einem Wendejahr in der Kriegsgeschichte. Im Januar erlangte die Terrororganisation *Islamischer Staat im Irak und in Syrien* (ursprünglich *ISI*, später *ISIS* beziehungsweise seit der Ausrufung seines Kalifats am 29.06.2014 *IS*[160], oder arabisch: *Daesh*) die vollständige Kontrolle über die syrische Stadt Raqqa und ernannte jene zu ihrer Hauptstadt.[161] Damit begann die Ausbreitung des IS. „Während es Assads Anhängern und Gegnern darum geht, wer Syrien beherrscht, will der IS Syrien abschaffen. Er will in dem zerfallenen Land eigene Gebiete erobern und ein transnationales Kalifat errichten."[162]

Für Bashar al-Asad ist der IS von Nutzen, denn die Hauptfeinde des IS sind die kurdischen *Volksverteidigungseinheiten* (YPG) und die syrischen Rebellen, gegen die auch Asad kämpft. Nichtsdestotrotz inszeniert er sich als schlagkräftiger Gegner des IS, um international wieder rehabilitiert zu werden.[163] Mit dem Auftreten des *Islamischen Staates* startete der „Anti-Terror-Kampf" des Westens: Ab September 2014 wurden Luftangriffe geflogen, und nach den terroristischen Anschlägen am 13.11.2015 in Paris entschlossen sich auch Frankreich, Deutschland und Großbritannien, militärisch in den Krieg einzutreten.[164]

Die *Freunde Syriens* waren kaum mehr aktiv. Stattdessen wurde unter US-Führung die *Internationale Allianz gegen den Islamischen Staat* ins Leben gerufen,

---

156 Ebd.
157 Brocza, EU-Syrien: Systematische und umfassende Ratlosigkeit, 126.
158 Vgl. Cieschinger/Niesen/Salloum, Assad, IS, Rebellen.
159 Vgl. ebd.
160 Vgl. Salloum, Endlich verständlich.
161 Vgl. ebd.
162 Cieschinger/Niesen/Salloum, Assad, IS, Rebellen.
163 Vgl. ebd.
164 Vgl. Leukefeld, Flächenbrend, 38 f., 51 f.

die nicht Asad als Gegner hatte, sondern ebenjene dschihadistische Miliz.[165] Die USA positionierten sich jedoch klar gegen Asad und für einen Übergang in Richtung Demokratie. Sie unterstützten nicht-islamistische Rebellengruppen finanziell und mit Waffenlieferungen.[166]

Auf der anderen Seite stand Russland als treuer Unterstützer des syrischen Regimes. „Dies gilt umso mehr, als Syrien (neben dem Irak) der letzte verbliebene Partner Russlands im Nahen Osten ist."[167] Russland lieferte Waffen, blockierte gemeinsam mit China Resolutionen des UN-Sicherheitsrates (bis dato insgesamt zehn[168]) und griff schließlich im Herbst 2015 militärisch ein, als Asad Gebietsverluste hinnehmen musste. Die russische Luftwaffe bombardierte Stellungen des IS, ebenso wie von Rebellen.[169] „Russlands Intervention war niemals darauf gerichtet, Baschar al-Assad persönlich als Präsidenten Syriens zu retten. Das Ziel Moskaus war immer, in Syrien eine Führung an der Macht zu sehen, die Russlands Interessen in diesem Land garantiert."[170] Dieser Umstand erinnert an die Stellvertreterkriege im Kalten Krieg. Heute unterstützen die USA und Russland unterschiedliche Kriegsparteien in Syrien und stehen sich indirekt auf dem Schlachtfeld gegenüber.

„Der Krieg in Syrien ist ein Krieg um die Kontrolle in der Region",[171] beschrieb die Journalistin und Nahostexpertin Karin Leukefeld die Situation. Hiermit ist nicht ausschließlich der politische Einfluss gemeint, sondern auch die konfessionelle Einstellung. Das sunnitische Saudi-Arabien versuchte, den schiitischen Einfluss zurückzudrängen, und unterstützte besonders dschihadistische Milizen wie den IS massiv, „vertritt dieser doch in radikalster Weise die wahhabitische Lehre, die in Saudi-Arabien Staatsreligion ist"[172]. Saudi-Arabien führte mit anderen Golfstaaten, unter anderem Katar, auch einen Stellvertreterkrieg gegen ihren Rivalen, den Iran, um regionale Vorherrschaft. Der Iran kämpfte für „die Aufrechterhaltung der Landverbindung von den schiitischen Gebieten im Irak über Syrien bis hin zum Einflussbereich der schiitischen Hisbollah im Libanon"[173].

165 Vgl. ebd. 220 ff.
166 Vgl. Cieschinger/Niesen/Salloum, Assad, IS, Rebellen.
167 Mangott, Russland und der Bürgerkrieg in Syrien, 139 f.
168 Vgl. Helberg, Der Syrien-Krieg, 211.
169 Vgl. Cieschinger/Niesen/Salloum, Assad, IS, Rebellen.
170 Mangott, Russland und der Bürgerkrieg in Syrien, 144.
171 Leukefeld, Flächenbrand, 64.
172 Ruf, Der Syrienkrieg, 16.
173 Wieland, Syrien.

Der Iran gilt als stärkster Unterstützer Asads und als einflussreichstes Land in Syrien.[174]

Inzwischen sind die wohl am stärksten geführten Konflikte jene zwischen der Türkei und den Kurden beziehungsweise dem türkischen und dem syrischen Regime. Die Türkei kämpfte vehement für einen Sturz Asads und für einen sunnitischen Präsidenten.[175] Dem zugrunde liegen die seit Jahren angespannten Beziehungen zu Syrien: Der von der Türkei als terroristisch eingestufte *Arbeiterpartei Kurdistans* (PKK) wird in Syrien Asyl gewährt, und die syrische Muslimbruderschaft, deren Schwesternpartei AKP die Türkei regiert, ist die stark bekämpfte Konkurrenz der Baath-Partei.[176] „Ihre Assad-Gegnerschaft ist so groß, dass die türkische Regierung sogar lange den ‚Islamischen Staat' in der Türkei gewähren ließ, wenn nicht diesen sogar aktiv unterstützte."[177]

Als sich die Türkei auf Seiten der Asad-Gegner und -Gegnerinnen schlug, zog Asad die syrischen Truppen aus dem mehrheitlich von Kurden bewohnten Nordosten Syriens ab und übergab dem syrischen Ableger der PKK, der *Partei der Demokratischen Union* (PYD) und dessen bewaffnetem Arm, den *Volksverteidigungseinheiten* (YPG), die Macht.[178] Die PYD und YPG schlugen sich während der Proteste auf keine Seite, obwohl die Kurden vom syrischen Regime jahrzehntelang diskriminiert und unterdrückt wurden. Der taktische Rückzug der syrischen Armee unterstützte die Bildung eines von der PKK beziehungsweise der PYD dominierten autonomen Gebietes direkt an der türkischen Grenze. Die Türkei fürchtete einen Kurdenstaat, der türkisches Staatsgebiet betreffen würde. Im Juli 2015 brach der Krieg gegen die PKK und damit gegen die PYD/YPG aus.[179] Die kriegserfahrene YPG kämpfte für Autonomie und musste sich dabei besonders gegen den IS verteidigen. Gemeinsam mit arabischen Milizen bildeten sie die *Demokratischen Kräfte Syriens* (SDF), die im Kampf gegen den IS von den USA militärisch unterstützt wurden. Die Eigenheit des Konflikts besteht darin, dass sie „gleichzeitig […] von der eigentlich mit den USA verbündeten Türkei bedroht [werden]".[180]

Durch den im Dezember 2018 von Trump angekündigten Abzug der US-Truppen gerät die Türkei nicht mehr in Gefahr, den NATO-Partner zu gefährden,

174 Vgl. Cieschinge/Niesen/Salloum, Assad, IS, Rebellen.
175 Vgl. ebd.
176 Vgl. Leukefeld, Flächenbrand, 85 f.
177 Cieschinger/Niesen/Salloum 2016.
178 Vgl. ebd.
179 Vgl. ebd.
180 Ebd.

und könnte sich dem Kampf gegen die Kurden ungestört widmen. Nichtsdestotrotz gab Präsident Tayyip Erdogan bekannt, „dass er mit der Offensive ‚noch eine Weile warten' wird",[181] denn klar ist, „an der Türkei bliebe dann auch der Kampf gegen einen wieder erstarkenden IS hängen"[182]. Zwar hält der IS aktiv kein Gebiet mehr, es gelang ihm jedoch immer wieder, an Orte, von denen er bereits vertrieben worden war, zurückzukehren.[183] Ende Dezember baten die Kurden in Nordostsyrien Bashar al-Asad und die syrischen Streitkräfte um eine Kooperation gegenüber der geplanten Offensive der Türkei und bekamen diese zugesprochen. Schließlich ist die Türkei ein gemeinsamer Feind des Asad-Regimes und der PYD/YPG. Damit konnte das Regime über weitere Gebiete die (teilweise) Kontrolle zurückerlangen.[184]

So wie beinahe alle nahöstlichen Staaten vom „Arabischen Frühling" betroffen waren, haben auch viele einen Bezug zum Syrienkrieg. US-Nahostvermittler Mitchell erklärte besonders Vereinbarungen zwischen Israel, Palästina, dem Libanon und Syrien als essentiell für die Wahrung des Friedens im Mittleren Osten, da ihre Geschichte und Politik so sehr miteinander verflochten sind.[185]

Wie bereits erkennbar, handelt es sich in Syrien also nicht um einen Konflikt zwischen zwei Parteien – Regime und Opposition. Unzählig viele Gruppen und Staaten üben Einfluss aus und greifen zu ihren Gunsten ein, verbünden sich gegen einen dritten und bekriegen sich im nächsten Moment gegenseitig.

6 Resümee und Prognosen

Etwa die Hälfte der syrischen Bevölkerung musste im Krieg fliehen, man spricht von mehreren hunderttausenden Toten – „die Uno hat 2014 eine genaue Zählung der Opfer aufgegeben, da es unmöglich sei, die Quellen zu verifizieren"[186]. Der Wiederaufbau des Landes könnte bis zu 40 Jahre dauern,[187] und die Kosten dafür werden auf mindestens 250 Mrd. US-Dollar geschätzt.[188] „Für 2015 gab es die Prognose, dass Syrien unter den fünf erfolgreichsten Ökonomien der

181 Harrer, Erdogans neue Syrien-Offensive muss „noch etwas warten".

182 Ebd.

183 Vgl. Harrer, Die USA und der „Islamische Staat", 32.

184 Vgl. Harrer, Kurden wenden sich an Damaskus, 40; vgl. Maan, Gemeinsamer Feind Türkei, 9.

185 Vgl. Leukefeld, Flächenbrand, 157 f., 198 f.

186 Cieschinger/Niesen/Salloum, Assad, IS, Rebellen.

187 Vgl. Leukefeld, Flächenbrand, 65.

188 Vgl. Maier-Borst/Steinvorth/Frick, Wie ein Bürgerkrieg zum Spielbrett anderer Staaten wurde.

arabischen Welt sein würde, heute ist es auf dem vorletzten Platz, vor Somalia"[189] [Stand 2015 – Anm.]. Die Menschenrechtsverletzungen auf Seiten aller Kriegsparteien nehmen enorme Ausmaße an. Es wurden Angriffe mit Fassbomben und Chemiewaffen, Vergewaltigungen, Zerstörungen medizinischer Einrichtungen, die Verwendung von Todeskerkern und das gezielte Aushungern ganzer Dörfern seitens des Regimes dokumentiert.[190] „Die erfahrene Juristin [ehemalige UNO-Chefanklägerin Carla del Ponte – Anm.] hat keine Zweifel, dass Assad vor Gericht zu lebenslanger Haft verurteilt würde."[191]

Nichtsdestotrotz erklärte Bashir Abazed, einer der Jugendlichen aus Daraa, er würde es nicht rückgängig machen, selbst wenn er könnte. „‚Was ich gemacht habe, war nicht bedeutend', sagt er. Er bereut diesen Tag nicht, bereut die Worte nicht, die er an die Wand schrieb: ‚Du bist dran, Doktor.' Es wäre ohnehin so gekommen, findet er. ‚Die Regierung ist schuld, Assad. Er ist nicht auf uns eingegangen, wir waren ihm egal.'"[192]

Man kann nicht sicher davon ausgehen, doch ein Protestausbruch war längst überfällig. Die Missstände, denen die Bevölkerung ausgesetzt war, hätten ein ruhiges Fortbestehen der Diktatur schwierig gemacht.

Die Frage ist: Wie konnte sich Asad so lange an der Macht halten? Was bleibt von den anfänglich so euphorisch empfangenen Protestaktionen? Und wie wird es mit Syrien weitergehen? „Wie es weitergeht, scheint nach diesen Erkenntnissen einigermaßen klar zu sein: Assad bleibt an der Macht, das Land findet dadurch aber keinen Frieden. Der innersyrische Konflikt brodelt unter der Oberfläche weiter und wird sich wieder entladen."[193] Viele Staaten und Organisationen haben sich mit dem Bleiben Bashar al-Asads abgefunden und streben internationale Verhandlungen mit ebenjenem an – die bisher keinen Erfolg verbuchen konnten –, oder bieten internationale Hilfestellungen an, damit er wieder die Kontrolle über das gesamte Land erlangt.[194] Dass dadurch das Leiden der syrischen Bevölkerung keineswegs gestoppt wird, wird mehrheitlich übergangen. Denn: „Die Menschen sind zwar sicher vor Luftangriffen, nicht aber vor Milizionären und Geheimdiensten, vor Verhaftung und Folter, vor Vertreibung und Enteignung."[195] Doch auch Asad hat nicht gewonnen: „Syrien gehört jetzt

189 Leukefeld, Flächenbrand, 211.
190 Vgl. Cieschinger/Niesen/Salloum, Assad, IS, Rebellen.
191 Helberg, Der Syrien-Krieg, 214.
192 Schlesier, Der Bürgerkrieg in Syrien begann mit diesem Jungen.
193 Helberg, Der Syrien-Krieg, 201.
194 Vgl. Cieschinger/Niesen/Salloum, Assad, IS, Rebellen.
195 Bischof, Syrien: Das geschundene Land, 22.

jenen, die Assad zum Sieg verholfen haben und die er deshalb belohnen und beteiligen muss. […] Vier Akteure haben Assads Sturz über all die Jahre verhindert: zwei ausländische – Russland und der Iran – und zwei inländische – syrische Milizenführer und regimenahe Geschäftsleute."[196]

Unter Asad wird Syrien keine Besserung der Situation widerfahren: Er versucht weder, die religiösen, politischen und wirtschaftlichen Spaltungen innerhalb der Bevölkerung zu überwinden, noch das Land im Interesse der Syrer und Syrerinnen wieder aufzubauen.

> Sobald Syrien nicht mehr als entfesselter Konflikt erscheint und der IS als besiegt gilt, hat sich Assads Lieblingsrolle als geringeres Übel erledigt. […] Assad braucht folglich ein Mindestmaß an Krieg und Terror – ohne einen Dauerzustand latenter Instabilität und Bedrohung kann er nicht überleben. Auch deshalb wird Syrien unter Assad keinen Frieden finden.[197]

Der deutsche Außenminister Frank-Walter Steinmeier äußerte sich wie folgt: „Es wird keinen Waffenstillstand ohne Assad geben. Es wird keine Zukunft für Syrien mit Assad geben."[198] Der Umstand, dass sich aus dem syrischen Bürgerkrieg ein Weltkonflikt entwickelte, impliziert gleichzeitig die Verantwortung des Westens, sich für eine Besserung der heutigen Situation einzusetzen. Dafür sind einige Handlungen empfehlenswert: Erstens der Schutz der Zivilisten unter anderem durch Flugverbotszonen, zweitens eine strafrechtliche Verfolgung von Kriegsverbrechen, denn: „Ohne Gerechtigkeit keine Versöhnung, keine Stabilität und kein Frieden."[199] Dies erweist sich allerdings als schwierig, da der Internationale Gerichtshof von Damaskus nicht anerkannt wurde und damit jegliche Verurteilungen nicht greifen.[200] Nichtsdestotrotz können Staaten Verbrechen, die in Syrien begangen worden sind, vor ihren eigenen Bundesgerichten verhandeln. Noch wichtiger ist es, regionale und internationale Machtkämpfe zu entschärfen. Dazu gehören der iranisch-saudi-arabische Konflikt, ebenso wie ebenjener zwischen der Türkei und den Kurden und die israelisch-iranische Feindschaft. Nahostexpertin Kristin Helberg äußerte sich optimistisch:

> Und doch können sie alle am Ende gewinnen, wenn sie statt auf Verteidigung und Vernichtung auf Ausgleich und Entspannung setzten. Die egoistisch und nationalistisch agierenden Machthaber der Region davon zu überzeugen, dass eine Annäherung an

196 Helberg, der Syrien-Krieg, 202.
197 Ebd. 208.
198 Cieschinger/Niesen/Salloum 2016, Assad, IS, Rebellen.
199 Helberg, Der SyrienKrieg, 234.
200 Vgl. ebd. 215.

> jahrzehntealte Erzfeinde im eigenen Interesse ist – darin besteht die eigentliche diplomatische Herkulesaufgabe zur Beilegung des Syrien-Krieges. [...] Wer diese Vorstellungen als naive Träumerei abtut, möge sich daran erinnern, wie undenkbar eine Annäherung zwischen Ost und West während des Kalten Krieges erschien.[201]

Beim Wiederaufbau muss vermieden werden, dass finanzielle Unterstützungen nicht wieder dem mächtigen Asad-Clan in die Hände spielen. Solange Bemühungen um diplomatisches Vorankommen laufen, ist es essentiell, eine humane Situation für alle Syrer und Syrerinnen zu schaffen, Flüchtlinge zu integrieren, deren Erlebnisse und den Konflikt generell aufzuarbeiten und sich für eine Stärkung der Zivilgesellschaft stark zu machen.[202] Fehlende (funktionierende) staatliche Institutionen, das Vorhandensein unzähliger Milizen, große Unzufriedenheit, Repression, Gewalt und tiefe gesellschaftliche Gräben unterstützen dagegen die Entstehung eines Guerillakrieges, der „nachhaltigen Frieden und Wiederaufbau unmöglich macht."[203]

Die Komplexität liegt in der transnationalen Kriegsführung – auch über soziale Medien und das Internet mithilfe von „Fake News" und Propaganda –, der Nichteinhaltung des Kriegsrechts, im Fehlen klarer Fronten, in der Wirkungslosigkeit von UN-Mechanismen und diplomatischen Bemühungen und in „der Vertreibung von Menschen, der Verschiebung von Geflüchteten und [...] dem Einsatz paramilitärischer und terroristischer Organisationen."[204] Das heißt: „Es herrscht ein Chaos aus sich verschiebenden Interessen, dynamischen Beziehungen und dadurch neu entstehenden Fronten, weil die in Syrien intervenierenden Mächte ihre Ziele ständig neu ausrichten (müssen), statt einer verlässlichen Linie zu folgen."[205]

Laut Nahostexpertin Helberg ist Syrien jedoch nicht die Ausnahme: „Die Welt ist durcheinandergeraten, und wir haben noch nicht die Mittel gefunden, sie neu zu sortieren. Der Syrien-Krieg ist der erste Konflikt, der diese Tatsache schonungslos offenbart. Er ist das Symptom einer neuen Welt-Unordnung."[206] Wie man Kriege dieser Art lösen kann und muss, ist wohl eine der vielen Fragen, mit denen die Welt im 21. Jahrhundert konfrontiert werden wird. Meiner Ansicht nach wird Syrien in seiner früheren Form nicht mehr existieren. Das Hauptaugenmerk sollte in der schnellstmöglichen Beendigung der Gewalt und

---

201 Ebd. 235 f.
202 Vgl. ebd. 230–240.
203 Gaub, Von Konflikterben und Kampfsüchtigen, 23.
204 Helberg, Der Syrien-Krieg, 210.
205 Ebd. 219.
206 Ebd. 210.

im Schutz der syrischen Bevölkerung liegen. Denn nur so kann auch eine politische Lösung gefunden werden.

Literatur

Abdi, Muhamad, Eine kurze Zeitreise durch die lange Geschichte Syriens. Interview mit Stefan Weber (Film, 06.07.2018), in: Tagesspiegel Digital Present Tagesspiegel (06.07.2018), 4:59 min: https://digitalpresent.tagesspiegel.de/eine-kurze-zeitreise-durch-die-lange-geschichte-syriens (02.01.2019).

Abid, Liselotte, Die Religion ist für Gott – das Land ist für alle, in: Edlinger/Kraitt (Hg.), Syrien, 9–28.

Alrefaie, Sam/Chatterjee, Robert, Syriens Zukunft. 12 Thesen zu Syrien (31.08.2018): https://magazin.zenith.me/de/politik/syriens-zukunft-1 (07.02.2019).

asylkoordination österreich, Syrien, in: asyl aktuell (2017) 3, 18–32.

Bank, André/Becker, Carmen, Syrien unter Bashar al-Asad: Strukturen und Herausforderungen (21.01.2005): http://www.imi-online.de/2005/01/21/syrienunterbashar/ (26.09.2018).

Bender, Larissa (Hg.), Syrien, Der schwierige Weg in die Freiheit, Bonn 2012.

Berger, Jutta/Brickner, Irene, Syrien-Abschiebungen laut Völkerrechtler Nowak unwahrscheinlich, in: Der Standard (18.01.2019) 3.

Birkmeir, Thomas/Bauer, Gerald, Theater der Jugend: „Wir wollen die Kinder nicht belügen". Interview geführt von Michael Wurmitzer, in: Der Standard (08.09.2018).

Bischof, Burkhard, Syrien: Das geschundene Land, das aus vielen Wunden blutet, in: Die Presse (26.11.2018) 22.

Bleiker, Carla, Frauenrechte in muslimischen Ländern (28.09.2017): https://www.dw.com/de/frauenrechte-in-muslimischen-ländern/a-40724368 (07.02.2019).

Böhme, Christian, Konflikt in Syrien. Der Vielvölker-Krieg (05.01.2017): https://www.tagesspiegel.de/politik/konflikt-in-syrien-der-vielvoelker-krieg/19216254.html (07.02.2019).

Borger, Sebastian, Britische Regierung setzt Patrouillenbote gegen Flüchtlinge ein (30.12.2018): https://derstandard.at/2000095061214/Fluechtlingsboote-im-Aermelkanal-beunruhigen-britische-Regierung (03.02.2019).

Brocza, Stefan, EU – Syrien: Systematische und umfassende Ratlosigkeit, in: Edlinger/Kraitt (Hg.), Syrien, 114–129.

Budeus-Budde, Roswitha, Erzählung aus Damaskus. Aufstand der Kinder (12.10.2017): https://www.sueddeutsche.de/panorama/erzaehlung-aus-damaskus-aufstand-der-kinder-1.3702883 (07.02.2019).

Caritas International, Syrien: Nothilfe im Kriegsgebiet. Chronik des Schreckens (01.05.2018): https://www.caritas-international.de/hilfeweltweit/naherosten/syrien/hintergrund-syrienkrieg-fluechtlingskatastrophe (07.02.2019).

Cieschinger, Almut/Niesen, Claudia/Sallou, Raniah, Assad, IS, Rebellen. Die Fakten zum Krieg in Syrien (10.08.2016): http://www.spiegel.de/politik/ausland/krieg-in-syrien-alle-wichtigen-fakten-erklaert-endlich-verstaendlich-a-1057039.html (07.02.2019).

Die Presse, Syrien: Ausnahmezustand offiziell aufgehoben (21. 04. 2011): https://diepresse.com/home/politik/aussenpolitik/652382/Syrien_Ausnahmezustand-offiziell-aufgehoben# (07.02.2019).

Edlinger, Fritz (Hg.), Der Nahe Osten brennt. Zwischen syrischem Bürgerkrieg und Weltkrieg, Wien 2016.

Edlinger, Fritz/Kraitt, Tyma (Hg.), Syrien. Ein Land im Krieg. Hintergründe, Analysen, Berichte, Wien [2]2015.

Eglitis, Lars, Telekommunikation in Syrien (2017): https://www.laenderdaten.info/Asien/Syrien/telekommunikation.php (07.02.2019).

Eglitis, Lars, Laenderdaten. Syrien (2019): https://www.laenderdaten.info/Asien/Syrien/index.php (07.02.2019).

El Husseini, Abdel Mottaleb, Syriens neue Verfassung. Assads Reformlüge (24.02.2012): http://www.spiegel.de/politik/ausland/syriens-neue-verfassung-assads-reformluege-a-817131.html (07.02.2019).

Erdmann, Lisa, Baschar al-Assad. Der Diktator, der lieber Augenarzt geworden wäre (17.04.2003): http://www.spiegel.de/politik/ausland/baschar-al-assad-der-diktator-der-lieber-Augenarzt-geworden-waere-a-245255.html (07.02.2019).

Escher, Manuel, USA ziehen Militär aus Nordostsyrien ab, in: Der Standard (20.12.2018).

Frankfurter Allgemeine, Rede an die Nation. Mubarak bleibt – Ägypten kocht vor Wut (11.02.2011): http://www.faz.net/aktuell/politik/ausland/naher-osten/rede-an-die-nation-mubarak-bleibt-aegypten-kocht-vor-wut-1575001.html?printPagedArticle=true#void (07.02.2019).

Gaub, Florence, Von Konflikterben und Kampfsüchtigen, in: Internationale Politik 74 (2019) 1, 20–23.

Gerlach, Julia, Der verpasste Frühling. Woran die Arabellion gescheitert ist, Berlin 2016.

Goudsouzian, Tanya, Auf Kosten der Kurden, in: Le Monde diplomatique 25 (2019) 1, 6.

Harrer, Gudrun, Frage nach Offensive auf Idlib ist nur eine nach wann und wie, in: Der Standard (06.09.2018).

Harrer, Gudrun, Die Araber machen Assad Avancen, in: Der Standard (19.12.2018).

Harrer, Gudrun, Trump mischt die Karten in Syrien neu, in: Der Standard (21.12.2018).

Harrer, Gudrun, Erdogans neue Syrien-Offensive muss „noch etwas warten", in: Der Standard (22./23.12.2018).

Harrer, Gudrun, Die USA und der „Islamische Staat". No mission accomplished, in: Der Standard (24./25./26.12.2018).

Harrer, Gudrun, Kurden wenden sich an Damaskus. US-Hilfe für Assad, in: Der Standard (29./30.12.2018).

Harrer, Gudrun, Offene russische Arme für Heimkehrer in Syrien, in: Der Standard (18.01.2019).

Helberg, Kristin, Die politischen Akteure des Aufstands: Die Aktivisten auf der Straße, die Regimegegner im Land, die Exilopposition im Ausland und der schwierige Weg der Einigung, in: Bender (Hg.), Syrien, 11–23.

Helberg, Kristin, Der Syrien-Krieg. Lösung eines Weltkonflikts, Freiburg im Breisgau 2018.

Human Rights Watch, Syrien: Verbrechen gegen die Menschlichkeit in Daraa. Mord und Folter in einer belagerten Stadt (01. 06. 2011): https://www.hrw.org/de/news/2011/06/01/syrien-verbrechen-gegen-die-menschlichkeit-daraa (07.02.2019).

Inaugural Address by President Bashar al-Asad, Damaskus, 17.7.2000, in: Jaki, Julia, Kurzer Frühling in Damaskus. Die syrische Zivilgesellschaft nach Baschar al-Asads Machtübernahme, Hamburg 2014, 118–129.

Javaher-Haghighi, Peyman/Azad, Hassan/Noshadi, Hamid Reza, Arabellion. Die arabische Revolution für Freiheit und Brot von Kairo bis Damaskus, Münster 2013.

Kermani, Navid, Ausnahmezustand. Reisen in eine beunruhigte Welt, München ^{8}2016.

Kissinger, Henry, Weltordnung, München ^{2}2016.

Kraitt, Tyma, Das Scheitern des Damaszener Frühlings: Baschar al-Assads uneingelöste Versprechen, in: Edlinger/Kraitt (Hg.), Syrien, 42–54.

Kurier.at, Syrische First Lady: Die inszenierte Welt von Asma al-Assad (16.04.2018): https://kurier.at/leben/syrische-first-lady-die-inszenierte-welt-von-asma-al-assad/400021909 (07.02.2019).

Lange, Katharina, Syrien: Ein historischer Überblick (14.02.2013): http://www.bpb.de/apuz/155119/syrien-ein-historischer-ueberblick?p=all (07.02.2019).

Leukefeld, Karin, Vom Aufstand zum Krieg, in: Edlinger/Kraitt (Hg.), Syrien, 55–70.

Lüders, Michael, Armageddon im Orient. Wie die Saudi-Connection den Iran ins Visier nimmt, München 2018.

Leukefeld, Karin, Flächenbrand. Syrien, Irak, die arabische Welt und der Islamische Staat, Köln ^{2}2015.

Leukefeld, Karin, Syrien zwischen Schatten und Licht. Menschen erzählen von ihrem zerrissenen Land, Zürich 2016.

Maan, Noura, Gemeinsamer Feind Türkei, in: Der Standard (29./30.12.2018) 9.

Maier-Borst, Haluka/Steinvorth, Daniel/Frick, Manuel, Wie ein Bürgerkrieg zum Spielbrett anderer Staaten wurde – acht Antworten zur Lage in Syrien (20.12.2018): https://www.nzz.ch/international/syrien-antworten-zur-lage-im-syrien-konflikt-ld.1377102#subtitle-8-wie-ist-die-informationslage (07.02.2019).

Manfreda, Primoz, The Difference between Alawites and Sunnis in Syria (21.06.2018): https://www.thoughtco.com/the-difference-between-alawites-and-sunnis-in-syria-2353572 (07.02.2019).

Mangott, Gerhard, Russland und der Bürgerkrieg in Syrien, in: Edlinger (Hg.), Der Nahe Osten brennt, 139–153.

Martin, Peer, Alawiten/Sunniten: https://www.unter-schwarzen-fluegeln.com/syrien/alawiten-sunniten/ (07.02.2019).

Mattes, Hanspeter, Die arabischen Protestbewegungen von 2011 (01.02.2013): http://www.bpb.de/156619/die-arabischen-protestbewegungen-von-2011 (07.02.2019).

Mattes, Norbert/Bender, Larissa, Das Länder-Informations-Portal 09/2016 (a): https://www.liportal.de/syrien/geschichte-staat/ (06.11.2018).

Mattes, Norbert/Bender, Larissa, Das Länder-Informations-Portal 09/2016 (b): https://www.liportal.de/syrien/ueberblick/ (06.11.2018).

Mayer, Tobias, Die Partei Syriens (06.11.2008): https://www.deutschlandfunk.de/die-partei-syriens.871.de.html?dram:article_id=126173 (07.02.2019).

Mohajer, Nasser marhaleii nowin dar bidari-ye arab (Eine neue Phase des arabischen Erwachsens), in: Arasch (Oktober 2011) 31–41.

Perthes, Volker, Der Aufstand. Die arabische Revolution und ihre Folgen, München 2011.

PopulationPyramid.net, Syrien 2010: https://www.populationpyramid.net/de/syrien/2010/ (07.02.2019).

Putz, Ulrike, Selbstverbrennung in Tunesien. Was vor Mohammeds Martyrium geschah (23.01.2011): http://www.spiegel.de/politik/ausland/selbstverbrennung-in-tunesien-was-vor-mohammeds-martyrium-geschah-a-740901.html (07.02.2019).

Rabat, Nasser, Die wirtschaftliche Dimension der Arabellion (02.10.2018): https://de.qantara.de/node/32905 (07.02.2019).

Rottscheidt, Ina, Assad: Zwischen Moderne und Repression (13.07.2010): https://www.dw.com/de/assad-zwischen-moderne-und-repression/a-5784320 (07.02.2019).

Ruf, Werner, Der Syrienkrieg – ein regionaler Stellvertreterkonflikt, in: Edlinger (Hg.), Der Nahe Osten brennt, 10–24.

Said, Salam, Gesellschaftliche und sozioökonomische Entwicklung Syriens (14.02.2013): https://www.bpb.de/apuz/155124/gesellschaftliche-und-soziooekonomische-entwicklung-syriens?p=all (07.02.2019).

Said, Salam, Erst Frieden schaffen, dann aufbauen (22.12.2018): https://www.zeit.de/politik/ausland/2018-12/syrien-wiederaufbau-politischer-wandel-assad-regime (07.02.2019).

Saleh, Yassin Al Haj, Vom friedlichen Protest zum bewaffneten Aufstand? Über den Umgang mit bewaffneten Gruppierungen, in: Bender (Hg.), Syrien, 65–75.

Salloum, Raniah, Endlich verständlich. So funktioniert der „Islamische Staat" (09.07.2017): http://www.spiegel.de/politik/ausland/islamischer-staat-alles-wichtige-zum-is-a-1042664.html (07.02.2019).

Sawwan, Ameenah, Mit Hafis al-Assad kam die Angst (02.07.2017): https://www.zeit.de/politik/ausland/2017-06/syrien-erinnerungen-al-assad-clan-buergerkrieg (07.02.2019).

Schenk, Arnfrid, Was vom Frühling übrigblieb (31.12.2015): https://www.zeit.de/2015/51/tunesien-arabischer-fruehling-hochschule-tunis-folgen/komplettansicht (07.02.2019).

Schirrmacher, Christine, Frauen unter der Scharia, (16.11.2004): http://www.bpb.de/apuz/27944/frauen-unter-der-scharia?p=all (07.02.2019).

Schlesier, Vanessa, Der Bürgerkrieg in Syrien begann mit diesem Jungen (01.09.2013): https://www.welt.de/politik/ausland/article119580585/Der-Buergerkrieg-in-Syrien-begann-mit-diesem-Jungen.html (07.02.2019).

Schmid, Thomas, Ein rätselhafter Selbstmord, der die Welt veränderte (17.12.2011): https://www.welt.de/politik/ausland/article13772200/Ein-raetselhafter-Selbstmord-der-die-Welt-veraenderte.html (07.02.2019).

Schulte von Drach, Markus C., Chronologie. Der Krieg in Syrien im Überblick (21.12.2018): https://www.sueddeutsche.de/politik/syrien-krieg-chronologie-ueberblick-1.2652348 (07.02.2019).

Schweizer, Gerhard, Syrien verstehen. Geschichte, Gesellschaft und Religion, Stuttgart 2015.

Schwoerer, Thomas Carl, Mit dem IS verhandeln? Neue Lösungen für Syrien und den Terrorismus, München 2016.

Shevardnaze, Sophie, Interview mit Bashar al-Asad: Assad: Erdogan Thinks he's Caliph, New Sultan of the Ottoman (09.11.2012), in: RT, 25:16 min: https://www.rt.com/news/assad-interview-exclusive-syria-265/ (04.02.2019).

SPIEGEL Online, Rede im Staatsfernsehen. Gaddafi schreit sein Volk nieder (22.02.2011): http://www.spiegel.de/politik/ausland/rede-im-staatsfernsehen-gaddafi-schreit-sein-volk-nieder-a-747143.html (07.02.2019).

SPIEGEL Online, Syrien-Konferenz in Genf. Assad bleibt an Übergangsregierung beteiligt (30.06.2012): http://www.spiegel.de/politik/ausland/syrien-konferenz-in-genf-assad-bleibt-an-uebergangsregierung-beteiligt-a-841912.html (07.02.2019).

SRF Kultur, Die Wurzeln des Syrien-Konflikts – Dokumentationsfilm (01.04.2017), 5:53 min: https://www.srf.ch/kultur/gesellschaft-religion/die-vorgeschichte-des-aktuellen-syrien-konflikts (02.01.2019).

Süddeutsche.de, Chronologie der Ereignisse in Syrien. Wie sich Assad an der Macht hält (16.12.2014): https://www.sueddeutsche.de/politik/chronologie-der-ereignisse-in-syrien-vom-politischen-fruehling-in-den-krieg-1.1758046 (07.02.2019).

The Wall Street Journal, Interview With Syrian President Bashar al-Assad (31.01.2011): https://www.wsj.com/articles/SB10001424052748703833204576114712441122894 (26.10.2018).

Thyen, Kressen, Ursachen und Hintergründe der Krisen und Umbrüche in der arabischen Welt (02.02.2016): http://www.bpb.de/internationales/weltweit/innerstaatliche-konflikte/202360/ursachen-und-hintergruende-der-krisen-und-umbrueche-in-der-arabischen-welt (07.02.2019).

Wieland, Carsten, Syrien (20.10.2017): https://www.bpb.de/internationales/weltweit/innerstaatliche-konflikte/54705/syrien (07.02.2019).

Wikipedia, Arbeiterpartei Kurdistans (28.01.2019): https://de.wikipedia.org/wiki/Arbeiterpartei_Kurdistans (07.02.2019).

Wikipedia, Ausnahmezustand (27.01.2019): https://de.wikipedia.org/wiki/Ausnahmezustand (07.02.2019).

Wikipedia, Basil al-Assad (04.08.2018): https://de.wikipedia.org/wiki/Basil_al-Assad (07.02.2019).

Wikipedia, Erich Honecker (23.01.2019): https://de.wikipedia.org/wiki/Erich_Honecker (07.02.2019).

Wikipedia, Faisal I. (18.12.2018): https://de.wikipedia.org/wiki/Faisal_I. (07.02.2019).

Wikipedia, Haschim Chalid al-Atassi (28.12.2015): https://de.wikipedia.org/wiki/Haschim_Chalid_al-Atassi (07.02.2019).

Wikipedia, Kofi Annan (01.02.2019): https://de.wikipedia.org/wiki/Kofi_Annan (07.02.2019).

Wikipedia, Massaker von Hama (23.10.2018): https://de.wikipedia.org/wiki/Massaker_von_Hama (07.02.2019).

Wikipedia, Palmyra (06.01.2019): https://de.wikipedia.org/wiki/Palmyra (07.02.2019).

Wimmen, Heiko, Politischer Frühling in Damaskus. Chancen und Risiken der Demokratisierung in Syrien (02.03.2001): https://www.deutschlandfunk.de/politischer-fruehling-in-damaskus.724.de.html?dram:article_id=97253 (07.02.2019).

Wirtschaftskammer Österreich, Länderprofil Syrien 10/2018: https://wko.at/statistik/laenderprofile/lp-syrien.pdf (07.02.2019).

ZEIT Online, Syrien. Sieben Jahre Krieg (27.12.2018): https://www.zeit.de/thema/syrien (07.02.2019).

ZEIT Online, Dialoggruppe in Tunesien erhält Nobelpreis (09.10.2015): https://www.zeit.de/politik/2015-10/friedensnobelpreis-2015-live (07.02.2019).

ZEIT Online, Syriens Regierung hebt Notstandsgesetze auf (19.04.2011): https://www.zeit.de/politik/ausland/2011-04/proteste-syrien-notstandsgesetz (07.02.2019).

Zinkant, Annette, Asma al-Assad – Das schöne Gesicht der Diktatur – Dokumentationsfilm (WDR, 12.04.2017), 44:00 min: https://www.youtube.com/watch?v=ow5XSNY5fPM (13.11.2018).

Sophie Schumacher

Die Auswirkungen des monokulturellen Anbaus von Ölpalmen in Südostasien[1]

Abstract: Informed responsible consumers avoid products containing palm oil. However, it is virtually impossible to avoid them completely, especially if you live mainly on convenience products, or do not want to give up sweet treats. This article makes the point that palm oil is not detrimental in itself, but that the cultivation conditions in the enormous monocultures of Southeast Asia do great damage to the environment and the climate, and indeed to people. Certification procedures attempting to curb and control the reckless methods of major corporations have so far proved to have very little effect, which demonstrates the difficulty of convincing exclusively profit-oriented multinational companies to behave responsibly. But this will not succeed unless effective trans-regional legislation is introduced. The problem is not a regional one, since it is caused by the meteoric rise in global consumption of an excess of food and cosmetic products. The controversial fuel agrodiesel is likewise contributing to the global explosion in the demand for palm oil. The article is concerned to direct attention towards wider commercial and political contexts. Structural improvements can only be achieved if there is an international political will and capability to implement standardized regulations for the protection of people and the environment.

Keywords: Southeast Asia, palm oil, environmental policy, destruction of the environment, WWF

1 Einleitung

Nie wieder Nutella essen? Oder nie wieder Waschmittel verwenden? Viele Informationskampagnen von Naturschutzorganisationen machen auf den rasanten Anstieg des Palmölverbrauchs mit all seinen negativen Konsequenzen aufmerksam. Trage ich verantwortungslos zur Naturzerstörung bei? Und gibt es „nachhaltiges“ Palmöl? Wäre ein vollständiger Boykott sinnvoll?

Meine Arbeit versucht durch Fakten zu beantworten, ob der Verbrauch von Palmöl in den letzten Jahren tatsächlich so rasant angestiegen ist und worin die Vorteile des Einsatzes von Palmöl bei bestimmten Produkten liegen. Darüber hinaus möchte ich aufzeigen, welche ökologischen Risiken der monokulturelle Anbau von Ölpalmen vor allem im Hauptanbaugebiet Südostasien mit sich

1 Vorwissenschaftliche Arbeit am Bundesrealgymnasium in der Au (Bachlechnerstraße 35, 6020 Innsbruck), Betreuerin: Mag.ª Karin Millen, abgeschlossen im Februar 2019.

bringt. Ich werde dabei genauer auf die Boden- und Wasserschäden durch den Einsatz von Düngemittel, die Zerstörung des Lebensraumes von Tieren und die Folgen der Trockenlegung von Moorböden eingehen. Des Weiteren beschäftigt sich meine Arbeit mit den sozialen Härten, die der monokulturelle Anbau von Ölpalmen für die dort lebenden Menschen mit sich bringt, und welche Arbeitsbedingungen auf Ölpalmenplantagen herrschen. Für ein umfassendes Verständnis dieses Themas müssen auch die Interessen der Wirtschaft, gesetzliche Regelungen und mögliche Lösungsansätze beleuchtet werden.

In der aktuellen gesellschaftlichen Diskussion kommen Informationen vor allem von Naturschutzorganisationen, was die Gefahr von Einseitigkeit birgt. Ich habe sorgfältig darauf geachtet, diese Informationen mit Fachliteratur zu unterlegen, um mich dem Thema möglichst sachlich und unvoreingenommen aus mehreren Perspektiven anzunähern.

2 Pflanze Ölpalme

Immer öfter wird in den Medien über den schädlichen Einfluss von Palmöl berichtet, und auch im Alltag wird dieses Thema verstärkt diskutiert. Umweltbewusste KonsumentInnen werden laufend darüber informiert, dass Produkte mit Palmöl vermieden werden sollten. Bei genauerem Nachforschen zeigt sich aber, dass dies kaum möglich ist. Palmöl ist mittlerweile in fast jedem Produkt im Supermarkt enthalten und muss dafür in unglaublichen Mengen produziert werden. Der Einsatz von Palmöl ist aus Sicht der HerstellerInnen gut begründbar. Palmöl hat mehrere Eigenschaften, die es in der Verwendung bei Kosmetika und Nahrungsmitteln fast unersetzlich machen. Hinzu kommt der nicht unproblematische Anstieg von „umweltfreundlichem" Agrodiesel, wo Palmöl ebenfalls einer der wichtigsten Bestandteile ist.

2.1 Ölgewinnung und Hauptanbaugebiete

Ölpalmen kommen ursprünglich aus Westafrika und wurden dort bereits als Nutzpflanze angebaut, bevor sie im 15. Jahrhundert von Europäern entdeckt wurden. Heutzutage werden sie hauptsächlich in Südostasien (Indonesien und Malaysia) und Südamerika (vor allem Kolumbien) angebaut.[2] In Indonesien wachsen die Flächen für den Ölpalmenanbau immer weiter und haben im Jahr 2016 bereits 93.000 Quadratkilometer erreicht. Das entspricht ca. 5 % der Gesamtfläche Indonesiens.[3]

---

2 Vgl. Knoke/Inkermann, Palmöl – der perfekte Rohstoff?

3 Vgl. Deutschle, Palmöl – das grüne Erdöl.

Ölpalmen wachsen am besten in der Zone nördlich und südlich des Äquators bis zum 5. Breitengrad, manchmal auch bis zum zehnten Breitengrad.[4] Die olivenähnliche Frucht besteht aus Samen, Fruchtfleisch und einem Steinkern.[5] Die erste Ernte der Früchte findet drei bis vier Jahre nach dem Setzen statt, und nach ca. sechs Jahren ist der Ertrag stabil. Nach rund 21 Jahren sinkt der Ertrag wieder langsam, sodass die Palmen meist durch ertragreichere Jungpflanzen ersetzt werden.[6]

Es gibt zwei verschiedene Arten von Ölen, die aus den Früchten der Ölpalme gewonnen werden können. Das sogenannte Palmöl oder auch Palmfett kommt aus dem Fruchtfleisch, welches zu 50% aus Öl besteht. Das Palmkernöl wird, wie der Name schon sagt, aus den Kernen gewonnen.[7] Es hat etwas andere Eigenschaften als das Palmöl und kommt besonders in hochwertigen Spezialfetten für die Süßwarenindustrie zum Einsatz.[8]

Die Fruchtbüschel der Ölpalmen wiegen bis zu 50 kg und werden meist per Hand mit scharfen Werkzeugen von der Ölpalme abgeschlagen. Diese Büschel werden dann zu Ölmühlen gebracht und dort direkt gepresst, da sie nicht sehr lange haltbar sind. Bei der Pressung entsteht das Palmöl, die Steine und Fasern der Früchte bleiben übrig. Beim nächsten Schritt werden Steine und Fasern voneinander getrennt und die Kerne werden aus dem Inneren der Steine entfernt und anschließend getrocknet. Unter Hitze wird dann auch den Kernen das Öl entzogen und es entsteht das Palmkernfett. Die Reste der Früchte, die für die Ölproduktion nicht relevant sind, werden meist als Tierfutter oder Brennstoff weiterverwendet.[9]

Die Ölpalme ist sehr anspruchsvoll. Für einen guten Ertrag muss es genügend Niederschlag geben, ideal sind 150 mm pro Monat. Allerdings muss das Wasser abfließen können, denn es darf keine schädliche Staunässe entstehen. Die Temperaturen müssen tropisch warm sein und sollten nie unter 15 °C fallen. Auch intensives Sonnenlicht ist wichtig für ein gutes Gedeihen der Pflanze. Die Bioproduktivität, die die Menge der gewachsenen Biomasse pro Zeit und pro Fläche angibt, ist in tropischen Regionen deutlich höher als in anderen Klimazonen. Die Bioproduktivität hängt unter anderem von Sonneneinstrahlung, Wasserzufuhr und Bodenqualität ab. All diese Faktoren werden in der tropischen Zone

4 Vgl. Langbein (Regie), Landraub, Teil 2, TC 9:27.
5 Vgl. Botanischer Garten, Ölpalme.
6 Vgl. Knoke/Inkermann, Palmöl – der perfekte Rohstoff?
7 Vgl. Global 2000, Palmöl – Zerstörte Umwelt, geraubtes Land.
8 Vgl. Wikipedia, Palmöl.
9 Vgl. öko-fair, Palmöl – Herstellung.

ideal erfüllt und sind essentiell für ertragreiche Ölpalmen.[10] Optimale Bedingungen für die Ölpalme finden sich also ausschließlich in den Tropen, wo für die Produktion Regenwald gerodet werden muss. Das große Problem liegt im monokulturellen Anbau der Ölpalmen, für den riesige Flächen benötigt werden. Dieser Eingriff in das Ökosystem des tropischen Regenwalds hat weitreichende Folgen.[11]

2.2 Eigenschaften und Verwendung

Die weltweite Produktion von Palmöl hat sich 2002–2012 von 27,76 Millionen Tonnen auf 56,4 Millionen Tonnen jährlich mehr als verdoppelt, für 2018/19 wird eine jährliche Produktion von 72,3 Millionen Tonnen prognostiziert.[12] Die OECD rechnet damit, dass der weltweite Jahresbedarf an Palmöl für das Jahr 2035 auf eine Höhe von 180 Millionen Tonnen steigen wird. Dafür müssen entweder immer ertragreichere Sorten angepflanzt oder weitere 350 000 Hektar Land neu bepflanzt werden. Zurzeit werden stündlich ca. 300 Fußballfelder in Form von Regenwald für die Vergrößerung der Anbaufläche von Ölpalmen gerodet.[13]

87 % des weltweit produzierten Palmöls kommen aus Indonesien und Malaysia.[14] Mit 34 % nimmt Palmöl den ersten Platz der „Globalen Produktion der wichtigsten Pflanzenöle 2012“ ein, dicht gefolgt von Sojaöl mit 28 %. Die restlichen 38 % werden von Ölen wie Kokosnuss- und Rapsöl abgedeckt.[15] Diese Zahlen lassen sich vor allem auf die unterschiedlichen Erträge der verschiedenen Pflanzen zurückführen. Palmöl hatte laut dem WWF in den Jahren 2012–2014 einen durchschnittlichen Ertrag von 3,3 Tonnen Öl pro Hektar. Im Vergleich dazu liegt Kokos-, Sonnenblumen- und Rapsöl bei nur 0,7 Tonnen pro Hektar und Soja bei 0,4 Tonnen pro Hektar. Übersetzt bedeutet das, dass Sojapflanzen für den gleichen Ertrag rund sieben bis achtmal so viel Fläche brauchen wie Ölpalmen.[16]

10 Vgl. Pastowski, Sozial-ökologische Bewertung.
11 Vgl. Global 2000, Palmöl – Zerstörte Umwelt, geraubtes Land.
12 Vgl. Statista, Produktion von Palmöl.
13 Vgl. Langbein (Regie), Landraub, Teil 2, TC 12:43–13.20.
14 Vgl. Pichler, Umkämpfte Natur, 83.
15 Vgl. ebd. 81.
16 Vgl. Noleppa/Cartsburg, Auf der Ölspur, 6.

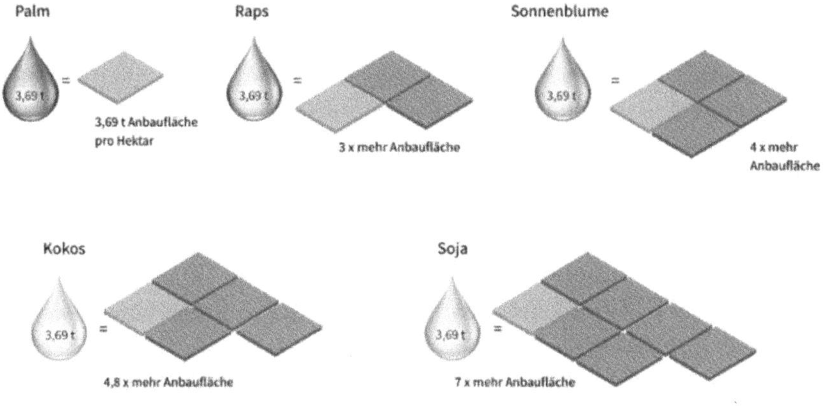

Abbildung 1: Vergleich des Ertrags verschiedener Öle (Quelle: Forum Nachhaltiges Palmöl)

Aufgrund des vergleichsweise deutlich höheren Ertrags ist Palmöl mit 700–1200 US-Dollar pro Tonne wesentlich billiger als andere Öle.[17] Kokosöl lag im Vergleich dazu im Dezember 2017 bei rund 1500 US-Dollar pro Tonne.[18]

Palmöl hat trotz seines schlechten Rufs grundsätzlich sehr gute Eigenschaften. In fast 50 % aller Verkaufswaren in Supermärkten ist Palmöl enthalten, der größte Teil davon (71,10 %) versteckt sich im Essen.[19] Bei Raumtemperatur hat Palmöl aufgrund besonderer Eigenschaften eine bestimmte Schmelze, was für Schokoladen und Schokoladencremen ein großer Vorteil ist, aber auch in Margarine beeinflusst es die Streichfähigkeit positiv. Bei Backwaren dient Palmöl der Verbesserung von Gärprozessen und der Verlängerung der Frischhaltung. Palmöl kann aber auch andere Öle binden, was Schokoladenaufstriche ansehnlicher und streichfähiger macht, da die Fette der enthaltenen Nüsse gebunden werden.[20] Des Weiteren ist Palmöl geschmacksneutral und verdirbt aufgrund der darin enthaltenen gesättigten Fettsäuren erst nach langer Zeit.[21] Daneben wird Palmöl auch für Hygieneartikel und Kosmetika verwendet, denn die im Palmöl enthaltenen Vitamine können Zellschäden auf der Haut reparieren. Aufgrund

17 Vgl. Schadwinkel, Die Welt braucht neues Öl.
18 Vgl. IndexMundi, Kokosöl monatlicher Preis.
19 Vgl. Schadwinkel, Die Welt braucht neues Öl.
20 Vgl. ZeroPalmöl, Welche Eigenschaften machen Palmöl eigentlich so besonders.
21 Vgl. Langbein (Regie), Landraub, Teil 2, TC 6:32.

des hohen Carotin- und Vitamin-E-Gehalts wird sogar eine gesundheitsförderliche Wirkung versprochen.[22]

Nicht zuletzt spielt Palmöl in der Herstellung von Agrodiesel (auch Biodiesel genannt) eine wesentliche und höchst umstrittene Rolle bei der Suche nach einem klimaschonenden Ersatz für fossile Treibstoffe. In Österreich waren im Jahr 2008 noch maximal 5 % Palmöl im Biodiesel, im Jahr 2013 waren es bereits bis zu 60 %.[23]

Die Suche nach gleichwertigen, umweltverträglicheren Alternativen ist schwierig. Palmöl in den genannten Bereichen zu ersetzen, ist nur bedingt möglich und sinnvoll. Kokosöl hat sehr ähnliche Eigenschaften wie Palmöl, weshalb es besonders bei Schokoladeprodukten als Alternative dienen kann, weil es nicht wie andere Öle zuerst gehärtet werden muss. Für frittierte Lebensmittel wird meist Sonnenblumenöl verwendet. Am schwierigsten ist es, Alternativen für diverse Wasch- und Pflegemittel zu finden, da nur Kokosöl ähnliche Fettsäureanteile hat und deshalb als einziges in Frage kommt.[24] Da die Verwendung von Palmöl zurzeit ein heiß diskutiertes Thema ist, werben auch diverse Lebensmittelhersteller wie zum Beispiel *ja! Natürlich* damit, eine Auswahl von rund 1100 palmölfreien Produkten im Sortiment zu haben. Anstelle von Palmöl kommen hier Sonnenblumenöl und Bio-Alpenbutter zum Einsatz.[25]

Allerdings stellt sich die Frage, wie sinnvoll es tatsächlich ist, Palmöl durch andere Öle zu ersetzen. Wie schon oben erwähnt, haben Ölpalmen den weitaus größten Ertrag pro Hektar von allen pflanzlichen Ölen. Würde alles Palmöl durch Sonnenblumenöl oder Kokosöl ersetzt, könnten sich die negativen globalen Folgen sogar noch verstärken. Zwar müsste dann weniger Regenwald gerodet werden, allerdings wird dafür die fast fünffache Fläche an anderen Orten benötigt, um auf den gleichen Ertrag zu kommen. Die Auswirkungen wären andere, aber wohl kaum bessere.

3 Der monokulturelle Anbau von Ölpalmen in Südostasien und die Folgen

Wenn auf einem sehr großen Feld über mehrere Jahre hinweg immer nur ein und dieselbe Feldfrucht angebaut wird, nennt man das eine Monokultur. Oft handelt es sich dabei um Bananen- und Reisplantagen, aber auch Fichten- und natürlich

22 Vgl. Palm-oel, Palmöl – Inhaltsstoffe.
23 Vgl. APA, Palmöl findet sich in heimischem Agrodiesel.
24 Vgl. Noleppa/Cartsburg, Auf der Ölspur, 8.
25 Vgl. ja! Natürlich.

Palmölplantagen findet man fast nur in Form von Monokulturen.[26] Monokulturen sind gewinnbringender zu bewirtschaften als Mischkulturen, bringen aber auch viele Probleme mit sich. Wenn nur eine bestimmte Pflanze angebaut wird, entzieht diese dem Boden nur ganz bestimmte Nährstoffe, diese jedoch in großen Mengen. Diese Nährstoffe fehlen dann anderen Pflanzen, die in der Nähe wachsen. Eine Monokultur kann auch die Vermehrung von bestimmten Schädlingen fördern, weil die Tiere hier genau die richtige Nahrung bekommen, die sie brauchen, und das kann zu Massenvermehrung führen.[27]

3.1 Umweltschäden

Großflächige Rodungen von Regenwald und Trockenlegungen von Moorböden für den monokulturellen Anbau von Ölpalmen haben in den betroffenen Regionen, aber auch weltweit schwerwiegende Konsequenzen für das Klima und damit für die gesamte Weltbevölkerung. Auch die intensiv eingesetzten Chemikalien gelangen über das Grundwasser in die Nahrungskette und damit in die Körper der Menschen, was zu schweren Krankheiten führen kann, wobei längerfristige Folgen noch gar nicht abschätzbar sind. Offensichtlich ist, dass gesetzliche Regelungen in den betroffenen Ländern meist fehlen oder nicht eingehalten werden, da wirtschaftliche Interessen stärker sind.

3.1.1 Rodung des Regenwaldes

Der Palmölboom hat dazu geführt, dass Indonesien Brasilien als „Waldvernichter Nummer eins“[28] weltweit abgelöst hat. Für den monokulturellen Anbau von Ölpalmen werden in Indonesien riesige Flächen des tropischen Regenwaldes gerodet, und das hat verheerende Auswirkungen auf die Natur und somit auch auf die Menschen. Regenwald geht als global bedeutender CO_2- Speicher verloren.[29]

Der Boden des Urwaldes ist ein Torfboden, welcher Unmengen an CO_2 speichern kann. Wenn die Wälder auf diesen Torfböden dann aber gerodet werden, trocknet der Boden aus, und es kann zu Bränden kommen, die das gesamte CO_2 freisetzen. Das Problem dabei ist, dass Torfböden das Fünfzigfache an CO_2 von normalen Böden speichern können. Deshalb kommen aktuell 10 % der

---

26 Vgl. Hausgarten, Was ist eine Monokultur?

27 Vgl. Haas, Monokultur.

28 Hartmann, Kathrin, Aus kontrolliertem Raubbau, 31.

29 Vgl. Südwind-Institut, Indonesiens „grüne Wüste“.

weltweiten CO_2-Emissionen, die wesentlich für die globale Erwärmung verantwortlich sind, allein aus Indonesien.[30]

Es gibt grundsätzlich drei verschiedene Wege, an Anbauflächen für Ölpalmen zu kommen. Es kann Urwald gerodet werden, degradierte Bracheflächen können neu bepflanzt werden, oder es können bereits für Nutzpflanzen genutzte Flächen in Anbauflächen für Ölpalmen umgewandelt werden.[31] Ein Grund, warum hauptsächlich Naturwälder für den Anbau von Ölpalmen gerodet werden, ist, dass mit dem abgeholzten Holz auch schon Geld eingenommen werden kann und damit ein Teil der Anfangsinvestitionen für die Plantagen abgedeckt wird.[32] Allein im Jahr 2012 wurden 840 000 Hektar Regenwald abgeholzt, um mehr Fläche für den Anbau von Ölpalmen zu gewinnen. Bis 2025 sollen die Ölpalmenplantagen in Indonesien von zehn Millionen auf 26 Millionen Hektar vergrößert werden. Das wären fast 14 % der gesamten Fläche Indonesiens.[33]

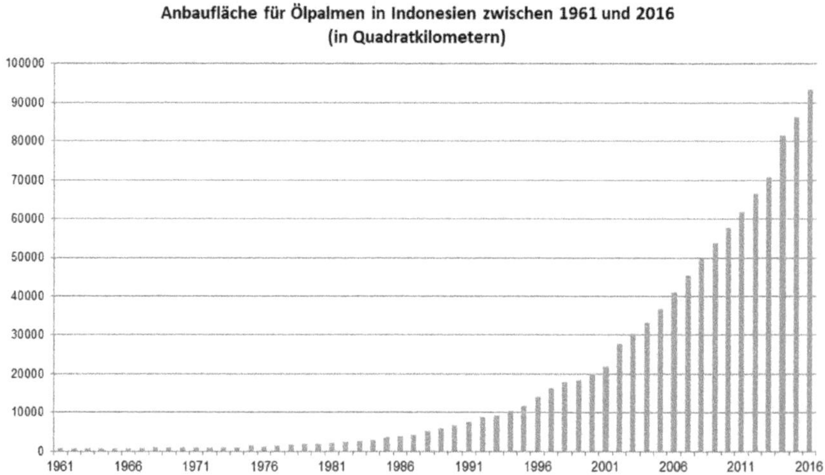

Abbildung 2: Anbauflächen für Ölpalmen in Indonesien zwischen 1961 und 2016 (in km²) (Quelle: Faszination Regenwald, 2018)

30 Vgl. ebd.

31 Vgl. Pastowski, Sozial-ökologische Bewertung, 83.

32 Vgl. ebd. 85.

33 Vgl. Funk, Indonesien rodet über 800.000 Hektar Regenwald pro Jahr.

3.1.2 Folgen des hohen Einsatzes von Düngemitteln und Pestiziden

Damit Ölpalmen möglichst schnell wachsen, brauchen sie große Mengen an Nährstoffen, was zur einseitigen Auszehrung der Böden führt. Um die fehlenden Nährstoffe zu ersetzen, müssen vermehrt Düngemittel eingesetzt werden. Diese können über den Boden in das Grund- oder Flusswasser gelangen und dadurch das Wasser verschmutzen. Besonders bei fehlenden gesetzlichen Regelungen und Kontrollen wird das Trinkwasser so stark belastet, dass der Genuss zu gesundheitlichen Schäden beim Menschen führen kann. Außerdem gelangt das vergiftete Wasser über Fische in die Nahrungskette und macht die Fische für den Menschen schädlich oder gar ungenießbar.[34]

Des Weiteren sind Plantagenbetreiber bestrebt, den Ertrag ihrer Ölpalmen möglichst hoch zu halten. Dazu müssen Schädlinge minimiert werden, was ohne den Einsatz von Pestiziden nicht möglich ist. Pestizide sind Pflanzenbehandlungs- und Schädlingsbekämpfungsmittel. Dazu gehören Herbizide, das sind Unkrautbekämpfungsmittel, Insektizide zur Tötung bzw. Bekämpfung von unerwünschten Insekten, Fungizide zur Eindämmung von Pilzen und deren Sporen, sowie Rodentizide zu Bekämpfung von Nagetieren.[35]

Das am meisten verwendete Herbizid ist Paraquat, dessen Einsatz schwerwiegende Folgen haben kann. Es kann zu erheblichen Gesundheitsschäden führen und wurde deshalb bereits in 50 Nationen verboten, unter anderem in der gesamten EU und der Schweiz. Die größte und bekannteste Firma, die seit 1962 mit Paraquat handelt, ist *Syngenta*. Die Firma behauptet, das Herbizid sei ungefährlich, und ist nicht bereit, den Verkauf zu stoppen. Stattdessen beharrt das Unternehmen darauf, dass Paraquat unbedenklich sei, wenn es vorschriftsgemäß eingesetzt werde. Um die Kritik zu entschärfen, präsentierte die Firma einen umfassenden Plan, wie AnwenderInnen geschult werden sollten, und betont, besonders in Entwicklungsländern Schulungen zur Arbeitssicherheit geben zu wollen. Umweltschutzorganisationen halten es aber für dringend notwendig, die giftigen Herbizide auch dort zu verbieten und stattdessen auf weniger gefährliche umzusteigen oder generell weniger einzusetzen.[36]

Auffallend ist, dass die Schweiz der Firma gesetzlich erlaubt, das Herbizid in anderen Ländern zu verkaufen, der Einsatz in der Schweiz selbst aber verboten ist. Die Schweiz profitiert mit den Verkäufen in andere Länder, indem sie Steuern einnimmt. „Bevölkerungen anderer Länder Giftstoffen auszusetzen, welche

34 Vgl. WWF, Auf der Ölspur.

35 Vgl. Pastowski, Sozial-ökologische Bewertung, 87.

36 Vgl. Kollbrunner, Wie lange noch Paraquat?

nachweislich schwerwiegende Gesundheitsprobleme oder gar den Tod verursachen können, stellt eine klare Verletzung der Menschenrechte dar", so die UN-Sonderbeauftragten für Giftmüll. Auch die Genfer Nationalrätin Lisa Mazzone der Grünen plädiert dafür, dem Verkauf der Pestizide ein Ende zu setzen. Der Bundesrat lehnt dies ab und argumentiert, dass jedes Unternehmen der Schweiz die im In- und Ausland geltenden Vorschriften berücksichtige. Für die Kontrolle der Einhaltungen sind dann aber nationale Behörden zuständig.[37]

3.1.3 Zerstörung des Lebensraums von Tieren

Die Tierwelt wird durch den monokulturellen Anbau von Ölpalmen ebenfalls beeinflusst. Am Beispiel des Borneo-Orang-Utans ist zu sehen, in welch erschreckendem Ausmaß der natürliche Lebensraum von Wildtieren zerstört wird. Borneo-Orang-Utans leben auf einer Höhe von 0–500 m über dem Meeresspiegel; die indonesische Regierung hat allerdings den Palmölkonzernen genau dieses Gebiet versprochen. Die vom Aussterben bedrohten Tiere verirren sich in den großen Plantagen voller Ölpalmen und finden entweder nicht mehr heraus, werden verletzt, eingesperrt oder getötet. Aufgrund dieser Umstände müssen die Orang-Utans fliehen, doch viel Platz bleibt nicht, denn auf der teilweise zu Indonesien gehörenden Insel Borneo ist nur noch die Hälfte des Regenwaldes übrig. Es gibt auch kaum Schutzgebiete für die dort lebenden Tiere, und deshalb versuchen Organisationen wie die *Borneo Orang-Utan Survival Foundation*, auf Borneo Land zu kaufen, damit nicht alles in die Hände der Palmölkonzerne fällt.[38] Laut dem WWF lebten zu Beginn der 1990er Jahre noch etwa 150.000 Orang-Utans auf Borneo, heute wird der Bestand auf 49.500 geschätzt. Deshalb ist der Orang-Utan auch „auf der Roten Liste der Weltnaturschutzunion IUCN von 2004 als ‚stark gefährdet' eingestuft"[39]. Ein Hauptgrund für diese Situation ist die Rodung des Regenwaldes, also die Vernichtung des Lebensraumes der Tiere. Allein in den letzten 30 Jahren haben die Orang-Utans 60 % ihres Lebensraumes wegen Rodungen, hauptsächlich für riesige Ölpalmenplantagen, verloren.[40]

Kathrin Hartmann bezeichnet in ihrem Buch *Aus kontrolliertem Raubbau* die großflächigen Regenwaldrodungen als „globale ökologische Tragödie". Sie weist darauf hin, dass „der indonesische Regenwald 15 % aller bekannten Arten an Pflanzen, Säugetieren und Vögeln der Erde beherbergt"[41]. Dazu gehören neben

37 Vgl. ebd.
38 Vgl. Wenger, Die hässliche Seite des Palmöl-Booms.
39 WWF, Borneo-Orang-Utan.
40 Vgl. WWF, Auf der Ölspur.
41 Hartmann, Aus kontrolliertem Raubbau, 29.

dem Borneo-Orang-Utan auch der Sumatra-Tiger, Sumatra-Elefant und das Sumatra-Nashorn. Alle diese Tiere leben ausschließlich in dieser Region und sind als „stark gefährdet" oder „vom Aussterben bedroht" eingestuft, denn durch Abholzungen und Brände verlieren sie einen immer größeren Teil ihres natürlichen Lebensraums.[42]

3.1.4 Trockenlegung der Moorböden

Um noch mehr der begehrten Anbaufläche für Ölpalmen zu erhalten, werden oftmals Moorböden trockengelegt. Moorböden sind meterdick und speichern Biomasse von Jahrtausenden. Wenn diese trockengelegt werden, fangen sie an, sich zu zersetzen, wodurch große Mengen an CO_2 freigesetzt werden. Dieses freigesetzte CO_2 stammt aber nicht nur aus den jetzt dort wachsenden Bäumen, sondern auch aus der Biomasse jener Pflanzen, die vor Tausenden von Jahren dort gewachsen und verrottet sind. Besonders in der Trockenzeit kann es passieren, dass Brände entstehen, die verheerende Auswirkungen auf die Natur haben. Es werden nicht nur große Flächen der artenreichen Tropen zerstört, sondern auch die Luft wird durch den Rauch verpestet. Besonders im Großraum von Singapur führen diese Brände immer wieder zu schweren gesundheitlichen Beeinträchtigungen. Durch das Feuer wird auch der CO_2-Ausstoß verstärkt und stark beschleunigt. Allein mit diesen CO_2-Emissionen hat Indonesien innerhalb eines Tages einen höheren Ausstoß als die gesamten USA an einem Tag.[43] Der Ausstoß an Treibhausgasen ist so groß, dass dies sogar ein Thema auf der UN-Klimakonferenz in Paris 2015 wurde.[44] Die Frage, wer oder was das Feuer auslöst, ist nicht immer so leicht zu beantworten. Oft werden Plantagenfirmen verdächtigt, doch das kann in den meisten Fällen nicht nachgewiesen werden, denn es kann in Indonesien während der Trockenzeit auch ohne Brandstiftung zu großen Bränden kommen.[45]

---

42 Vgl. Pastowski, Sozial-ökologische Bewertung, 86.

43 Vgl. WWF, Auf der Ölspur.

44 Vgl. Asendorpf, Himmel voller Torf.

45 Vgl. WWF, Auf der Ölspur.

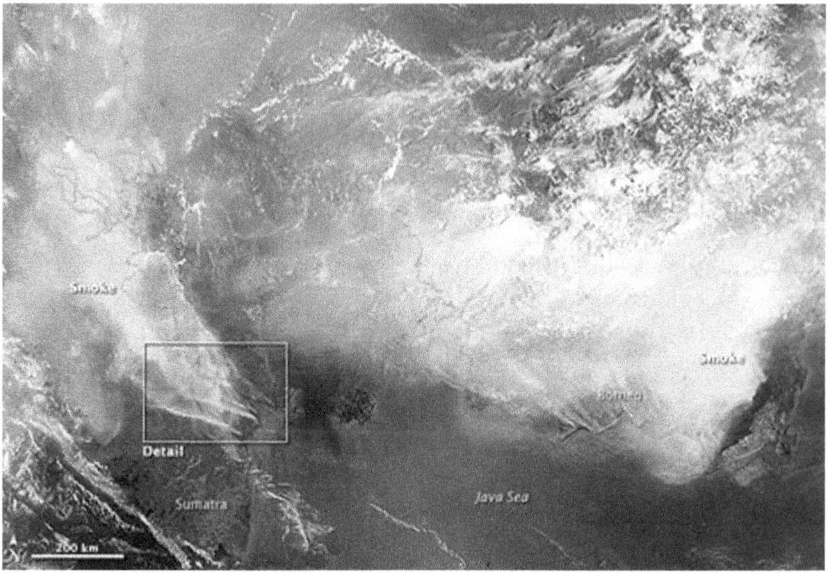

Abbildung 3: Rauchwolken über Sumatra und Borneo, Satellitenbild, Oktober 2015 (Quelle: ORF 2015)

3.2 Auswirkungen auf die in den Anbaugebieten lebenden Menschen

3.2.1 Arbeitsbedingungen

Immer wieder wird in den Medien über schlechte Arbeitsbedingungen auf Palmölplantagen berichtet. Kritisiert werden Kinderarbeit, Hungerlöhne, zu lange Arbeitszeiten und andere Menschenrechtsverletzungen.[46]

Besonders erschütternde Einblicke in die Arbeit der Menschen auf Ölpalmenplantagen bietet der Film *Landraub* von Kurt Langbein (2015). Anhand zahlreicher Interviews auf der *Hindoli-Plantage* in Süd-Sumatra zeigt der Film auf, wie weit die offiziellen Aussagen der PlantagenbetreiberInnen und die tatsächlichen Arbeitsbedingungen auseinander liegen. Die Plantage wird mit militärischem Drill geführt, eine Mitsprache der ArbeiterInnen oder gewerkschaftliche Rechte scheinen völlig ausgeschlossen. Zu Beginn des Arbeitstages müssen sich alle ArbeiterInnen in Reih und Glied aufstellen und das *Gelöbnis*

46 Vgl. APA, „Palmölskandal"-Studie zeigt schlechte Arbeitsbedingungen auf.

der Hindoli-Plantage nachsagen, welches eine Vorsprecherin Satz für Satz durch ein Megaphon brüllt. Im Chor wiederholen die ArbeiterInnen:

Wir werden uns

- an gesetzliche Vorgaben halten und diese sogar übertreffen,
- die Qualität weiter steigern und kontinuierliche Verbesserungen in jedem Teil unseres Unternehmens vornehmen. Ich schäme mich, wenn
- ich nicht den Regeln folge und einen Fehler mache,
- ich nicht die persönliche Sicherheitsausrüstung verwende,
- ich nicht die Standard-Arbeitsanweisung befolge,
- ich nicht pünktlich bin,
- ich nicht die geforderte Qualität oder Quantität erreiche,
- ich bei der Arbeit faul bin,
- ich meine Aufgaben nicht erfülle.[47]

Die ArbeiterInnen wirken eingeschüchtert und scheinen starr ihre Aufgaben zu erfüllen. Europäische Standards für faire Arbeitsbedingungen gelten hier offenbar nicht. Nach dem Morgendrill steigen alle in große Anhänger, die an noch größeren Traktoren hängen, und werden zu den Abschnitten der Plantage gefahren, bei denen sie für den jeweiligen Tag eingeteilt sind. 10.600 Angestellte sind auf der Hindoli-Plantage auf 42.000 Hektar Land verteilt. Diese Plantage wird, wie viele andere, vom weltweit größten Agrar-Rohstoff-Händler *Cargill* betrieben, der seinen Hauptsitz in den USA hat und ca. 150.000 MitarbeiterInnen in 70 Ländern beschäftigt.[48] Im Film betont der Manager von *Tropical Oil, Cargill,* John Hartmann, wie schwierig es sei, alle Angestellten zu kontrollieren. Er betont, dass der wirtschaftliche Erfolg wesentlich von der Disziplin und der Routine der ArbeiterInnen abhänge. Darum sei es nötig, dass Millionen Mal dasselbe getan werde, damit der Ertrag immer weiter ansteige.[49] Die Widersprüchlichkeit zwischen Image und Realität zeigt sich sehr deutlich darin, dass John Hartmann darüber spricht, dass Nachhaltigkeit weltweit immer wichtiger werde, im Film aber gleichzeitig Szenen eingeblendet werden, wo Traktoren durch die Plantage fahren und große Mengen an rotbrauner Flüssigkeit versprühen.[50] Wenig später sieht man ArbeiterInnen mit Behältern am Rücken durch die Ölpalmen gehen, welche Pestizide bzw. Düngemittel auf Pflanzen sprühen.[51]

---

47 Langbein (Regie), Landraub, Teil 1, TC 42:08–43:36.
48 Vgl. Wikipedia, Cargill.
49 Vgl. Langbein (Regie), Landraub, Teil 2, TC 00:09.
50 Ebd. Teil 2, TC 2:12.
51 Ebd. Teil 2, TC 3:19.

Ein Bericht des Wuppertal Instituts aus dem Jahr 2007,[52] der sich sehr kritisch mit dem Einsatz biogener Kraftstoffe auseinandersetzt, geht ebenfalls auf die gefährlichen Arbeitsbedingungen auf den Palmölplantagen ein. Zu den wichtigsten Arbeitsschritten in der Palmölproduktion gehören „die Rodung des Regenwaldes, die Produktion der Jungpflanzen, die Pflege und Ernte der Plantagen, der Transport der Ernte zur Weiterverarbeitung und die Gewinnung von Palmöl aus den Früchten“[53]. Bei all diesen Arbeitsschritten kommt es immer wieder zu schweren Arbeitsunfällen. Es können Früchtebündel herunterfallen, Palmen umstürzen und Verletzungen mit den scharfen Werkzeugen geschehen. Auch lange Arbeitstage und ein hohes Maß an Stress sind ein Teil dieser Arbeit. Wie auch schon beim Kapitel über Pestizide und Düngemittel erwähnt, kommt es besonders bei den Einsätzen mit dem Herbizid Paraquat zu schwerwiegenden Vergiftungen.[54]

Paraquat wird vor allem bei Bananen-, Kaffee-, und Palmölplantagen eingesetzt und ist auch unter dem Namen „Gramoxone“ bekannt. Zu den gesundheitlichen Folgen gehören unter anderem Entzündungen in den Augen, Lungenschäden, höheres Parkinson-Risiko, Schädigungen von Leber, Nieren und Herzkreislaufsystem; im schlimmsten Fall kann es zu Atemstillstand kommen. Es gibt noch keine wirksamen Medikamente gegen die Folgen des Einsatzes von Paraquat, und in vielen Ländern fehlt es an Aufklärung. Timo Kollbrunner schreibt in seinem Artikel über Paraquat, dass eine wesentliche Gefahr darin bestehe, dass die ArbeiterInnen nie richtig geschult würden. Information zum Schutz der ArbeiterInnen beschränkt sich auf ein Rauchverbot während des Sprayens und den Hinweis, dass die Pestizide nie zu nahe an die Pflanzen kommen dürfen, da diese sonst eingehen. Zur Arbeitskleidung gehören nur Handschuhe und Atemmasken, teilweise wird auch ohne Schutzkleidung gearbeitet. Doch auch die Arbeitskleidung kann nicht immer vor Vergiftungen schützen. Kollbrunner hebt besonders hervor, dass die ArbeiterInnen auf diesen monokulturellen Palmölplantagen kaum ausführlich über gesundheitsschädliche Folgen aufgeklärt werden.[55]

52 Vgl. Pastowski, Sozial-ökologische Bewertung.
53 Ebd. 103.
54 Vgl. ebd. 103 f.
55 Vgl. Kollbrunner, Wie lange noch Paraquat?

3.2.2 Einfluss auf Wasserqualität und Nahrungskette

Eine weitere große Gefahr für Menschen, die in der Nähe dieser Großplantagen wohnen, ist verschmutztes Wasser. Die großflächig und großzügig eingesetzten Pestizide und Düngemittel gelangen in das Grundwasser oder nahegelegene Gewässer und verschmutzen diese massiv und nachhaltig. Das hat nicht nur zur Folge, dass das Wasser als Trinkwasser nicht mehr verwendbar ist, sondern bringt auch einen starken Rückgang der Fische mit sich. Dadurch geht den Menschen eine wesentliche Nahrungsquelle verloren.[56] Dazu kommt noch, dass Länder wie Indonesien und Malaysia, die grundsätzlich sehr fruchtbar wären, einen Großteil ihrer Lebensmittel importieren müssen, da die Anbauflächen statt für die Ernährung der lokalen Bevölkerung für den Anbau von Cash Crops, besonders Palmöl, genutzt werden.[57]

Unter Cash Crops versteht man Grundnahrungsmittel und Feldfrüchte, die angebaut werden, um ausschließlich auf dem Exportmarkt verkauft zu werden. Hier steht im Zentrum, dass die angebauten Feldfrüchte einen möglichst hohen Ertrag abwerfen, um den Gewinn möglichst hoch zu halten. Es besteht die Gefahr, dass nachhaltige Faktoren wie gesunde Böden durch sparsamen Einsatz von Düngemitteln und Pestiziden und die Erhaltung eines gesunden Lebensraums für die dort lebenden Menschen und Tiere in den Hintergrund rücken.[58] Besonders für Investoren sind Länder in Südostasien eine gute Möglichkeit, Cash Crops billig anzubauen und einen hohen Gewinn zu erreichen, da der Grund oft nicht sehr teuer, der Boden aber trotzdem sehr fruchtbar ist. Auch gesetzliche Regulierungen zum Schutz der Umwelt und der Bevölkerung haben oft nicht europäischen Standard.

4 Der Einfluss der Wirtschaft und mögliche Lösungsansätze

4.1 Wirtschaftliche Interessen

Der weltweite Verbrauch von Palmöl steigt immer weiter an, und darin sehen viele Firmen und Investoren das große Geschäft.[59] Einen besonders guten Einblick in die Entstehung einer großen Ölpalmenplantage und die unvorstellbaren Größenordnungen von Bodenverbrauch und finanziellem Gewinn, um die es hier geht, gibt ein Ausschnitt aus dem bereits erwähnten Film *Landraub*. Darin

---

56 Vgl. Global 2000, Warum ist Palmöl schlecht?

57 Vgl. Pastowski, Sozial-ökologische Bewertung, 100.

58 Vgl. Giesecke/Schork, Cash Crops und Food Crops.

59 Vgl. Schadwinkel, Die Welt braucht neues Öl.

erklärt Suriya Moorthy, ein Berater für Agrarinvestoren, anhand eines realitätsnahen Beispiels, wie Großinvestoren handeln. Der Investor kauft für 100 Millionen Dollar 10.000 Hektar Land, um dort Ölpalmen gewinnbringend anzupflanzen. Um das für KonsumentInnen zunehmend wichtige RSPO-Zertifikat zu erhalten, darf allerdings kein unberührter Urwald (also definierter Primärwald) gerodet werden. Außerdem müssen LandeigentümerInnen und NachbarInnen ausreichend darüber informiert werden, wofür das Land verwendet wird. Wenn alle diese Voraussetzungen erfüllt sind, werden die Jungpflanzen angebaut, und es dauert mindestens zwei Jahre bis zur ersten Ernte. Um den erwarteten Gewinn zu machen, sollten vom 24. bis zum 36. Monat mindestens 18–20 Tonnen Ölfrüchte pro Hektar geerntet werden, im dritten Erntejahr müssen es bis zu 30 Tonnen pro Hektar werden.

Der Berater rechnet vor, dass pro Hektar 30 Tonnen Ölfrüchte geerntet werden können. Aus diesen werden 25 % Öl gewonnen, das sind insgesamt 75.000 Tonnen Palmöl bei einem durchschnittlichen Landbesitz von 10.000 Hektar. 50 % des erzielten Preises werden für die Bezahlung der ArbeiterInnen, den Landkauf und weitere Faktoren verwendet, doch die anderen 50 % gehen als Gewinn an den Investor. Er erhält also ca. 425 Dollar pro Tonne, somit liegt der Gewinn bei diesen geernteten 75.000 Tonnen Palmöl bei ca. 30 bis 40 Millionen Dollar pro Jahr. Davon muss zwar noch Geld für Steuern abgezogen werden, aber das ist verhältnismäßig wenig.[60] Große Konzerne können mit diesem Modell also wirklich viel Geld verdienen.

4.2 RSPO – eine Zertifizierung für nachhaltiges Palmöl

Angesichts der großen Schäden, die der rücksichtslose Anbau von Ölpalmen bereits angerichtet hat, wurde vom WWF 2004 der *Roundtable on Sustainable Palm Oil* (RSPO)[61] gegründet, um sicher zu stellen, dass Palmöl nachhaltiger hergestellt wird.[62] Die Mitglieder des RSPO verpflichten sich, auf die Rodung von ökologisch wertvollen Waldflächen und Primärwäldern zu verzichten und gefährdete Tier- und Pflanzenarten sowie Wasser, Boden und Luft zu schützen. Des Weiteren müssen sie sich an gesetzliche Regelungen zu Landnutzungs- und Eigentumsrechten halten, Kleinbauern fördern und auf Kinderarbeit verzichten. Die Einhaltung dieser Prinzipien wird durch regelmäßige, unabhängige Überprüfungen sichergestellt.[63]

---

60 Vgl. Langbein (Regie), Teil 2, TC 10:42–12:30.

61 Auf Deutsch: Runder Tisch für nachhaltiges Palmöl.

62 Vgl. RSPO, About Us.

63 Vgl. WWF, Runder Tisch für Palmöl.

Der WWF kontrolliert im Rahmen der RSPO-Zertifizierung alle Produktionsschritte und den Transportweg bis hin zum Verkauf des fertigen Palmöls in alle Länder. Er steht dazu im Kontakt mit Farmen, ProduzentInnen, Banken und UnternehmerInnen. Überdies arbeitet er auch eng mit sozialen NGOs vor Ort zusammen. Die Mitglieder des WWF kämpfen dabei für die Einhaltung von Menschenrechten und den Naturschutz.[64]

Der RSPO hat ca. 3.000 Mitglieder, das sind alle Betriebe, die sich dem Zertifizierungsverfahren erfolgreich unterzogen haben. Darunter sind z. B. auch die in Österreich bekannten Firmen *M-Preis, Teekanne, PEZ* oder *Ölz Meisterbäcker*. Der Vorstand des RSPO, der die wichtigsten Entscheidungen trifft, besteht aus 16 Mitgliedern, die gemeinsam versuchen, eine gute Lösung zur Verbesserung der Produktionsbedingungen für Umwelt und Menschen zu finden. Vier Sitze davon sind für NGOs reserviert, die restlichen Sitze nehmen Mitglieder ein.[65]

4.3 Lieferkettenzertifizierungsstandard

Am 21. November 2014 hat der RSPO den Lieferkettenzertifizierungsstandard (SCCS) beschlossen, der im Jahr 2017 das letzte Mal überarbeitet wurde. Das Ziel des RSPO ist es, „den Anbau und die Nutzung von nachhaltigem Palmöl durch die Zusammenarbeit innerhalb der Lieferkette und durch einen offenen Dialog zwischen den Interessengruppen voranzubringen"[66] Die Standards müssen bei jedem einzelnen Unternehmen der gesamten Lieferkette eingehalten werden; jeder Schritt wird regelmäßig kontrolliert. Insgesamt gibt es sieben Module, die allesamt erfüllt werden müssen, damit ein Produkt das RSPO-Zertifikat tragen darf. Neben der Identitätssicherung (Modul A), der Segregation (Modul B), der Massenbilanz (Modul C) und der Identitätssicherung der CPO-Mühlen (Modul D) gehören dazu auch die Massenbilanz dieser Mühlen (Modul E), die Multi-Site-Zertifizierung (Modul F) und die Lieferketten-Gruppenzertifizierung (Modul G).[67]

Somit will der SCCS sicherstellen, dass die Herkunft jedes Produkts eindeutig belegbar ist, inklusive des Nachweises, dass es in einer zertifizierten Mühle verarbeitet wurde. Überdies muss dokumentiert sein, dass das RSPO-zertifizierte Palmöl vollkommen von nicht-zertifizierten Palmöl-Produkten getrennt wird. Mit Hilfe der RSPO-Zertifikates wird auch die Handelskette dokumentiert.

---

64 Vgl. WWF, How can Palm Oil be More Sustainable?

65 Vgl. ebd.

66 RSPO, Supply Chain Certification Standards, 3.

67 Vgl. ebd. 23–48.

Es wird angestrebt, dass alle Beteiligten der Lieferkette ihren „Handel mit RSPO-zertifizierten Ölpalmprodukten aktiv fördern“[68]. Bei der Massenbilanz der CPO-Mühlen geht es darum, dass genau dokumentiert werden muss, wie viel zertifizierte und nicht-zertifizierte Fruchtbündel in die Mühlen kommen und wie viele Produkte dann verkauft werden. Diese Regelungen können mit Hilfe der Multi-Site-Zertifizierung auf mehrere Standorte umgelegt werden, wenn diese über eine gemeinsame Zentrale miteinander verknüpft sind. Ähnliches gilt für kleinere Unternehmen, die sich zu Liefergruppen zusammenschließen, um sich die Zertifizierungskosten zu teilen.[69]

Kritiker halten die Anforderungen für unzureichend. Irritierend ist auch, dass beim Modul „Massenbilanz“ plötzlich nicht-zertifiziertes Palmöl mit dem RSPO-zertifiziertem Palmöl vermischt werden darf und es trotzdem als „zertifiziert“ markiert werden kann. Umweltschutzorganisationen wie *Greenpeace* und *Rettet den Regenwald e. V.* kritisieren besonders, dass lediglich die Rodung „besonders schützenswerter“ Wälder untersagt wird, der Anbau auf torfhaltigen Böden, die trockengelegt werden müssen und somit einen enormen Eingriff in die Natur bedeutet, aber weiterhin erlaubt bleibt. Auch hochgiftige Pestizide dürfen nach wie vor eingesetzt werden.[70]

Auch im Film *Landraub* wird darauf hingewiesen, dass gerade dieses Siegel den Konzernen erlaube, Regenwald zu roden und Pestizide einzusetzen. Trotzdem kommen ihre Produkte als „nachhaltig“ zertifiziert auf den Markt. Um dem Wunsch der KonsumentInnen nach weniger umweltschädlichen Produkten nachzukommen, erschaffen sich viele große Firmen und Konzerne außerdem noch selbst Labels, die ihre Produkte eher vage und oft kaum nachvollziehbar als „nachhaltig“ bezeichnen. Martin Häusling, Bauer und EU-Abgeordneter, erklärt, dass dieser Trend besonders bei Bio-Sprit und Nahrungsmitteln zu beobachten ist, wo mittlerweile fast jedes zweite Produkt „nachhaltig“ ist.[71]

4.4 Kritik am RSPO und an der Rolle des WWF

Trotz der offensichtlichen Notwendigkeit einer Kontrolle und Verbesserung der Produktions- und Transportbedingungen des Palmöls ist der RSPO keineswegs unumstritten. Immer wieder wird dem WWF „Greenwashing“ vorgeworfen. Unter Greenwashing wird der Versuch von Unternehmen, ihr Image durch

68 Ebd. 27.

69 Vgl. ebd. 23–48.

70 Vgl. Bliem, RSPO.

71 Vgl. Langbein (Regie), Teil 2, TC 4:09.

Marketing und PR-Maßnahmen als umweltfreundlich darzustellen, verstanden. Die Realität sieht aber oft anders aus. Nicht nur Umweltschutzorganisationen, sondern auch staatliche Verbraucherschutzorganisationen weisen darauf hin, dass es die Taktik vieler Unternehmen ist, eine kleine umweltfreundliche Tätigkeit, die in Wirklichkeit keine große Rolle spielt, in den Mittelpunkt zu stellen und ihre Kunden damit glauben zu lassen, dass sie sich im Großen für die Umwelt einsetzen.[72] Das große Problem bei Greenwashing ist, dass es meist nur sehr schwer zu erkennen ist, ob es sich tatsächlich um glaubwürdiges Umweltschutzengagement handelt oder nur um eine Marketingstrategie.

Der WWF ist die größte internationale Naturschutzorganisation der Welt und setzt sich besonders für aussterbende und bedrohte Tierarten sowie für den Schutz des Klimas ein. Immer wieder gibt es aber auch Vorwürfe, dass der WWF mit Großkonzernen zusammenarbeite und so indirekt an der Vernichtung des Regenwaldes und damit des Lebensraums von Menschen und Tieren beteiligt sei. Mit diversen Werbespots will die Naturschutzorganisation Menschen animieren, mit einer Spende bedrohte Tiger und Orang-Utans zu retten und bestehende Nationalparks aufrecht zu erhalten. Doch gleichzeitig werden ganz in der Nähe dieser kleinen Naturschutzgebiete große Flächen an Regenwald gerodet, um monokulturellen Ölpalmenplantagen zu weichen.[73]

Mehrere eindrückliche Beispiele für diese Problematik zeigt der Film *Der Pakt mit dem Panda*.[74] Sehr kritisch setzt sich Regisseur Wilfried Huismann mit der schwierigen Verbindung zwischen der Firma *Wilma*, einem der größten Unternehmen im Palmölhandel, und dem WWF auseinander. Obwohl beide einen Vertrag abgeschlossen haben, nur nachhaltiges Palmöl anzubauen, berichten viele AnwohnerInnen als ZeugInnen, dass *Wilma* weiterhin für großflächige Rodungen von wertvollem Regenwald verantwortlich ist. Die Zusammenarbeit des Konzerns mit dem WWF sei nur ein Alibi für das Image, so KritikerInnen. Der WWF streitet auch nicht ab, dass an Stellen, wo jetzt Monokulturen von Ölpalmen stehen, früher einmal Regenwald war. Er behauptet, dass dieser schon längst ausgelaugt und kaputt gewesen sei. Doch selbst wenn der Wald nicht mehr in seinem besten Zustand war, hätte er immer noch eine Heimat für viele Tiere sein können, die jetzt fast keinen Platz zum Ausweichen haben.

Die zentrale Frage ist, ob der WWF sich wirksam gegen kapitalistische Interessen durchsetzen kann. Wie sinnvoll ist es, wenn zwar kleine Alibiflächen

---

72 Vgl. Ertl, Greenwashing/Bluewashing.

73 Vgl. WWF Österreich, Hässlich.

74 Vgl. Huismann (Regie), Der Pakt mit dem Panda.

unberührt bleiben, der Großteil der Anbauflächen rundherum aber als öde Monokultur betrieben wird? In Borneo beispielsweise wollte ein Großkonzern 14.500 Hektar in eine Ölpalmenplantage umwandeln, dem WWF gelang es jedoch, dass 80 Hektar davon unberührt bleiben.[75] Für die Borneo-Orang-Utans kann dies allerdings keine gute Lösung sein, da die Nahrung in dem verhältnismäßig kleinen Gebiet zu begrenzt ist. Um zu überleben müssen die Orang-Utans in den angrenzenden Plantagen Futter suchen und werden dort meist erschossen, weil sie die wertvollen Ölfrüchte fressen wollen.

Ein weiteres eindrückliches Beispiel zeigt, wie breit die Problematik rund um diese Großplantagen gefächert ist. In Zentral-Kalimantan, einer indonesischen Provinz auf der Insel Borneo, sollte eine Plantage vom RSPO zertifiziert werden. In der Plantage stank es stark, weil die Abwässer alle ungefiltert in den Boden und das Grundwasser gelangten. Davon waren auch die AnwohnerInnen in den Gebieten betroffen. Menschen wurden außerdem ihre Grundstücke widerrechtlich weggenommen und vom Staat an diverse Großkonzerne verpachtet. Viele Bauernfamilien versuchten sich zu wehren, worauf das Militär geschickt wurde und die Familien riskierten, ins Gefängnis zu kommen. In einer Stellungnahme von Amalia Prameswari, Mitglied des WWF Indonesien, stellt diese nur fest, dass sie das erste Mal von diesen Vorfällen höre und es schlimm wäre, wenn es der Wahrheit entspräche.[76]

Beim Kongress der Bio-Ethanol-Industrie in Bern ist der WWF als einzige NGO eingeladen. Dörte Bieler arbeitet beim WWF Deutschland und ist für den Bereich Biomasse zuständig. Laut Protokoll bietet sie den Konzernen an, sie bei ihren Geschäften zu unterstützen, und sagt sogar, dass der WWF weltweit noch mehr Fläche für die Herstellung von Bio-Energie zur Verfügung stellen wolle. Des Weiteren betont die Vertreterin des WWF, dass der WWF anders als andere Naturschutzgruppen sehr konstruktiv auf Zusammenarbeit setze.[77]

Es mag den Anschein haben, dass der WWF sich an Großkonzerne verkauft, anstatt sich wirkungsvoll und unbestechlich für die Umwelt einzusetzen. Allerdings kann es auch sein, dass es eine wichtige Strategie für eine Umweltschutzorganisation ist, mit Großkonzernen Kooperationen aufzubauen und dadurch ein langsames Umdenken in den Konzernstrategien zu erreichen. Würde es gar keine Kooperation geben, könnten Umweltschutzorganisationen noch weniger erreichen und durchsetzen. Dies ist sicher eine Grundsatzfrage

---

75 Vgl. ebd. TC 11:30–16:00.
76 Vgl. ebd. TC 16:30–19:50.
77 Vgl. ebd. TC 19:50–20:56.

für alle Umwelt- und Naturschutzorganisationen. Entweder sie gehen das Risiko ein, zumindest einen Teil von dem, was sie für Menschen, Tiere und Umwelt erreichen wollen, auch wirklich zu erreichen, dafür Kompromisse einzugehen und Forderungen zu bewilligen, die sie normalerweise nicht unterstützen, oder sie distanzieren sich von Großkonzernen – mit der Gefahr, dass ihre Anliegen gar nicht erfüllt werden und womöglich dadurch noch weniger erreicht wird. Es erscheint mir als zu plakativ und zu einseitig, zu behaupten, dass der WWF Großkonzerne wie *Wilma* bei der Rodung von Regenwäldern und der Vertreibungen der Menschen und Tiere bedingungslos unterstützt, wie es im Film *Der Pakt mit dem Panda* angedeutet wird.

Trotzdem ist unübersehbar, dass der WWF sich bei dem Kongress in Genf den Großkonzernen übermäßig entgegenkommend als Partner anbietet und die Gegenforderungen vergleichsweise sanft wirken. Es steht mir aber nicht zu, zu beurteilen, ob der WWF weitaus mehr erreichen könnte, wenn er sich ein wenig mehr von der Industrie distanzieren und sich mit anderen Strategien noch kraftvoller auf den Schutz von Umwelt, Menschen und Tiere konzentrieren würde.

4.5 Gesetzliche Regelungen

Umweltschutzorganisationen fordern schon lange verbindliche Regelungen, um die Rodung von Regenwäldern zu verhindern und die daraus resultierenden Probleme zu minimieren. Erst in den letzten Jahren wird in nationalen Parlamenten und auch in der EU immer öfters diskutiert, wie man den Einsatz von Palmöl eindämmen kann. EU-weit wurden in den letzten Jahren Fortschritte gemacht. Palmöl wurde bis 2014 in Produkten unter dem Sammelbegriff „pflanzliches Fett“ deklariert. Der genaue Anteil von Palmöl unter diesen pflanzlichen Fetten war somit für KonsumentInnen nicht nachvollziehbar.[78]

Am 13.12.2014 trat die neue EU-Verordnung für die Kennzeichnung von Lebensmitteln in Kraft. Palmöl muss seither namentlich angeben werden. Die EU-Kommission hat außerdem Ende 2017 beschlossen, dass in Biosprit ab 2030 kein Palmöl mehr enthalten sein darf. Derzeit wird fast die Hälfte des nach Europa importierten Palmöls für Biokraftstoffe verwendet.[79] Des Weiteren darf aus Palmöl bestehender Biodiesel ab 2021 nicht mehr als erneuerbarer Treibstoff gekennzeichnet werden.[80] Durch die jahrelange Öffentlichkeitsarbeit der Umweltschutzorganisationen und die daraus resultierenden politischen

78 Vgl. Frerichmann, So erkennen Sie Produkte, die dem Urwald schaden.
79 Vgl. Häusling, Biosprit ab 2021 ohne Palmöl.
80 Vgl. Ott, Was die EU mit der neuen Richtlinie für erneuerbare Energien erreichen will.

Diskussionsprozesse konnte bei vielen KonsumentInnen ein steigendes Bewusstsein über die schädlichen Auswirkungen des Massenanbaus von Palmöl erreicht werden. Dies führte auch in Österreich zu politischen Reaktionen.

Das Thema Palmöl wurde auch im österreichischen Nationalrat diskutiert. Im Juli 2017 wollte Leopold Steinbichler (Team Stronach) im Rahmen einer parlamentarischen Anfrage an Landwirtschaftsminister Rupprechter (ÖVP) wissen, wieviel Palmöl in Österreich in Tierfuttermittel enthalten sei. In der schriftlichen Beantwortung konnte der Minister keine Daten vorlegen, da laut seiner Recherche keine existierten. Auch auf die Frage, wie viel Palmöl in Agrarmarkt Austria (AMA)-Gütesiegel-Produkten enthalten sei, konnte das Ministerium keine detaillierte Auskunft geben. Bundesminister Rupprechter konnte lediglich berichten, dass in Österreich pro Jahr ca. 450.000 Tonnen pflanzliche Fette und Öle verwendet würden und davon nur 10% Palmöl, Palmkernöl oder Palmfett seien. Des Weiteren seien nur in einzelnen Produkten mit dem AMA-Gütesiegel Palmöl enthalten, und bis Anfang 2018 sollten alle Produkte palmölfrei sein. SPÖ-Abgeordneter Markus Vogl warf ein, dass der Boykott von Palmöl auch keine gute Lösung sei, stattdessen sollten KonsumentInnen mehr über Palmöl informiert werden und der Fokus auf fairen Handel und nachhaltige Produkte gelegt werden.[81] Ab dem 01.01.2018 trat für das AMA-Gütesiegel eine neue Richtlinie in Kraft, die festlegt, dass „der Einsatz von Palmöl und Palmkernöl sowie daraus hergestellten Fetten als Zutat […] bei Produkten mit dem AMA-Gütesiegel nicht zulässig"[82] ist. Der Nationalrat hat dieses Anliegen also wie angekündigt umgesetzt.

Diese Bespiele zeigen, dass steigende Aufmerksamkeit der Konsumentinnen durchaus Druck auf gesetzgebende Institutionen aufbauen kann. Sie zeigen aber auch, dass die politische Debatte – ebenso wie ein Großteil der öffentlichen Auseinandersetzung – nicht genügend in die Tiefe geht. Es stellt sich die Frage, ob es wirklich eine Verbesserung darstellt, wenn Palmöl in Produkten durch ein anderes Öl ersetzt wird, das dann ebenso im industriellen Stil angebaut und quer über die ganze Erde transportiert werden muss.

5 Schluss

Nach sorgfältiger Recherche steht außer Zweifel, dass der Begriff „nachhaltig" bei der Produktion von Palmöl grundsätzlich kritisch gesehen werden muss. Für

81 Vgl. Parlament der Republik Österreich, Parlamentskorrespondenz Nr. 894 vom 13.07.2017.

82 AMA, AMA-Gütesiegel „Fleischerzeugnisse".

jede Ölpalme muss ein Stück Regenwald gefällt werden. Der Anbau in monokulturellen Großplantagen hat immer große negative Auswirkungen auf die Umwelt, das Tierreich und die Gesundheit und die Arbeitsbedingungen von Menschen. Doch auch der vollständige Boykott von Palmöl wäre keine Lösung. Das Palmöl müsste durch Sonnenblumen- und Sojaöl ersetzt werden, und das würde einen noch viele größeren Flächenverbrauch mit sich bringen.

Aber was sind wirklich die größeren Themen hinter Palmöl? Ich sehe Veränderungsmöglichkeiten sowohl in einer starken internationalen Staatengemeinschaft als auch in einer wachsenden Verantwortung der einzelnen KonsumentInnen. Durch die große Macht, die Großkonzerne im weltweiten, kapitalistischen Wirtschaftssystem haben, ist es sicher eine große Herausforderung für Umweltschutzorganisationen, authentisch und wirksam zu agieren. Ich schließe daraus, dass nur eine weltweite Zusammenarbeit aller Umwelt- und Naturschutzorganisationen sowie Bürgerrechtsbewegungen, die sich für einen achtsameren Umgang mit unserem Planeten und auch unserem Leben einsetzen, mit den gesetzgebenden Staaten durch wirksame Gesetzte den Schutz garantieren können. Wir brauchen mutige und visionäre PolitikerInnen, die eine ethische und demokratische Weltordnung weiterverfolgen und durch gute gesetzliche Regelungen ein Gegengewicht zu einer undemokratischen Machtkonzentration bei Großkonzernen setzen. Letztendlich steht aber unsere Kultur des Konsums von Überflüssigem hier auf dem Prüfstand. Alle KonsumentInnen müssen ein Bewusstsein dafür entwickeln, welche Folgen der übermäßige Konsum hat.

Literatur

AMA, AMA-Gütesiegel „Fleischerzeugnisse“ (2017): https://b2b.amainfo.at/fileadmin/user_upload/Dokumente/Alle_Dokumente/Alle_Dokumente/Fleischerzeugnisse_-_AMA-G%C3%BCtesiegel_Infobrief_Nr._1_2017.pdf (04.06.2020).

APA, „Palmölskandal“-Studie zeigt schlechte Arbeitsbedingungen auf, in: Der Standard Online (30.11.2016): https://derstandard.at/2000048519150/ Palmoelskandal-Studie-zeigt-schlechte-Arbeitsbedingungen-auf (20.01.2019).

APA, Palmöl findet sich in heimischem Agrodiesel, in: Der Standard Online (10.09.2013): https://derstandard.at/1378248597080/Palmoel-findet-sich-in-heimischem-Agrodiesel (30.07.2018).

Asendorpf, Dirk, Himmel voller Torf, in: ZEIT online (04.09.2015): http://www.zeit.de/2015/44/indonesien-braende-torf-klimawandel-smog (10.07.2018).

Bliem, Katharina, RSPO: Das steckt hinter der Zertifizierung für Palmöl (2017): https://utopia.de/ratgeber/rspo-das-steckt-hinter-der-zertifizierung-fuer-palmoel/ (25.11.2018).

Botanischer Garten der Johannes Gutenberg Universität Mainz, Ölpalme: http://www.botgarten.uni-mainz.de/1158.php (30.07.2018).

Deutschle, Tom, Palmöl – das grüne Erdöl (2018): http://www.faszination-regenwald.de/info-center/zerstoerung/palmoel.htm (13.07.2018).

Ertl, Stephanie, Greenwashing/Bluewashing (2017): https://www.vis.bayern.de/konsum/allgemeines/greenwashing.html (13.08.2018).

Faszination Regenwald (2018): http://www.faszination-regenwald.de/info-center/zerstoerung/palmoel.htm (06.01.2019).

Forum Nachhaltiges Palmöl: https://www.forumpalmoel.org/images/flae (07.01.2019).

Frerichmann, Nora, So erkennen Sie Produkte, die dem Urwald schaden, in: WELT online (13.12.2014): https://www.welt.de/wissenschaft/umwelt/article135330454/So-erkennen-Sie-Produkte-die-dem-Urwald-schaden.html (30.10.2018).

Funk, Petra, Indonesien rodet über 800.000 Hektar Regenwald pro Jahr (2014): https://www.ingenieur.de/technik/fachbereiche/umwelt/indonesien-rodet-ueber-800000-hektar-regenwald-jahr/ (06.09.2018).

Giesecke, Alexander/Schork, Nicolai, Cash Crops und Food Crops – Landwirtschaft in Entwicklungsländern (Video, 2017): https://www.youtube.com/watch?v=wV2VW3ZwjBI (30.12.2018).

Global 2000, Palmöl – Zerstörte Umwelt, geraubtes Land: https://www.global2000.at/sites/global/files/Palmoel_Report.pdf (30.07.2018).

Global 2000, Warum ist Palmöl schlecht?: https://www.global2000.at/warum-ist-palmoel-schlecht (12.07.2018).

Haas, Hans-Dieter, Monokultur: Ökologische und wirtschaftliche Risiken (2012): http://universal_lexikon.deacademic.com/274527/Monokultur%3A_%C3%96kologische_und_wirtschaftliche_Risiken (01.08.2018).

Hartmann, Kathrin, Aus kontrolliertem Raubbau, München 2015.

Hausgarten, Was ist eine Monokultur? Definition, Nachteile und Beispiele: https://www.hausgarten.net/gemuese-gemuesegarten/gemuesegarten-pflegen-pflege/was-ist-eine-monokultur.html (06.09.2018).

Häusling, Martin, Biosprit ab 2021 ohne Palmöl: Umweltausschuss stimmt über Erneuerbaren-Richtlinie ab (2017): https://www.martin-haeusling.eu/themen/erneuerbare-energien/1777-biosprit-ab-2021-ohne-palmoel-umweltausschuss-stimmt-ueber-erneuerbaren-richtlinie-ab.html (30.10.2018).

Huismann, Wilfried (Regie), Der Pakt mit dem Panda (Film), WDR/SWR 2011.

IndexMundi, Kokosöl monatlicher Preis – US-Dollar pro Tonne (2018): https://www.indexmundi.com/de/rohstoffpreise/?ware=kokosol&monate=12 (30.07.2018).

ja! Natürlich: https://www.janatuerlich.at/Ja!_Nat_rlich/Unsere_Meilensteine/16__Meilenstein/Palm_lfrei/Content.aspx (13.07.2018).

Knoke, Irene/Inkermann, Helena, Palmöl – der perfekte Rohstoff? Eine Industrie mit verheerenden Folgen, SÜDWIND-Institut für Ökonomie und Ökumene (Hg.), Bonn 2015: https://www.suedwind-institut.de/files/Suedwind/Publikationen/2015/2015-22%20Palmoel%20eine%20Industrie%20mit%20verheerenden%20Folgen.pdf (28.03.2020).

Kollbrunner, Timo, Wie lange noch Paraquat? (2017): https://pestizide.publiceye.ch/ (06.09.2018).

Langbein, Kurt (Regie), Landraub (DVD), Österreich 2015.

Milhahn, Kirsten, Umweltkatastrophe Palmöl: http://www.geo.de/natur/oekologie/5810-rtkl-umweltkatastrophe-palmoel (10.07.2018).

Noleppa, Steffen/Cartsburg, Matti, Auf der Ölspur – Berechnung zu einer palmölfreien Welt, Berlin (Juli 2016): https://www.wwf.at/de/view/files/download/showDownload/?tool=12&feld=download&sprach_connect=3109 (30.07.2018).

öko-fair, Palmöl – Herstellung: http://www.oeko-fair.de/index.php/cat/1492/title/Herstellung (30.07.2018).

ORF 2015, Satellitenbild: http://orf.at/stories/2306542/2306538/ (17.04.2018).

ORF, Schau, wo dein Essen herkommt! MUTTER ERDE fragt nach (09.10.2018): https://www.muttererde.at/allgemein/schau-wo-dein-essen-herkommt-mutter-erde-fragt-nach/ (28.03.2020).

Ott, Magdalena, Was die EU mit der neuen Richtlinie für erneuerbare Energien erreichen will (2018): https://hlk.co.at/a/was-die-eu-mit-der-neuen-richtlinie-fuer-erneuerbare-energien-erreichen-will (06.09.2018).

Palm-oel, Palmöl – Inhaltsstoffe, Wirkung und Anwendung: http://www.palm-oel.info/ (02.09.2018).

Parlament der Republik Österreich, Parlamentskorrespondenz Nr. 894 (13.07.2017): https://www.parlament.gv.at/PAKT/PR/JAHR_2017/PK0894/ (30.10.2018).

Pastowski, Andreas, Sozial-ökologische Bewertung der stationären energetischen Nutzung von importierten Biokraftstoffen am Beispiel von Palmöl, Wuppertal (September 2007): https://epub.wupperinst.org/frontdoor/deliver/index/docId/2833/file/2833_Palmoel.pdf (31.07.2018).

Pichler, Melanie, Umkämpfte Natur – Politische Ökologie der Palmöl- und Agrartreibstoffproduktion in Südostasien, Münster 2014.

RSPO, About Us: https://rspo.org/about (17.08.2018).

RSPO, Supply Chain Certification Standards (2014, überarbeitet im Juni 2017): https://www.rspo.org/key-documents/certification/rspo-supply-chain-certification (17.08.2018).

Schadwinkel, Alina, Die Welt braucht neues Öl, in: ZEIT online (05.11.2015): http://www.zeit.de/wissen/umwelt/2015-11/palmoel-pflanzen-oel-indonesien-brandrodung (03.09.2018).

Statista, Produktion von Palmöl weltweit in den Jahren 2002/03 bis 2018/19 (in Millionen Tonnen) (2018): https://de.statista.com/statistik/daten/studie/443045/umfrage/produktion-von-palmoel-weltweit/ (02.11.2018).

Südwind Institut, Indonesiens „grüne Wüste" – der unstillbare Hunger nach Palmöl, Südwind-Zeitung 7 (2017): file:///C:/Users/User/Documents/VWA/Südwind%20Artikel%20Indonesien.pdf (01.08.2018).

Wenger, Karin, Die hässliche Seite des Palmöl-Booms (Radiosendung, Kalimantan, SRF, 06.03.2017): https://www.srf.ch/news/international/die-haessliche-seite-des-palmoel-booms (11.07.2018).

Wikipedia, Cargill: https://de.wikipedia.org/wiki/Cargill (25.11.2018).

Wikipedia, Palmöl: https://de.wikipedia.org /wiki/Palm%C3%B6l#Nutzung_als_Nahrungsmittel (16.08.2018).

Wikipedia, Roundtable on Sustainable Palm Oil: https://de.wikipedia.org/wiki/Roundtable_on_Sustainable_Palm_Oil (25.11.2018).

WWF Österreich, Hässlich (Video, 2015): https://www.youtube.com/watch?time_continue=16&v=1y-Dghhci7c (25.11.2018).

WWF, Auf der Ölspur: WWF-Berechnungen zu einem palmfreien Deutschland (Berlin 2016): https://www.wwf.de/fileadmin/fm-wwf/Publikationen-PDF/WWF-Studie_Auf_der_OElspur.pdf (10.07.2018).

WWF, Borneo-Orang-Utan: https://www.wwf.at/de/borneo-orangutan/ (13.11.2018).

WWF, How can Palm Oil be More Sustainable? The Roundtable on Sustainable Palm Oil and WWF's Role in it (Video, 2017): https://www.youtube.com/watch?v=0Lev1m nonUM (13.08.2018).

WWF, Runder Tisch für Palmöl (2016): https://www.wwf.de/themen-projekte/landwirtschaft/produkte-aus-der-landwirtschaft/runde-tische/runder-tisch-palmoel/ (17.08.2018).

ZeroPalmöl, Welche Eigenschaften machen Palmöl eigentlich so besonders und stimmt das überhaupt?: http://www.zeropalmoel.de/content/eigenschaften (02.09.2018).

Erem Celebi

Die Frau als Ware. Frauenhandel im 21. Jahrhundert[1]

Abstract: The international trafficking of women is one of the greatest crimes of the present day. This article gives an insight into the history of the trafficking of women and prostitution, and highlights the strategies of the perpetrators in the victims' countries of origin. The main reasons for the trafficking of women are poverty in the countries of the Global South, together with a patriarchal image of women that encourages discrimination against women, at the very least. The article focuses on the trafficking of women in Asia, particularly in India and Thailand. In conclusion it proposes measures against the trafficking of women, with the most important being overcoming the eradication of poverty, justice, education and help for the victims.

Keywords: women trafficking, prostitution, India, Thailand, violence against women

1 Einleitung

Der Frauenhandel ist ein globales Problem, Millionen von Opfer – sowohl aus Dritte-Welt-Ländern als auch aus entwickelten Ländern – sind davon betroffen. Die reale Reichweite dieses menschenrechtswidrigen Aktes ist jedoch nicht bekannt, da die Dunkelziffer zu hoch und variabel ist. Heutzutage wird der Frauenhandel oft als eine moderne Art der Versklavung angesehen, da die Frauen im Haushalt, sexuell und auch auf andere Weise ausgebeutet werden. Außerdem gilt er als eine gravierende Straftat, weil mehrere Menschenrechte dadurch verletzt werden.

Mein persönliches Interesse an diesem Thema wurde geweckt, nachdem ich *Ware Frau* von Corinna Milborn und Mary Kreutzer gelesen habe. Das Werk beleuchtet größtenteils Einzelschicksale von Frauen, die dem Frauenhandel in Afrika zum Opfer gefallen sind.

Die vorliegende Arbeit basiert fast ausschließlich auf wissenschaftlicher Literatur, jedoch fließt auch ein Experten*inneninterview mit einer Expertin der NGO LEFÖ ein, eine Organisation, welche sich für die Beratung, Bildung und Begleitung von Migrantinnen einsetzt und eine Beratungsstelle für Betroffene

1 Vorwissenschaftliche Arbeit, Klasse 8 B, Borg3 (Landstraßer Hauptstraße 70, 1030 Wien), Betreuerin: Mag.[a] Christine Schwärzler, abgeschlossen im Februar 2019.

von Frauenhandel hat[2]. Zuerst wird die weit in die Vergangenheit reichende Geschichte des Frauenhandels und in weiterer Folge der Frauenhandel im 21. Jahrhundert erläutert. Im Hauptteil der Arbeit werden die diversen Strategien von Menschenhändler*innen, die Wege der Täter*innen und Opfer nach Österreich, die Zwangsprostitution und die Gegenmaßnahmen elaboriert. Zum Schluss wird der Frauenhandel in Indien und Thailand thematisiert. Auf die einzelnen Konventionen und Protokolle wird nicht genauer eingegangen, weil eine vollständige Wiedergabe den Rahmen der Arbeit sprengen würde.

2 Geschichte des Frauenhandels

Der Handel mit der Frau als Ware ist kein neues Phänomen, er ist in vielen historischen Zusammenhängen zu finden. Bereits in der Antike handelt man mit Sklavinnen zum Zweck sexueller Dienstleistung. Daraus resultierend gibt es in historischen Quellen auch Angaben zum Frauenhandel. Zum Beispiel schreibt der römische Schreiber Titus Livius über die Entführung der Sabinerinnen. Es handelt sich hierbei um eine Sage, die von der Frauenknappheit der Römer erzählt. Als Folge veranstalten die Römer Feierlichkeiten für ihren Gott Neptun, bei denen sie alle Nachbarvölker einladen. Speziell Sabiner kommen in großen Mengen mit ihren Frauen. Die Römer rauben dann die Jungfrauen der Sabiner, damit sie den Nachwuchs für die Stadt gebären. Viele Historiker*innen sehen die Wurzeln des Menschen- bzw. Frauenhandels deshalb schon bei den Römern. Um ihre sexuelle Begierde zu befriedigen, holen diese aus jeder Ecke ihres Reiches Frauen und Mädchen, um diese dann in entsprechende Einrichtungen zu stecken.[3]

Im Mittelalter entwickelt sich der Frauenhandel und mit ihm die Prostitution immer weiter. Die damaligen Bordelle, die als Frauenhäuser bekannt sind, bekommen einen immer größeren Stellenwert in den europäischen Städten. Sie sind Eigentum der Städte und manchmal gar der Kirche, weil die Arbeiterinnen einen Beitrag ihrer Verdienste abgeben müssen und sich dies als bewährte Einnahmequelle qualifiziert.[4] Laut diverser Quellen soll die Kirche im weitesten Sinne auch den Erbau von solchen Frauenhäusern – beispielsweise in Mainz – unterstützt haben. Des Weiteren gibt es auch Beweise dafür, dass jene, die dort gearbeitet haben, Opfer des Handels gewesen sind.

---

2 Vgl. http://www.lefoe.at/index.php/ibf.html (25.09.2018).

3 Vgl. Dabek, Menschenhandel, 11 f.

4 Vgl. Rolf, Die Bekämpfung des Frauenhandels, 46.

Gerade zur Zeit der Kolonialisierung boomt der Handel. Im Besonderen hat der atlantische Dreieckshandel[5] zu dieser Zeit eine sogenannte Blütezeit. Die Opfer, die in Amerika ankommen, werden wie Waren auf Märkten zum Verkauf präsentiert. Seinerzeit befindet sich auf der Insel Curacao der größte Sklav*innenmarkt.[6] Diese Sklav*innen müssen neben der Arbeit auf den Plantagen auch die sexuellen Gelüste der Sklavenhalter befriedigen. Manche Kolonialherren lassen sich auch von ihren Sklavinnen nackt bedienen[7] und „sich von ihnen im Schlaf kühle Luft zufächeln"[8].

Der Begriff „Frauenhandel" wird in den vergangenen Jahrhunderten verschieden gedeutet. Der Frauenhandel wird oft mit Sexarbeit verknüpft. Gerade zu Beginn des 19. Jahrhunderts haben viele Publikationen in Bezug auf den Frauenhandel ausschließlich mit Sexarbeit und Prostitutionshandel zu tun.[9] Dies hat auch zur Folge, dass es sich bei dem „neuen" Handel mit der Ware Frau im 19. und 20. Jahrhundert eher nur um die Prostitution handelt.

2.1 Regulation der Prostitution und somit des Frauenhandels

Laut Geisteswissenschaftler*innen und den feministischen Bewegungen Anfang des 19. Jahrhunderts ist der damals „neue" Frauenhandel eine direkte Konsequenz der Regulation der Prostitution,[10] da, wie bereits erwähnt, sich alle Publikationen zum Thema Frauenhandel auf die Definition des Handels mit der Ware Frau[11] „als Handel mit Prostituierten, Rahmenbedingungen von Prostitution, die Sklaverei ähneln, und auf die Prostitution selbst"[12] beziehen. Ihren Beginn findet die Regulation als hygienische Maßnahme im Zuge der französischen Revolution, da viele Soldaten der französischen Armee unter Geschlechtskrankheiten leiden und dies ihre Militärmacht beeinträchtigt; später etabliert sie sich in Deutschland und folglich dann in ganz Europa. Um das Ziel, die hygienischen Verhältnisse zu verbessern, auch zu erreichen, müssen sich Prostituierte staatlich registrieren und verpflichtenden Untersuchungen unterziehen. Auf Grund der Regulierung werden die Prostituierten als abnormal angesehen und

5 Handel, der über den atlantischen Ozean zwischen Afrika, Amerika und Europa stattfand.
6 Vgl. Kriegsreisende, Sklavenhandel.
7 Vgl, Dabek, Menschenhandel, 13 f.
8 Kriegsreisende, Sklavenhandel.
9 Vgl. Bangisa, Die Frau als Ware, 11.
10 Vgl. Mentz, Frauenhandel als migrationsrechtliches Problem, 38.
11 Vgl. Bangisa, Die Frau als Ware, 11.
12 Ebd.

folglich auch nur halbwertig anerkannt.[13] Da die Ausübung der Prostitution aus moralischer Perspektive niederwertig ist, kommt es zur Bildung von Prostitutionsmilieus, die mit Ghettos vergleichbar sind. In solchen Vierteln herrscht Anonymität, die als Schutz für die Frau dienen soll. Zuvor ist es noch üblich, dass die Beschäftigung im üblichen Wohnbezirk durchgeführt wird.[14]

2.2 Die Abschaffung des Frauenhandels und der Prostitution

Zu Beginn des 20. Jahrhunderts formt sich eine neue feministische Bewegung, die sich zum Ziel setzt, das gesellschaftliche Bild der Frau zu verbessern. Anstoß dafür ist der omnipräsente Frauenhandel.[15] Der Frauenhandel wird vor allem mit der Prostitution assoziiert, deshalb gehen diverse Vertreter*innen der feministischen Bewegung davon aus, dass Prostitution keine Erwerbstätigkeit sein kann und man sie deshalb abschaffen müsse.[16] Die Bewegung ist gegen die strukturelle Sklaverei von Frauen und setzt voraus, dass alle Regelungen, die die Prostitution fördern, abgeschafft werden müssen.[17]

Die Forderungen münden schließlich in vier internationale Abkommen, das „Internationale Übereinkommen zu Gewährleistung eines wirksamen Schutzes gegen Mädchenhandel" aus dem Jahr 1904, das „Internationale Übereinkommen zur Bekämpfung des Mädchenhandels" 1910 und das „Internationale Übereinkommen über die Unterdrückung des Handels mit volljährigen Frauen", welches 1933 unterzeichnet wird.[18] Vier Jahre nach dem Zweiten Weltkrieg wird die vierte Konvention „Konvention zur Unterbindung des Menschenhandels und der Ausnutzung der Prostitution anderer" unterzeichnet. Sie wird jedoch nur von 81 Staaten unterzeichnet, da die Maßnahmen die freiwillige Prostitution einschließen.[19]

2.3 Das Auftreten des Frauenhandels im 19. und 20. Jahrhundert

Zu Beginn des 19. Jahrhunderts erreicht der Frauenhandel aufgrund der sexuellen Ausbeutung eine expansive Phase. Viele Familien aus Osteuropa verkaufen ihre Töchter, da sie unter starker Geldnot leiden, oder die Frauen und Mädchen

13 Vgl. Mentz, Frauenhandel als migrationsrechtliches Problem, 38.
14 Vgl. Bangisa, Die Frau als Ware, 11.
15 Vgl. ebd. 12.
16 Vgl. Mentz, Frauenhandel als migrationsrechtliches Problem, 39.
17 Vgl. Bangisa, Die Frau als Ware, 12.
18 Vgl. Humanrights, Menschenhandel.
19 Vgl. Amnesty, Bildungsmaterialien zum Thema Frauenhandel, 12.

beschließen, dass sie – um erwerbstätig zu sein – sich auf das Geschäft von Anwerber*innen einlassen. Speziell die ärmeren Bürgerinnen sind von diesem Phänomen betroffen, da gerade national – in den Hauptstädten – mit ihnen gehandelt wird. Vor allem wird mit Frauen und Mädchen aus Russland und Galizien gehandelt. Die meisten dieser Opfer sind Jüdinnen, die international gehandelt werden, da diese besonders unter der Beseitigung der Erwerbsarbeit leiden.[20] Die Mehrheit der besagten Frauen wird in Bordelle in die Türkei, Ägypten und Russland verkauft.[21]

In der Mitte des 19. Jahrhunderts registriert die Bewegung zur Abschaffung der Prostitution den Frauenhandel von Engländerinnen nach Frankreich, aber auch in andere europäische Länder. Die Opfer werden verschieden angeworben, zumal in Zeitungsannoncen affirmative Jobs angeboten werden oder die Anwerber*innen auf Bahnhöfen auf die Jagd zu gehen beschließen. Gegen Ende des 19. Jahrhunderts wird durch die Arbeit der Aktivistin Donaldina Cameron Licht in den Frauenhandel von Chinesinnen nach Kalifornien gebracht. Oftmals werden die Chinesinnen von ihren Eltern verkauft, da das Versprechen, in den USA mit einem reichen Mann verheiratet zu werden, oftmals sehr ansprechend ist und auch dem damaligen Gesellschaftsbild entspricht.[22] Außerdem werden viele Chinesinnen in der Mitte des 19. Jahrhunderts zum Zwecke der Zwangsarbeit nach Thailand vermittelt.[23]

Zu Beginn des 20. Jahrhunderts immigrierten mehrere Juden aus Osteuropa nach Übersee. Mehrere Frauen sollen in diesem Zeitraum auch dem Frauenhandel zum Opfer gefallen sein. Gerade nach Südamerika soll man die Mehrheit – mit dem Versprechen verheiratet zu werden – gehandelt haben. Es wird von der Annahme ausgegangen, dass mehr als die Hälfte der 200.000 Frauen aufgrund von Krankheiten oder Suizid verstorben ist.[24]

Im Jahre 1939 lässt das Oberhaupt der nationalsozialistischen Sicherheitspolizei Frauen, die in der Prostitution erwerbstätig sind, gynäkologischen Kontrollen unterziehen. Dies gilt im Besonderen für die polnischen Prostituierten. Träte der Fall auf, dass ein deutscher Soldat von einer Geschlechtskrankheit infiziert wird, würde man die Prostituierte zum Tode verurteilen. Außerdem verfrachtet man zur damaligen Zeit Frauen nach Deutschland, damit sie dort in Bordellen arbeiten. Nach der Kapitulation Deutschlands und der Besetzung

20 Vgl. Schidlof, Der Mädchenhandel, 57.
21 Vgl. Rolf, Die Bekämpfung des Frauenhandels, 48.
22 Vgl. Mentz, Frauenhandel als migrationsrechtliches Problem, 40 f.
23 Vgl. Skrobanek u. a., The Traffic in Women, 8.
24 Vgl. Mentz, Frauenhandel als migrationsrechtliches Problem, 40 f.

Deutschlands und Österreichs durch die Alliierten lässt sich eine rasche Aufwärtsbewegung der Sexarbeiterinnen feststellen. Der Grund für diese Zunahme ist, dass die Rote Armee hunderttausende – sowohl deutsche als auch polnische – Frauen vergewaltigen. Parallel entstehen in Polen diverse Bordelle, in denen Frauen zwangsweise arbeiten, um sich ihren Lebensunterhalt zu sichern. Viele der besagten Frauen haben aufgrund des Krieges ihren Mann verloren, was zur Folge hat, dass zur damaligen Zeit auch der „Ernährer" der Familie fehlt und sie folglich gezwungen sind, Geld zu verdienen, um sich über Wasser zu halten.[25]

Außerdem errichten die Nationalsozialisten in Ravensbrück das einzige Konzentrationslager für Frauen. Die Inhaftierten müssen Zwangsarbeit leisten und werden inhumanen Bedingungen ausgesetzt.[26] Die Definition der UNDOC für den Menschenhandel – also auch den Frauenhandel – besagt:

> Trafficking in Persons as the recruitment, transportation, transfer, harbouring or receipt of persons, by means of the threat or use of force or other forms of coercion, of abduction, of fraud, of deception, of the abuse of power or of a position of vulnerability or of the giving or receiving of payments or benefits to achieve the consent of a person having control over another person, for the purpose of exploitation. Exploitation shall include, at a minimum, the exploitation of the prostitution of others or other forms of sexual exploitation, forced labour or services, slavery or practices similar to slavery, servitude or the removal of organs.[27]

Die Ausbeutung von Frauen im Konzentrationslager ist somit auch ein Teil des Frauenhandels. Ravensbrück ist ein Dorf im Norden Brandenburgs. 1938–1939 errichtet man dort ein besonderes Konzentrationslager für die weiblichen Häftlinge des Konzentrationslagers Sachsenhausen.[28] Im Frühjahr 1939 kommt es zur ersten „Umlagerung" der Insassinnen aus dem Konzentrationslager Lichtenburg in das Konzentrationslager Ravensbrück. Das Frauenkonzentrationslager erlebt diverse Ergänzungen. Man errichtet weitere Baracken, die als „Industriehof" dienen, in denen typische Frauenberufe praktiziert werden. Im Verlauf des Zweiten Weltkrieges kommen weitere 70 Nebenlager hinzu, in denen die Frauen im Besonderen für die Produktion von Waffen für den Krieg ausgenutzt werden.[29]

Neben der Zwangsarbeit beutet man die Frauen auch aus, indem man sie als „Versuchskaninchen" für Experimente nutzt. Der damals zuständige Arzt ist

25 Vgl. Jelovcan, Frauenhandel und Gegenmaßnahmen, 13.
26 Vgl. Heid, Frauen-KZ Ravensbrück.
27 United Nations, Human Trafficking.
28 Vgl. Heid, Frauen-KZ Ravensbrück.
29 Vgl. Das Frauenkonzentrationslager Ravensbrück.

Fritz Fischer.[30] Fritz Fischer wird später wegen dieser Versuche an Menschen, im Gegensatz zu Josef Mengele, zu lebenslanger Haft verurteilt.[31] Er quält die Frauen auf verschiedenste Art und Weise. Die Zeitzeugin Wanda Poltawska sagt, dass er zum Beispiel Wunden auf den Beinen der damals jungen Frauen mit Bakterien infiziert habe.[32] Des Weiteren soll er auch einer Frau ihr Schulterblatt entfernt haben, um dieses einem Privatpatienten zu implantieren.[33]

3 Frauenhandel im 21. Jahrhundert

Der Handel mit der Frau bzw. mit dem Menschen als Ware ist im 21. Jahrhundert neben dem Drogenhandel eines der profitabelsten Geschäfte der Welt, sogar den Waffenhandel hat er überholt. Man geht von der Annahme aus, dass er früher oder später auch den Drogenhandel übertreffen wird. Meist sind es die Armen, die in die Industrieländer verschleppt werden.[34] Das wird durch Abbildung 1 verdeutlicht. Der Großteil Asiens und auch Länder in Afrika wie beispielsweise Nigeria sind typische Heimatländer, wohingegen Kontinente wie Nordamerika und Europa als Zielländer angezeigt werden.

Die globale Ausprägung des Frauenhandels kann nur schwer eingeschätzt werden, da jegliche Schätzungen, die bezüglich Opferzahlen getroffen werden, meist verschiedenen Deutungen und Definitionen vom Frauenhandel entsprechen.[35]

Eine Studie aus dem Jahre 2006, die die US-amerikanische Regierung in Auftrag gegeben hat, gibt bekannt, dass mit ca. 800.000 Menschen global innerhalb desselben Jahres gehandelt wurde, jedoch zieht die Studie jene Opfer nicht in Betracht, die innerhalb nationaler Grenzen gehandelt werden.[36] Der Großteil der Opfer ist, wie in Abbildung 2 gezeigt wird, weiblich, da vor allem Mädchen und Frauen nicht nur zum Zwecke der Zwangsarbeit – wie im Falle der männlichen Opfer –, sondern auch für Eheschließungen, Haushaltsarbeiten und Prostitution genutzt werden. Frauen und Mädchen machen vor allem wegen ihres benachteiligten sozialen Status und der herrschenden strukturellen Gewalt im Heimatland die Mehrheit aus. Abbildung 2 ist ein Indiz dafür, dass hauptsächlich Frauen – gerade, weil die Bandbreite der Ausbeutung so groß ist – bzw. Mädchen vom Menschenhandel betroffen sind.

30 Vgl. Iken, Vom Mut der Kaninchen.
31 Vgl. Klee, Gewissenlose Medizin.
32 Vgl. Iken, Vom Mut der Kaninchen.
33 Vgl. Klee, Gewissenlose Medizin.
34 Vgl. Sari, Versteckte Verbrechen, 4.
35 Vgl. Mentz, Frauenhandel als migrationsrechtliches Problem, 44.
36 Vgl. Dabek, Menschenhandel, 19.

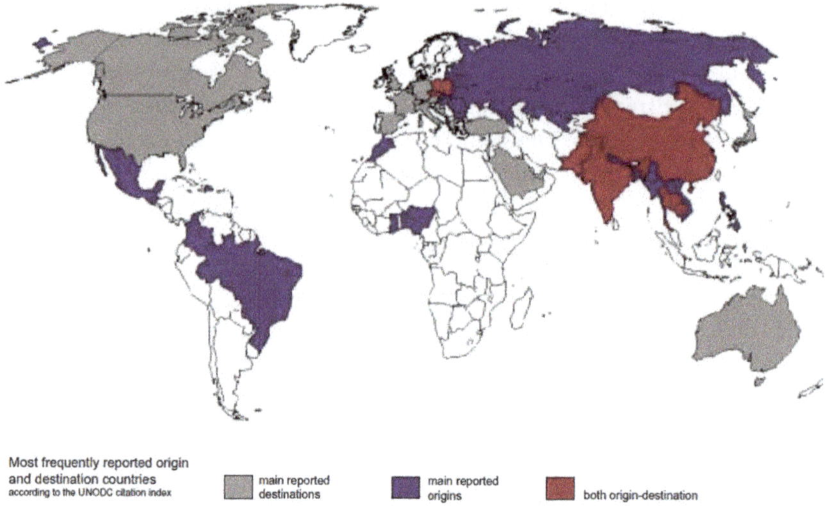

Abbildung 1: Weltweite Herkunfts- und Zielländer/Kontinente (Quelle: vgl. Proverbs, Clothes for a Cause)

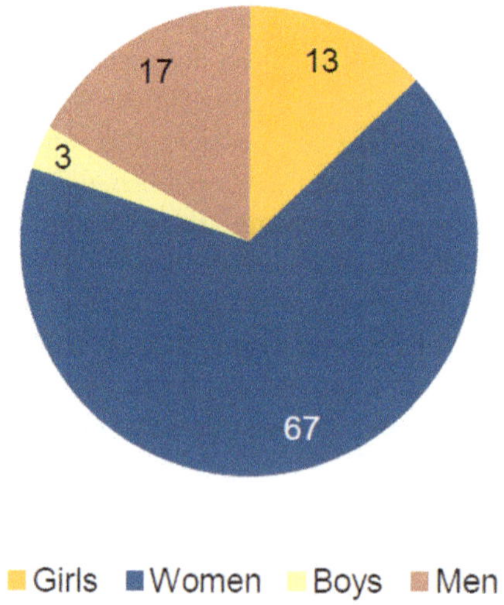

Abbildung 2: Registrierte Opfer des Menschenhandels nach Geschlecht und Altersklasse in Prozent (Quelle: vgl. Eurostat, Trafficking in Human Beings)

Wie bereits erwähnt ist der Handel mit Frauen ein Milliardengeschäft. Wie bei den Opferzahlen ist es auch hier schwer, den genauen Jahresumsatz zu definieren, da das Verständnis von Frauenhandel ausschlaggebend ist. Laut Schätzungen macht der Frauenhandel zwei Drittel des Jahresumsatzes des gesamten Menschenhandels aus,[37] vor allem da Frauen und Mädchen in ärmeren Ländern oft aufgrund ihrer benachteiligten sozialen Bedingungen, der patriarchalen Hierarchiestruktur und der strukturellen Gewalt sehr leichte Opfer für Anwerber*innen sind.

3.1 Feminisierung der Migration

Seit den 1980er Jahren steigt der Anteil an Frauen unter den Migrant*innen.[38] Früher begleiteten Frauen – im Gegensatz zu heute – den Mann als Familienmitglied. Heute wird die Migration als Lebensstrategie gesehen. Das alleinige Emigrieren der Frau aus dem Heimatland ist unter dem Begriff „Feminisierung der Migration“ bekannt.[39] Nichtsdestotrotz ist es für eine Frau allein schwierig, aus dem Heimatland zu flüchten bzw. auszuwandern, und hier kommen dann die Anwerber*innen des Frauenhandels ins Spiel. Sie nutzen die Wünsche der Frauen zu ihren eigenen Gunsten aus.

Der Grund für diese Feminisierung hat verschiedene Wurzeln. In Ländern, in denen der Frauenhandel üblich ist, ist es gang und gäbe, dass die Frau mehr am ökonomischen Überleben beteiligt ist als früher. Zudem kommen Push-Faktoren wie die Perspektivenlosigkeit und die nicht existente Sozialsicherung hinzu. Folglich ist die einzige Chance, um das Überleben zu sichern, das Arbeiten im Ausland, da durch regelmäßige Transaktionen der Familie ein Leben gesichert werden kann, weshalb Frauen auch oft auf die Arbeitsversprechen von Anwerber*innen eingehen.[40] Jedoch können auch familiäre Probleme (z. B. Alkoholismus, Drogensucht) Gründe für die Migration sein. Außerdem herrschen in vielen Ländern auch Traumvorstellungen von Westeuropa, von Unabhängigkeit, Wohlstand und Sicherheit.[41] Die erwähnten Faktoren sind natürlich essenziell für Anwerber*innen, da sie die Probleme der Frau ausnutzen und sie somit zum Opfer machen.

37 Vgl. Mentz, Frauenhandel als migrationsrechtliches Problem, 44 f.
38 Vgl. ebd. 76.
39 Vgl. Dabek, Menschenhandel, 59.
40 Vgl. ebd. 59 f.
41 Vgl. Bangisa, Die Frau als Ware, 20.

Frauen sind meist aufgrund diverser Hierarchiestrukturen im Ab- und Einwanderungsland gefährdet ausgenutzt zu werden.[42] Zwar gibt es auch Entführungsfälle, nur sind diese so gering, dass man sie nicht berücksichtigt. Jede Frau entscheidet sich bewusst dafür, sich den Risiken auszusetzen, um ihr Verlangen nach Migration durchzusetzen, jedoch ist das drohende Unheil, welches sie eigentlich erwartet, im Heimatland nur selten bekannt. Jene Frauen, die im Zielland schlechte Erfahrungen machen, erwähnen diese zu Hause eher nicht, vor allem nicht, wenn sie zur Prostitution gezwungen werden. Der Grund dafür ist, dass in den Heimatländern meist die Opfer beschuldigt werden und deshalb nur sehr wenige Informationen über die diversen Risiken und Taktiken im Heimatland vermittelt werden.[43]

3.2 Das Rollenverständnis der Frau

Das Arbeiten im Haushalt, die Befriedigung der Bedürfnisse des Partners und die Erziehung des Kindes sind Tätigkeiten, die entsprechend dem traditionellen Rollenverständnis sogenannte „Frauenjobs" sind und auch von diesen praktiziert werden sollen. Auch heute werden berufliche Tätigkeiten unterschiedlich bewertet und entlohnt. Meist werden Männerberufe, die von einer Frau ausgeübt werden, für belangloser empfunden. Dies zeigt sich auch durch den immer noch herrschenden Lohnunterschied zwischen Mann und Frau. In den Heimatländern der gehandelten Frauen ist dies nochmals anders. Frauen werden allgemein nicht entlohnt. Sehr oft arbeiten sie beispielsweise in der Altenbetreuung unbezahlt.

Allgemein kann berichtet werden, dass Frauen einen kritischeren Zugang zu Arbeit im formellen Sektor haben, vor allem in Entwicklungsländern, wo Frauen grundsätzlich nicht die gleiche Bildung wie Männer erhalten. Deshalb ist es auch nicht außergewöhnlich, dass der Handel mit der Ware Frau besonders in informellen Tätigkeitsfeldern, sprich Haushalt und Ehe, erfolgt. Grundsätzlich kann das Rollenverständnis auch die Ursache für den Handel sein; in manchen Herkunftsländern wie Nordthailand und Bangladesch verkaufen die Eltern die Tochter in Metropolen, um den Familienunterhalt zu sichern. Die „Gewohnheit", die Tochter zu verheiraten, ist mit dem Verkaufen gleichgestellt. Dies sind natürlich gute Bedingungen für die Anwerber*innen, ihr Vorhaben in die Tat umzusetzen.[44]

42 Vgl. Dabek, Menschenhandel, 60.
43 Vgl. Mentz, Frauenhandel als migrationsrechtliches Problem, 77.
44 Vgl. ebd. 80 ff.

4 Aufrechterhaltung des Frauenhandels

Die Ursachen des Frauenhandels sind situationsbedingt und vielfältig. Sowohl das Zusammenspiel zwischen den Push- und Pull-Faktoren als auch die Motive der Täter*innen spielen hier eine Rolle.

4.1 Lage im Heimatland

Die Hauptursache für das Aufkommen des Frauenhandels sind die diversen Push-Faktoren, die die betroffene Person dazu treiben, auf den Handel einzugehen. Des Weiteren sind die Frauen meist weniger privilegiert als Männer, was zur Folge hat, dass sie leichtere Opfer sind. Die Perspektivenlosigkeit ist oft das wichtigste Motiv der Frauen. Ihr Ziel besteht darin, den eigenen materiellen Lebensstandard zu verbessern, aber auch die Familie zu unterstützen. Genau diese Wünsche sind für die Anwerber*innen pures Gold, da sie aufgrund der herrschenden Traumvorstellungen die Frau simpel austricksen können.

4.2 Nachfrage

Ein wichtiges Kriterium für die Aufrechterhaltung des Frauenhandels ist die herrschende Nachfrage. Gerade in Westeuropa ist die Nachfrage nach Haushaltshilfen, Pflegerinnen, Ehefrauen und Sexarbeiterinnen sehr stark. Ausländische Frauen sind sehr begehrt, da sie günstiger sind. Außerdem ist es eine Art von Fetisch, denn die Frauen sind „begehrter", wenn sie exotisch und zäher sind. Auch die Frauenemanzipation in den entwickelten Ländern Europas scheint ein Problem für manche Männer zu sein.[45]

5 Strategien und Wege des Frauenhandels

Die Täter*innen nutzen diverse Methoden, um ihre Opfer zu rekrutieren. Über Zeitungsanzeigen, in denen solide wirkende Tätigkeiten versprochen werden, wird der Kontakt zu späteren Opfern aufgenommen. Auch auf diverseste Anfragen, in denen die Frauen nach Arbeit suchen, wird geantwortet. Außerdem gehen die Täter*innen auch in die Offensive, indem sie die Frauen in Diskotheken, Gaststätten oder auch auf öffentlichen Straßen ansprechen und verschiedene Berufe anpreisen.[46] Darüber hinaus nutzten die Täter*innen auch Partner- und Heiratsagenturen. Außerdem werden Opfer auch von Zuhälter*innen im

45 Vgl. ebd. 74 f.

46 Vgl. Bangisa, Die Frau als Ware, 36.

Heimatland gekauft und ins Zielland geschleust.[47] Es stellt sich natürlich die Frage, warum die Opfer auf die Versprechen eingehen. Aufgrund der teilweise katastrophalen Umstände in den Heimatländern ist es für die Anwerber*innen nicht sonderlich schwer. Außerdem sind es die sogenannten „Push-Faktoren" (auch als Schubfaktoren bekannt) wie Armut oder Analphabetismus, auf die die Perspektivlosigkeit folgt, welche die Frauen meist dazu verleiten, auf die Arbeitsversprechen der Anwerber*innen einzugehen, vor allem wenn die „Pull-Faktoren" (auch Sogfaktoren genannt) wie die Existenzsicherung und ein lukrativer Job (etwa als Sekretärin) angeboten werden.[48] Für die Betroffenen ist es kaum möglich, auf legalem Wege zu migrieren, dies gelingt meist nur durch die Mithilfe von Schlepper*innen oder den (zukünftigen) Ehemännern, die Staatsbürger eines anderen Landes sind. Dadurch hängt die bevorzugte Destination von der Anfrage der Männer sowie der Bordelle ab. Vor allem Thailänderinnen werden durch ihre „Ehemänner" vermittelt, wohingegen philippinische Frauen oft durch Schlepper*innen und Privatpersonen weitergeleitet werden.[49]

Der Frauenhandel mit Asiatinnen und speziell mit Philippininnen floriert in den 1980er Jahren, gerade was den Heiratshandel angeht. Dadurch etabliert sich das Geschäft mit sogenannten „Versandkatalogbräuten". Eine immense Zahl an „Heiratsagenturen" verfrachtet Frauen in Länder wie Deutschland, Großbritannien und Norwegen.[50] Gerade Länder wie Österreich oder die Schweiz sind bevorzugt, da hier Stabilität und existenzielle Absicherung bestehen. Außerdem sind sie für Händler*innen – aufgrund mehrerer Wege, die auch für den Waffen- und Drogenhandel genutzt werden – leichter erreichbar.[51]

> Hier zeigt sich, dass Menschenhändler wie Unternehmer agieren: Sie nutzen jene Staaten für den Transit und bringen ihre Opfer in jene Staaten, in denen sie die höchsten Profite und die geringsten Risiken erwarten, wobei auch der Grad der Korruption in den Reihen von Justiz und Polizei, vor allem an den Grenzen, eine Rolle spielt.[52]

Österreich betreffen vier handelsübliche Routen: die Adria-Italien-Brennerroute, die Ostroute, die Balkanroute und die Afrika-Route. Die Adria-Italien-Brennerroute erstreckt sich – wie in Abbildung 3 erkennbar – von der südlichen

---

47 Vgl. Mentz, Frauenhandel als migrationsrechtliches Problem, 68.
48 Vgl. Paulus, Frauenhandel und Zwangsprostitution, 61.
49 Vgl. Niesner, Ein Traum vom besseren Leben, 57 ff.
50 Vgl. Agisra, Frauenhandel und Prostitutionstourismus, 191.
51 Vgl. Lemmerer, Die Bekämpfung des Menschenhandels, 60.
52 Nautz, Frauenhandel und Gegenstrategien, 53, zitiert nach: Lemmerer, Die Bekämpfung des Menschenhandels, 60.

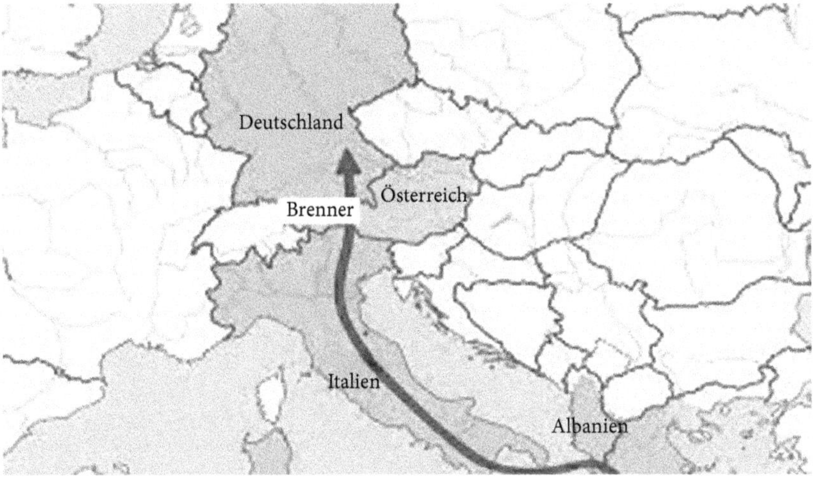

Abbildung 3: Adria-Italien-Brennerroute (Quelle: vgl. TA KI, Albaniens Mafia lotst Flüchtlinge nun über Adria)

Adria über Italien. Nach der Ankunft in Italien wird mittels Fahrzeugen weitertransportiert. Sie erstreckt sich weiter über den Brenner nach Österreich.

Die Ostroute hat ihren Ursprung in Russland, der Ukraine und Weißrussland. Sie zieht sich über Ungarn, Tschechien oder der Slowakei entlang. Genutzt werden auch hier Fahrzeuge wie Autos und Züge.[53] Die Balkanroute erstreckt sich im Grunde genommen von der Türkei über den Balkan nach Italien, Österreich und Deutschland. Gerade Italien, Österreich und Deutschland sind auch die präferierten Zielländer.[54] Diese Route ist gerade für Österreich im Sinne der „illegalen" Migration von äußerster Relevanz, da dies die Route ist, die von vielen Flüchtlingen aus Afghanistan und Syrien genutzt wird.[55]

Außerdem führen, wie in Abbildung 5 gezeigt wird, diverse Routen von Afrika nach Österreich. Vor allem lässt sich erkennen, dass die meisten Frauen aus Nigeria und im spezielleren Lagos flüchten. Die Flucht aus Lagos kann diverse Gründe aufweisen, beispielsweise kommt es in Lagos immer öfter

53 Vgl. Lemmerer, Die Bekämpfung des Menschenhandels, 62 f.
54 Vgl. ebd. 61.
55 Vgl. Sari, Versteckte Verbrechen, 24.

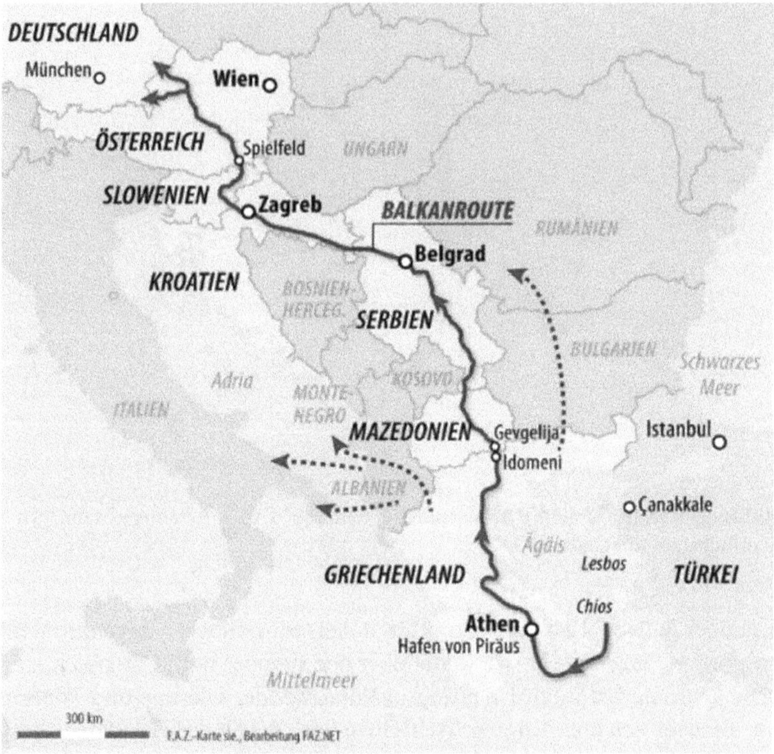

Abbildung 4: Balkanroute (Quelle: vgl. FAZ.net, Slowenien lässt keine Flüchtlinge mehr durch)

zu Überflutungen. Außerdem hat Lagos eine riesige informelle Stadt namens Makoko. Die dort herrschenden schlechten Bedingungen sind dem Frauenhandel förderlich.[56]

Die geographische Lage Österreichs und im speziellen Wiens hat für den Frauenhandel eine immense Bedeutung. Von Österreichs Bundeshauptstadt werden die Opfer nach Belgien, Frankreich, Spanien und Deutschland weitergehandelt. Falls eine Gefahr droht, sind die Händler*innen in der Lage, innerhalb von ungefähr einer Stunde in die Nachbarländer wie Ungarn oder die Slowakei

56 Vgl. Hoelzel, Wie in Marokko Schwächen zu Stärken werden.

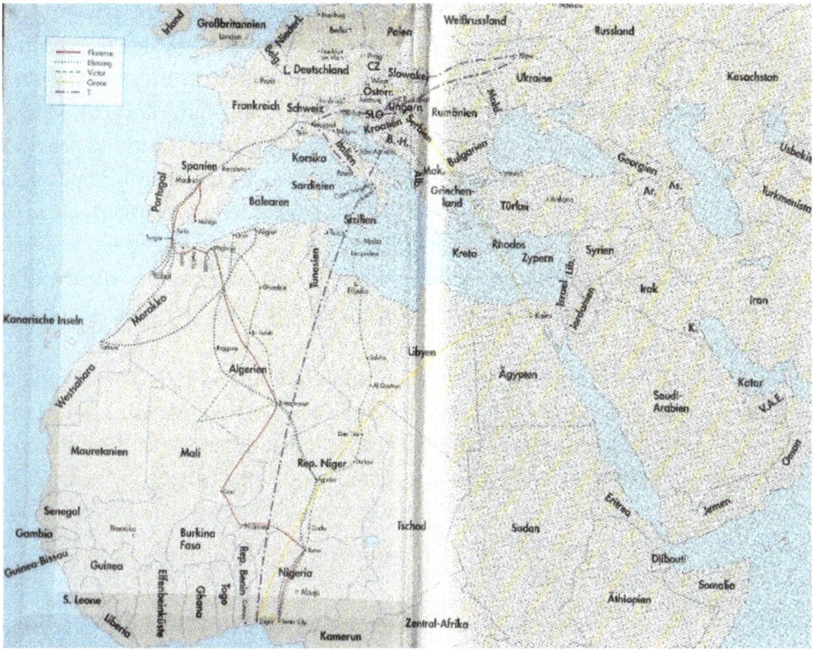

Abbildung 5: Wege afrikanischer Betroffener nach Österreich (Quelle: vgl. Kreutzer/Milborn, Ware Frau, Umschlag)

zu flüchten. Somit dient Wien als wichtiger Verbindungspunkt für den weiteren Handel und als „Schutz" für die Kriminellen.[57]

5.1 Der Erstkontakt und die Versprechen der Täter*innen

Der Großteil der Frauen wird über falsche Arbeitsversprechen angelockt. Lukrative Jobs, beispielsweise eine Arbeit als Sekretärin, werden angeboten. Darüber hinaus wird mit dem Versprechen, einen westlichen Mann zu heiraten, gearbeitet.[58] Der Grund, weshalb viele Frauen über Arbeitsversprechen oder auch Heiratsversprechen verführt werden, liegt an den mangelnden Arbeitsmöglichkeiten in den Herkunftsländern.

57 Vgl. Lemmerer, Die Bekämpfung des Menschenhandels, 63.
58 Vgl. Bangisa, Die Frau als Ware, 36.

Zur ersten Kontaktaufnahme setzt man oft Anwerber*innen ein. Diese reisen in ärmere und ländliche Regionen wie China oder Thailand, um sich ihre „Ware“ zu verschaffen. Vor allem in der Situation von Armut gehen die meisten Familien auf den Handel ein und verkaufen ihre Töchter für sofortiges Bargeld, jedoch wird nicht bekanntgegeben, dass die Tochter das „Honorar“ dann abarbeiten muss. Viele Familien realisieren meist nicht, dass es sich hierbei um Frauenhandel handelt, da dies durch die Anwerber*innen meistens verdeckt wird. Da viele derselben Kultur angehören, herrscht in ärmeren Regionen Vertrauen untereinander, welches die Händler*innen ausnutzen. Meist ist dies aber nicht nötig, da viele Frauen in der Hoffnung auf gute Arbeitsbedingungen in die nationalen Metropolen reisen.[59]

Teilweise werden Frauen auch durch Freundschaften und Liebesbeziehungen in die Opferrolle gebracht. Zuerst wird eine gewisse Vertrauensbasis zum Mann aufgebaut, der sie dann weiterverkauft.[60] Umso überraschender ist die Tatsache, dass Frauen als Händlerinnen einen signifikanten Anteil ausmachen.[61] „Im Zentrum der Organisation stehen nicht Männer, sondern Frauen: Die Madams.“[62]

5.2 Fluchtverhinderung

Um eine Flucht zu verhindern, nützen Täter*innen jegliche Mittel sowohl direkter als auch indirekter Gewalt. Im Weiteren wird das Spektrum der Methoden, das von den Tätern*innen genutzt wird, gezeigt.

Rückkehrzwang und Abschiebung

Die Opfer werden auf die Strafverfolgung – die aufgrund ihres illegalen Aufenthalts drohen – und die Abschiebungsgefahr hingewiesen. Die Angst der Frauen nutzen Händler*innen aus, denn für viele Frauen stellt die Rückkehr eine große Gefahr dar, da viele davon ausgehen, dass sie einen sogenannten Gesichtsverlust erleiden würden; dies ist vor allem bei Herkunftsländern wie Saudi-Arabien und in ländlichen Regionen Thailands der Fall. Das dort herrschende Frauenbild sorgt dafür, dass die Prostitution – ob nun erzwungen oder nicht – und die Flucht vor dem Ehemann ein Verstoßen mit sich bringen würde.[63] Darüber hinaus wird der Frau auch der Pass weggenommen. „Erstens scheute ich davor

59 Vgl. Agisra, Frauenhandel und Prostitutionstourismus, 40 f.
60 Vgl. Bangisa, Die Frau als Ware, 36.
61 Vgl. Kreutzer/Milborn, Ware Frau, 44.
62 Bericht von Ben, dessen Familie vom Frauenhandel lebt (ebd.).
63 Vgl. Bangisa, Die Frau als Ware, 40.

zurück, die Ehe aufzulösen – das macht man nicht, ich fürchtete die Reaktion meiner Familie, um meinen Ruf."[64]

Bedrohung

Die Flucht bzw. der Ausstieg wird von den Täter*innen bestraft, deshalb werden Gewaltdrohungen als Mittel eingesetzt. Um diesen Effekt zu verstärken, werden jene, die eine Flucht gewagt haben, vor den Augen der Opfer bestraft. Außerdem wird die Flucht als zwecklos veranschaulicht, da die Täter*innen Verbindungen im Heimatland haben. Dies ist den Opfern sogar bewusst, da sie ja durch diese in das Zielland verschleppt wurden. Obendrein wird mit der Veröffentlichung von pornografischen Inhalten bzw. der Präsentation der Tätigkeit im Heimatland gedroht.[65]

Einschüchterung durch Gewalt

Es kommt oft vor, dass verschleppte Frauen aktiver, aber auch passiver Gewalt ausgesetzt werden. Nahrungs- und Schlafentzug, Schläge, Verletzungen durch Waffen und Messer sind keine Seltenheit. Jedoch ist körperliche Gewalt zur Einschüchterung oft nicht notwendig. Diese Zwangssituation kann auch durch Anschreien, Beleidigen, eine bestimmte Körpersprache oder die erzwungene Anwesenheit beim Vergewaltigen anderer Frauen erreicht werden.[66] Meist wird der Vergewaltiger dann auch noch bezahlt, um die Macht, die der*die Händler*in über seine/ihre Opfer hat, zu unterstreichen.[67]

5.3 Ein Einzelschicksal

Im Folgenden wird das Einzelschicksal eines Opfers geschildert. Die Namen sind aus Sicherheitsgründen anonymisiert. Über dieses Einzelschicksal hat eine Expertin der NGO LEFÖ, mit der das Interview geführt wurde, erzählt.

H hat als Minderjährige über einen Arbeitsvermittler in ihrem Heimatland für ihre Ausbeuterin A zu arbeiten begonnen. Sie ist dann gemeinsam mit Frau A im Jahr 2009 nach Wien eingereist. Da H Analphabetin ist und keine Kenntnisse über ihre Rechte und Einreisebedingungen hat, wurde alles von Frau A übernommen und bestimmt. Über Arbeitsvertrag und Entlohnung wurde

64 Schicksal des Opfers Joana (Kreutzer/Milborn, Ware Frau, 25).
65 Vgl. Mentz, Frauenhandel als migrationsrechtliches Problem, 69 f.
66 Vgl. ebd. 70 f.
67 Vgl. Kreutzer/Milborn, Ware Frau, 50 f.

nicht gesprochen. Die Eltern von Frau H haben einen Geldbetrag von ca. € 800 bekommen. Bis 2015 hat H sowohl im Haushalt von Frau A als auch im Haushalt der Tochter von A gearbeitet. H hatte weder einen freien Tag noch Kontakt zur Außenwelt. Ihr wurde vermittelt, dass die Welt voller Gefahren sei, eine Frau wie sie würde auf der Straße von Männern vergewaltigt werden, daher solle sie nie die Wohnung allein verlassen. Frau H hat sehr unter der Isolation gelitten. Sie hat zwei bis drei Mal im Jahr ein wenig Geld bekommen, damit der Sohn von Frau A ihr Telefonkarten besorgen konnte. Sie hatte lediglich telefonischen Kontakt mit ihrer Familie.

Im Jahr 2015 hat sich der psychische und gesundheitliche Zustand von H derart verschlechtert, dass sie arbeitsunfähig wurde. Daraufhin wurde sie von Frau A zuerst ins Bundesministerium für Europa, Integration und Äußeres (BMEIA)[68] gebracht und von dort zu LEFÖ begleitet.

Gegenüber dem BMEIA und LEFÖ gab Frau A an, dass der Vater von Frau H Kontakt mit ihr aufgenommen hätte. Er habe sie um Hilfe gebeten, da es seiner Tochter sehr schlecht gehe. Und plötzlich sei Frau H eines Tages vor ihrer Haustür gestanden. Das Verfahren wurde bis heute zum zweiten Mal eingestellt. Die Beschwerde bei der Generalprokuratur vor dem europäischen Gerichtshof für Menschenrechte führte zu keinem Erfolg.

6 Zwangsprostitution

Der Frauenhandel wird oft zum Zweck der Zwangsprostitution betrieben, da die Ausbeutung auf sexueller Ebene den meisten Profit bringt. Abgesehen vom Tätigkeitsfeld sind die Frauen auch der Gefahr ausgesetzt, von Außenstehenden oder von dem*der Täter*in selbst sexuell missbraucht zu werden.[69] Wie man auch in Abbildung 6 – die von LEFÖ[70] zur Verfügung gestellt wurde – sieht, werden die Opfer des Frauenhandels meist sexuell ausgebeutet.

Der Grund ist das Verlangen, die Frau in ihrem sexuellen Selbstbestimmungsrecht zu beeinträchtigen. Dies wird deutlich, wenn Druckmechanismen genutzt werden, damit die Frau diese Arbeit unter Bedingungen fortzusetzen, die sie nicht will, vor allem weil die Opfer selbst kaum am Profit der Sexarbeit beteiligt werden. Des Weiteren werden auch jene Frauen, die verheiratet ins Zielland gebracht werden, ausgebeutet. Es wird oft von Fällen berichtet, bei denen die Frau nicht nur als Haushaltshilfe, sondern auch als sexuelles Objekt – vom

68 Bundesministerium für Europa, Integration und Äußeres
69 Vgl. Mentz, Frauenhandel als migrationsrechtliches Problem, 71.
70 Vgl. LEFÖ, IBF.

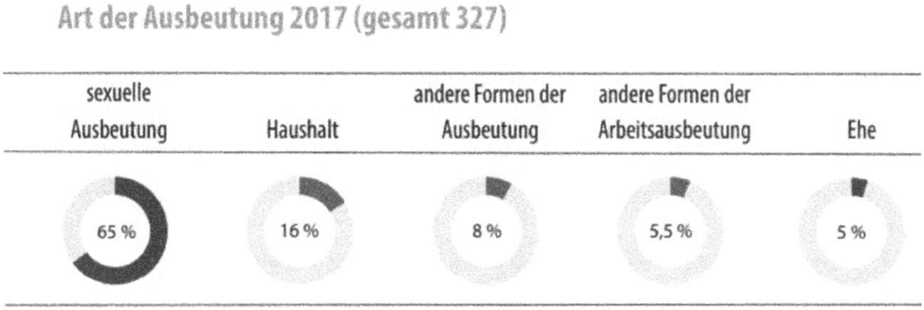

	sexuelle Ausbeutung	Haushalt	andere Formen der Ausbeutung	andere Formen der Arbeitsausbeutung	Ehe
Gesamtz. 327	214	53	27	18	15

Abbildung 6: Formen der Ausbeutung in Österreich, 2017 (Quelle: vgl. LEFÖ, Lefö-IBF-Tätigkeitsbericht)

Ehemann, aber auch von dessen Bekannten – missbraucht wird. Dies geht sogar so weit, dass die Frau auch vom Ehemann zur Sexarbeit gezwungen wird.[71]

6.1 Finanzielle Abhängigkeit

Die meisten Frauen verschulden sich, da sie grundsätzlich über Menschenhandelsnetze ins Zielland gebracht werden. In der Regel werden alle ausländischen Prostituierten in abgeschirmten Räumen observiert wie zum Beispiel in Sex Clubs, Bars und Bordellen. Sowohl Nahrung als auch Miete werden vom Einkommen abgezogen, dies erschwert natürlich den Prozess des Abarbeitens der Schulden. Oftmals verschulden sich die Opfer weiter, indem sie versuchen, ihren Aufenthalt durch eine Heirat zu legalisieren. Da aber die meisten Zuhälter „Kandidaten" aus der Drogenbranche besorgen, die hochgerechnet 5.000 Euro erhalten, und es kaum möglich ist, diesen Betrag zu zahlen, steigt in Summe die Verschuldung und somit auch die Abhängigkeit vom Zuhälter.[72] Ein ewiger Teufelskreis beginnt, der nicht einfach zu durchbrechen ist.

71 Vgl. Mentz, Ulrike, 2001, 71 f.
72 Vgl. Bangisa, Die Frau als Ware, 60 f.

6.2 Die Gesundheit der ausgebeuteten Opfer des Frauenhandels

Neben den destruktiven Arbeitsbedingungen hat auch die Diskriminierung, die Frauen als Folge ihres gesellschaftlichen Wertes erleiden, Auswirkungen auf die Gesundheit.[73] „Die Stigmatisierung der Prostituierten als Gesundheitsgefahr für die Öffentlichkeit führt zu einer weiteren Ausgrenzung aus dem gesellschaftlichen Leben."[74]

Da die Opfer keine Bezugsperson haben, ist es ihnen auch nicht möglich, die Erlebnisse zu verarbeiten. Folglich weisen die meisten eine psychische und soziale Beeinträchtigung auf, was wiederum zur Folge hat, dass die Opfer manisch-depressiv werden. Des Weiteren treten oft körperliche Beschwerden auf, die ihren Fokus im Unterleib haben. Außerdem besteht das Risiko, sich mit Krankheiten wie zum Beispiel HIV aufgrund häufigen ungeschützten sexuellen Kontaktes anzustecken.[75] Oft geht man von der Annahme aus, dass Prostituierte aus ärmeren Regionen häufiger zur Sexualpraktik ohne Kondom gezwungen werden. Diese These wurde aber durch empirische Methoden widerlegt. Je nach Zuhälter*in werden die Opfer zum ungeschützten Geschlechtsverkehr gezwungen. Bei der Gesundheitsprävention kommt es darauf an, wie selbstbestimmt eine Prostituierte arbeiten darf; logischerweise können jene Frauen, die unter Druck gesetzt werden, die Kondomnutzung oftmals nicht durchsetzen. Folglich wird so die Selbstbestimmung des Opfers beeinträchtigt.[76] „In diesen [sic!] ökonomischen, physischen und psychischen Drucksituation […] müssen die Forderungen von Freiern akzeptiert werden. Einwilligung in ungeschützten Geschlechtsverkehr oder andere infektionsgefährdende Sexualpraktiken sind unter diesen Bedingungen häufiger."[77]

Da die meisten Frauen über den Frauenhandel ins Zielland kommen, werden sie somit auch als illegale Einwanderinnen gezählt. Dies hat zur Folge, dass diese Frauen keine Krankenversicherung haben und dadurch auch nicht die Möglichkeit, sich bei Krankheiten ärztlich versorgen zu lassen. Eine weitere Gefahr ist die Drogenproblematik. Viele Opfer haben Zugang zu sowohl legalen als auch illegalen Drogen. Die Drogen erleichtern die Tätigkeit in der Prostitution. Der Alkohol wird als Hauptsuchtmittel verwendet, da die Frauen

---

73 Vgl. ebd. 61.

74 Krüger, Monika, 2001, 12, zitiert nach Bangisa, Die Frau als Ware, 62

75 Vgl. ebd. 62.

76 Vgl. Mentz, Frauenhandel als migrationsrechtliches Problem, 71.

77 Pfingsten-Würzburg, Prostitution in Braunschweig, 98, zitiert nach: Bangisa, Die Frau als Ware, 62.

auch am Getränkeumsatz beteiligt sind – dies hilft wiederum, ihre Schulden zu begleichen, und „erregt“ somit auch die Kunden.[78] „Der beruflich bedingte Alkohol- und Aufputschmittelmissbrauch, mit dem die Situation für sie erträglicher werden soll, führt manche Frauen in eine physische und psychische Abhängigkeit.“[79]

6.3 Sozialer Druck

Der soziale Druck, der von den Zwangsprostituierten ausgeht, ist grundsätzlich für alle gleich. Sie werden von der Gesellschaft isoliert und abgeschottet, da sie sowohl Ausländerinnen als auch im Sexgewerbe tätig sind. Außerdem werden die Opfer aufgrund der genannten Gründe oft diskriminiert und strukturell benachteiligt. Darüber hinaus spielen der Aufenthaltstitel und das Arbeitsklima eine immense Rolle.[80] Das Arbeitsklima ist logischerweise grenzwertig. Den Opfern wird keine Unterstützung geboten. Aufgrund der mangelnden Deutschkenntnisse ist es den Frauen auch nicht möglich, sich in einem Zuhälter-Händler-Netz zu integrieren. Nie haben sie geregelte Arbeitszeiten, von einem Kollektivvertrag ist erst gar nicht die Rede. Sie sind eher gezwungen, 24 Stunden am Tag sieben Tage die Woche abrufbereit zu sein, wenn es so vom Geschäft verlangt wird. Viele Opfer haben zuvor keine Ahnung, dass sie als Prostituierte arbeiten werden, aber auch jene, die sich dessen bewusst sind, hofften auf bessere Arbeitsbedingungen im Zielland; ihnen wurden jedoch nie konkrete Angaben bezüglich der Arbeitszeiten gegeben.[81]

Außerdem muss beachtet werden, dass die Opfer im wahrsten Sinn des Wortes in eine neue Kultur „verfrachtet“ werden. Das Resultat ist meist, dass das Lebensgefühl von Monotonie und Trauer geprägt ist. Um dem zu entkommen, versuchen viele, genug Geld zu verdienen, um wieder ins Heimatland zu reisen, oder aber sie versuchen, stetig Geld zu verdienen und zu heiraten, damit der Mann hilft, die Familie im Heimatland zu versorgen.[82]

7 Der Frauenhandel im asiatischen Raum

Der Ursprung des Frauenhandels liegt in Asien.[83] Gerade im asiatischen Raum wird sowohl global als auch international mit Frauen gehandelt. Dieses

---

78 Vgl. Bangisa, Die Frau als Ware, 62.

79 Narciss, Streetwork mit Prostituierten, 57, zitiert nach: Bangisa, Die Frau als Ware, 62.

80 Vgl. Niesner u. a., Ein Traum vom besseren Leben, 162–165.

81 Vgl. Bangisa, Die Frau als Ware, 61.

82 Vgl. ebd. 63 f.

83 Paulus, Frauenhandel und Zwangsprostitution, 26.

Phänomen ist meist auf die sozialen, kulturellen oder religiösen Strukturen innerhalb der Länder zurückzuführen. Außerdem ist die geringe Frauenrate in Ländern wie Indien ein Katalysator. Die meisten Opfer, mit denen außerhalb der nationalen Grenzen gehandelt werden, landen meist in europäischen Ländern.

7.1 Indien

Inderinnen werden grundsätzlich in den mittleren Osten verschleppt und dort sexuell ausgebeutet. Auch jene, die freiwillig – aufgrund besserer Arbeitsbedingungen bzw. den Vorstellungen davon – auswandern, werden in den meisten Fällen letztendlich doch Opfer des Handels. Nichtsdestotrotz ist Indien, vor allem für Frauen und Mädchen aus Nepal und Bangladesch, ein Zielland für sexuelle Ausbeutung. Außerdem werden Mädchen aus Nepal nach Indien gehandelt, um dort Zwangsarbeit – oft in Zirkussen – zu verrichten. Meist werden die Opfer durch hinterlistige Taktiken wie etwa Verschuldung, die sie in Zwangsarbeit führen, angelockt. Oft bekommen diese Frauen auch keinen Lohn für die verrichtete Arbeit und müssen somit ein Leben lang ihre Schulden abarbeiten.

In einer Umfrage, die im Jahre 2016 durchgeführt wurde, haben Prostituierte folgende Gründe für ihr Bleiben in der Branche genannt: Arbeitslosigkeit, Perspektivenlosigkeit und Armut.[84] In Indien existieren zwei Gesetze, die sich mit dem Frauenhandel befassen. Im Jahr 1956 wird The Suppression of Immoral Traffic in Women and Girls Act (SITA)[85] und 30 Jahre danach Immoral Trafficking Prevention Act (ITPA) verabschiedet.[86] Nichtsdestotrotz ist vor allem SITA ein sehr umstrittenes Gesetz, da es nach dem Geschlecht und Beruf der betroffenen Person urteilt.[87] In Abbildung 7 wird veranschaulicht, dass der Frauen- und Mädchenhandel stetig wächst und logischerweise auch die Legislative in Indien fehlt, um Frauen und Mädchen zu schützen.

Des Weiteren erkennt man in Abbildung 8, dass die Vermittlung Minderjähriger 2005–2014 um ca. 93 Prozent steigt, wohingegen der Import ausländischer Mädchen um 91 Prozent sinkt. Dies ist ein Indiz, dass es Indien an einer fähigen Legislative und Exekutive fehlt, um die Mädchen, mit denen gehandelt wird, zu schützen. Außerdem muss die Anfrage innerhalb des gegebenen Zeitraums gestiegen sein. Die steigende Anfrage kann wiederum ein Indikator für die geringe Frauenrate in Indien sein.

84 Vgl. Raju Iyer u. a., Women Trafficking in India, 110

85 The Suppression of Immoral Traffic in Women and Girls Act.

86 Immoral Trafficking Prevention Act.

87 Vgl. ebd.

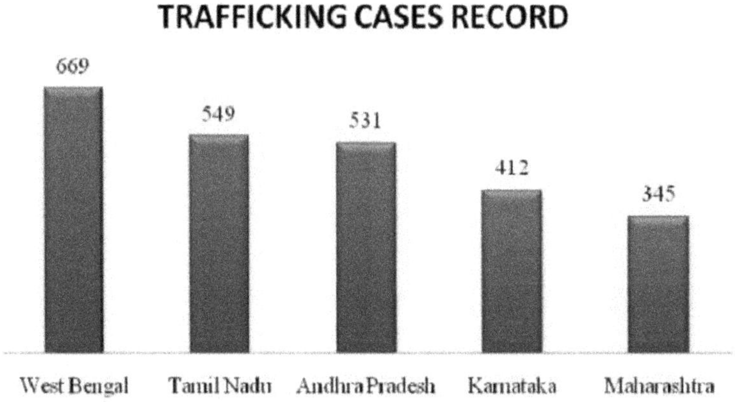

Abbildung 7: Indische Bundesstaaten, in denen Frauenhandel erfolgt (Quelle: vgl. Raju Iyer, Women Trafficking in India, 112)

7.1.1 Anlässe für den Handel mit Frauen und Mädchen in Indien

Zwangsehe

In Indien werden Frauen oft zum Zwecke der Eheschließung gehandelt, was auf die geringe Frauenrate in Indien zurückzuführen ist. Die geringe Frauenrate wird durch die weibliche Kindstötung verursacht.[88] Beispielsweise wurde die 13-jährige Thamina[89] von ihrer Schwester um 50.000 Rupien (623,70 Euro) an einen 30 Jahre älteren Herrn verkauft. Jedoch war sie in der Lage, mit Hilfe einer Wohltätigkeitsorganisation zu fliehen und wieder zu ihrer Mutter zurückzukehren. Über Indien verteilt gibt es mehrere tausend Frauen und Mädchen, die dem Handel zum Opfer gefallen sind. Seit Jahrhunderten ist der Frauenhandel dort ein boomendes Business.[90]

Zwangsarbeit

Laut der International Labour Organisation (ILO)[91] befinden sich mehr als 11,7 Millionen Menschen im asiatisch-pazifischen Raum in Zwangsarbeiterlagern.

88 Vgl. ebd. 115.

89 Name wurde geändert.

90 Vgl. Estal, „I was bought for 50,000 rupees".

91 International Labour Organisation.

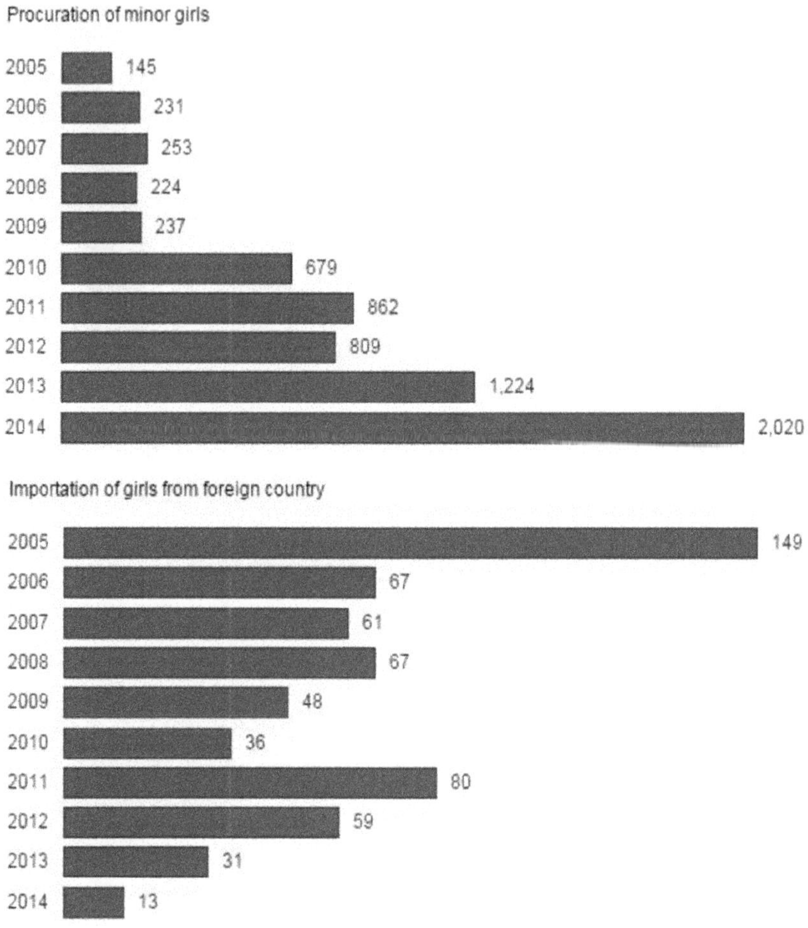

Abbildung 8: Frauen-/Mädchenhandel in Indien, verurteilte Fälle, 2005–2014 (Quelle: vgl. Raju Iyer, Women Trafficking in India, 113)

Viele Eltern, denen das Geld fehlt bzw. die sich verschulden, verkaufen ihre Kinder oft an besagte Arbeiterlager. Oft erhält man das Geld, für das man sein Kind verkauft hat, nie.[92]

92 Vgl. Raju Iyer u. a., Women Trafficking in India, 115.

7.1.2 Strafverfolgung

Durch den ITPA wird der Handel für die kommerzielle Zwangsprostitution als rechtswidrig angesehen. Das Urteil kann sich von mehreren Jahren bis zu einer lebenslangen Freiheitsstrafe erstrecken. Außerdem ist die Zwangsarbeit grundsätzlich verboten, und nach der Gruppenvergewaltigung in Delhi am 16.12.2012[93] haben weitere Änderungen, die den Missbrauch und Handel von Frauen betreffen, in der Gesetzgebung stattgefunden. Nichtsdestotrotz gibt es einen Unterschied zwischen den Gesetzen und ihrer Durchführung.[94]

7.2 Thailand

In der Vergangenheit wurde weltweit mit Asiatinnen gehandelt, im speziellem mit Thailänderinnen.[95] Vor allem jene Frauen, die am Land leben, sind oft Opfer des Handels. Durch die Illegalisierung des Abbaus von Teakholz geht für viele eine wichtige Einnahmequelle verloren. Außerdem hat das Militär damit begonnen, die Opiumfelder im „Goldenen Dreieck“[96] abzuholzen, was zur Folge hat, dass viele Bauern sich auf den Gemüseanbau - der kaum Gewinn einbringt - beschränken müssen. Folglich verarmen diese und sehen in der „Sexmigration“ oder im Verkauf der Töchter einen Ausweg aus der Armut.[97] „Wo die Armut besonders groß ist, gibt es schnell Agenturen und Mittelsmänner, die sich an der Vermittlung der Mädchen an Arbeitsstellen in der Stadt schnell bereichern.“[98]

Außerdem spielt der Buddhismus eine wichtige Rolle im Handel. Vor allem jene, die am Land leben, sind sehr mit ihrem Glauben verbunden. Der thailändische Buddhismus glaubt an Wiedergeburten und daran, dass jene Frauen, die frevelhaft sind, in ihrem früheren Leben gefehlt haben. Außerdem müssen die weiblichen Befolgerinnen der Religion ihrem „Herrn“ ihr gesamtes Leben lang gehorchen. Der besagte „Herr“ ist in diesem Fall kein göttliches Wesen. Er ist anfangs der Vater oder große Bruder, jedoch kann er sowohl der Ehemann als auch Bordellbesitzer, Zuhälter und Freier sein. Leider kann die bedeutungsvolle

---

93 Gruppenvergewaltigung einer 23-Jährigen; das Opfer erlag seinen Verletzungen.

94 Vgl. Raju Iyer u. a., Women Trafficking in India, 115.

95 Vgl. Paulus, Frauenhandel und Zwangsprostitution, 26.

96 Das Goldene Dreieck ist eine Region im Grenzgebiet der Staaten Laos, Thailand und Myanmar, in der Schlafmohn angebaut und zu Heroin verarbeitet wird.

97 Vgl. Paulus, Frauenhandel und Zwangsprostitution, 30.

98 Lipika, Das käufliche Glück in Südostasien, 62, zitiert nach: Bangisa, Die Frau als Ware, 29.

Loyalität zur Religion in manchen Fällen zur Unbedarftheit führen, was sich Anwerber*innen natürlich zu Nutzen machen.[99]

8 Maßnahmen gegen den Frauenhandel

Es herrscht global Einigkeit darüber, dass der Frauenhandel menschenrechtswidrig ist. Das Fundament für diese Übereinkunft ist die „Allgemeine Erklärung der Menschenrechte"[100]. Um effektiv gegen den Handel vorzugehen, rief die UNO diverse Programme ins Leben.

8.1 Vereinte Nationen

Im Jahre 1993 findet die Weltkonferenz über Menschenrechte in Wien statt, auf die mehrere Jahre des Lobbyismus folgen. Das wichtigste Ergebnis dieser Konferenz ist die weitere Ausarbeitung der Menschenrechte für Frauen und daraus sich ergebend die Rechenschaftspflicht für Gewalt an Frauen. Die Erklärung und das dazugehörige Aktionsprogramm[101] betont: „The human rights of woman and of the girl-child are an inalienable, integral and indivisible part of universal human rights."[102] Die Vereinbarung verlangt die Beendigung der Gewalt gegen Frauen in der Öffentlichkeit und ihrer Privatsphäre. Des Weiteren thematisiert sie den internationalen Handel als geschlechtsspezifische Gewalt und beansprucht die Abschaffung durch internationale Zusammenarbeit.

Darauffolgend findet im Jahre 1995 die Weltkonferenz über Frauen in Beijing statt. Während sich in der vorherigen Zusammenkunft im Jahr 1985 die Strategien auf den Frauenhandel für Prostitution und Zwangsprostitution als Sklaverei begrenzen, geht das Aktionsprogramm von Beijing über die Vorstellung des Handels zum Zwecke der Prostitution hinaus und integriert weitere zeitgenössische Arten der Ausbeutung.[103]

> Take appropriate measures to address the root factors, including external factors, that encourage trafficking in women and girls for prostitution and other forms of commercialised sex, forced marriages, and forced labour in order to eliminate trafficking in women, including by strengthening existing legislation with a view to providing better

99 Vgl. Paulus, Frauenhandel und Zwangsprostitution, 31.
100 Vgl. ebd. 154.
101 Vgl. Wijers/Lap-Chew, Trafficking in Women Forced Labour, 24.
102 Ebd.
103 Vgl. ebd.

> protection of the rights of women and girls and to punish the perpetrators, through both criminal and civil measures.[104]

Beide Deklarationen rufen dazu auf, Frauenhandel und Zwangsprostitution zu eliminieren, nicht aber Sexarbeit als Erwerbstätigkeit; sie befassen sich mit dem Handel mit der Ware Frau auf internationaler Ebene, aber nicht mit dem nationalen Frauenhandel.[105]

Das Palermo-Protokoll ist das „Zusatzprotokoll der Vereinten Nationen zur Verhütung, Bekämpfung und Bestrafung des Menschenhandels, insbesondere des Frauen- und Kinderhandels“[106]. Der UN-Beschluss intendiert, grenzüberschreitende Straftaten zu bekämpfen. Um dies zu erreichen, will man die diversen Präzisierungen von Ungesetzlichkeiten abschaffen und sich auf ein international anerkanntes Rechtssystem beziehen, damit in allen Ländern dieselbe Legislative – im Falle der Verletzung der Übereinkunft – herrscht. Jene, die die UNTOC[107] Vereinbarung unterzeichnen, müssen gewährleisten, dass folgende Vergehen bestraft werden:[108]

- Mitgliedschaft in einer Gruppe der organisierten Kriminalität
- Geldwäsche
- Korruption
- Behinderung der Justiz[109] Länder, die beide – sowohl das Palermo-Protokoll als auch die UNTOC-Vereinbarung ratifiziert haben – verpflichten sich zu folgenden Maßnahmen:[110]
- Verfolgung und Bestrafung internationaler Menschenhändler
- Stärkung der internationalen Zusammenarbeit zwecks wirkungsvollerer Bekämpfung des Menschenhandels
- Schutz der Opfer des Menschenhandels und Hilfe zu ihrer sicheren Rückkehr in ihr Land oder ein anderes Land
- Aufklärung der breiten Öffentlichkeit über den Menschenhandel und die negativen Folgen für Menschenhändler und deren Opfer[111]

---

104 Ebd.
105 Vgl. ebd.
106 Jelovcan, Frauenhandel und Gegenmaßnahmen, 52.
107 United Nations Convention against Transnational Organized Crime
108 Vgl. Europäische Kommission, Pressemitteilung.
109 Vgl. ebd. 1.
110 Vgl. ebd. 2.
111 Vgl. ebd.

8.2 Europäische Union

Durch das Schengen-Abkommen stieg der Frauenhandel innerhalb der EU rasant an; dies führt zur Erkenntnis, dass dies nur mittels intensiver globaler Zusammenarbeit bekämpft werden kann. Problematisch hierbei ist, dass den betroffenen Personen kaum Beachtung geschenkt wird. Nichtsdestotrotz macht das Europäische Parlament oft auf die Unterstützung von Rehabilitationsprogrammen u. ä. aufmerksam. 2002 wurde wahrscheinlich der wichtigste Beschluss in Bezug auf Menschenhandel getroffen. In ihm wird bekanntgegeben, dass jeder Mitgliedsstaat verbindlich dafür sorgen muss, dass gesetzliche Differenzen ausgeglichen werden, um so effizienter gegen den Handel vorgehen zu können.[112]

8.3 Europarat

Während sich die Vereinten Nationen und die Europäische Union mit der Ausfertigung der Konventionen und der Maßnahmen gegen den Handel beschäftigen, regt der Europarat an, dass den Opfern alternative Möglichkeiten zu einer Aussage geboten werden sollen, damit diese nicht mit dem*der Täter*in konfrontiert werden müssen. 2005 kommt es zu einer wichtigen Übereinkunft; sie wird 2008 in Kraft gesetzt und beinhaltet – im Vergleich zu den zuvor erwähnten – auch Unterstützung für die Betroffenen. Beispielweise wird jedem Opfer eine verpflichtende psychologische Betreuung zugeschrieben.

Im Gegensatz dazu geht das Palermo-Protokoll sehr täter*innenorientiert vor. Der Europarat versucht, sowohl gegen die Täter*innen vorzugehen als auch den Opfern behilflich zu sein. Beispielsweise wird den Frauen eine Unterkunft und medizinische Versorgung angeboten. Des Weiteren wird ihnen 30 Tage lang Zeit gegeben, in denen sie sich entscheiden, ob sie Anzeige erstatten wollen.

Der Europarat spielt bei der Unterstützung der Opfer, aber auch im Kampf gegen die Täter*innen eine wichtige Rolle.[113] Nichtsdestotrotz sind die beschlossenen Konventionen und Protokolle ohne Bedeutung, wenn die internationale Zusammenarbeit, Kommunikation und das Vertrauen in den Mitgliedsstaaten, aber auch in Verbindung mit NGOs fehlt.[114] Zuständig für die Überprüfung ist die Group of Experts on Action against Trafficking in Human Beings (GRETA)[115]. Mitglieder der GRETA treffen sich jährlich dreimal. Zuvor begutachtet GRETA

112 Vgl. Jelovcan, Frauenhandel und Gegenmaßnahmen, 52 f.

113 Vgl. ebd. 53 ff.

114 Vgl. Gunderson, Zwangsprostitution und Menschenhandel, 47.

115 Group of Experts on Action against Trafficking in Human Beings.

die Legislative der Staaten, die die Konventionen und Protokolle ratifiziert haben.[116]

8.4 Gegenmaßnahmen in Österreich

Österreich ist, wie bereits erwähnt, sowohl ein Ziel- als auch Transitland für Menschenhändler*innen. Österreich ist ein Staat, der sämtliche internationale Gegenmaßnahmen ratifiziert hat. 2004 etablierte die Bundesregierung eine Task Force, um die nationalen Rechtsinstrumente zu stärken.[117] Die Task Force beinhaltet die relevanten Ministerien und NGOs wie zum Beispiel LEFÖ. Ziel ist es, österreichweite Aktionspläne durchzuführen und zu überwachen.[118] Alle drei Jahre setzt sich die Task Force mit der Bundesregierung und dem Parlament in Verbindung und erstattet dort über die Aktionspläne Bericht.[119]

8.5 Sechs Wege zum Ziel

Um dem Frauenhandel endgültig einen Strich durch die Rechnung zu machen, müssen die Gründe für die Nachfrage sowie das Angebot eliminiert werden. Die Nachfrage ist eng mit den in der Arbeit erwähnten Push- und Pull-Faktoren verknüpft. Laut der Roland Berger Stiftung[120] gibt es sechs Mechanismen, die durchgesetzt werden müssen, um den Handel effektiv zu bekämpfen.

- Wohlstand und Globalisierung gerecht verteilen,
- Bildung als Waffe nutzen, weil dann auch die Perspektivlosigkeit als Push-Faktor verschwindet,
- Vereinbarungen verbessern und die Überwachung an Grenzen verschärfen,
- eine kritischere Gesellschaft schaffen und Aufmerksamkeit auf das Thema lenken,
- den Opfern Therapien und Ausstiegsmöglichkeiten bieten,
- Ermöglichen von Perspektiven für die Opfer, sprich sie wieder in die Gesellschaft eingliedern.[121]

116 Vgl. Council of Europe, GRETA.

117 Vgl. BMEIA (Bundesministerium Europäische und internationale Angelegenheiten), Kampf gegen den Menschenhandel.

118 Vgl. BMEIA, Menschenhandel.

119 Vgl. BMEIA, Kampf gegen Meschenhandel.

120 Ziel der Stiftung ist der Schutz der Menschenrechte.

121 Vgl. Roland Berger Stiftung, Sklaverei und Menschenhandel im 21. Jahrhundert, 21 f.

Es ist bemerkenswert, dass es seit über einem Jahrzehnt immer wieder neue Anläufe mit neuen Protokollen und Vorschriften gibt, diese aber zu keinem endgültigen Ergebnis führen. Dass der Handel nicht eliminiert werden kann, hat diverse Gründe. Beispielsweise fehlt es eventuell an der internationalen Zusammenarbeit, einer dominanten Exekutive oder an unbestechlichen Beamt*innen. Außerdem müsste man das Problem an der Wurzel packen und nicht versuchen, die Auswirkungen zu stoppen. Ein weiterer Schwachpunkt ist der fehlende Opferschutz. Wie zuvor erwähnt, haben die Opfer 30 Tage lang Zeit, um eine Anzeige zu erstatten. Dieser Zeitraum reicht aber in den meisten Fällen nicht, da Krankheiten wie zum Beispiel eine Posttraumatische Belastungsstörung eines längeren Behandlungszeitraumes bedürfen.

9 Fazit

Zusammenfassend lässt sich sagen, dass vor allem Frauen und Mädchen vom Menschenhandel betroffen sind, da die Frau in den meisten Herkunftsländern durch die gesellschaftliche Hierarchiestruktur unterdrückt wird. Der Frauenhandel ist kein neuartiges Phänomen, sondern existiert seit mehreren Jahrhunderten und ist auch Teil der deutschen und österreichischen Geschichte. Der Frauenhandel und im übertragenden Sinne der Menschenhandel sind auf internationaler Ebene ein Problem, welches sich trotz der diversen Gegenmaßnahmen weiterentwickelt. Die Motive sind – neben jenen, die in der Arbeit genannt werden – facettenreich, dadurch ist es schwer, sich auf eine Erklärung zu beschränken. Nichtsdestotrotz sind die geographische Lage, die soziale Struktur und weitere in der Arbeit genannte Faktoren, die in den Rekrutierungsländern herrschen, ausschlaggebende Faktoren.

Grundsätzlich lässt sich feststellen, dass ärmere Länder als Herkunftsland dienen und entwickelte bzw. reichere Länder Zielländer sind. Gerade Österreich – im speziellen Wien – ist aufgrund der günstigen geographischen Lage Transit- und Zielland. Die Hauptform der Ausbeutung ist definitiv die sexuelle, jedoch werden die Frauen auch in der Ehe und in der Hausarbeit ausgebeutet. Gerade Frauen und Mädchen, die in ein fremdes Land „einreisen", sind oft nicht in der Lage, sich in ihrer sexuellen Selbstbestimmung durchzusetzen, und werden oft von ihren Händler*innen unterdrückt. Der Frauenhandeln kann nur beendet werden, wenn gute internationale Zusammenarbeit erfolgt, die täter*innenorientiert, aber auch opferbegleitend ist. Dieser Prozess dauert lange, wie das Wachsen eines Baumes. Er ist aber definitiv nicht unmöglich.

Anhang

Schriftlich geführtes Interview mit einer Expertin der NGO LEFÖ (27.12.2018)

Erem Celebi: Kannst du mir – laut deiner Erfahrung – sagen, was, statistisch gesehen, das häufigste Heimatland der Opfer ist?
Expertin:[122] Nein. Es verändert sich mit der Zeit. Im Moment mehr Frauen aus Afrika als Europa, könnte sich schnell ändern.

Erem Celebi: Die UNDOC definiert den Menschenhandel wie folgt:

> Trafficking in Persons as the recruitment, transportation, transfer, harbouring or receipt of persons, by means of the threat or use of force or other forms of coercion, of abduction, of fraud, of deception, of the abuse of power or of a position of vulnerability or of the giving or receiving of payments or benefits to achieve the consent of a person having control over another person, for the purpose of exploitation. Exploitation shall include, at a minimum, the exploitation of the prostitution of others or other forms of sexual exploitation, forced labour or services, slavery or practices similar to slavery, servitude or the removal of organs.[123]

Sind deiner Meinung nach die Verbrechen der Nationalsozialisten zwischen 1939 und 1945 auch Teil des Menschenhandels, im Speziellen auch die Zwangsprostitution und Zwangsarbeit im KZ Ravensbrück?
Expertin: Wir beschäftigen uns mit der Gegenwart.

Erem Celebi: Warum wird gerade mit Frauen und Mädchen so intensiv gehandelt bzw. wieso sind sie meist die Betroffenen?
Expertin: Sehr stark vereinfacht ausgedrückt: Durch die benachteiligenden sozialen Bedingungen und strukturelle Gewalt.

Erem Celebi: Bezüglich der Gegenmaßnahmen in Österreich habe ich soweit nur die Task Force, in der die Ministerien und NGOs vertreten sind, in meine Arbeit eingebaut. Gibt es mehr?
Expertin: Auf der nationalen Ebene gibt es nur die Task Force.

Erem Celebi: Kannst du mir weitere Auskünfte geben, welche Institutionen die Maßnahmen der Vereinten Nation, der EU und des Europarates kontrollieren?
Expertin: Im Folgenden zähle ich nur zwei Beispiele auf: GRETA führt regelmäßige Kontrolle durch und ist ein wichtiges Instrument (https://www.coe.

---

122 Der Name der Expertin darf aus Sicherheitsgründen nicht angegeben werden.
123 United Nations, Human Trafficking.

int/en/web/anti-human-trafficking/home). Auch für die EU-Kommission ist human trafficking ein wichtiges Thema (https://ec.europa.eu/anti-trafficking/node/4598_en). Es gibt auch US-Berichte und zahlreiche internationale Organisationen, internationale NGOs (https://www.unodc.org/unodc/human-trafficking/ bzw. https://www.iom.int/counter-trafficking).

Erem Celebi: Kannst du mir ein Portrait eines Einzelschicksals zeichnen?
Expertin: H hat als Minderjährige über einen Arbeitsvermittler in ihrem Heimatland für ihre Ausbeuterin A zu arbeiten begonnen. Sie ist dann gemeinsam mit Frau A im Jahr 2009 nach Wien eingereist. Da H Analphabetin ist und keine Kenntnisse über ihre Rechte und Einreisebedingungen hat, wurde alles von Frau A übernommen und bestimmt. Über Arbeitsvertrag und Entlohnung wurde nicht gesprochen. Die Eltern von Frau H haben einen Geldbetrag von ca. 800 Euro erhalten. Bis 2015 hat H sowohl im Haushalt von Frau A als auch im Haushalt der Tochter von A gearbeitet. H hatte weder einen freien Tag noch Kontakt zur Außenwelt. Ihr wurde vermittelt, dass die Welt voller Gefahren sei; eine Frau wie sie würde auf der Straße von Männern vergewaltigt werden, daher solle sie nie die Wohnung allein verlassen. Frau H hat sehr unter der Isolation gelitten. Sie hat zwei bis drei Mal im Jahr ein wenig Geld bekommen, damit der Sohn von Frau A ihr Telefonkarten besorgen konnte. Sie hatte lediglich telefonischen Kontakt mit ihrer Familie.

Im Jahr 2015 hat sich der psychische und gesundheitliche Zustand von H derart verschlechtert, dass sie arbeitsunfähig wurde. Daraufhin wurde sie von Frau A zuerst ins BMEIA gebracht und von dort zu LEFÖ begleitet.

Gegenüber dem BMEIA und LEFÖ gab Frau A an, dass der Vater von Frau H Kontakt mit ihr aufgenommen hätte. Er habe sie um Hilfe gebeten, da es seiner Tochter sehr schlecht gehe. Und plötzlich sei Frau H eines Tages vor ihrer Haustür gestanden. Das Verfahren wurde bis heute zum zweiten Mal eingestellt. Die Beschwerde bei der Generalprokuratur vor dem europäischen Gerichtshof für Menschenrechte führte zu keinem Erfolg.

Erem Celebi: Glaubst du, dass gewisse Kulturen und gesellschaftliche Hierarchiestrukturen als „unterstützend" für den Frauenhandel wirken?
Expertin: Ja.

Erem Celebi: Wie stark ist der nationale Frauenhandel in Österreich ausgeprägt – im Sinne, dass innerhalb von Österreich mit Frauen jeglicher Nationalität gehandelt wird?
Expertin: Wir haben sowohl grenzüberschreitenden als auch nationalen Frauenhandel, jedoch werden Frauen meistens bereits in ihrem Heimatland

angeworben, und auch dort wird die Reise für sie organisiert, daher gibt es nur wenige Fälle mit dem Tatort ausschließlich in Österreich.

Österreich ist oft nicht das erste Land in Europa, weil ein österreichisches Visum für die meisten Drittstaatsangehörigen nur ganz schwer zu bekommen ist. Frauen aus Afrika kommen meistens über Italien nach Österreich. Sehr viele von ihnen haben keine Reisedokumente.

Literatur

Agisra, Frauenhandel und Prostitutionstourismus. Eine Bestandaufnahme zu Prostitutionstourismus, Heiratsvermittlung und Menschenhandel mit ausländischen Mädchen und Frauen, München 1990.

Amnesty, Bildungsmaterialien zum Thema Frauenhandel (Januar 2008): https://www.amnesty.ch/de/themen/frauenrechte/frauenhandel/frauenhandel/bildungsdossier-frauenhandel (25.09.2018).

Bangisa, Jessica, Die Frau als Ware? Ursachen von Frauenhandel und Zwangsprostitution und Lebensumstände betroffener Frauen, Hamburg 2014.

Bundesministerium Europäische und internationale Angelegenheiten, Kampf gegen den Menschenhandel: https://www.bmeia.gv.at/europa-aussenpolitik/menschenrechte/schwerpunktthemen/kampf-gegen-den-menschenhandel/ (02.01.2019).

BMEIA, Menschenhandel – die Sklaverei des 21. Jahrhunderts: https://www.bmeia.gv.at/fileadmin/user_upload/Zentrale/Aussenpolitik/Menschenrechte/Ausstellung_Menschenhandel.pdf (02.01.2019).

Council of Europe, GRETA: https://www.coe.int/en/web/anti-human-trafficking/greta (03.01.2019).

Dabek, Katarzyna, Menschenhandel unter besonderer Berücksichtigung des grenzüberschreitenden Menschenhandels zum Zweck der sexuellen Ausbeutung (Diplomarbeit, Universität Wien), Wien 2009: http://othes.univie.ac.at/5336/1/2009-06-02_0004350.pdf (28.10.2018).

Das Frauenkonzentrationslager Ravensbrück, in: Der Standard (28.11.2000): https://derstandard.at/194360/Das-Frauen-Konzentrationslager-Ravensbrueck (14.11.2018).

Estal, del, Elena, „I was bought for 50,000 rupees“: India's trafficked brides – in pictures (07.03.2018): https://www.theguardian.com/global-development/2018/mar/07/india-girls-women-trafficked-brides-sexual-domestic-slavery (27.12.2018).

Europäische Kommission, Pressemitteilung (01.09.2003): http://europa.eu/rapid/press-release_IP-03-1185_de.htm (22.01.2019).

Eurostat. Statistical Working Papers, Trafficking in Human Beings, Luxemburg 2015: https://ec.europa.eu/eurostat/documents/3888793/6648090/KS-TC-14-008-EN-1.pdf/b0315d39-e7bd-4da5-8285-854f37bb8801 (30.03.2020).

FAZ.net, Slowenien lässt keine Flüchtlinge mehr durch (08.03.2016): https://www.faz.net/aktuell/politik/fluechtlingskrise/auch-slowenien-und-serbien-lassen-keine-fluechtlinge-mehr-durch-14113762/die-balkanroute-ist-blockiert-14112622.html (26.12.2018).

Gunderson, Connie, Zwangsprostitution und Menschenhandel, Berlin 2013.

Heid, Ludger, Frauen-KZ Ravensbrück: Das Grauen am Schwedtsee, in: Sueddeutsche Zeitung (27.05.2016): https://www.sueddeutsche.de/politik/nationalsozialismus-frauen-kz-ravensbrueck-das-grauen-am-schwedtsee-1.3001113 (14.11.2018).

Hoelzel, Fabienne, Wie in Marokko Schwächen zu Stärken werden (11.06.2015): https://www.boell.de/de/2015/06/11/wie-makoko-schwaechen-zu-staerken-werden (31.01.2018).

Humanrights, Menschenhandel: https://www.humanrights.ch/de/internationale-menschenrechte/uno-abkommen/weitere/menschenhandel/ (25.09.2018).

Iken, Katja, Vom Mut der Kaninchen. Menschenexperimente im Frauen-KZ Ravensbrück, in: Der Spiegel (23.06.2015): http://www.spiegel.de/einestages/kz-ravensbrueck-dokumente-belegen-experimente-an-frauen-a-1036829.html (14.11.2018).

Jelovcan, Marina, Frauenhandel und Gegenmaßnahmen. Mit besonderem Fokus auf Prostitutionshandel, Hamburg 2014.

Klee, Ernst, Gewissenlose Medizin. Vor 60 Jahren: Am 20. August 1947 wurden die Urteile im Nürnberger Ärtzeprozess verkündet, in: Jüdische Allgemeine (23.08.2007): https://www.juedische-allgemeine.de/article/view/id/4290 (14.11.2018)

Kreutzer, Mary/Milborn, Corinna, Ware Frau. Auf den Spuren moderner Sklaverei von Afrika nach Europa, Salzburg 2008.

Kriegsreisende, Sklavenhandel: http://www.kriegsreisende.de/absolutismus/sklavenhandel.htm (14.11.2018).

Krüger, Monika, Prostitution und Gesundheit. Gesundheitsrelevante Aspekte weiblicher Prostitutionstätigkeit, Kirchlinteln 2001.

LEFÖ [Beratung, Bildung und Begleitung für Migrantinnen]/IBF [Interventionsstelle für Betroffene des Frauenhandels], Tätigkeitsbericht 2017, Wien 2017:

http://www.lefoe.at/tl_files/lefoe/Ibf_Ta%CC%88tigkeitsbericht_2017.pdf (15.08.2018).

LEFÖ, IBF – Interventionsstelle für Betroffene des Frauenhandels: http://www.lefoe.at/index.php/ibf.html (25.09.2018).

Lemmerer, Monika, Die Bekämpfung des Menschenhandelsdurch die Europäische Union, unter besonderer Berücksichtigung Österreichs (Diplomarbeit, Universität Wien), Wien 2009: http://othes.univie.ac.at/4697/1/2009-04-26_0305547.pdf (20.12.2018).

Lipika, Susanne, Das käufliche Glück in Südostasien. Heiratshandel und Sextourismus, Münster 1985.

Mentz, Ulrike, Frauenhandel als migrationsrechtliches Problem, Frankfurt am Main 2001.

Narciss, Anne, Streetwork mit Prostituierten. Historische und sozialpädagogische Hintergründe einer Praxiserfahrung im ländlichen Raum (Streetcorner Materialien 1), Nürnberg 1991.

Nautz, Jürgen, Frauenhandel und Gegenstrategien, Göttingen 2008.

Niesner, Elvira u. a., Ein Traum vom besseren Leben, Migratinnenerfahrungen, soziale Unterstützung und neue Strategien gegen Frauenhandel (Geschlecht und Gesellschaft (9)), Opladen 1997.

Paulus, Manfred, Frauenhandel und Zwangsprostitution. Tatort: Europa, Hilden 2003.

Pfingsten-Würzburg, Sabine, Prostitution in Braunschweig. Betreuung weiblicher Prostituierter dargestellt am Beispiel der Bratungsstelle für sexuell übertragbare Erkrankungen im Braunschweiger Gesundheitsamt, Braunschweig 1995.

Proverbs. Clothes for a Cause – Ending Human Trafficking (11.12.2013): https://proverbsbyefua.wordpress.com/2013/11/12/top-human-trafficking-source-countries (22.01.2019).

Raju Iyer, Saraswati u. a., Women Trafficking in India – A Critical Analysis (Oktober 2016): http://www.shanlaxjournals.in/pdf/ASH/V4N2/Ash_V4_N2_017.pdf (15.09.2018).

Roland Berger Stiftung, Sklaverei und Menschenhandel im 21. Jahrhundert. Verletzungen von Menschenwürde und Menschenrechten in einer globalisierten Gesellschaft, München 2008: https://www.rolandbergerstiftung.org/fileadmin/Der_Menschenwuerdepreis/Die_Preistraeger/2008/Sklaverei_und_Menschenhandel_im_21_Jahrhundert_1_.pdf (18.08.2018).

Rolf, Ricarda, Die Bekämpfung des Frauenhandels mit den Mitteln des Strafrechts, des Öffentlichen Rechts und des Zivilrechts, Göttingen 2005.

Sari, Ceren, Versteckte Verbrechen – Aspekte des Menschenhandels im 20. und 21. Jahrhundert, Wien: 2017: https://www.centrum3.at/fileadmin/downloads/VWA/2017/VWA_Sari_Versteckte_Verbrechen_-_Aspekte_des_Menschenhandels_im_20._und_21._Jahrhundert_2016_2017.pdf (14.08.2018).

Schidlof, Berthold, Der Mädchenhandel: seine Geschichte und sein Wesen, Berlin 1904.

Skrobanek, Siriporn u. a., The Traffic in Women. Human realities of the international sex trade, New York 1997.

TA KI, Albaniens Mafia lotst Flüchtlinge nun über Adria (17.03.2016): https://daserwachendervalkyrjar.wordpress.com/2016/03/17/albaniens-mafia-lotst-fluechtlinge-nun-ueber-adria/ (15.11.2018).

United Nations, Human Trafficking: https://www.unodc.org/unodc/en/human-trafficking/what-is-human-trafficking.html (14.11.2018).

Wijers, Marjan/Lap-Chew, Lin, Trafficking in Women Forced Labour and Slavery-like Practices in Marriage Domestic Labour and Prostitution, Utrecht 1997.

Anhang

Programm der 16. Entwicklungspolitischen Hochschulwochen (6.–16.11.2017) an der Universität Salzburg. *Shrinking Spaces – Mehr Raum für globale Zivilgesellschaft*

6.11.2017

18.00 Uhr: *Eröffnung der 16. Entwicklungspolitischen Hochschulwochen*
(Naturwissenschaftliche Fakultät, HS 402, Blauer Hörsaal)
Anita Rötzer (Regionalstellenleitung Südwind Salzburg)
Heinrich Schmidinger (Rektor der Universität Salzburg)

Shrinking, Closing, No Space – Zivilgesellschaft weltweit unter Druck
Lara Wodtke (Heinrich-Böll-Stiftung, Berlin)

7.11.2017

11.00 Uhr: *Demokratie unter Druck*
(FB Altertumswissenschaft, SR E.33)
Lara Wodtke (Heinrich-Böll-Stiftung, Berlin)

8.11.2017

13.15 Uhr: *Zivilgesellschaft travels South – historische und dekoloniale Sichtweisen auf einen schillernden Begriff*
(FB Geschichte, HS 389)
Karin Fischer (Mattersburger Kreis, JKU Linz)

18.30 Uhr: *Filmisches und literarisches Portrait*
(Literaturhaus Salzburg)
Ken Bugul (Schriftstellerin, Senegal)

9.11.2017

18.00 Uhr: *Austausch und Vernetzungstreffen: 5. Salzburger Forum für Entwicklungszusammenarbeit*
(AAI Salzburg, Clubraum)
Initiiert vom Entwicklungspolitischen Beirat des Landes Salzburg, Gäste: Abgeordnete der im Salzburger Landtag vertretenen Parteien

10.11.2017

16.00 Uhr: *Die Illusion der Green Economy aus der Perspektive der Beschäftigten im Süden*
(FB Geographie, HS 403, Grüner Hörsaal)
Kathrin Hartmann (Journalistin, München)

13.11.2017

19.00 Uhr: *Erfolgreiche Bildungsinitiative mit jungen Hazara Bamiyan und Daikundi, Afghanistan*
(INTERSOL Salzburg)
Orville de Silva (Jesuit Refugee Service, Afghanistan)

14.11.2017

14.15 Uhr: *Zugang zu Wasser als Menschenrecht – Die Rolle sozialer Bewegungen zur Erreichung der SDG*
(FB Geographie, HS 435)
Jennifer Kohel (Projektkoordinatorin für WASH & DRM beim Technischen Hilfswerk, Bonn)

15.30 Uhr: *Zwischen Diktatur und Demokratie: „(Un)zivilisierte" Zivilgesellschaft in Südostasien*
(FB Geographie, HS 435)
Rainer Einzenberger (Universität Wien)

16.45 Uhr: *Zivilgesellschaft und Gewerkschaft. Engagement für Arbeitsrechte – auf leisen Sohlen, Schritt für Schritt*
(FB Geographie, HS 435)
Rokeya Rafique, Kutubuddin Ahmed (Clean Clothes Kampagnen Netzwerk, Bangladesh)

15.11.2017

18.30 Uhr: *„Mete tèt ansanm" – Lasst uns die Köpfe zusammenstecken. Berichte aus der haitianischen Zivilgesellschaft*
(Katholisch-Theologische Fakultät, HS 103)
Julia Schöneberg (Universität Kassel)

16.11.2017

19.00 Uhr: *Global Space: Mexiko – Die Macht der sozialen Medien*
(AAI Salzburg, Clubraum)
Mario Tellez Giron Carmona (Student, Mexiko/Salzburg)

Programm der 7. Österreichischen Entwicklungstagung (17.–19.11.2017) in Graz (Aula des Hauptgebäudes der Karl-Franzens-Universität Graz, RESOWI-Zentrum). *Sozial-ökologische Transformationen jetzt!*

17.11.2017

10.00 Uhr: *Studierendenkonferenz: TimeSpace – In[ter]ventions*

Über die sozioökonomischen Implikationen von Verschuldung im Kontext der SDGs – ökonomische und anthropologische Perspektiven
Patrick Krennmair, Martin Thalhammer

Die Zukunft der Transhumanen Ziegenproduktion im westlichen Teil des Departements Malargüe (Provinz Mendoza, Argentinien)
Luciana Camuz Ligios

Analyse der Supply Chain und Optimierungspotentiale im Import von fair gehandelten Textilien aus Guatemala nach Österreich
Luis Cordero

13.30 Uhr: *Partizipative Informationen*

Soziale Bewegung in Europa zu Zeiten der Austeritätspolitik
Gloria Gruber, Natascha Ickert

Sozial-ökologisches Re-Design von Global Value Chains am Beispiel von Kaffee
Rainer Doppler, Patrick Kirschenhofer, Katrin König

Degrowth – als konkrete Utopie?!
Naomi Hohensinn, Alzbeta Srovnalova

Was taugt die „Green Economy“? Gefahren und Potentiale
Sebastian Luckeneder, David Neusteurer

Dependencia im europäischen Kontext
Tim Kappelt, Simon Kohl

Zum Potenzial „verantwortungsvoller Investitionen“ – ESG Faktoren als nachhaltiger Entwicklungsfaktor?
Finn Steinmann

17.00 Uhr: *Eröffnung und Begrüßung*

17.30 Uhr: *Polylog zu Herausforderungen aktueller sozial-ökologischer Transformationen*
Moema Miranda (People's Dialogue, Brasilien)
Stefan Rohringer (Standortleiter Graz Infineon Technologies Austria AG)
Paul Yillia (International Institute für Applied Systems Analysis)
Ulrich Brand (Politikwissenschaften, Universität Wien)

18.11.2017

9.15 Uhr: *Illusionen grenzenloser Globalisierung*
Andreas Novy (WU Wien)

Panel mit entwicklungspolitischen SprecherInnen des Nationalrats und Landtages
Elisabeth Pfurtscheller (ÖVP)
Petra Bayr (SPÖ)
Stephanie Krisper (NEOS)
Sandra Krautwaschl (Grüne)
Moderation: Andreas Obrecht (KEF)

11.15 Uhr: *Frauen an vorderster Front: Warum nachhaltige Entwicklung von Gendergerechtigkeit abhängt*
Tessa Khan (Climate Litigation Network)

14.30 Uhr: *Foren und Workshops*

Forum 1: *Europa: Gutes Leben für alle*
Andreas Novy (WU Wien)

Forum 2: *(South-East-)Asia: grassroots' movements vs. Green-authoritarian development states*
Rainer Einzenberger (Internationale Entwicklung, Universität Wien)

Forum 3: *Lateinamerika: Buen vivir vs. Neoextraktivismus*
Ulrich Brand (Politikwissenschaften, Universität Wien)
Karin Küblböck (ÖFSE)
Herbert Wasserbauer (DKA der KJSÖ)

Forum 4: *Afrika: Extractivismus vs. Care-Economy*
Claudia Thallmayer (WIDE)

Forum 5: *Global: The SDG Agenda: A Master-plan for a Socio-ecological Transformation?*
Daniel Bacher (DKA der KJSÖ)
Jakob Mussil (AG GV)
Waltraud Rabitsch (ADA)
Melanie Pichler (IFF)

Workshop 6: *Energiewende: Falsche Strategien und echte Chancen*

Workshop 7: *Sozial-ökologische Transformationen lernen und lehren*

Workshop 8: *Human Rights Education*

Workshop 9: *Fairness und Gerechtigkeit in der internationalen Ressourcenpolitik*

Workshop 10: *Case-based Mutual Learning Sessions*

Workshop 11: *Grundlagen der Entwicklungszusammenarbeit – mit best practice-Beispielen*

Workshop 12: *Von Ernährungssicherheit zu Ernährungssouveränität*

Workshop 13: *SDGs für eine bessere Schule*

Workshop 14: *Von der ökosozialen Idee zum Global Marshall-Plan. Handlungsmöglichkeiten im Sinne der SDGs*

Workshop 15: *Wie kann Transformation konkret aussehen?*

Workshop 16: *Klimagerechtigkeit – global denken, lokal handeln*

Workshop 17: *Umweltschutz und soziale Gerechtigkeit in globalen Zulieferketten*

Workshop 18: *Der etwas andere Spaziergang*

20.00 Uhr: *Der UmweltKrimi. AutorInnen-Dialog zwischen Günther Neuwirth und Klaudia Blasl*
Moderation: Sonja Luksik (ÖGPB)

19.11.2017
9.30 Uhr: *Forschen für Transformationen – Eva Klawatsch-Treitl commemorative lecture. Zur Rolle von Wissenschaft und Forschung für eine produktive sozial-ökologische Transformation*
Ulli Vilsmaier (Leuphana Universität Lüneburg)
Donna Andrews (Rita Edward Collective, Südafrika)
Moderation: Karin Fischer (Mattersburger Kreis, JKU Linz)

11.15 Uhr: *Opening perspectives – confronting approaches – building alliances*
Tessa Khan (Climate Litigation Network, Uganda)
Donna Andrews (Rita Edward Collective, Südafrika)
Moema Miranda (People's Dialogue, Brasilien)
Beatriz Rodríguez Labajos (Autonome Universität Barcelona)
Mai Thin Yu Mon (Chin Human Rights Organization, Yangon, Myanmar)
Moderation: Ines Omann (Netzwerk sozial-ökologische Transformation, Deutschland)

Verleihung des C3-Awards für herausragende Vorwissenschaftliche Arbeiten im Bereich Internationale Entwicklung (28.05.2019) in Wien (C3 – Centrum für Internationale Entwicklung)

18.00 Uhr: *Begrüßung*
Entwicklungspolitische Bildungsarbeit in Österreich
Desirée Schweitzer (BMEIA)
Klemens Riegler-Picker (BMBWF)
Petra Bayr (Abgeordnete zum Nationalrat)
Martin Ledolter (ADA)
Jakob Maierhofer-Wieser (DKA)

Preisverleihung und Vorstellung der prämierten Arbeiten

Syrien – der Weg vom Arabischen Frühling in den Bürgerkrieg
Lisa Winkler
(GRG 13, Wien – Betreuerin: Monika Erckert)

Die Auswirkungen des monokulturellen Anbaus von Ölpalmen in Südostasien
Sophie Schumacher
(BRG in der Au, Innsbruck – Betreuerin: Karin Millen)

Die Frau als Ware. Frauenhandel im 21. Jahrhundert
Erem Celebi
(BORG3, Wien – Betreuerin: Christine Schwärzler)

Moderation: Ulla Ebner (ORF)

Autorinnen und Autoren

Donna Andrews: Geboren 1975 in Kapstadt (Südafrika), Studien in Philosophie und Englisch (BA) an der University of the Western Cape (Kapstadt) und des Schwerpunkts „International Political Economy and Development" (MA) am Institut für Social Studies der Erasmus-Universität Rotterdam, Promotion in Philosophie an der University of Cape Town mit der Arbeit *Capitalism and Nature in South Africa: Racial Dispossession, Liberation Ideology and Ecological Crisis*, Engagement bei Frauenbewegungen und NGOs (u. a. Jubilee South Debt Movement, Southern African People's Solidarity Network, The People's Dialogue), Lehrbeauftragte für Politische Theorie, Forschung im Bereich Ernährungspolitik an der University of Western Cape. Arbeits- und Forschungsschwerpunkte (AFS): Ernährungspolitik, internationaler Handel, Ökofeminismus, politische Ökonomie, Wirtschaft und Post-Apartheid in Südafrika. E-Mail: donna.andrews1@gmail.com

Robert Bichler: Kommunikationswissenschaftler und Touristiker, Blogger und Lehrbeauftragter bei Deeper Travel – Verein zur Förderung Globalen Lernens und Interkultureller Kommunikation, COO Panama und Guatemala bei der Loro Trips GmbH (nachhaltiger Reiseveranstalter), Koordinator von CeTeCh (Centro de Capacitación Técnico Chichigalpa – ein Projekt der österreichischen Entwicklungszusammenarbeit in Nicaragua 2014–2017), Gründer der ABCstar (Austrian Blogger Conference, 2015–2016), Lehre und Forschung an österreichischen und internationalen Universitäten, Mitglied im Vorstand von Südwind sowie im Vorstand von Südwind Salzburg. AFS: Kommunikation und Entwicklung, Tourismus, Social Media, nachhaltige Entwicklung. E-Mail: robert.bichler@deepertravel.at

Erem Celebi: Geboren 2001 in Wien, 2019 Abschluss der Reifeprüfung am BORG3 mit ausgezeichnetem Erfolg, Gewinner des C3-Awards für die vorwissenschaftliche Arbeit *Die Frau als Ware – Frauenhandel im 21. Jahrhundert*, zurzeit Zivildiener im Innenministerium, geplant ist ein Medizin- und Chemiestudium. AFS: Interesse für Naturwissenschaften und Psychologie, gesellschaftliche Entwicklung. E-Mail: celebi.erem@gmail.com

Gerald Faschingeder: Geboren 1972 in Barcelona (Spanien), Studium der Wirtschafts- und Sozialgeschichte sowie der Germanistik an der Universität Wien, Mag. phil., Dr. phil., Direktor des Paulo Freire Zentrums für transdisziplinäre Entwicklungsforschung und dialogische Bildung (Wien), Lehrbeauftragter am

Institut für Internationale Entwicklung der Universität Wien. AFS: Kultur und Entwicklung, Religion und Entwicklung, Bildung und ungleiche Entwicklung. E-Mail: gerald.faschingeder@pfz.at

Karin Fischer: Historische Sozialwissenschaftlerin, Leiterin des Arbeitsbereichs Globale Soziologie und Entwicklungsforschung des Instituts für Soziologie an der Johannes-Kepler-Universität Linz, langjährige Obfrau des Mattersburger Kreises für Entwicklungspolitik an den österreichischen Universitäten mit dem Anliegen, kritische Entwicklungsforschung und ihre öffentliche Wahrnehmung zu stärken. AFS: Entwicklungstheorien, neoliberale Transformation und Gegenbewegungen, globale Güterketten, ungleiche Entwicklung in historischer und transnationaler Perspektive. E-Mail: karin.fischer@jku.at

Franz Gmainer-Pranzl: Geboren 1966 in Steyr (OÖ), Studien der Katholischen Theologie und der Philosophie an der KTU Linz sowie an den Universitäten Innsbruck und Wien, 2011 Habilitation im Fach Fundamentaltheologie an der Universität Innsbruck, seit 2009 Professor und Leiter des Zentrums Theologie Interkulturell und Studium der Religionen an der Universität Salzburg. Aktuelle Publikation: Migration von Afrika nach Europa als Herausforderung interkultureller Theologie, in: Michael Sievernich/Klaus Vellguth (Hg.), Christentum in der Neuzeit. Geschichte, Religion, Mission, Mystik. Festschrift für Mariano Delgado, Freiburg im Breisgau 2020, 225–239. AFS: Interkulturelle Philosophie, Theologie Interkulturell, theologische Rezeption globalisierungs- und entwicklungstheoretischer Ansätze. E-Mail: franz.gmainer-pranzl@sbg.ac.at

Juan Luis Gutierrez Cordero: Geboren 1976 in Guatemala, Magisterstudium der Kommunikationswissenschaft, Politikwissenschaft und Werbung an der Universität Salzburg (2001), Masterstudium Logistik und Transportmanagement an der FH des BFI Wien (2017), Büroleiter und Pressereferent bei österreichischen NGOs, u. a. bei SEI SO FREI (KMB Österreich), Mitarbeit und Organisation des Mittelamerikanischen Filmfestivals in Wien. AFS: Logistik, Transportmanagement und Entwicklungspolitik. E-Mail: fhb150372@fh-vie.ac.at

Kathrin Hartmann: Geboren 1972, Studien der Kunstgeschichte, Philosophie und Skandinavistik an der Goethe-Universität Frankfurt am Main, Voluntariat und Redaktionsarbeit bei der Frankfurter Rundschau sowie für das Magazin „Neon", seit 2009 freie Autorin in München. Aktuelle Publikationen: *Aus kontrolliertem Raubbau. Wie Politik und Wirtschaft das Klima anheizen, Natur vernichten und Armut produzieren*, München 2015; *Die grüne Lüge. Weltrettung als profitables Geschäftsmodell*, München 2018. AFS: Ökologie, gerechter Handel, Entwicklungspolitik. E-Mail: hartmann.kathrin@gmx.de

Tessa Khan: Bachelor of Laws und Bachelor of Arts (University of Western Australia), Bachelor of Civil Law (Dist., University of Oxford), Ko-Direktorin des Climate Litigation Network, AFS: Klimawandel, Menschenrechte, Internationale Entwicklung. E-Mail: tessa.khan@gmail.com

Jennifer Kohel: Geboren 1989 in Solingen (Deutschland), Studium der Kommunikationswissenschaft (Schwerpunkt soziale und politische Kommunikation, BA) sowie der Global Studies (Schwerpunkt Umwelt/Klima/Ressourcen, MA), Projektkoordinatorin (Bundesanstalt Technisches Hilfswerk) im Irak, Junior-Beraterin und Sanitätsversorgerin der Deutschen Gesellschaft für Internationale Zusammenarbeit (GIZ) im Jemen. AFS: Wasser, Katastrophenmanagement, Klimawandel. E-Mail: jennifer.kohel@giz.de

Katharina Koidl: Geboren 1995 in Oberndorf bei Salzburg, Bachelorstudium der Romanistik (Spanisch) an der Universität Salzburg, Masterstudium Intercultural Communication an der Universität Utrecht (NL), Anstellung bei „INTERSOL – Verein zur Förderung von INTERnationaler SOLidarität", Projektarbeit zu Afghanistan, El Salvador und Bolivien. AFS: Projektarbeit, Öffentlichkeitsarbeit und Übersetzungstätigkeit (Spanisch/Deutsch). E-Mail: katharinakoidl@gmx.at

Patrick Krennmair: Studien der Volkswirtschaftslehre, Statistik und internationalen Entwicklung an der Universität Wien, aktuell Promotionsstudent und wissenschaftlicher Mitarbeiter am Lehrstuhl für angewandte Statistik der Freien Universität Berlin. AFS: Problemorientierte und transdisziplinäre Forschung, kritische Auseinandersetzung mit wirtschaftspolitischen Ansätzen, empirische Messung und Modellierung von Ungleichheiten, Anwendung und Weiterentwicklung statistischer und simulationsbasierter Methoden im Kontext der Entwicklungsökonomie. E-Mail: p.krennmair@gmail.com

Dominique Muller: Studien der Politikwissenschaft und der Ostasienwissenschaft in Newcastle und Peking, Promotionsstudium an der University of Leeds mit einer These zu Internationalen Menschenrechten und dem chinesischen Rechtssystem, Engagement für Kampagnen, Vernetzung und Lobbyarbeit vor allem in Europa und Asien. AFS: Menschenrechte, gerechte Arbeitsbedingungen, fairer Handel. E-Mail: dominique@labourbehindthelabel.org

Andreas Novy: Leiter des Institute for Multi-Level Governance and Development und außerordentlicher Universitätsprofessor am Department Sozioökonomie der WU Wien, Präsident der Internationalen Karl Polanyi Gesellschaft, Mitglied des Foundational Economy Collectives und Aufsichtsratsvorsitzender

der ÖFSE (Österreichische Forschungsstiftung für Internationale Entwicklung). AFS: Stadtentwicklung sowie Entwicklungsforschung mit einem Schwerpunkt auf politökonomischer und sozialökologischer Transformation, Sozioökonomie, sozialer Innovation und Transdisziplinarität. E-Mail: andreas.novy@wu.ac.at

Anna Paluszek: Promotion in Politikwissenschaft an der Nikolaus Kopernikus-Universität Toruń (Polen), 2007–2016 Mitarbeit in der Clean Clothes-Kampagne, seit 2013 Forschungsaufgaben und Projektkoordination für verschiedene Organisationen in Palästina (Polish Center for International Aid, Weltbank, Polish Humanitarian Action, UNICEF, NORC at the university of Chicago). AFS: Arbeitsrecht, Gender Mainstreaming, Wirtschaft und Menschenrechte, Auseinandersetzung mit Fragen der Menschenrechte, globaler Bildung, nachhaltiger Entwicklung und Minderheiten aus einer qualitativen Forschungsperspektive. E-Mail: annpaluszek@gmail.com

Anita Rötzer: Studium der Biologie/Ökologie an der Universität Salzburg (Mag.[a] rer.nat.); Diplom ICC (Lehrgang Intercultural Competence 2013–2014), Master GCED (Lehrgang Global Citizenship Education 2015–2018), seit 2017 Bildungsreferentin/Regionalstellenleitung bei Südwind Salzburg, Mitglied im entwicklungspolitischen Beirat des Landes Salzburg, Vorstandsmitglied bei der Städtepartnerschaft Salzburg – Singida (Tansania), zahlreiche Aufenthalte (Projektbesuche, Fortbildungen) im Ausland. AFS: Entwicklungspolitische Bildungs- und Kampagnenarbeit. E-Mail: anitra.roetzer@suedwind.at

Julia Schöneberg: Studium der Sozialökonomie und der Friedens- und Konfliktforschung an den Universitäten Hamburg und Lancaster, Promotion in Politikwissenschaften, Lehre und Forschung an den Universitäten Kassel, Bonn, Salzburg und Rhein-Waal, zurzeit Senior Researcher am Fachbereich Entwicklungspolitik und Postkoloniale Studien an der Universität Kassel. AFS: Praktische Potentiale des Post-Development, kritische Entwicklungstheorie, Post- und Dekoloniale Perspektiven auf Entwicklung, Wissensproduktion und Pädagogik, soziale Bewegungen und Zivilgesellschaft (Schwerpunkt Haiti). Aktuelle Publikationen: *Manoueuvring political realms: Alternatives to Development in Haiti*, in: Klein, Elise/Morreo, Carlos Eduardo (Hg.), Post-Development in Practice, London 2019, 263–275; *Imagining Postcolonial-Development Studies – Reflections on Positionality and Research Practices*, in: Baud, Isabelle/Kontinen, Tiina/Basile, Elisabetta (Hg.), Building Development Studies for the New Millenium. Paradigms, Knowledges, Impact, Voices (EADI Series on Global Development), London 2019, 97–116. E-Mail: julia.schoeneberg@uni-kassel.de

Sophie Schumacher: Geboren 2001 in Innsbruck, Matura mit Auszeichnung 2019 am BRG in der Au (Innsbruck), Auszeichnung ihrer vorwissenschaftlichen Arbeit *Die Auswirkungen des monokulturellen Anbaus von Ölpalmen in Südostasien* mit dem C3-Award 2019, ab WS 2019/20 Studium der Physik an der Universität Innsbruck. AFS: Naturwissenschaften, Nachhaltigkeit, lebenswerte Zukunft. E-Mail: sophieschumacher271@gmail.com

Gabriele Slezak: Doktorat der Afrikawissenschaften an der Universität Wien, Leiterin des Bereichs Öffentlichkeitsarbeit und Wissenschaftskommunikation der Österreichische Forschungsstiftung für Internationale Entwicklung (ÖFSE), Lehrbeauftragte und wissenschaftliche Mitarbeiterin am Institut für Afrikawissenschaften der Universität Wien. AFS: Mehrsprachigkeit und globale Machtverhältnisse, transdisziplinäre Entwicklungsforschung, Wissensproduktion, postkoloniale Kritik. Aktuelle Publikation: Slezak, Gabriele u. a. F*ishing for food and food for fish – Negotiating long-term, sustainable food and water resources in a transdisciplinary research project in Burkina Faso*, in: Haller, Tobias/Zingerli, Claudia (Hg.), Towards Shared Research – Participatory and Integrative Approaches in Researching African Environments, Bielefeld 2020, 125–165. E-Mail: g.slezak@oefse.at

Finn Steinmann: Geboren 1991 in Berlin, Bachelorstudium Politik und Verwaltung sowie Volkswirtschaftslehre an der Universität Potsdam, Masterstudium Internationale Entwicklung an der Universität Wien. AFS: Verantwortungsvolle Investitionen, Corporate Social Responsibility, Unternehmerische Verantwortung, Entwicklungstheorie transdisziplinär. E-Mail: finn.st@gmx.net

Mario Téllez Girón Carmona: Geboren 1986 in Puebla (Mexiko), Bachelor-Studium der Politikwissenschaft (2005–2011 an der Meritorious Autonomous Universität Puebla), Master-Studium der Politikwissenschaft an der Paris-Lodron-Universität Salzburg (2015–2019), seit 2017 Gruppenleiter bei HeRoes-Salzburg, ein Projekt für Gleichberechtigung. AFS: Genderfragen, Migrationspolitik und Intersektionalität, kritische Männlichkeit, Bubenarbeit, Menschenrechte, internationale Beziehungen und Wirtschaftspolitik, Globalisierung, NGOs, soziale Bewegungen, Internet, Digitalisierung der Information und der Kommunikation, EZLN (Zapatistische Armee der nationalen Befreiung). E-Mail: mario-tellezgiron.carmona_34@gmail.com

Martin Thalhammer: Geboren in Linz, Bachelor- und Masterstudium der Kultur- und Sozialanthropologie an der Universität Wien sowie Bachelorstudium Umwelt- und Bioressourcenmanagement an der Universität für Bodenkultur, aktuell Masterstudium der Internationalen Entwicklung an der Universität Wien sowie der Sozial- und Humanökologie an der Universität Klagenfurt, seit 2020 Doktorand und freier Wissenschaftler. AFS: politische Ökologie, kritische Auseinandersetzung mit bestehenden Nord-Süd-Verhältnissen, ökonomische Anthropologie, sozialökologische Transformationsforschung und kritische politische Ökonomie. E-Mail: martin.thalhammer@univie.ac.at

Lisa Winkler: Geboren 2000 in Wien, 2017 halbjähriges Auslandssemester in Quillota (Chile), 2019 Matura mit Auszeichnung, C3-Award für ihre Vorwissenschaftliche Arbeit über Syrien, seit 2020 Studien der Politikwissenschaften an der Universität Wien und Software Engineering an der TU Wien. AFS: Internationale Politik, UNO/EU, Lateinamerika, Krisen und politische Entwicklungen im arabischsprachigen Raum. E-Mail: lisa-winkler@gmx.at

Lara Wodtke: Studium der Internationalen Beziehungen, Diplomatie und Europastudien in Großbritannien, Referentin des Vorstands bei der Heinrich-Böll-Stiftung in Berlin. AFS: Demokratie und Zivilgesellschaft, Feminismus, Friedens- und Konfliktstudien. E-Mail: wodtke@boell.de

Übersetzerin

Sophia Kremser: Geboren 1992 in Salzburg, Studium der Katholischen Fachtheologie (Mag.ª theol.) an der Universität Salzburg mit interkulturell-theologischem Schwerpunkt, zurzeit Doktoratsstudium im Bereich Theologie Interkulturell und Studium der Religionen an der Universität Salzburg, seit April 2020 Wissenschaftliche Mitarbeiterin am Lehrstuhl für Religionstheologie und Religionswissenschaft an der Goethe-Universität Frankfurt am Main. AFS: Transnationale Migrationsprozesse und Religion im afrikanisch-europäischen Kontext, Migration und Mobilität im Kontext internationaler Kirchennetzwerke. E-Mail: s.kremser@em.uni-frankfurt.de

Salzburger interdisziplinäre Diskurse

Herausgegeben von Franz Gmainer-Pranzl

Band 1 Franz Gmainer-Pranzl / Martina Schmidhuber (Hrsg.): Der Anspruch des Fremden als Ressource des Humanen. 2011.

Band 2 Franz Gmainer-Pranzl / Judith Gruber (Hrsg.): Interkulturalität als Anspruch universitärer Lehre und Forschung. 2012.

Band 3 Franz Gmainer-Pranzl / Sigrid Rettenbacher (Hrsg.): Religion in postsäkularer Gesellschaft. Interdisziplinäre Perspektiven. 2013.

Band 4 Judith Gruber (Hrsg.): Theologie im Cultural Turn. Erkenntnistheologische Erkundungen in einem veränderten Paradigma. Unter Mitarbeit von Verena Bull. 2013.

Band 5 Franz Gmainer-Pranzl / Ingrid Schmutzhart / Anna Steinpatz (Hrsg.): Verändern Gender Studies die Gesellschaft? Zum transformativen Potential eines interdisziplinären Diskurses. 2014.

Band 6 Anna Steinpatz / Silvia Arzt / Dominik Elmer (Hrsg.): KATHARINAfeier. Kritisch – theologisch – feministisch. Eine Nachlese. 2015.

Band 7 Franz Gmainer-Pranzl / Angela Schottenhammer (Hrsg.): Wissenschaft und globales Denken. 2016.

Band 8 Franz Gmainer-Pranzl / Anita Rötzer (Hrsg.): Zukunft entwickeln. Dokumentation der 15. Entwicklungspolitischen Hochschulwochen an der Universität Salzburg 2015. 2017.

Band 9 Arno Strohmeyer / Lena Oetzel (Hrsg.): Historische und systematische Fallstudien in Religion und Politik vom Mittelalter bis ins 21. Jahrhundert. 2017.

Band 10 Jessica Fortin-Rittberger / Franz Gmainer-Pranzl (Hrsg.): Demokratie – Ein interdisziplinäres Forschungsprojekt. 2017.

Band 11 Eneida Jacobsen: Theologie und politische Theorie. Kritische Annäherungen zwischen zeitgenössischen theologischen Strömungen und dem politischen Denken von Jürgen Habermas. 2018.

Band 12 Franz Gmainer-Pranzl / Ulrike Brandl / Ricarda Drüeke / Jochim Hansen / Eva Hausbacher / Elisabeth Klaus (Hrsg.): Inklusion/Exklusion. Aktuelle gesellschaftliche Dynamiken. 2018.

Band 13 Nikolaus Dimmel / Franz Gmainer-Pranzl / Sylvia Hahn (Hrsg.): Migration und sozialer Wandel. 2019.

Band 14 Franz Gmainer-Pranzl / Barbara Schellhammer (Hrsg.): Culture – A Life of Learning. Clifford Geertz und aktuelle gesellschaftliche Herausforderungen. 2019.

Band 15 Franz Gmainer-Pranzl / Barbara Mackinger (Hrsg.): Identitäten. Zumutungen für Wissenschaft und Gesellschaft. 2020.

Band 16 Franz Gmainer-Pranzl / Anita Rötzer (Hrsg.): Shrinking Spaces. Mehr Raum für globale Zivilgesellschaft. 2020.

www.peterlang.com

www.ingramcontent.com/pod-product-compliance
Ingram Content Group UK Ltd.
Pitfield, Milton Keynes, MK11 3LW, UK
UKHW021821290926
8980IPUK00004B/191

9 783631 829349